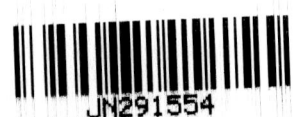

親子で学ぶ

HELP YOUR KIDS WITH

maths

A UNIQUE STEP-BY-STEP VISUAL GUIDE

数学図鑑

基礎からわかるビジュアルガイド

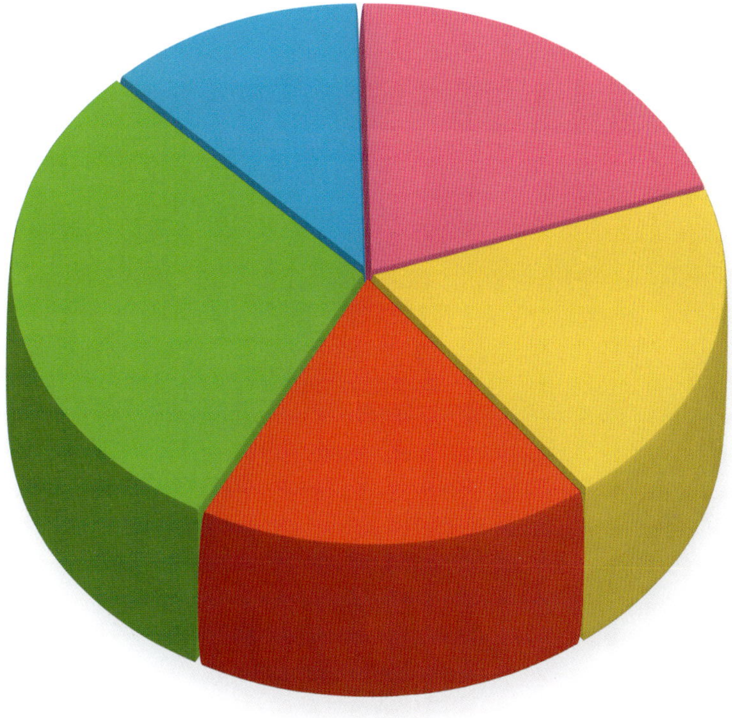

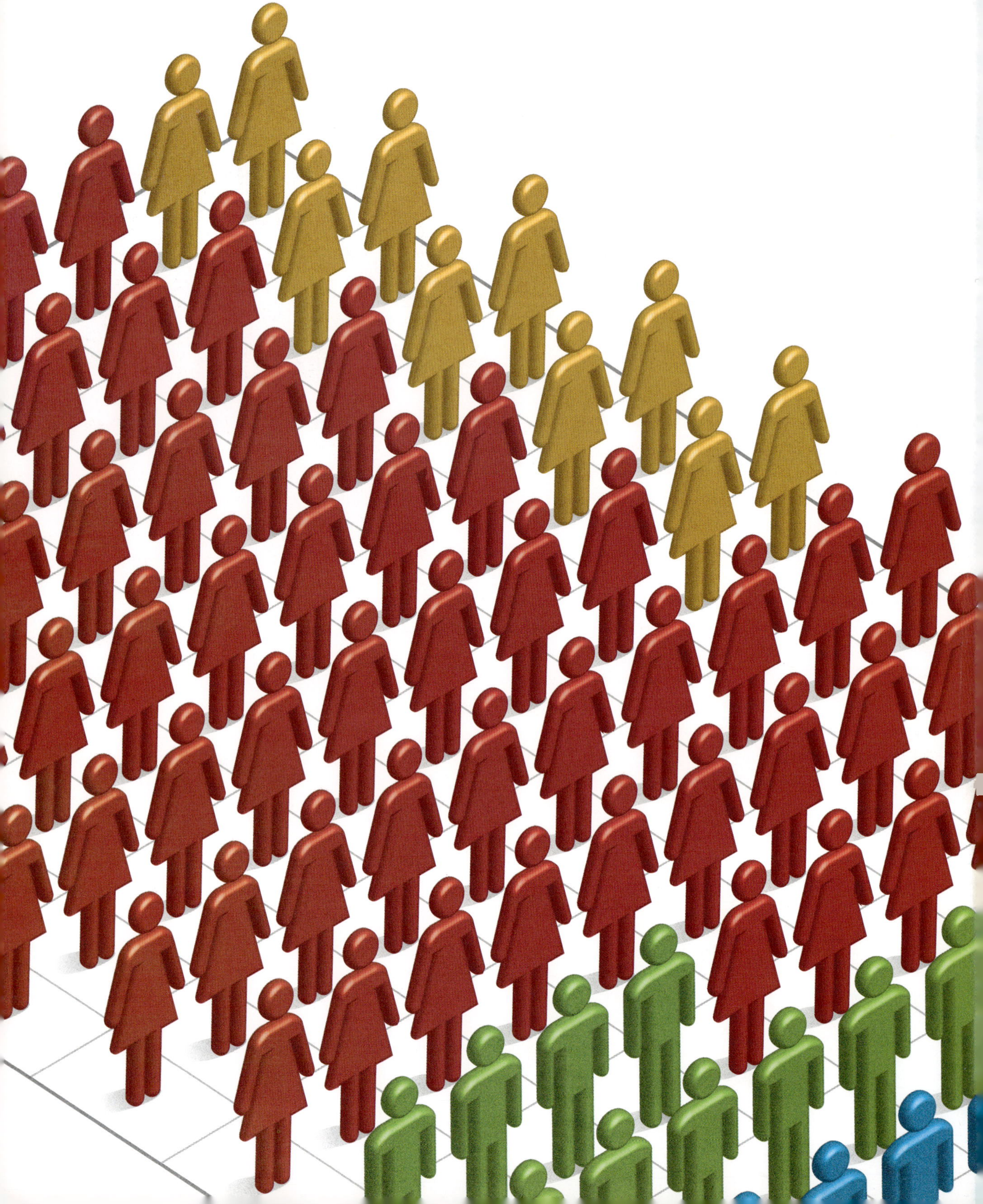

親子で学ぶ 数学図鑑

HELP YOUR KIDS WITH

maths

A UNIQUE STEP-BY-STEP VISUAL GUIDE

基礎からわかるビジュアルガイド

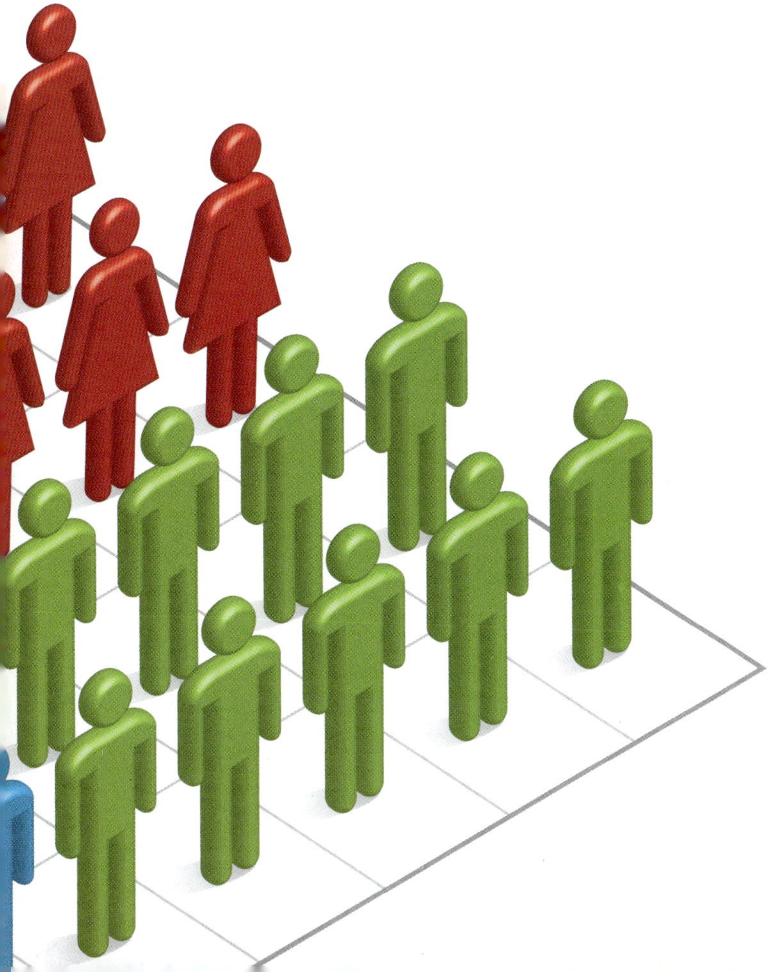

DK

謝辞

バリー・ルイスより、いつも「なぜ?どうして?」と質問してくれた、トビー、ララ、エミリーに感謝。

ドーリング・キンダスリー社は、編集作業に協力いただいたディビッド・サマーズ、クレシダ・トゥソン、ルース・オローク - ジョーンズに感謝いたします。また、デザインの仕事にたずさわったケニー・グラント、スニータ・ガヒア、ピーター・ローズ、スティーブ・ウーズナム - サベジ、ヒュー・シャームリィ、用語解説担当のサラ・ブロードベントにも感謝いたします。

ドーリング・キンダスリー社は写真の使用について快諾してくださった次の方々に感謝しております。

themathsfactor.com
with Carol Vorderman

Alamy Images: Bon Appetit 210bc (tub); K-PHOTOS 210bc(cone); **Corbis:** Doug Landreth/Science Faction 163cr; Charles O'Rear **197br; Dorling Kindersley:** NASA 37tr, 85bl, 223br; Lindsey Stock 27br, 212cr; **Character from Halo 2 used with permission from Microsoft:** 110tr; **NASA:** JPL 37cr

■この本を手に取っていただいた方に

本書の英語版のタイトルは Help Your Kids with Maths で、算数・数学で苦労している子どもを親が助けるための参考書という意図で作られた本です。算数や数学が苦手な子を持つ親は、自身もどちらかというと数学嫌いで長い年月数学から遠ざかっている可能性が高く、わが子の質問や相談に向き合おうとしても、今さら数学なんて覚えていないしやる気も出ない…といったところが実情ではないでしょうか。たとえ数学は得意だったと自称する親でも、自分が小中学生のころどう教えられどう理解したかとなると、遠い過去の忘却の彼方に霞んでしまって、はなはだ心許ないというのが現実でしょう。

そんなときに、中学程度までの算数・数学の基礎を思い出す手引きとなるのが本書です。ご覧の通りどのページにもカラフルな図版を多用し、何よりもわかりやすさ、親しみやすさ、使いやすさを前面に出した、万人向けのビジュアル系ハンドブックです。もちろん生徒自身が大人の助けなしに自習用として用いるのにも適しています。通読してもいいのですが、どちらかといえば手の届くところに置いて、折に触れて取り出して調べるマニュアルといった使い方が合っていると思います。

内容は小学算数から中学数学全般、さらに高校単元の一部にまで踏み込んでいて、学年別に綿密に整備されすぎた日本の参考書とはひと味違うごった煮的で大ざっぱな味わいが特徴です。著者はネット上で算数・数学のサイトを運営していて、英国メディアで人気の女性ということですが、「わかりやすさ」を最優先し、「誰一人つまずかせたくない」という思いが伝わってくる本の作りになっています。繰り返しをいとわず、「これでもか」と基本を徹底する一方、「統計」の一部などでは社会人でも目を見張らせる内容も扱っていて驚かされます。

英国で出版された本ということで、日本の教え方と多少異なる点も散見され、それはそれでこの本の特徴にもなっているのですが、読者の年齢の幅も考え、日本の教育現場や習慣に合わせて若干の変更を加えた部分もあります。

たし算・ひき算から始まって、小中学校で習う各項目を一通りあつかい、さらにベクトルや三角比にまで及ぶというこの広い守備範囲を、誰にでもわかりやすく、どのページもカラフルに見て楽しく仕上げるというのは、そう簡単な仕事ではありません。あまり前例のない野心的な試みといってもいいのではないでしょうか。大半のテーマが見開き２ページでひとまとまりということもあり、解説や例題が物足りないとあなたが感じたとしたら、あとは詳細な参考書へと歩みを進めてください。この本としてはそれは成功の証し、喜ばしいことなのです。あなたの中で、数学への好奇心の扉が開かれたのですから。

訳者　渡辺滋人

目次

3 三角法

4 代数

5 統計

6 確率

まえがき

すばらしい数学の世界へようこそ！

子供の勉強を見てあげられることが、親にとってきわめて大切だという調査結果があります。特に数学の場合、一緒に家庭学習に取り組み楽しく勉強できれば、それは子供の知的成長にとって、かけがえのないものとなるのです。

しかし算数・数学の宿題は、多くの家庭でストレスの原因になりやすいというのが現実ですね。算数学習の新しい方法なども紹介されてきたものの、必ずしも有効でなかったのは、多くの親が子供を助けてあげられないという意外に単純な事実によるのではないでしょうか。

この本が、まずは初歩の算数でいくつかの方法を通じて親たちのガイドとなり、さらにより深く数学を楽しむことへ導いていくのに役立つことを、私たちは願っています。

私自身親として感じるのですが、子供がどこでつまずくか、また同時にどこで光り輝くかを親がわかっていることが、なにより大切なのです。数学の理解が深まればこのことはさらに実感できると思います。

三十年以上にわたって、ほとんど毎日のように、数学や算数についてさまざまな人々の個人的感想を耳にする機会に恵まれてきました。

多くの方々は、あまり上手にまた楽しく数学を教えられてこなかったようです。もしあなたもその中の一人であるなら、この本に触れることであなたの状況を変えてほしいというのが、私たちの願いです。

きちんと理解できれば、あなたも私のように夢中になる、数学はそういう教科だと私は思います。

キャロル・ヴォーダマン

オンライン数学教室 www.themathsfactor.com 開設者

π=3.1415926535897932384626433832
7950288419716939937510582097494
45923078164062862089986280348253
42117067982148086513282306647 09
3844609550582231725359408128481
11745028410270193852110555964462
29489549303819644288109756659 33
44612847564823378678316527120 19
09145648566923460348610454326 64
82133936072602491412737245870 06
60631558817488152092096282925 40
91715364367892590360011330530548
82046652138414695194151160943305
72703657595919530921861173819326
11793105118548074462379962749567
3518857527248912279381830119491

序文

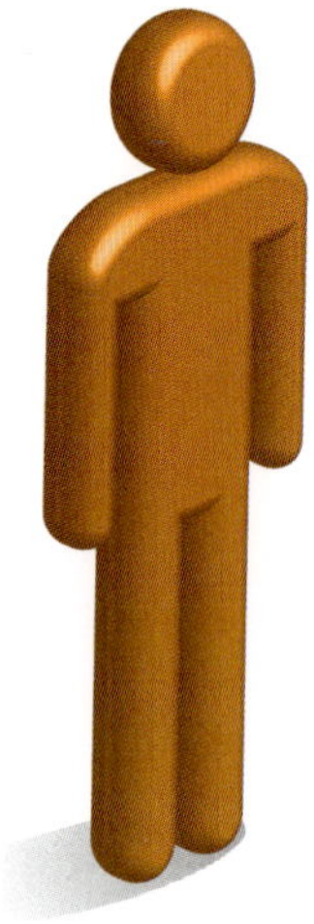

この本であつかっている数学は、主に9歳から16歳までの間に学校で学習する内容ですが、図やイラストによる魅力的な学習法は読者をしっかりととらえてはなさないでしょう。気づかないうちに、いつの間にか数学がわかるものになっている、というのが目標です。この本が提供する数学の考え方、テクニック、解法は、その場ですぐに理解・吸収できるものです。どのページを開いても、読者が「なるほど、そういうことか」と納得の声をあげられるように書かれています。生徒自身がこの本で勉強してもいいし、親がこの教科を理解し、思い起こし、子供を助けてあげるのにも役立ちます。その過程で親自身にも何か得るものがあれば、さらにいいですね。

新たな千年紀のスタートの年、私は「数学イヤー2000」のディレクターを務めるという光栄に与かりました。「数学イヤー2000」は、数学の興隆を祝い、国際的な協力によってこの教科の意識に光をあて高めあうためのもので、英国政府が後援し、キャロル・ヴォーダマンも参加したのです。キャロルは英国メディアを通じて数学の擁護と普及に努めてきましたが、むしろ数字を扱い操作する驚くほど俊敏な能力で知られていますね。数字たちは彼女の個人的な友人だといってもいいくらいです。私はといえば、働いている時間、家で過ごす時間、眠っている時間、すべて数学に注いでいる人間です。数学とは、一つ一つ計算に裏打ちされた多様で繊細な様式が、精巧を極めた構造の中でどのように機能しどのように響きあっているかを見出していくことだ、とでも言わせていただきましょう。キャロルと私を結びつけたのは、数学への情熱であり、経済・文化・実生活あらゆる面での数学の貢献への熱い思いなのです。

　ますます数字の支配が強まっていく世界で、数学が——数の間に関係性を打ち立てながら、様々な様式・調和・質感を実現していく繊細なアートとしての数学が、危機に瀕しているというのはどういうことでしょう。私は、現代人が数字に溺れかけていると思うことがあります。

労働者として私たちは、達成目標、統計、人件費の計算、予算厳守などで、貢献度を評価されます。消費者として私たちは、あらゆる消費行動でカウントされ集計されます。そして私たちの消費する製品のほとんどは、見事なまでに詳細に、各人に関わる数値を完備して販売されています。豆の缶詰のカロリーと、その塩分含有量を見てください。新聞記事とそこに載っている統計数値の行列は、世界を支配し、解釈し、真実をあらわにし、問題を単純化したりもするのです。毎日、毎時間、毎分、私たちは私たち自身の社会の生命維持装置から、ますます多くの数値を読み取り、発表しています。そういうやり方で、私たちは世界の理解を求めているのです。しかし困ったことに、数字があふれるほど、どうも真実は私たちの手からこぼれ落ちているような気がします。

これだけ数字が氾濫し、世界はますますデジタル化していく一方、数学の方は置いてきぼりにされているところに、危機があります。きっと多くの人は、数字をあつかえる能力があればそれで十分と考えるのでしょう。ところがそうではない、個人としても集団としても、それでは困るのです。数というのは、本当は、数学という構造物の内部の隙間で輝いている炎のようなものなのです。それなくしては、私たちは暗闇に閉ざされる。それがあれば、普段は隠れている宝物の煌めきを目にすることもできるのです。

この本はこういった問題に取り組み、解決するための手がかりになるでしょう。数学は誰にでもできます。

バリー・ルイス

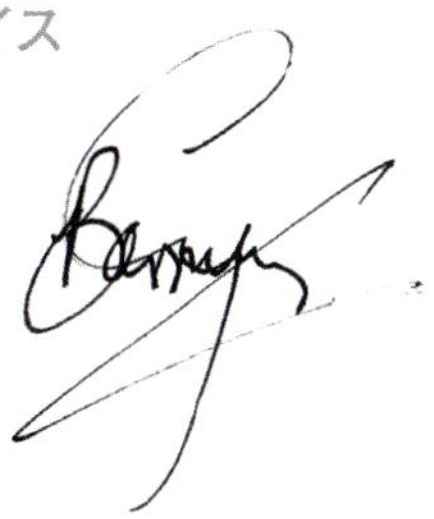

前数学協会会長、「数学イヤー2000」ディレクター

1

数

2 数って何？

数えることと数字は数学の基盤になります

数字は合計や量を記録するための方法として発達した記号ですが、何世紀にもわたって数学者たちは、新しい知恵を産み出すために、さまざまな数の使い方や解釈の仕方を発見してきたのです。

数字とは？

数字は基本的には量を表す一連の記号のことです。おなじみの0から9までの文字を使って表しますが、整数の他に分数や小数の形があります。（p.38－47参照）0より小さい数もあって、負の数と呼ばれます。（p.30－31参照）

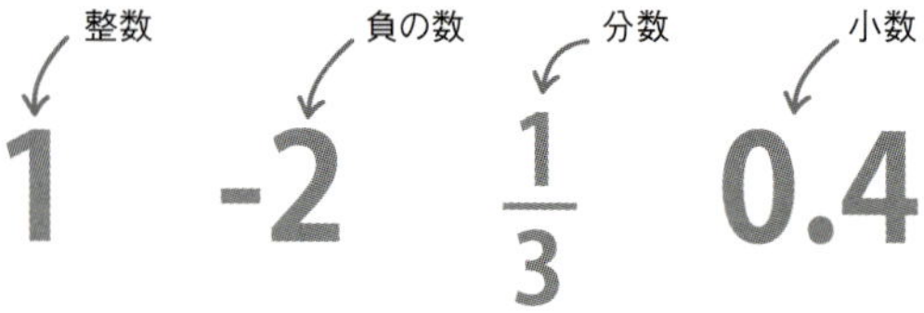

△数の種類
1は正の整数、－2は負の整数である。$\frac{1}{3}$という記号は分数で、あるひとかたまりの全体を三つに分けたときの一つの部分を表している。小数は分数の別の表し方と考えてよい。

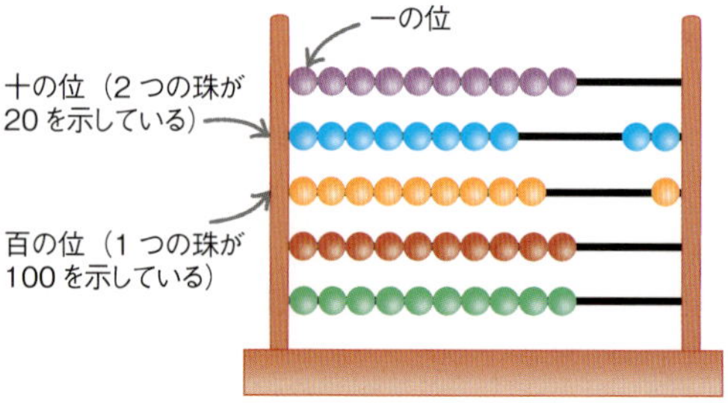

◁そろばんの一種
そろばんは数を数えたり、簡単な計算をするための伝統的な道具で、珠が数字を表す。このそろばんが表している数は120。

▽最初の自然数
1は素数ではない。かけても自分のままの数（乗法の単位元）と言われる。どんな数に1をかけても、答えはその数自身だからだ。

▽偶数の素数
2は素数の中でただ一つの偶数だ。素数とは1とそれ自身しか約数をもたない数のこと。（p.26－27参照）

△完全数
6は最も小さい完全数。完全数とはその数自身をのぞく約数の合計になっている数のこと。1＋2＋3＝6

△平方数の和で表すと？
7は三個以下の自然数の二乗の和で表せない最小の整数。

詳しく見ると

ゼロ

0という記号の使用は、数の表記法の歴史上画期的な進歩と考えられます。0の記号が採用される以前は、単に空白が計算で用いられていました。このやり方はひどくあいまいで、数はまちがえやすいものになってしまいます。例えば、400と40と4は0がなければすべて4と表すしかありませんから、区別は困難です。0という記号は、インドの数学者たちが空位の場所を印すために最初に使ったドット(.)の記号が発展したものと言われています。

◁読みやすい
この0は十の位の場所を埋めて、一けたの分《ふん》の数字を見分けやすくしている。

リアルワールド

数字の表記

多くの文明がそれぞれ独自の数字表記を発展させてきました。現在使われているインド－アラビア数字とともに、下にさまざまな表記が示してあります。現代の数字が優れている点の一つは、かけ算やわり算などの算術操作が古い複雑な数の表記に比べて、格段にやりやすいということです。

近代インド−アラビア数字	1	2	3	4	5	6	7	8	9	10
マヤの数字	𝋡	𝋢	𝋣	𝋤	𝋥	𝋦	𝋧	𝋨	𝋩	𝋪
漢数字	一	二	三	四	五	六	七	八	九	十
ローマ数字	I	II	III	IV	V	VI	VII	VIII	IX	X
古代エジプト数字	𓏺	𓏻	𓏼	𓏽	𓏾	𓏿	𓐀	𓐁	𓐂	𓎆
バビロニアの数字	𒁹	𒈫	𒐈	𒐉	𒐊	𒐋	𒐌	𒐍	𒐎	𒌋

▽三角数
3は1以外では最も小さい三角数だ。三角数とは1から連続する整数の和で表せる自然数のことで、この場合1＋2＝3となる。

▽合成数
4は最も小さい合成数。合成数とは二個以上の素数の積として表せる数で、4＝2×2である。

▽素数
一の位が5になるただ一つの素数。辺の数と対角線の数が一致するのは、五角形だけだ。

△フィボナッチ数
8は2の三乗で立方数。1以外の立方数では唯一のフィボナッチ数である。(p.163参照)

△一けたの最大数
9は、十進法の世界では、最も大きい一けたの整数だ。

△基礎となる数
10という数を基礎として、現代の記数法は成り立っている。人間が手足の指を使って数え始めたからではないかと推測される。

＋ たし算

参照ページ
ひき算 17〉
正負の数 30〜31〉

数を加えて合計を出します。たし算の答えは、和と呼ばれます。

数を加える

二つの数のたし算を考えるには、数の列（数直線）を用いるのがいいでしょう。数を直線上に順に並べたもので、数えながら増減を考えることができます。右の図は1に3を加えることを示しています。

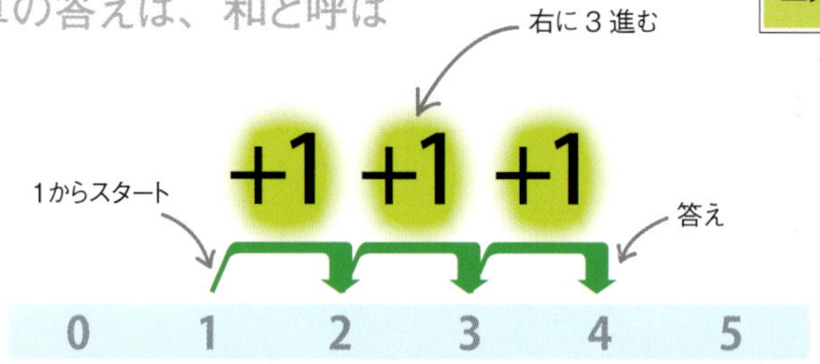

◁数の列で考える
1に3を加えるには、1を出発点とし、右に2, 3, 4と三つ進む。たどりついた4が答えだ。

▷その意味は？
はじめに1があり、そこにさらに3が加わって一緒になると、結果として4になるということ。簡単に1と3の和は4だ、ともいえる。

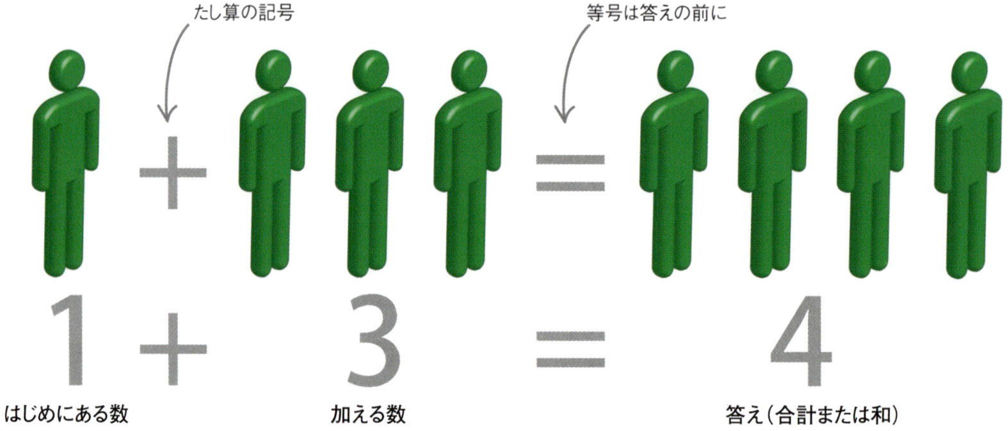

大きな数のたし算

二けた以上の数は筆算で位ごとにたてに計算していきます。まず一の位、次に十の位、次に百の位…という順で。各位の和はたての列の下に書き、二けたになったときは、その十の位の数字を次のたての列にくり上げます。

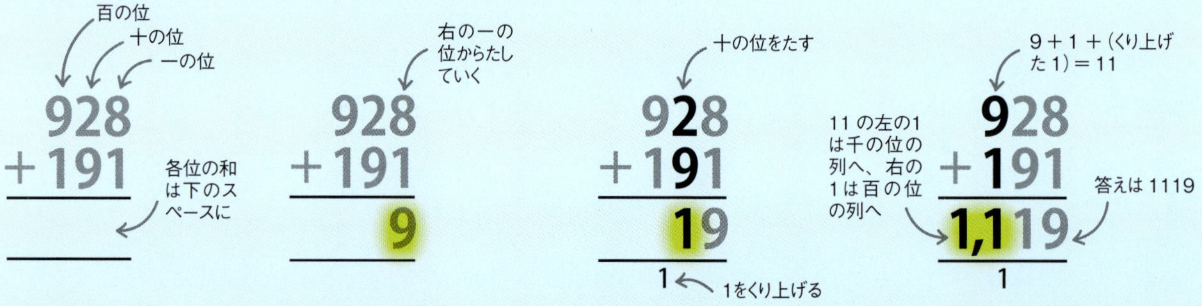

まず二つの数を、各位がたてにそろうように書く。

▶ 次に一の位の1と8を加え、和の9をたての列の下に書く。

▶ 十の位の和は11で二けたになるので、一の位の1を書き、十の位の1は次の位の列にくり上げる。

▶ 百の位の9と1とくり上げた1をたすと和は二けたの11になるので、左の1は千の位の列に書く。

− ひき算

参照ページ
〈16 たし算
正負の数 30〜31〉

ある数を別の数からひくと、どれだけ残るか。これを差といいます。

数を取り去る

ひき算のやり方も数の列（数直線）を使って示すことができます。はじめの数から、ひく数の分だけ左に戻ります。右の図は4ひく3を示しています。

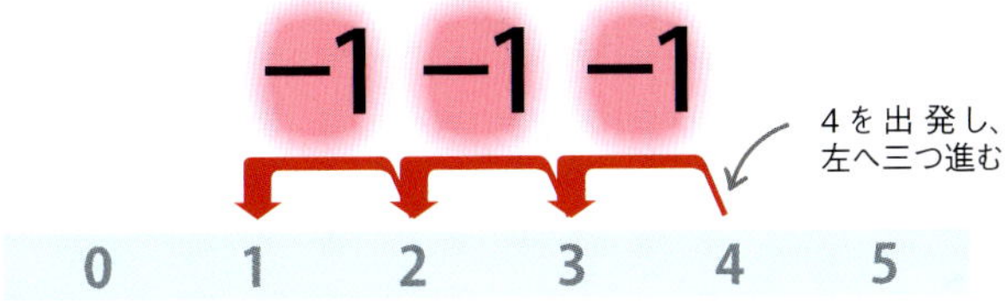

◁数の列で考える
4から3をひくには、4を出発点とし、左に3, 2, 1と三つ進む。1が答えだ。

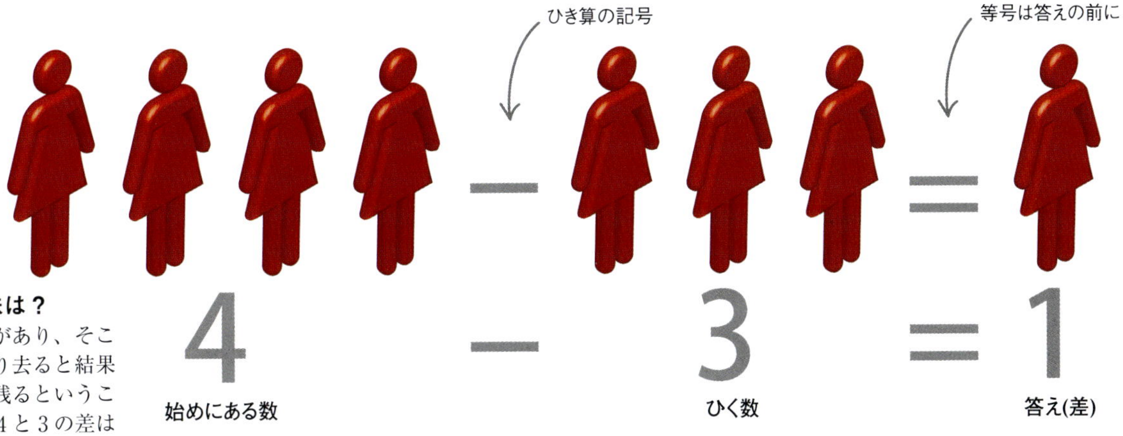

▷その意味は？
はじめに4があり、そこから3を取り去ると結果として1が残るということ。簡単に4と3の差は1だ、ともいえる。

大きな数のひき算

二けた以上の数のひき算は、筆算で位ごとにたてに計算していきます。まず一の位のひき算、次に十の位、次に百の位…という順で。ひけないときには次の位の数から借りてきます。

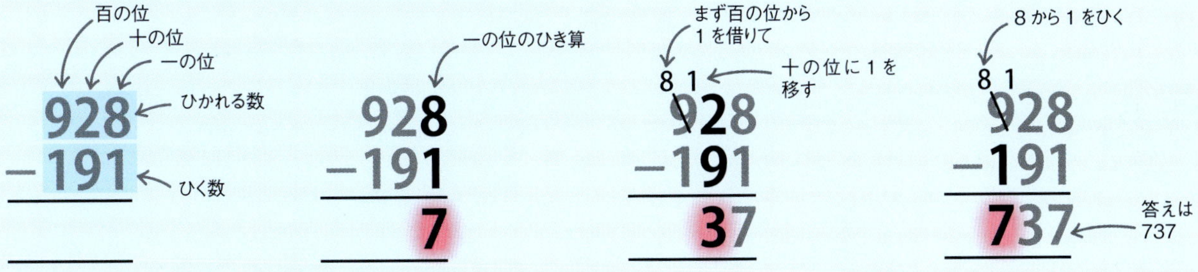

まず二つの数を、各位がたてにそろうように書く。

次に一の位の8から1をひき、差の7をその列の下に書く。

十の位で2から9はひけないので、百の位から1を借りて9を8に、2を12とし、12から9をひく。

百の位では、1減って書き直した8から1をひく。

× かけ算

かけ算は、ある数をある個数だけ積み重ねるイメージです。かけ算の答えは積と呼ばれます。

参照ページ
〈16〜17 たし算とひき算
わり算 22〜25〉
小数 38〜39〉
参考 233〉

かけ算とは？

かけられる数をかける数の個数分だけたし合わせること、と説明できます。ここに並んでいる人数の合計は、一列に並んでいる人数を列の数の分だけたし合わせたものですが、一列の人数に列の数をかければ得られます。

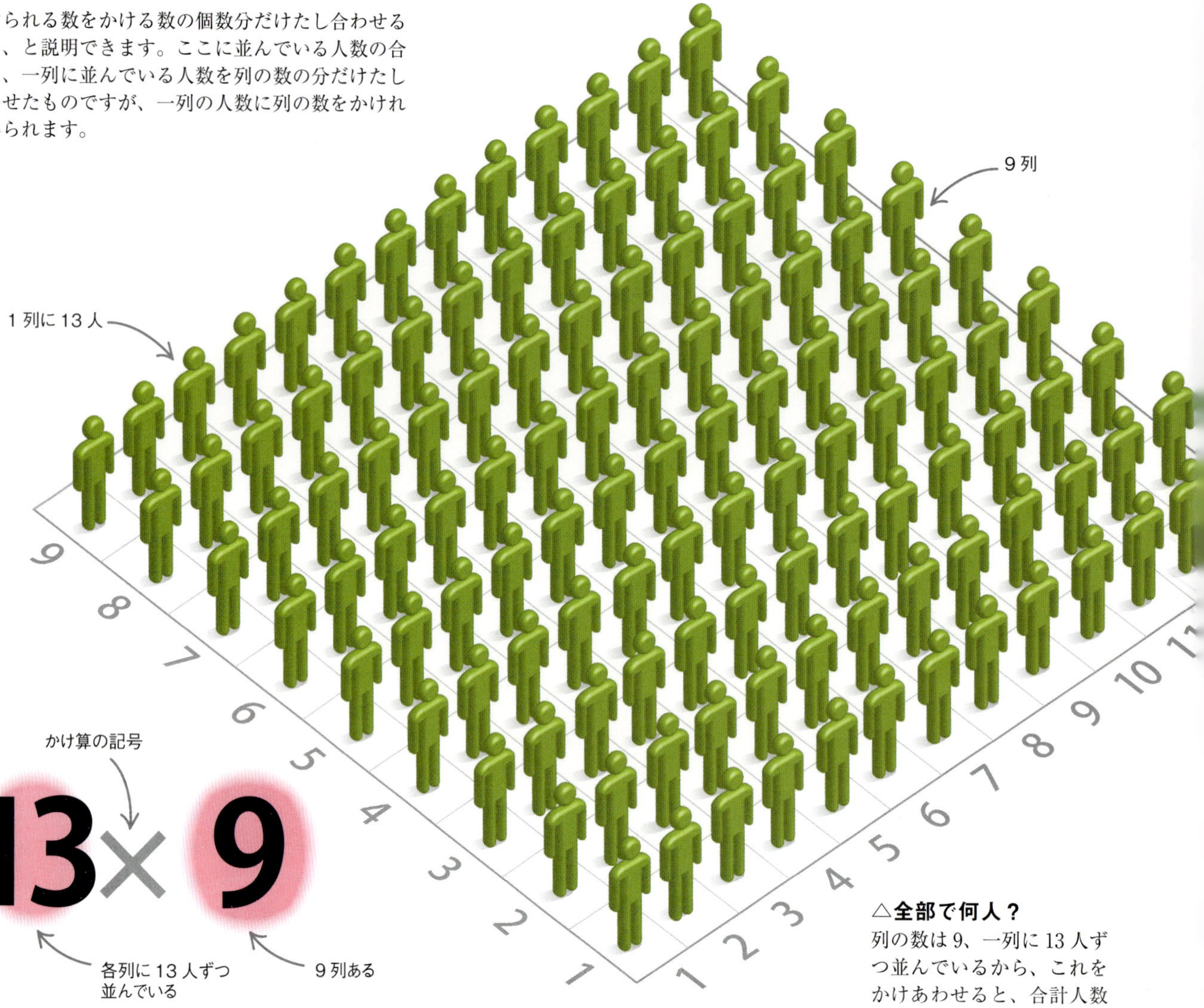

かけ算の記号

13 × 9

各列に13人ずつ並んでいる

9列ある

△全部で何人？
列の数は9、一列に13人ずつ並んでいるから、これをかけあわせると、合計人数117人となる。

13を9個集める計算

13×9 = 13 + 13 + 13 + 13 + 13 + 13 + 13 + 13 + 13 = **117**

13と9の積は117

二つの考え方

かけ算を式に書くときの数の順序はあまり重要ではありません。答えは同じです。同じかけ算の二通りの考え方を示してみましょう。

3 × 4 = 3 + 3 + 3 + 3 = **12**

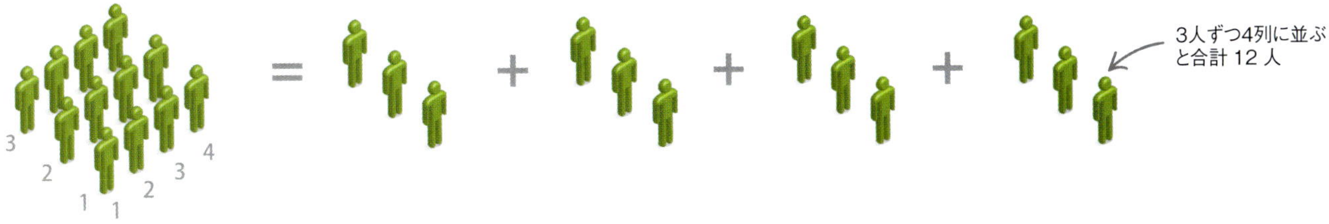

4 × 3 = 4 + 4 + 4 = **12**

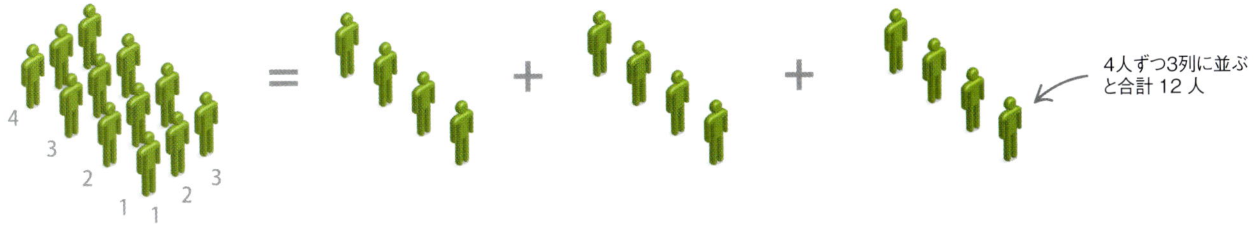

10 倍、100 倍、1000 倍

整数を 10 倍するには、一の位の右側に 0 を一つ書き加えます。100 倍するには 0 を二つ、1000 倍するには 0 を三つ書き加えます。

はじめの数に 0 を書き加える

34 × 10 = **340**

はじめの数に 00 を書き加える

72 × 100 = **7,200**

はじめの数に 000 を書き加える

18 × 1,000 = **18,000**

かけ算のパターン

二つの数をかけるとき、特徴やくふうを知っていると便利なことがあります。この表は、2, 5, 6, 9, 12, 20 をかけるときのパターンです。

かけ算のパターン

かける数	やり方（特徴）	計算の例
2	同じ数をたす	11× 2= 11 + 11 = 22
5	答えの一の位は5,0,5,0…というパターンになる	5, 10, 15, 20
6	偶数に6をかけると、答えの一の位はもとの数の一の位と同じになる	12 × 6 = 72 8 × 6 = 48
9	10倍してから、その数自身をひく	7 × 9 = 7 × 10 − 7 = 63
12	もとの数を10倍した数と、もとの数を2倍した数を加える	16 × 10 = 160 16 × 2 = 32 160 + 32 = 192
20	まず10倍し、次に2倍する	14 × 20 =14×10×2 14 × 10 = 140 140 × 2 = 280

倍数

ある数を整数倍した数を、その数の倍数といいます。例えば、2×1＝2、2×2＝4、2×3＝6、2×4＝8、2×5＝10、2×6＝12　だから、2 の倍数を小さい順に 6 個並べると、2, 4, 6, 8, 10, 12、となります。

3の倍数

3×1＝3
3×2＝6
3×3＝9
3×4＝12
3×5＝15

3 の倍数を小さい順に 5 個求める

8の倍数

8×1＝8
8×2＝16
8×3＝24
8×4＝32
8×5＝40

8 の倍数を小さい順に 5 個求める

12の倍数

12×1＝12
12×2＝24
12×3＝36
12×4＝48
12×5＝60

12 の倍数を小さい順に5個求める

公倍数

二つ以上の数に共通の倍数を公倍数といいます。右の表のように整数を並べてみると、公倍数を見つけやすくなります。公倍数のうち、最も小さいものを最小公倍数といいます。

1	2	3	4	5	6	7	8	9	10
11	12	13	14	15	16	17	18	19	20
21	22	23	24	25	26	27	28	29	30
31	32	33	34	35	36	37	38	39	40
41	42	43	44	45	46	47	48	49	50
51	52	53	54	55	56	57	58	59	60
61	62	63	64	65	66	67	68	69	70
71	72	73	74	75	76	77	78	79	80
81	82	83	84	85	86	87	88	89	90
91	92	93	94	95	96	97	98	99	100

24

最小公倍数
青色の 3 の倍数と紫色の 8 の倍数に共通のものが茶色の公倍数。その中で一番小さい 24 が最小公倍数である。

3 の倍数

8 の倍数

3 と 8 の公倍数

公倍数を見つける
この表では 3 の倍数は青色で、8 の倍数は紫色で、両方に共通の倍数つまり公倍数は茶色で示している。

大きな整数に一けたの整数をかける

大きな整数に一けたの整数をかけるには、大きな整数の一の位の下に、一けたの整数をたての列をそろえて書きます。

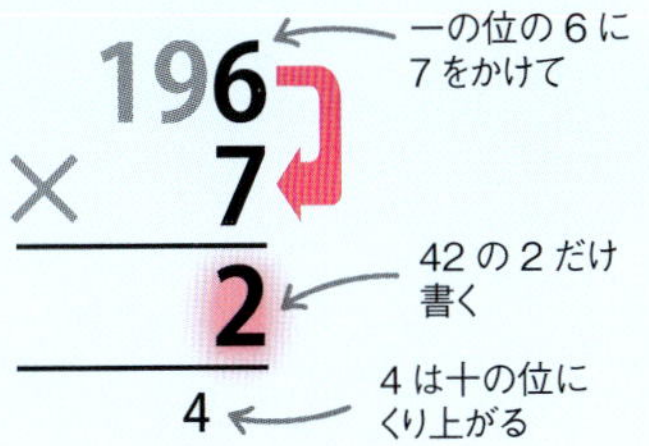

196 に７をかけるには、まず一の位の６と７をかける。積は 42 だが十の位の４はくり上がる。

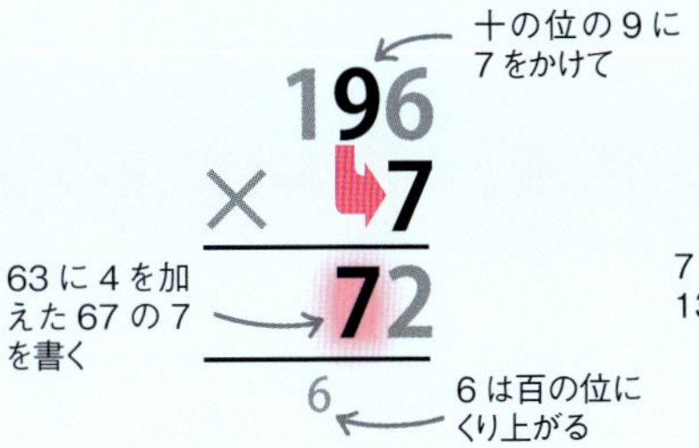

次に９と７をかけ、その積 63 に一の位からくり上がった４を加えて 67 になる。

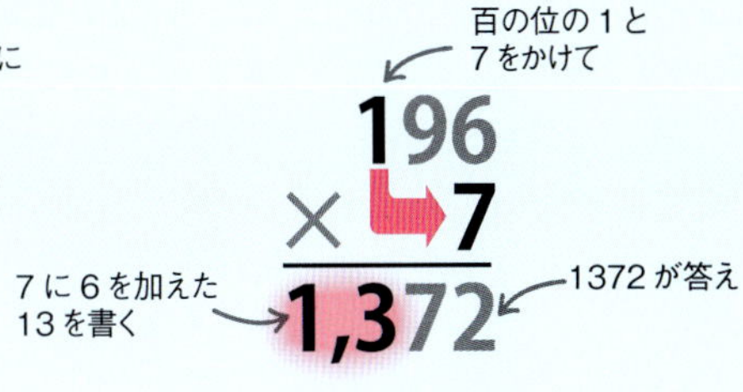

最後に１と７をかけ、その積７に十の位からくり上がった６を加えた 13 を書く。答えは 1372 となる。

大きな数どうしのかけ算

二けた以上の数どうしをかけるには、まず各位の数字がたてにそろうように書きます。

始めに 428 に一の位の１をかける。右から左へ各位ごとに、8×1、2×1、4×1 と計算していく。

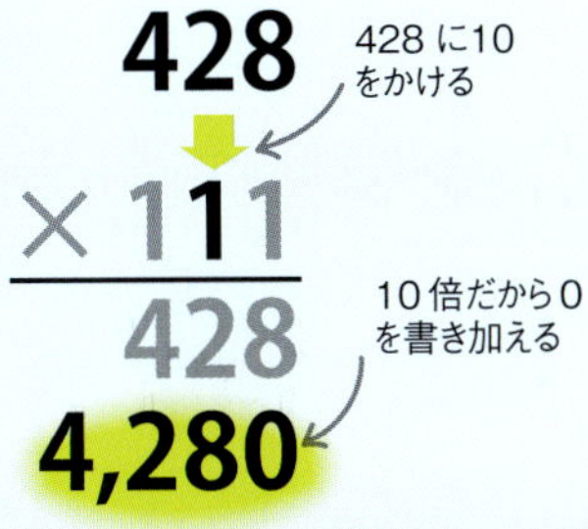

428 に十の位の１をかける。各位ごとに計算していき、10 をかけたのだから０を書き加える。

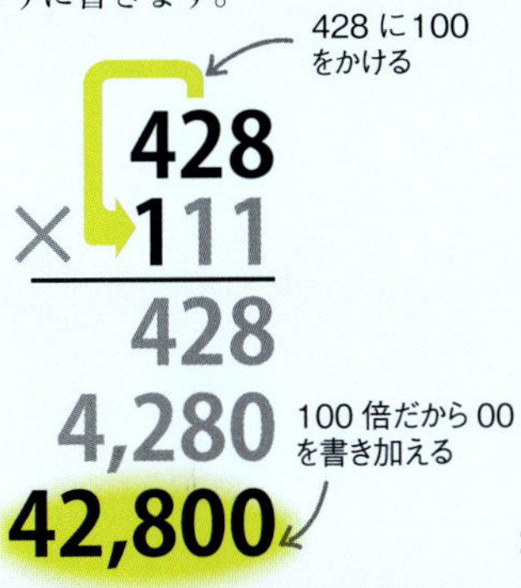

428 に百の位の１をかける。各位ごとに計算していき、100 をかけたのだから 00 を書き加える。

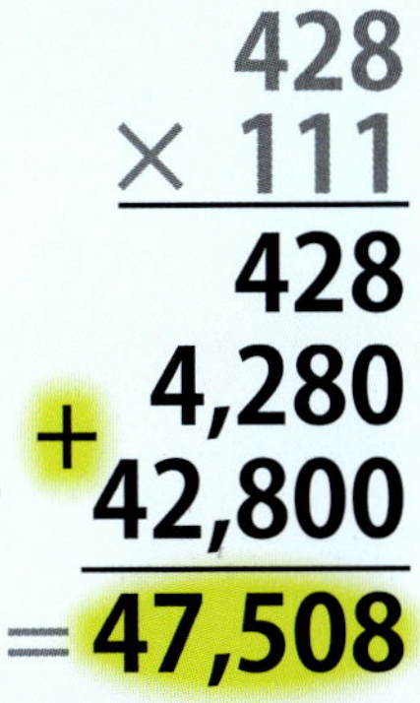

以上の三つの積を合計すると、答えは 47508 となる。

詳しく見ると

ボックスを使ったかけ算

428×111 の計算は数を位ごとに分解し、ボックス型の表を用いてすることもできます。それぞれの数字を百の位、十の位、一の位ごとに分け、互いにかけあわせていきます。

最後のたし算
最後に９個の積を合計すると、答えが出る。

428 を百の位、十の位、一の位に分ける

111 を百の位、十の位、一の位に分ける

	400	20	8
100	400 × 100 = 40,000	20 × 100 = 2,000	8 × 100 = 800
10	400 × 10 = 4,000	20 × 10 = 200	8 × 10 = 80
1	400 × 1 = 400	20 × 1 = 20	8 × 1 = 8

40,000
2,000
800
4,000
200
80
400
20
+ 8
= 47,508

最終的な答え

わり算

わり算はある数が他の数の中に何回入るかを考えることです。

参照ページ
〈16〜17 たし算とひき算
〈18〜21 かけ算
比と比例 48〜51〉

わり算には二つの考え方があります。一つは、ある数を等しく分けるという考え方（10 枚の硬貨を二人で分けると一人何枚?）、もう一つはある数が別の数何個分に当たるかという考え方（10 枚の硬貨を2枚ずつ分けていくと何人分?）です。

わり算の意味

ある数を別の数でわるとは、二番目の数（わる数）を何倍すれば前の数（わられる数）になるかを考えることでもあります。例えば 10 を 2 でわるのは、10 に 2 が何回入るか、つまり 10 は 2 の何倍かを考えることと同じなのです。わり算の答えは商といわれます。

◁わり算の表記
わり算の表記は三つあって、どれも意味は同じだ。例えば「6 わる 3」は、$6 \div 3$, $6/3$, $\frac{6}{3}$ のように表される。

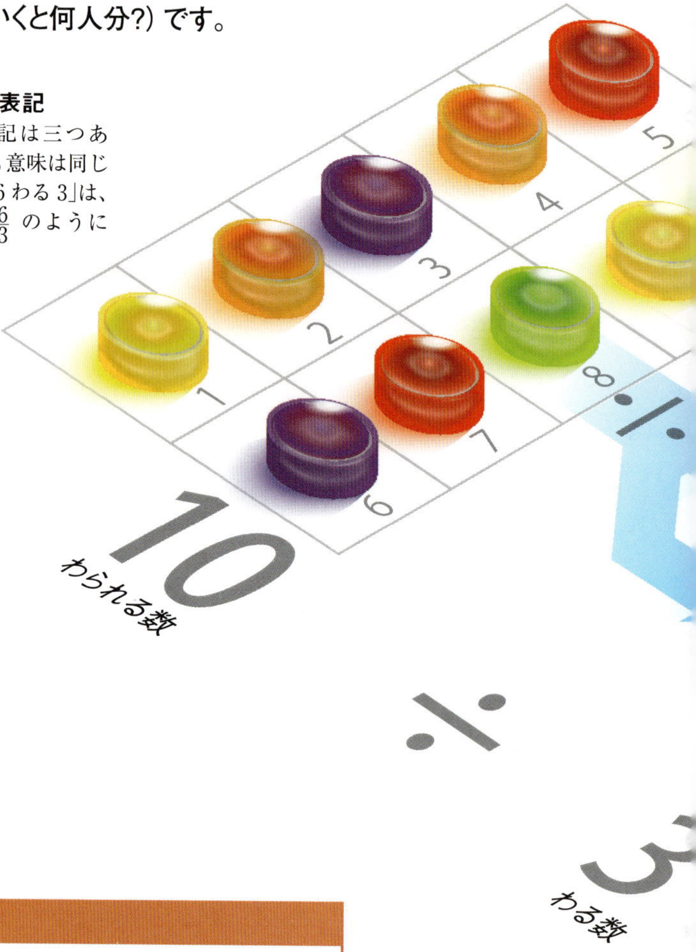

▽等分
等しい量に分けるタイプのわり算。4 個のあめを二人で平等に分けるのだから、一人あたり 2 個得ることになる。

4個 ÷ 2人 ＝ 2 個/人

詳しく見ると

わり算とかけ算の関係

わり算はかけ算の反対つまり逆の計算で、この二つはいつも強く結びついています。あるわり算の答えがわかれば、そこからかけ算の式を作ることができるし、逆も可能です。

$10 \div 2 = 5 \quad 5 \times 2 = 10$

◁はじめにもどる
10 を 2 でわると答え（商）は 5 だ。この商 5 にもとの式のわる数 2 をかけると、もとのわられる数 10 にもどる。

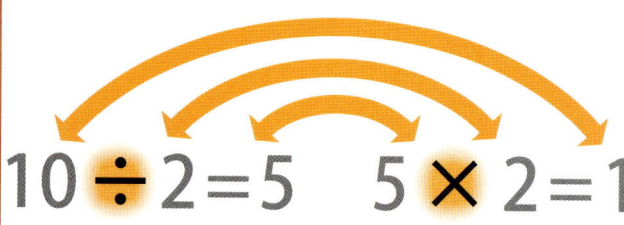

▽**余りとは？**
この例では、10個のあめを3人の子供に分けようとしている。ところが3人にぴったり分けることはできず、一人3個ずつとって、1個残る。わり切れずに残った量を余りという。

わり算のもう一つのとらえ方

数を分けると考えるのではなく、わる数のグループがわられる数の中に何個含まれるかを考えるのがわり算だ、ということも可能です。わり算の計算はどちらもかわりません。

この例は30個のサッカーボールがあると、3個ずつのグループがいくつできるかを示している。

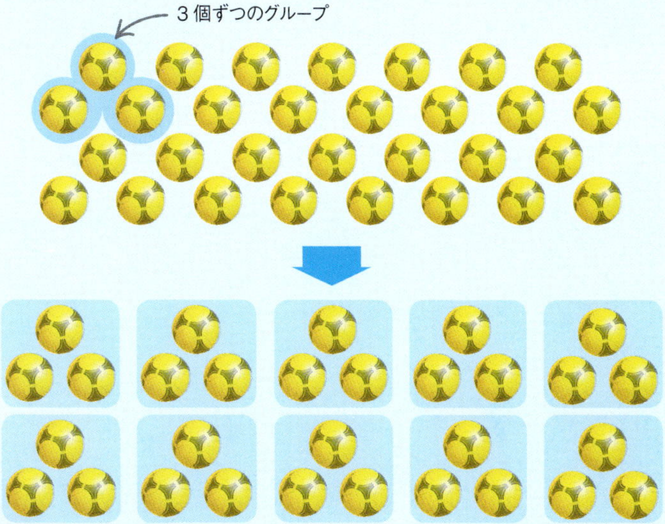

3個ずつのグループは10グループできて、余りはない。
30÷3 = 10である。

わり切れる数の見分け方（倍数の性質）		
わる数	わり切れる数の見分け方	例
2	一の位が偶数	12, 134, 5000
3	各位の数字の和が3でわり切れる	18 1+8 = 9
4	下2けたの数が4でわり切れる	732 32 ÷ 4 = 8
5	一の位が5か0	25, 90, 835
6	一の位が偶数で各位の数字の和が3でわり切れる	3426 3+4+2+6 = 15
7	(残念ながら簡単な見分け方はない)	
8	下3けたの数が8でわり切れる	7536 536 ÷ 8 = 67
9	各位の数字の和が9でわり切れる	6831 6+8+3+1 = 18
10	一の位が0	30, 150, 4270

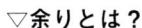

わり算の筆算

二けた以上の数を一けたの整数でわる計算です。

わる数3は百の位の3の中に1回入るから（3÷3＝1だから）、百の位の3の上に1と書く。

十の位では9の中に3は3回入るから、十の位の9の上に3と書く。

最後に一の位では6の中に3は2回入るから、一の位の6の上に2と書く。

余りをくり越す

各位の数をわると余りが出るときは、余りはわられる数の次の位にくり越されます。

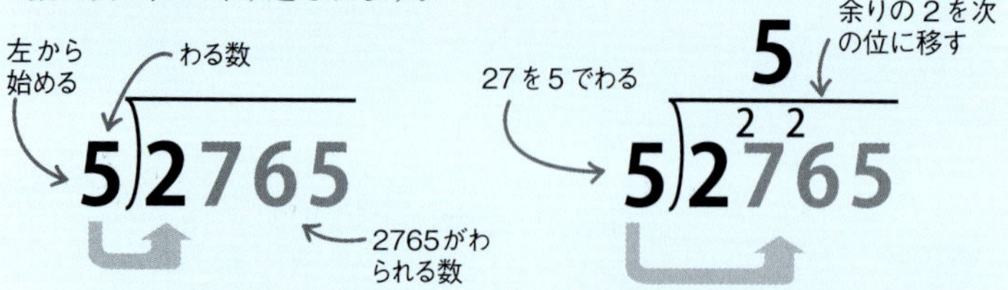

2÷5から始めたいが2の中に5は入らないので、次のけたの7も含めて二けたの27の中に5が何回入るか考える。

27を5でわると商が5で余りが2となるから、商の5を7の上に書き、余りの2は次の位にくり越す。（2は次の位では20として扱う。）

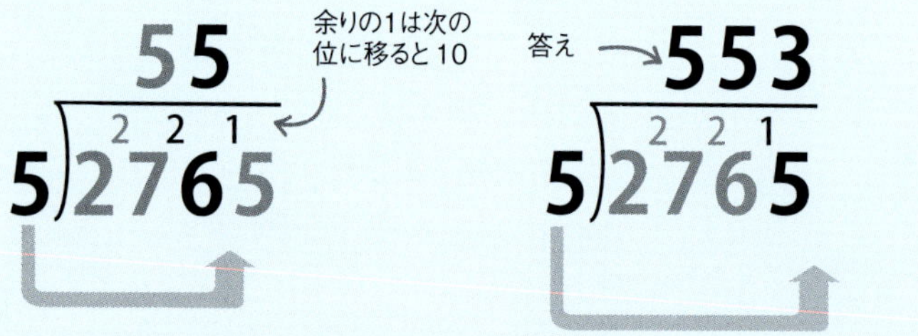

26を5でわると商が5で余りが1となるから、商の5を6の上に書き、余りの1は次の位にくり越す。（1は次の位では10として扱う。）

15を5でわった3を一の位の5の上に書いて、最終的に答えは553となる。

詳しく見ると

余りをさらにわる

わり切れずに余りが出るわり算を、さらにわって小数で答える場合があります。

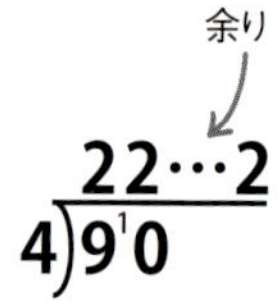

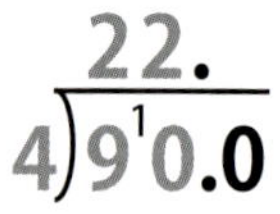

余りの2を消し、商とわられる数に小数点をつけ、わられる数の小数点の右に0を書き加える。

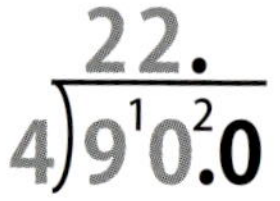

余りの2を新しく書き加えた0の前に小さく書き、20としてわり算を続ける。

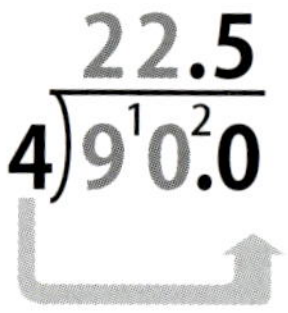

20を4でわると5になるから、5を小数点の右に書き加える。

詳しく見ると

わり算を簡単にする

わる数を小さな数に分解することで、わり算がやりやすくなる場合もあります。

816÷6 ← わる数6は、2×3と分解できるから、2と3に分けてわり算するとやりやすい。

816÷2＝408 ➡ 408÷3＝**136**（答え）

（わる数6を分解した2）（わる数6を分解した3）

わる数を分解するこの方法は、二けたの数でわるときにも使えます。

405÷15 ← 15を3と5に分けてわり算するとやりやすい

405÷5＝81 ➡ 81÷3＝**27**（答え）

（わる数15を分解した5）（わる数15を分解した3）

大きな数のわり算

三けた以上の数を二けた以上の数でわる場合、計算はすべて下へ書いていきます。余りの計算にはかけ算とひき算を使います。例として右の計算をやってみましょう。

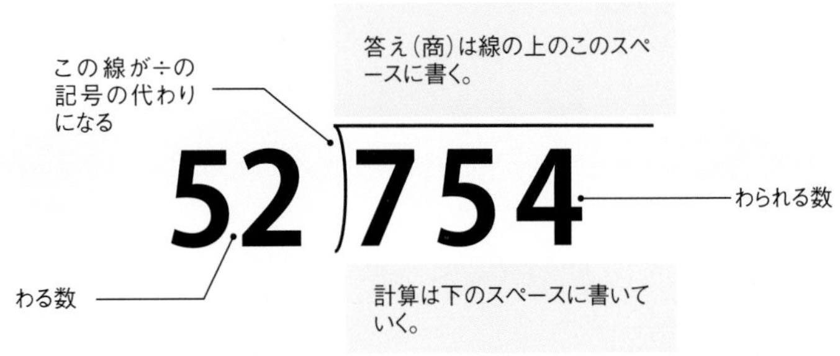

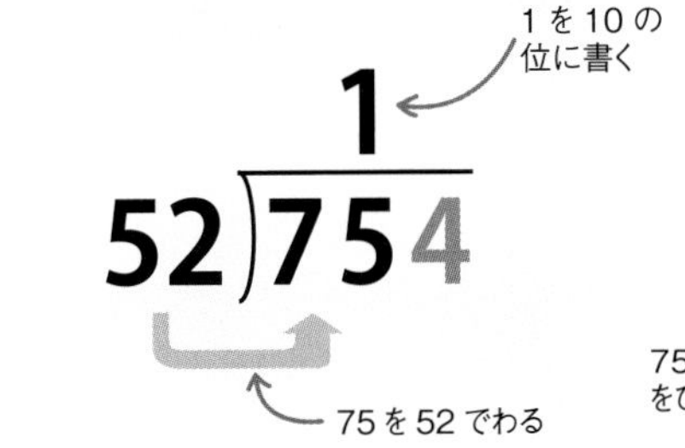

まずわられる数の上二けた75の中に52が何回はいるか考えて、1を5の上に書く。以下、たての列がそろうように。

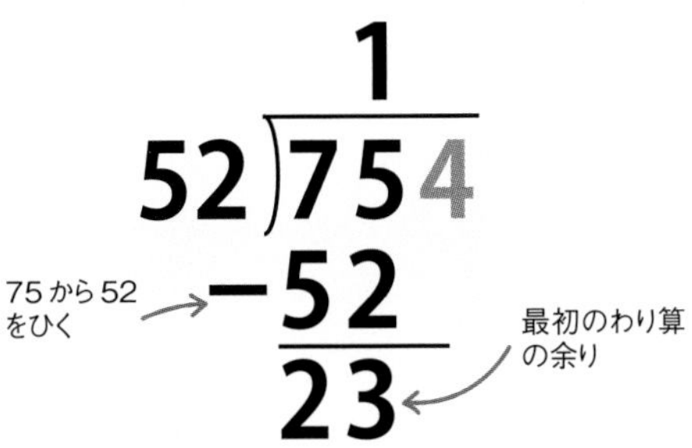

最初の余りを計算する。1とわる数52をかけた52を75の下に書き、ひき算をして、余りの23を出す。

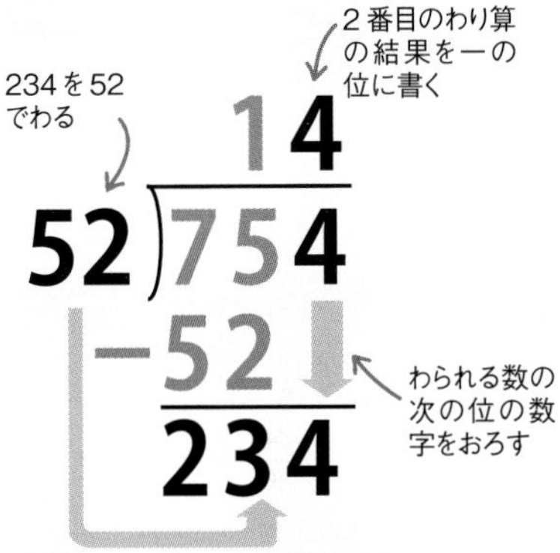

次にわられる数754の4をおろしてきて、23の右に書き、今度は234を52でわる。234の中に52は4回入るから、4を1の隣に書く。

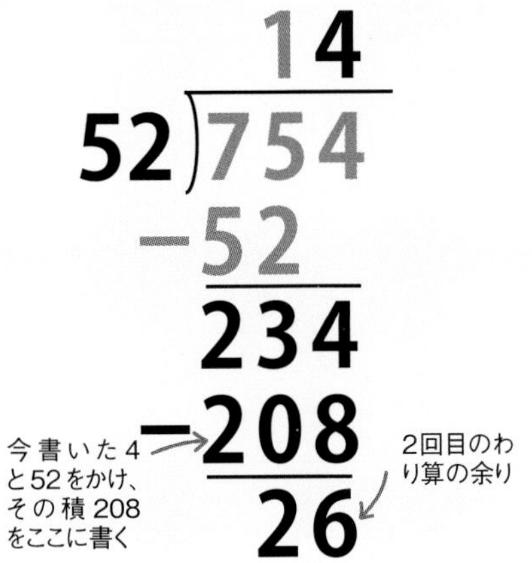

234は52でわり切れないので、2回目の余りを計算する。4と52をかけた208を234からひくと、余り26が出る。

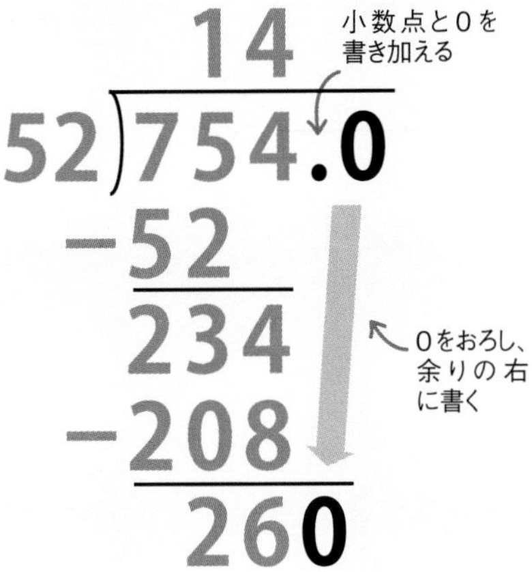

おろしてくる数字がないので、754に小数点と0を書き加え、0を26のとなりにおろし、260とする。

14の後にも小数点を入れ、次に260を52でわる。260の中に52はちょうど5回入るから、5を0の上に書く。14.5がこのわり算の答えだ。

11 素数

参照ページ
〈18〜21 かけ算
〈22〜25 わり算

1 より大きく、1 とその数自身以外でわり切れない整数（1 とそれ自身以外に約数をもたない整数）

素数とは？

2000 年以上前、古代ギリシャの数学者ユークリッドは、ある特定の数が整数の範囲では 1 とその数自身でしかわれないことに注目しました。これらの整数を素数といい、それ以外の整数を合成数といいます。合成数をより小さい素数の積の形であらわすことは素因数分解として知られています。

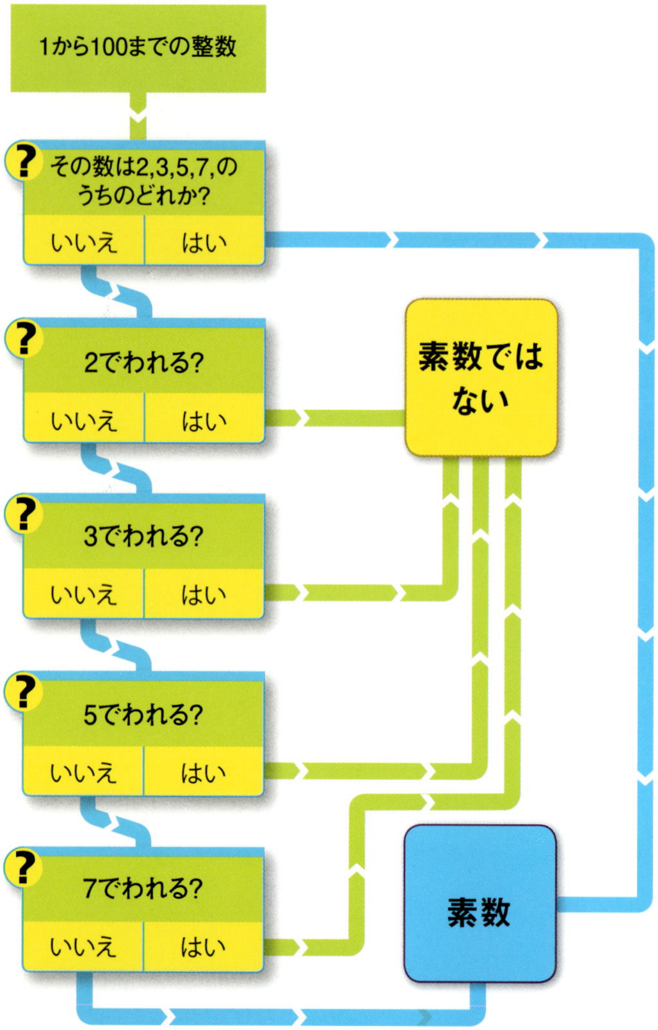

△素数の見分け方
このフローチャートで、1 から 100 までの整数のうちの素数を見分けることができる。2, 3, 5, 7 の素数でわれるかどうかをチェックしていけばよい。

100 以下の素数
この表は 100 以下の整数の中の素数を示している。

17 **素数**
青は素数。1とそれ自身以外に約数をもたない。

42 (2 3 7) **合成数**
黄色は合成数。1とそれ自身以外にも約数がある。

小さく示された数は、その数が2, 3, 5, 7のどれでわれるかを示している。

6 2 3	7	8 2	9 3	10 2 5
16 2	17	18 2 3	19	20 2 5
26 2	27 3	28 2 7	29	30 2 3 5
36 2 3	37	38 2	39 3	40 2 5
46 2	47	48 2 3	49 7	50 2 5
56 2 7	57 3	58 2	59	60 2 3 5
66 2 3	67	68 2	69 3	70 2 5 7
76 2	77 7	78 2 3	79	80 2 5
86 2	87 3	88 2	89	90 2 3 5
96 2 3	97	98 2 7	99 3	100 2 5

素因数分解

1以外のすべての整数は、素数または素数の積で表せます。素因数分解とは合成数を素数に分解していくことです。合成数を構成する素数を素因数といいます。

素因数 → 5　　残りの因数 → 6

$$30 = 5 \times 6$$

30の素因数のうちもっとも大きいものは5である。残りの因数(約数)は6だが(5×6＝30)、6はさらに素数に分解する必要がある。

素因数の大きい方 → 3

$$6 = 3 \times 2$$

次に6をさらに小さい素数2と3に分解する。

素因数は小さい順に並べることもある

$$30 = 5 \times 3 \times 2$$

30は素数5, 3, 2の積で表すことができる。

リアルワールド

暗号化

銀行や商店の取引の多くがインターネット等の伝達手段を使って行われていますが、情報を保護するため、巨大な二つの素数の積が暗号化に用いられます。
素因数があまり大きな数だとハッカーもお手上げで、解読できず安全が守られるというわけです。

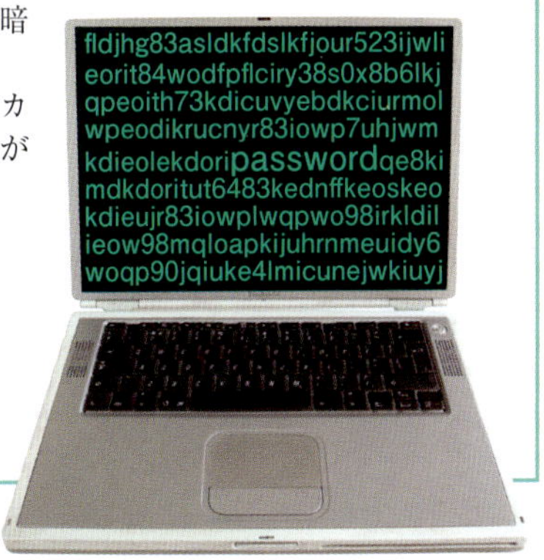

データ保護
しっかりとした安全策を提供できるように、数学者たちはより大きな素数を求めて、たゆまぬ努力を続けているのです。

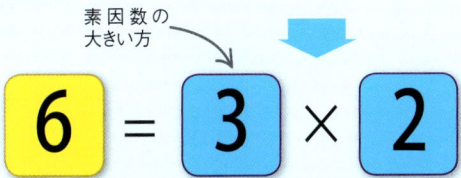

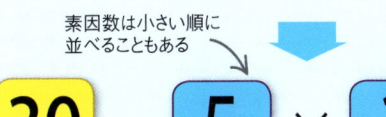

計量の単位

参照ページ
体積 146〜147〉
公式 169〜171〉
参考 234〜237〉

計量の単位は、時間・量・長さを測るときの基準となるサイズです。

基本の単位

単位は承認され基準となった計測のサイズです。単位が基になっていろいろな量を正確に計ることができます。時間・重さ(質量)・長さという三種類の基本単位があります。

△時間
時間は、秒・分・時・日・週・月・年で計られる。国や文化の違いによって、新年のスタートがちがう時期にずれる暦もある。

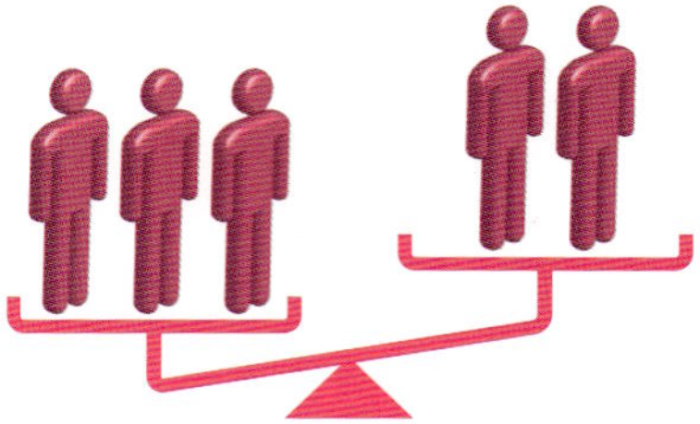

△重さと質量
ものにどのくらいの重さ(重量)があるかは、それにかかる重力に関係する。質量はその物体を作っている物質の量で、てんびんで量り重力に左右されない。日常生活では両方ともグラム、キログラムなど同じ単位が使われている。

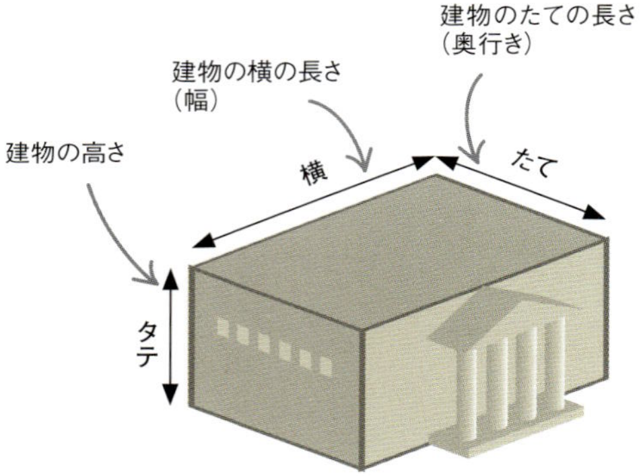

△長さ
どのくらいの長さ(距離)があるかは、メートル法ではセンチメートル、メートル、キロメートル、ヤード・ポンド法ではインチ、フィート、ヤード、マイルで測られる。(p.234−237参照)

詳しく見ると

距離(道のり)

距離は二つの点の間隔で、長さを表しますが、移動した道のりとして使うときは、二点間の最短の長さとは限りません。

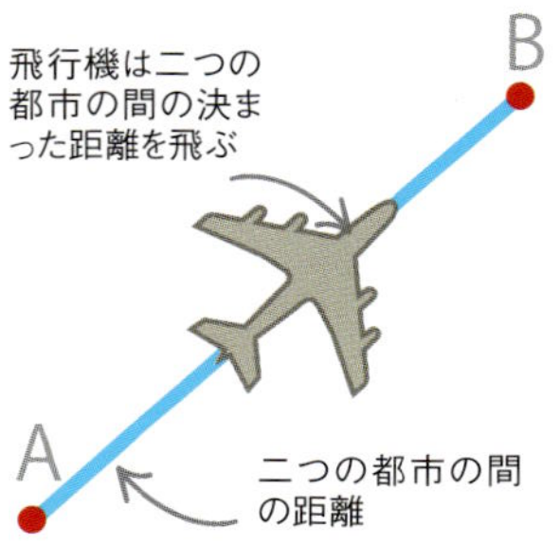

計量単位の合成

合成単位は複数の単位を組み合わせたり、一つの単位を重ねて使ったりすること。面積、体積、速さ、密度などがこれに当たります。

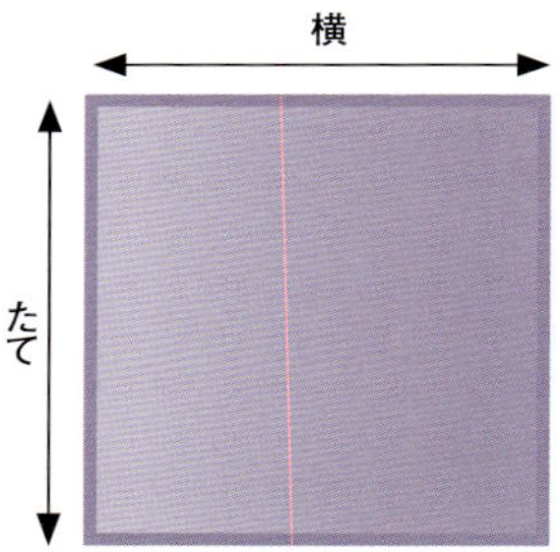

◁面積
面積は平方の単位で表される。正方形や長方形の面積はたてと横の積で出る。たてと横の長さがメートルで測られているなら、その面積の単位はm×m、つまり m^2 となる。

面積=たて×横

面積はたて・横という同じ二つの長さの単位の合成からなる

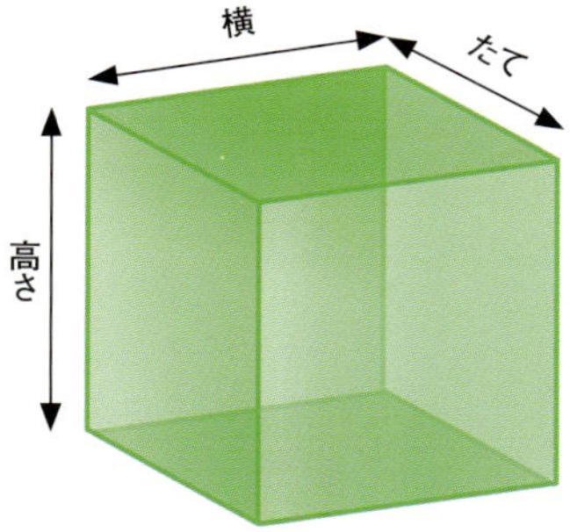

◁体積
体積は立方の単位で表される。直方体の体積はたて・横・高さの積で出る。たて・横・高さがメートルで測られているなら、その体積の単位はm×m×m、つまり m^3 となる。

体積=たて×横×高さ

体積はたて・横・高さという同じ三つの長さの単位の合成からなる

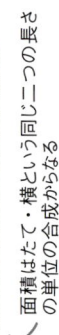

速さ

速さはある決められた時間に進んだ距離(道のり)で表し、速さを求める式は 距離÷時間となります。距離と時間の単位がkmと時であれば、速さの単位は時速km(km/時)となります。

速さS＝距離D/時間T

▷速さの公式トライアングル

速さS・距離D・時間Tの関係を三角形の図で表すこともできる。三角形の中の位置が、それを求めるためには他の二つをどう使って計算するかを示している。

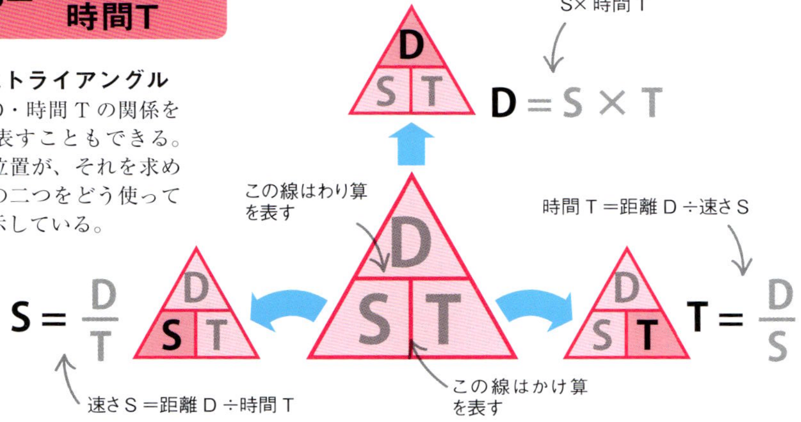

密度

密度はある決まった体積の物体の中にどのくらいの物質が詰まっているかを測るもので、質量と体積の二つが関係します。密度を求める式は 質量 ÷ 体積 で、グラムgとcmを使えば単位はg/cm^3です。

(※ 訳注――1cm^3あたり何gかということ。日本では、「質量」を習うのは中学、厳密な学習は高校生になってからなので、とりあえずは「重さ」÷ 体積 と考えても日常生活では支障はない。)

密度D＝質量M/体積V

▷密度の公式トライアングル

密度D・質量M・体積Vの関係を三角形の図で表すこともできる。三角形の中の位置が、それを求めるためには他の二つをどう使って計算するかを示している。

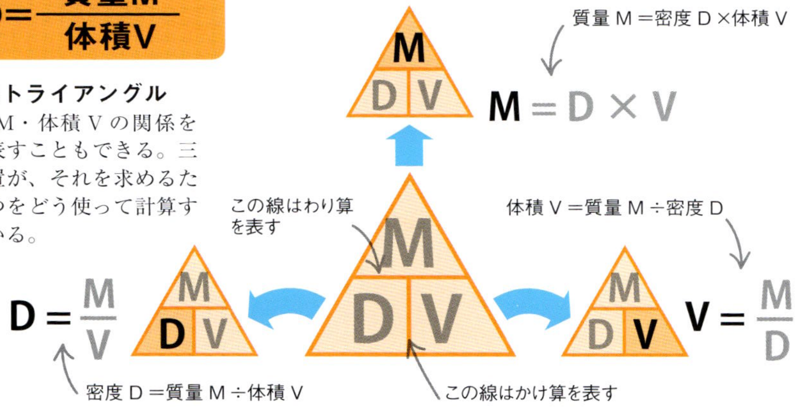

▽速さを求める

ある車が20分で20キロメートル走ったとする。このことから車の速さが時速何kmかを求めてみる。

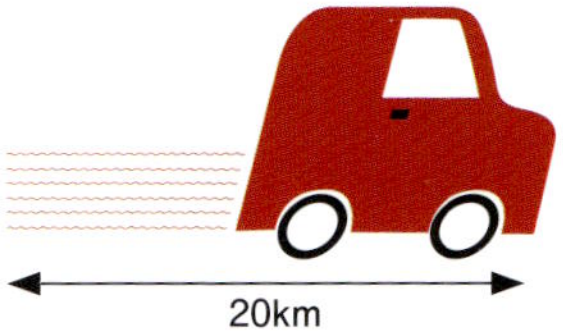

20分を60分でわって時間になおす

$$20分 = \frac{20}{60} = \frac{1}{3}時間$$

分から時間に単位を換えるために60でわり、約分する。(分母・分子を20でわる。)20分は$\frac{1}{3}$時間とわかる。

$$S = \frac{D}{T} = 60km/時$$

距離は20km
時間は$\frac{1}{3}$時間

次に速さの公式に距離と時間の数値を代入する。距離20kmを$\frac{1}{3}$時間でわると、速さは時速60kmとわかる。(p.40参照)

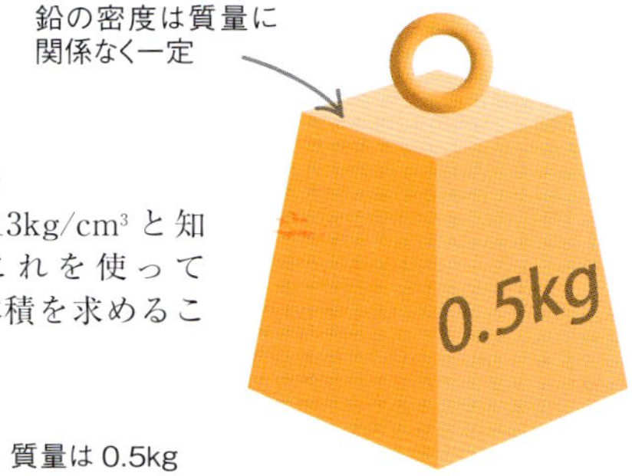

▽体積を求める

鉛の密度は0.0113kg/cm^3と知られている。これを使って0.5kgの分銅の体積を求めることができる。

$$V = \frac{M}{D} ≒ 44.25cm^3$$

質量は0.5kg
密度は0.0113kg/cm^3

△密度の公式の体積を求める形のものに、質量と密度の数値を代入する。質量0.5kgを密度0.0113kg/cm^3でわると体積は約44.25cm^3とわかる。

+− 正負の数

正の数は０より大きい数、負の数は０より小さい数

参照ページ
〈14〜15 数って何?
〈16〜17 たし算・ひき算

正の数はプラスの符号＋を数字の前につけるか、または何もつけなくてもよいですが、負の数はマイナスの符号−を数字の前に必ずつけます。

正の数、負の数を区別して使う意味

正の数は０からプラスの方向へある数量分数え上げていくときに使われ、負の数は逆にマイナスの方向へ０から数え下っていくときに使われます。

正負の数のたし算・ひき算

正負の数のたし算・ひき算を行うには、数直線を用います。まず第一の数を数直線上に見つけ、次にその位置から二番目の数の分だけ動かします。プラスは右へマイナスは左へ移動します。

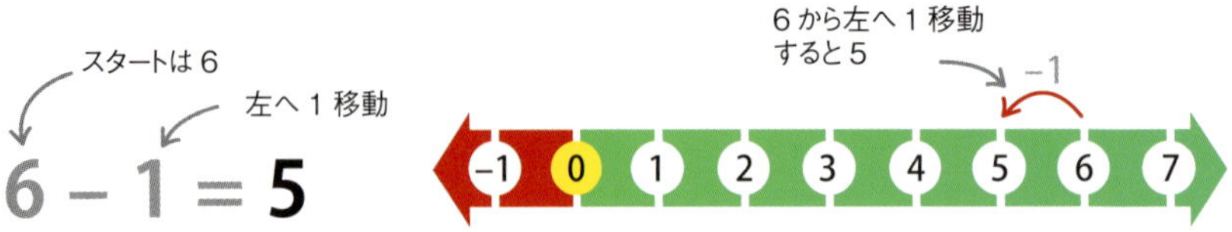

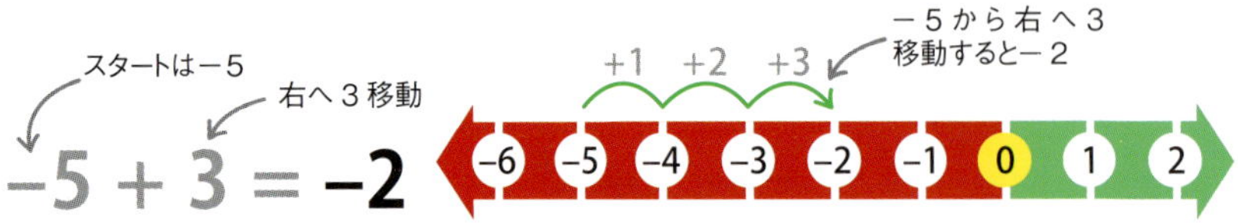

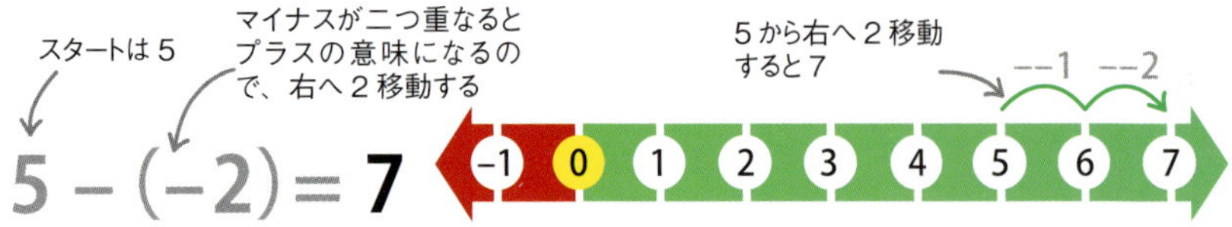

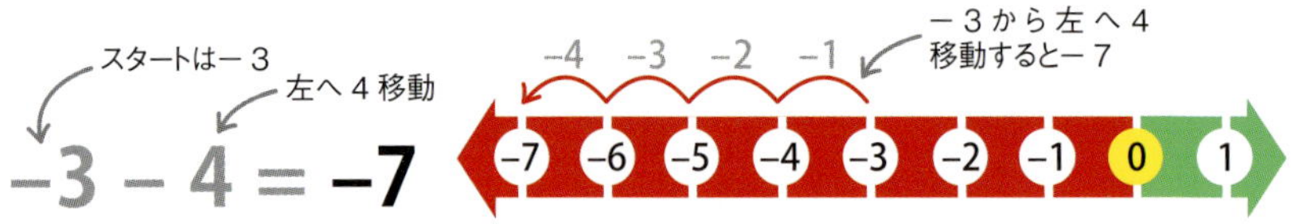

詳しく見ると

二重のマイナス

ある数から負の数（マイナスの数）をひくとき、マイナスの符号が二つ重なります。始めのマイナスを二つ目のマイナスが打ち消して、結果としては常にプラスになります。例えば、５から−２をひくのは５に２をたすのと同じです。

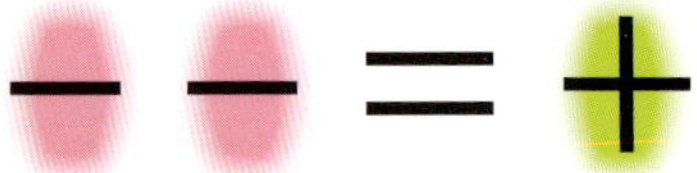

△**同符号はプラス**

−−でも＋＋でも同じ符号が二つ重なったときは、常にプラスの意味になる。＋−のようにちがう符号が並んだときはマイナスを表す。

リアルワールド

温度計

マイナスの数は温度を記録するのに必要です。冬には気温が0度を下回って、氷点下になることも多いからです。これまでに記録された最も低い気温は、南極での－89.2℃です。

▽数直線
正負の数の意味を把握するには数直線を使うのがよい方法だ。0の右に正の数を並べ、0の左に負の数を並べていく。色分けするとさらに見分けやすくなる。

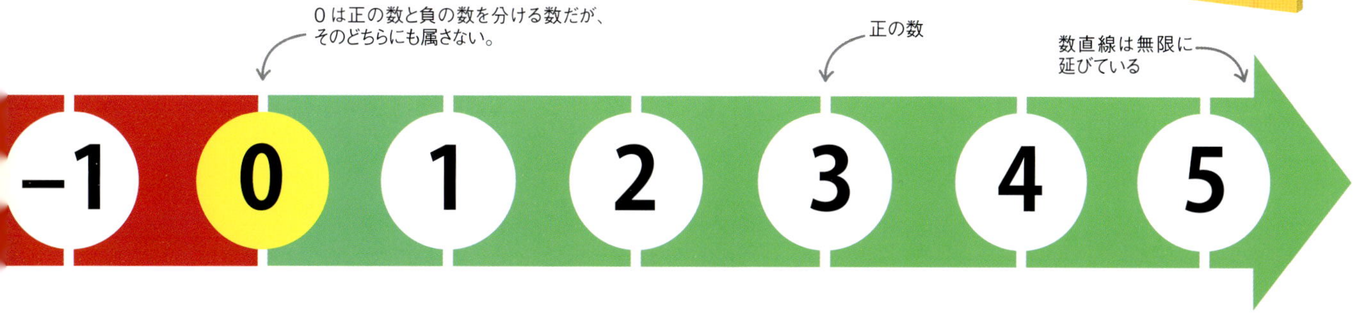

かけ算・わり算

二つの数のかけ算・わり算をするときは、まずプラス・マイナスは無視して計算し、それから右の表に従って答えの符号を決めます。

$2 \times 4 = \mathbf{8}$　＋×＋=＋だから正の数

$-1 \times 6 = \mathbf{-6}$　－×＋=－だから負の数

$-4 \div 2 = \mathbf{-2}$　－÷＋=－だから負の数

$-2 \times 4 = \mathbf{-8}$　－×＋=－だから負の数

$-2 \times (-4) = \mathbf{8}$　－×－=＋だから正の数

$(-10) \div (-2) = \mathbf{5}$　－÷－=＋だから正の数

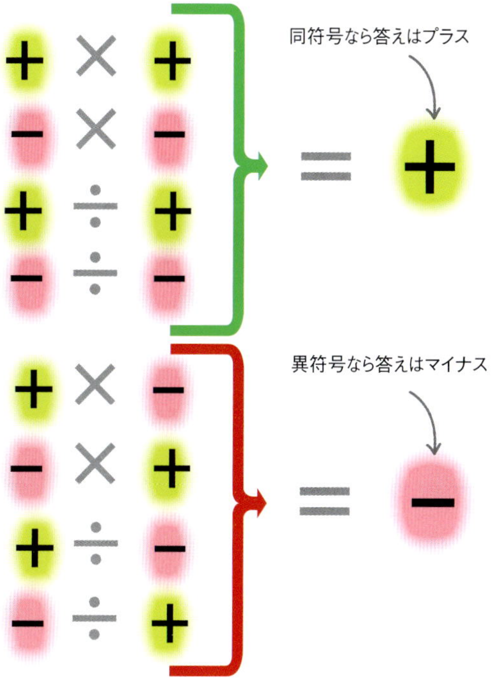

△符号の決め方
答えの符号は、計算する二つの数が同じ符号か異なる符号かによって決まる。

√ 累乗とルート

同じ数を何回かかけることを累乗といいます。ある数のルート(根)とは累乗するとその与えられた数になる数のことです。

参照ページ
〈18〜21 かけ算
〈22〜25 わり算
数の表し方 36〜37〉
電卓を使う 64〜65〉

累乗と指数

同じ数を何個かかける、つまり累乗するとき、かける個数を指数といい、もとの数の右かたに小さく書きます。同じ数を２個かけることを二乗(または平方)といい、３個かけることを三乗(または立方)といいます。

$$5^4$$

指数は５を何個かけ合わせるかを示している(5^4は$5\times5\times5\times5$という意味)

累乗するもとの数

$$5\times5=5^2$$
$$=25$$

指数は２, 5^2は「５の２乗」と読む

△数の二乗（平方）
ある数に同じ数をかければその数の二乗がでる。右かたの２を指数といい、5^2は5×5のことだ。

▷平方数
５の二乗を図に表したもの。５個の列が５列で $5\times5=25$

$$5\times5\times5=5^3$$
$$=125$$

指数は３, 5^3は「５の３乗」と読む

△数の三乗（立方）
ある同じ数を３個かければその数の三乗がでる。右かたの３が指数で、5^3は$5\times5\times5$のことだ。

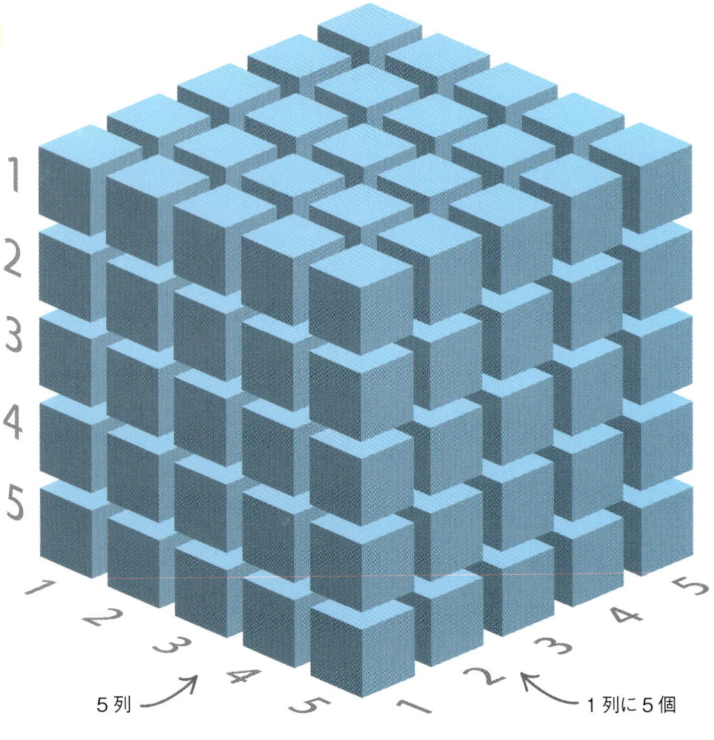

▷立方数
５の三乗を図に表したもの。５個の列が５列で１段をなし、それが５段積み重なって $5\times5\times5=125$

平方根と立方根

ある数の平方根とは、二乗するとその与えられた数になる数のことです。例えば2×2 = 4より4の平方根のひとつは2です。一方、(－2)×(－2) = 4なので、－2も4の平方根といえます。
ある数の立方根とは、三乗するとその与えられた数になる数のことです。例えば27の立方根は、3×3×3 = 27なので3です。

平方根（ルート）の記号
（根号ともいう）

$$\sqrt{25}$$

この数の平方根を求める（プラスの方）

立方根の記号

$$\sqrt[3]{125}$$

この数の立方根を求める

ルートの記号　25の正の平方根　25は5^2

$$\sqrt{25}=5 \text{ なぜなら } 5\times5=25$$

△**ある数の平方根**
何を二乗すると$\sqrt{\ }$の中の数になるかを考える。
（※ 訳注—ここではプラスの方。マイナスの方は$-\sqrt{25}$と書き表す。）

立方根の記号　125の立方根　125は5^3

$$\sqrt[3]{125}=5 \text{ なぜなら } 5\times5\times5=125$$

△**ある数の立方根**
何を三乗すると$\sqrt{\ }$の中の数になるかを考える。

よく使う平方根

もとの数	平方根（正）	
1	1	1×1=1
4	2	2×2=4
9	3	3×3=9
16	4	4×4=16
25	5	5×5=25
36	6	6×6=36
49	7	7×7=49
64	8	8×8=64
81	9	9×9=81
100	10	10×10=100
121	11	11×11=121
144	12	12×12=144
169	13	13×13=169

詳しく見ると

電卓を使う

電卓（計算機）を使って累乗の計算をしたり、平方根を見つけたりできます。多くの電卓には二乗や三乗、平方根や立方根を計算する機能があります。何乗でも計算できる指数のキーがあるものもあります。

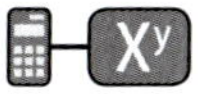

△**指数**
このキーがあれば何乗でも計算できる。

$$3^5 = \boxed{3}\ \boxed{X^y}\ \boxed{5}$$
$$= 243$$

◁**指数キーを使う**
始めに累乗すべきもとの数を入力し、次に指数キーを押し、最後に累乗の指数を入力する。

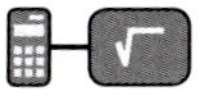

△**平方根**
このキーは平方根を求めるのに使う。

$$25 \rightarrow \boxed{\sqrt{\ }}\ \boxed{25}$$
$$= 5$$

◁**平方根を求める**
多くの電卓では、ルートの記号ともとの数を入力すれば、平方根（正）が表示される。

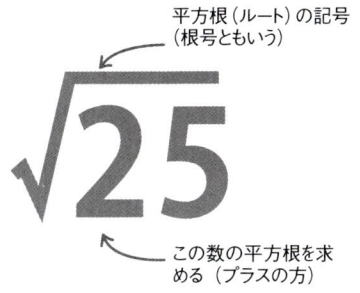

同じ数の累乗をかけ合わせる

同じ数の累乗をかけ合わせるには、単に指数をたすだけでいいことがわかります。かけ合わせる数の指数の和が答えの指数になります。

はじめの指数　加える　二番目の指数

$$6^2 \times 6^3 = 6^5$$

答えの指数は２＋３＝５

なぜなら

▷書いてみる

累乗をかけ算として書き直してみると、累乗どうしのかけ算がなぜ指数をたすことにつながるのかがわかる。

$$(6\times6)\times(6\times6\times6) = 6\times6\times6\times6\times6$$

$6^2 = 6\times6$　$6^3 = 6\times6\times6$　$6\times6\times6\times6\times6 = 6^5$

同じ数の累乗でわる

同じ数の累乗のわり算は、わられる数の指数からわる数の指数をひくことで計算できます。二つの数の指数の差が答えの指数になります。

はじめの指数　ひく　二番目の指数

$$4^4 \div 4^2 = 4^2$$

答えの指数は４－２＝２

なぜなら

▷書いてみる

累乗をかけ算に、わり算を分数の形に書き直して、約分をしてみると、累乗どうしのわり算がなぜ指数をひくことにつながるのかがわかる。

$$\frac{4\times4\times4\times4}{4\times4} \rightarrow \frac{\not{4}\times\not{4}\times4\times4}{\not{4}\times\not{4}} = 4\times4$$

$4^4=4\times4\times4\times4$　$4^2 = 4\times4$　約分してできるだけ簡単にする　$4\times4 = 4^2$

詳しく見ると

ゼロ乗

どんな数でもゼロ乗すると１になります。同じ数の同じ累乗どうしのわり算はその数のゼロ乗になりますが、答えは１です。くり返しになりますが、このページで扱ったルール（指数法則）は、同じ数の累乗をあつかうときにのみ当てはまるものです。

はじめの指数　二番目の指数　答えの指数は３－３＝０

$$8^3 \div 8^3 = 8^0 = 1$$

どんな数も０乗すると１になる

なぜなら

▷書いてみる

書き直して約分をしてみると、ゼロ乗が１になる理由がわかる。

$$\frac{8\times8\times8}{8\times8\times8} = \frac{512}{512} = 1$$

$8^3 = 8\times8\times8$　どんな数も同じ数でわれば１になる

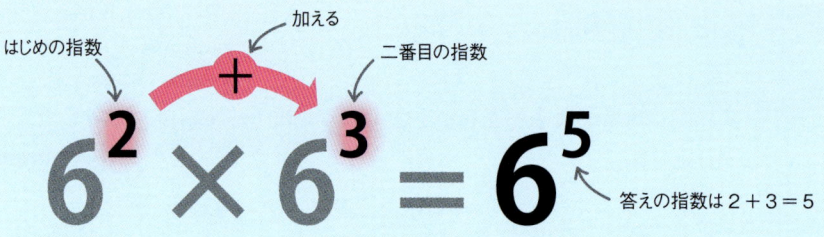

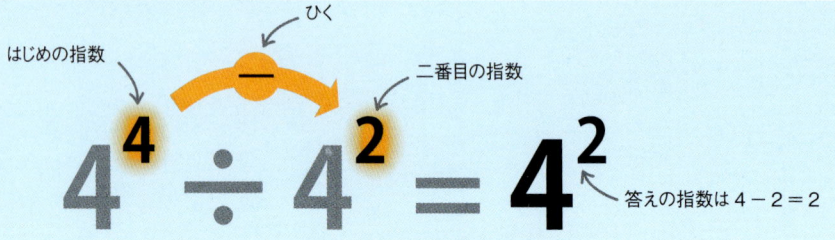

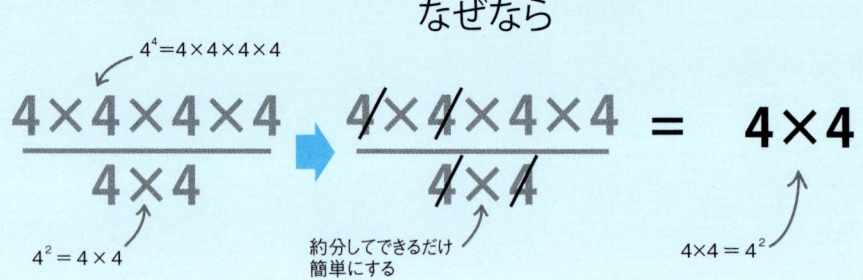

概算によって平方根を探す

見当をつけ、概算（およその計算）をくり返しながら、平方根を探すことができます。見当をつけた数を二乗して、結果が大きすぎるか小さすぎるかによって、調整していく方法です。

$$\sqrt{32} = ?$$

$\sqrt{25}=5, \sqrt{36}=6$ だから答えは5と6の間にあることがわかる。真ん中をとって5.5からスタートする。

$5.5 \times 5.5 = 30.25$ 小さい

$5.75 \times 5.75 = 33.0625$ 大きい

$5.65 \times 5.65 = 31.9225$ 小さい

$5.66 \times 5.66 =$ **32.0356**

32の正の平方根は5.66に近い数

32に極めて近いといえる

$$\sqrt{1000} = ?$$

$\sqrt{1600}=40, \sqrt{900}=30$ だから答えは30と40の間にあることがわかる。900の方が1600より1000に近いので、30に近い32からスタートしてみる。

$32 \times 32 = 1{,}024$ 大きい

$31 \times 31 = 961$ 小さい

$31.5 \times 31.5 = 992.25$ 小さい

$31.6 \times 31.6 = 998.56$ 小さい

$31.65 \times 31.65 = 1{,}001.72$ 大きい

$31.62 \times 31.62 =$ **999.8244**

1000の正の平方根は31.62に近い数

1000に極めて近いといえる

概算によって立方根を探す

立方根もおよその数で見当をつけながら計算をくり返し、答えに近づけていくことができます。

$$\sqrt[3]{32} = ?$$

$3 \times 3 \times 3 = 27, 4 \times 4 \times 4 = 64$ だから答えは3と4の間にあることがわかる。真ん中をとって3.5からスタートする。

$3.5 \times 3.5 \times 3.5 = 42.875$ 大きい

$3.3 \times 3.3 \times 3.3 = 35.937$ 大きい

$3.1 \times 3.1 \times 3.1 = 29.791$ 小さい

$3.2 \times 3.2 \times 3.2 = 32.768$ 大きい

$3.18 \times 3.18 \times 3.18 =$ **32.157432**

32の立方根は3.18に近い数

およそ32

$$\sqrt[3]{800} = ?$$

$9 \times 9 \times 9 = 729, 10 \times 10 \times 10 = 1000$ だから答えは9と10の間にあることがわかる。729の方が1000より800に近いので、9に近い9.1からスタートしてみる。

$9.1 \times 9.1 \times 9.1 = 753.571$ 小さい

$9.3 \times 9.3 \times 9.3 = 804.357$ 大きい

$9.27 \times 9.27 \times 9.27 = 796.5979$ 小さい

$9.28 \times 9.28 \times 9.28 = 799.1787$ かなり近い

$9.284 \times 9.284 \times 9.284 =$ **800.2126**

800の立方根は9.284に近い数

およそ800

4×10^3 数の表し方

参照ページ
〈18〜21 かけ算
〈22〜25 わり算
〈32〜35 累乗とルート

大きな数や小さな数を示すのに便利な方法として、数の表し方の標準的な形式（スタンダードフォーム）があります。ここでは標準形と呼びます。

数の標準形とは？

この標準形の式は、10の累乗を用いることによって、大きな数や小さな数を理解しやすくする数の表し方です。この表し方の良いところは、10の指数によって、数を見たとたんにどのくらいの大きさかが把握できるという点にあります。

10の指数

$$4\times10^3$$

◁**標準形で表す**
4000を標準形の式で表すとこのようになる。この4000という数の小数点の位置は4の三けた右になる。

数の標準形の作り方

数をこの形で表すには、もとの数の小数点を動かして1以上10未満の数になおします。小数点を何けた移動すべきかを考えます。もとの数に小数点がついていないときは、一の位の右に書き加えておきます。

▷**数を選ぶ**
普通は非常に大きい数や小さい数を表すときに、この形が用いられる。

大きい数の場合　1,230,000

小さい数の場合　0.0006

▷**小数点の位置**
小数点の位置を確認する。小数点がないときは、一の位の右に書き加えておく。

小数点を加える　1,230,000.

小数点の位置　0.0006

▷**小数点の移動**
もとの数の小数点を動かして1以上10未満の数になおす。どちら側に何けた動かすかが重要。

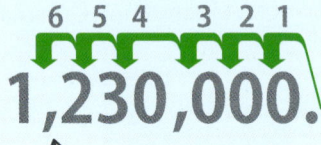

6 5 4 3 2 1
1,230,000.
小数点を左に6けた移動

1 2 3 4
0.0006
小数点を右に4けた移動

▷**標準形で表す**
1以上10未満の数に10の累乗をかけるという形で式に表す。累乗の指数は小数点をどちら側に何けた動かしたかで決まる。

小数点を左に移動したときは（もとにもどすという意味で）指数は正の数、6けた移動したので6

$$1.23\times10^6$$

ここは必ず1以上10未満の数

小数点を右に移動したときは（もとにもどすという意味で）指数は負の数

$$6\times10^{-4}$$

小数点を4けた移動したので指数は－4。
$10^{-4}=\frac{1}{10^4}$

標準形の式の効果

けた数が多いために数の大きさが比較しにくいことがあります。この形式で表せば一目瞭然です。

地球の質量は

24 23 22 21 20 19 18 17 16 15 14 13 12 11 10 9 8 7 6 5 4 3 2 1

5,974,200,000,000,000,000,000,000.0 kg

小数点を左に 24 けた動かす。

火星の質量は

23 22 21 20 19 18 17 16 15 14 13 12 11 10 9 8 7 6 5 4 3 2 1

641,910,000,000,000,000,000,000.0 kg

小数点を左に 23 けた動かす。

標準形式で表せば二つの数の比較は容易だ。地球の質量は

$$5.9742 \times 10^{24} \text{ kg}$$

火星の質量は

$$6.4191 \times 10^{23} \text{ kg}$$

▷惑星の質量を比べる
地球の質量が火星の質量より大きいことは一目でわかる。10^{24} は 10^{23} の 10 倍である。

標準形の実例

例	0を用いた表記	標準形
月の質量	73,600,000,000,000,000,000,000kg	7.36×10^{22}kg
地球の人口	6,800,000,000	6.8×10^{9}
光の速さ	300,000,000 m/秒	3×10^{8}m/秒
地球から月までの距離	384,000 km	3.84×10^{5} km
エンパイア・ステイト・ビルの重さ	365,000t	3.65×10^{5}t
赤道一周	40,075 km	4.0075×10^{4}km
エベレスト山の高さ	8,850 m	8.850×10^{3}m
弾丸の速さ	710 m/秒	7.1×10^{2}m/秒
カタツムリの速さ	0.001 m/秒	1×10^{-3}m/秒
赤血球の幅	0.00067 cm	6.7×10^{-4}cm
ウィルスの長さ	0.000 000 009 cm	9×10^{-9}cm
ほこりの粒子の重さ	0.000 000 000 753 kg	7.53×10^{-10}kg

詳しく見ると

数の標準形と電卓

累乗の計算は、指数キーのある電卓なら何乗でも簡単にできます。大きい数を標準形で答えてくれるものもあります。

Xʸ

△指数キー
この指数キーがあれば、累乗の計算は簡単にできる。

指数キーをつかう

4×10^{2} 4×10^{2} は以下のように入力する

4 × 10 Xʸ 2

答えを標準形で表すことのできる電卓もある

$$1234567 \times 89101112 \fallingdotseq$$
$$1.100012925 \times 10^{14}$$

答えは約 110,001,292,500,000

小数

十進法で表された数字のうち、小数点のある数は小数と呼ばれます。

参照ページ
〈18〜21 かけ算
〈22〜25 わり算
電卓を使う〈64〜65

小数

小数では、小数点の左のけたは整数ですが、右のけたの数字は整数ではありません。小数点の右のけた第一位は十分の一の位、第二位は百分の一の位を表します。

△整数部分と小数部分
整数部分は小数点の左から順に、一の位、十の位、百の位、千の位を表し、小数部分は右から順に十分の一の位、百分の一の位を表す。

かけ算

小数のかけ算をするときは、まず小数点を除いて考えます。整数同士のかけ算をして、そのあと答えに小数点を加えます。

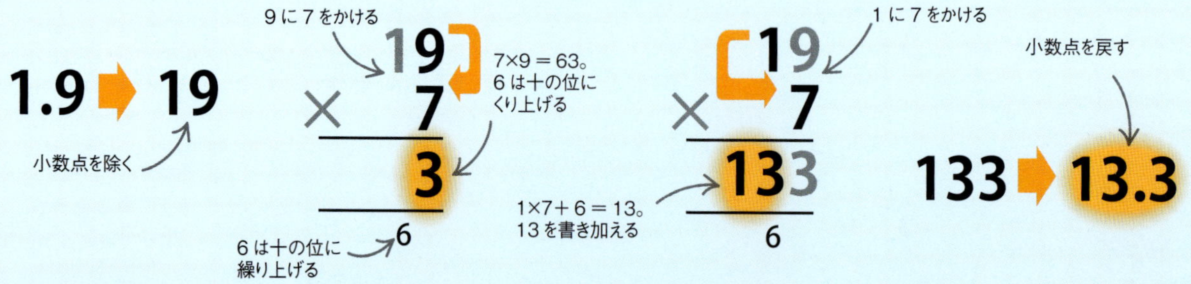

まず小数点を除いて、二つとも整数としてあつかう。

一の位からかけていく。十の位に数字をくり上げる。

十の位をかけると 7 になるが、くり上がった 6 を加えた 13 を答えに書き加える。

最後に、もとの数に小数部分が何けたあるか数える。この場合は一けたなので、答えも小数部分が一けたになるように小数点を書き加える。

わり算

わり算では答えが小数になることがよくあります。わる数を整数になおして計算する場合もあります。

簡略な筆算

わり切れないときには、わられる数に小数点と0を書き込みます。6を8でわってみましょう。

どちらも整数。6の中に8は入らないので、0と小数点を書き、6をくり越す。

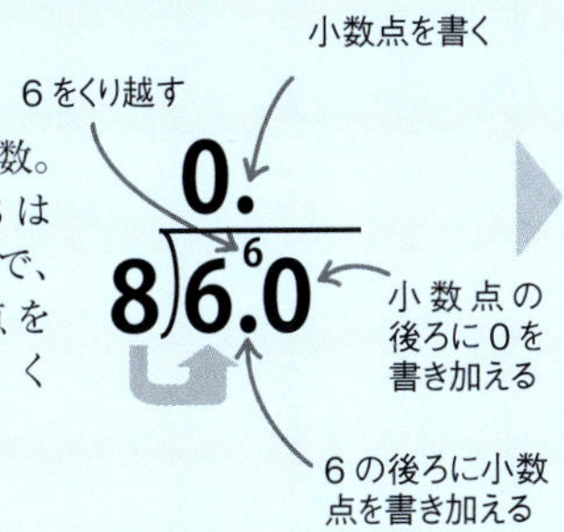

60を8でわると7余り4。答えに7を書き、わられる数に0を書き加え、余りの4をくり越す。

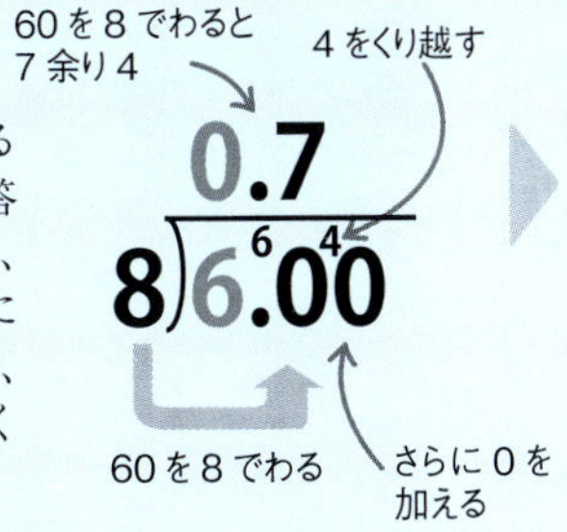

40を8でわるとちょうど5なので、答えに5を書き加えて終了。商は0.75

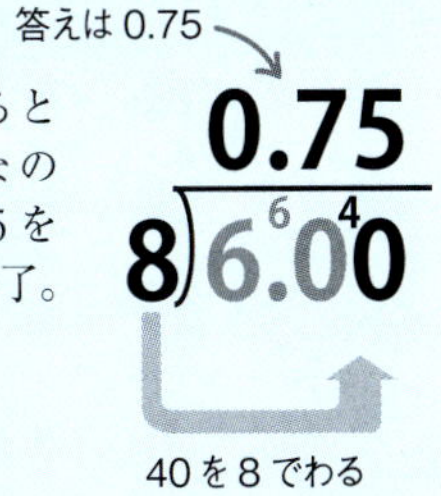

省略しない書き方

上の簡略な書き方以外に，次のように下に計算を書いていく方法もあります。

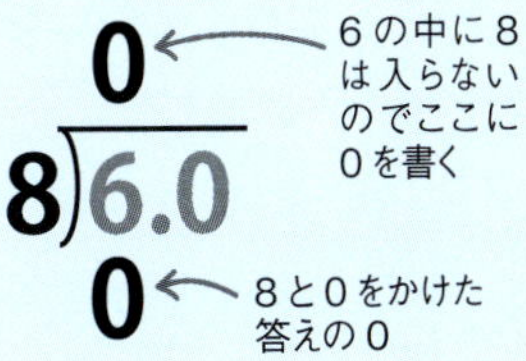

6の中に8は入らないので、0を6の上に書き、8と0をかけた答えの0を6の下に書く。

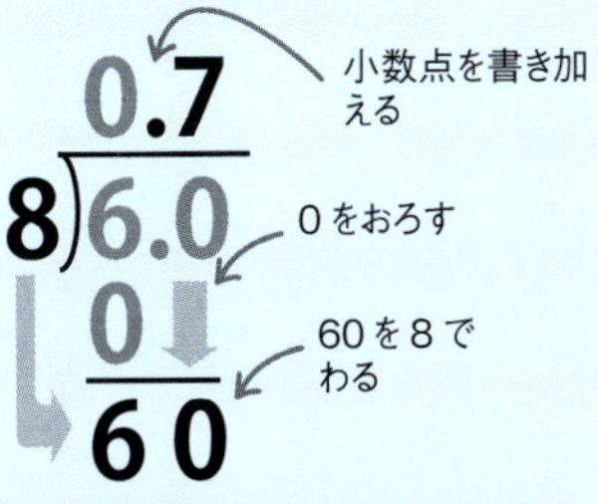

6から0をひくと6、0をおろしてきて60とし、60を8でわった答え7を小数点の後ろに書く。

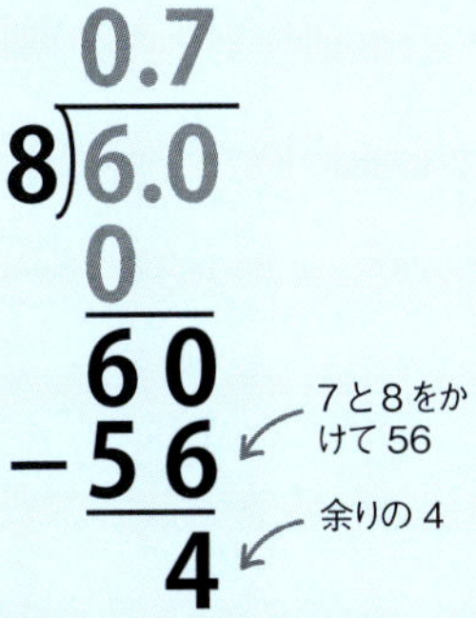

7と8をかけ、60からひいて余りの4を書く。

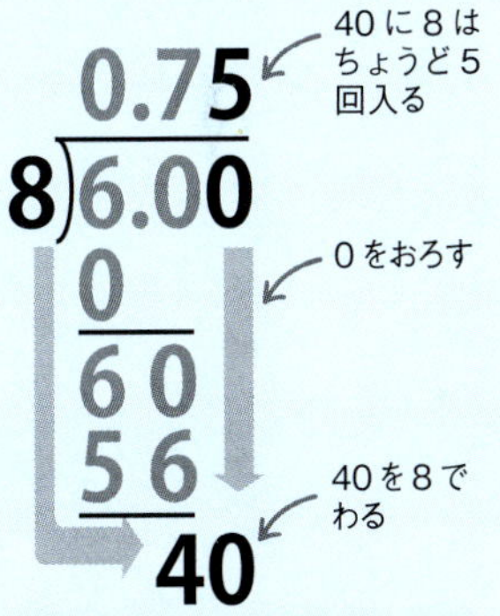

さらに4の隣に0をおろし、40を8でわった5を書き加え、答えは0.75となる。

詳しく見ると

無限に続く小数

わり算の答えが無限に繰り返す小数になることがあり、循環小数と呼ばれています。例えば1を3でわると、計算も答えも同じことのくり返しが続くことになります。

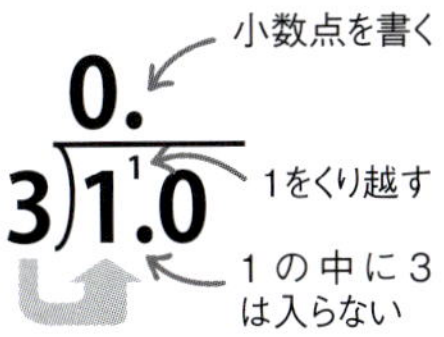

1の中に3は入らないので、0と小数点を書き、1をくり越す。

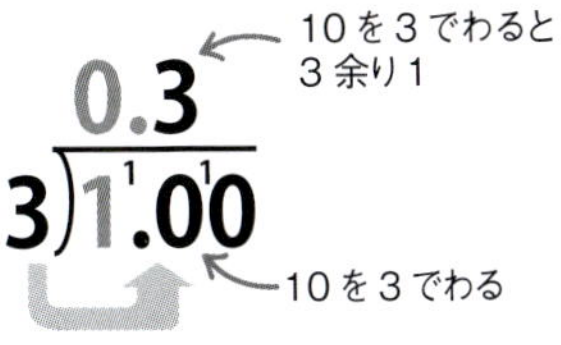

10を3でわると3余り1。答えに3を書き加え、余りの1を次の0にくり越す。

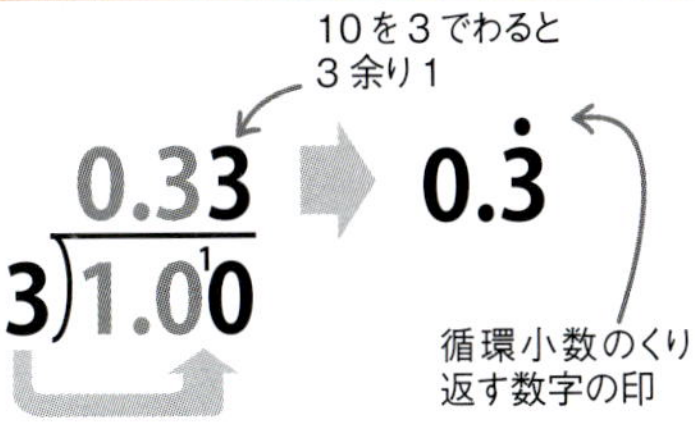

さらに10を3でわるが、同じことのくり返しが無限に続くことになる。このタイプの循環小数はくり返す数字の上に・の印をつけて表す。

分数

分数は整数の一部分を表します。

分数は数を等しい部分に分割する方法ともいえます。分母の上に分子を書いて表します。

参照ページ
〈22～25 わり算
〈38～39 小数
比と比例 〈48～51
百分率 〈52～53
分数・小数・パーセントの変換 〈56～57

分数の意味

下の数字を分母といい、全体を何等分したかを表します。
上の数字は分子といって、いくつの部分かを示しています。

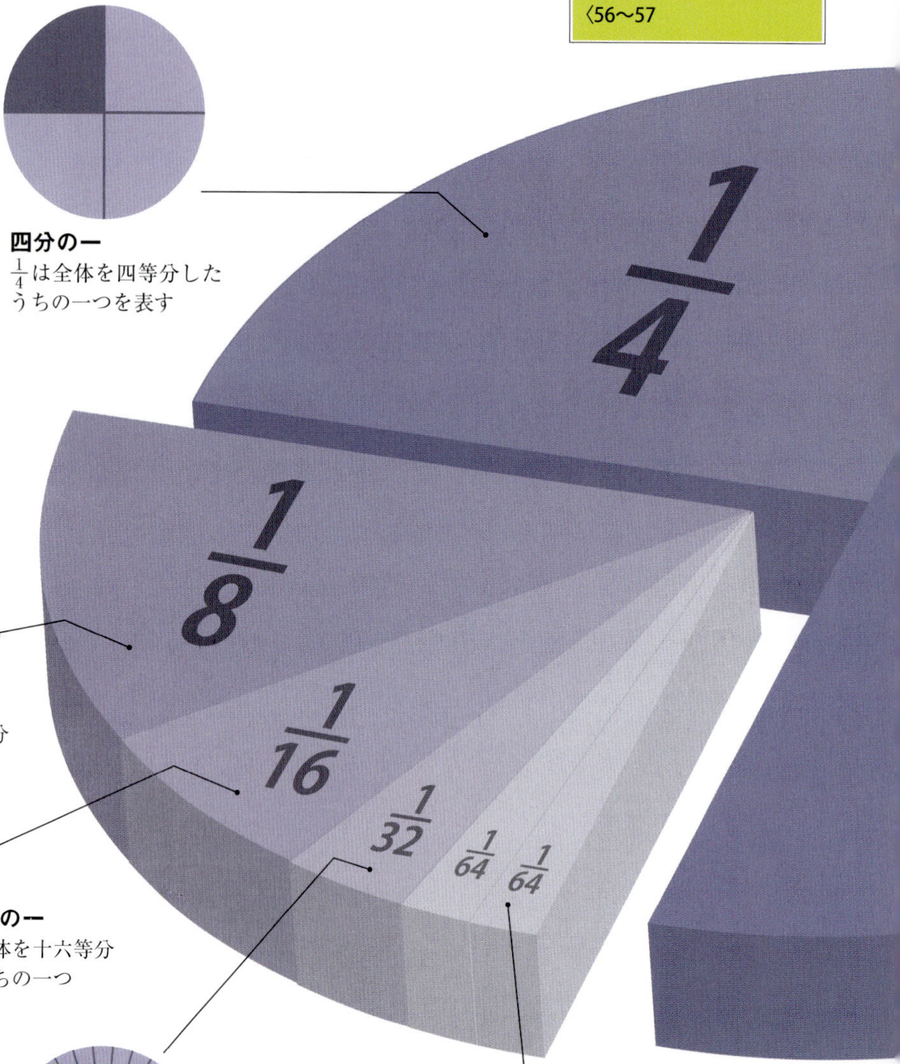

四分の一
$\frac{1}{4}$は全体を四等分したうちの一つを表す

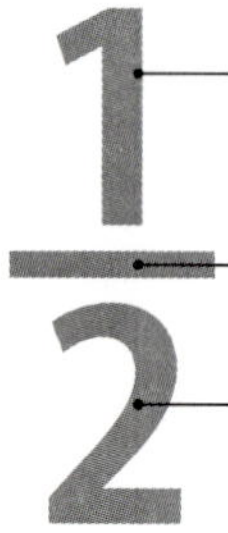

分子
部分の個数

分割する線
／のように書くこともある

分母
全体を何等分したかを表す

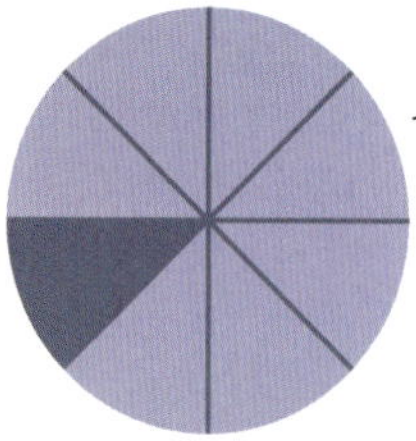

八分の一
$\frac{1}{8}$は全体を八等分したうちの一つ

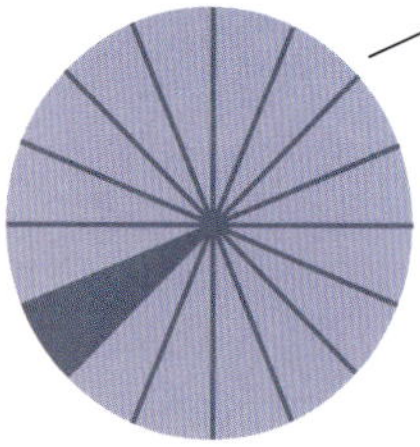

十六分の一
$\frac{1}{16}$は全体を十六等分したうちの一つ

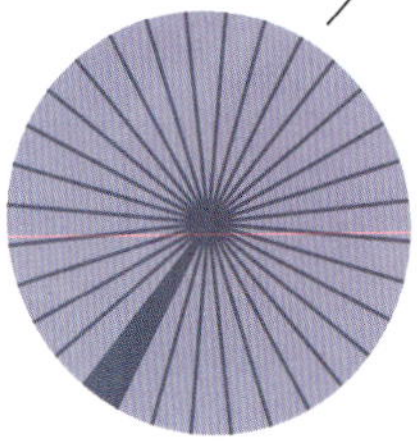

三十二分の一
$\frac{1}{32}$は全体を三十二等分したうちの一つ

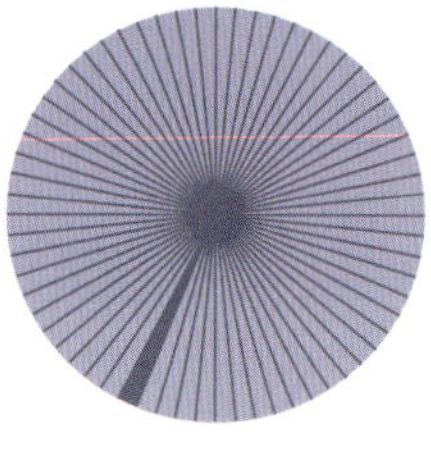

六十四分の一
$\frac{1}{64}$は全体を六十四等分したうちの一つ

▷何等分？
この図は、それぞれの分数が全体をどのように分割したものかを示している。

分数の種類

分子が分母より小さい分数を真分数といいますが、分数の形はこれだけではありません。1より大きい分数には二つの形があります。分子が分母より大きい仮分数と、整数部分のある帯分数です。（仮分数には分子と分母が同じ分数も含まれる。）

分子が分母より小さい

$\frac{1}{4}$

真分数
等分した全体（分母）のうちのある部分（分子）を表す分数で、1より小さい。

分子が分母以上の数

$\frac{35}{4}$

仮分数
分子が分母より大きければ、全体（1）より大きい数を意味する。

整数　分数

$10\frac{1}{3}$

帯分数
整数と分数が組み合わさったもの。

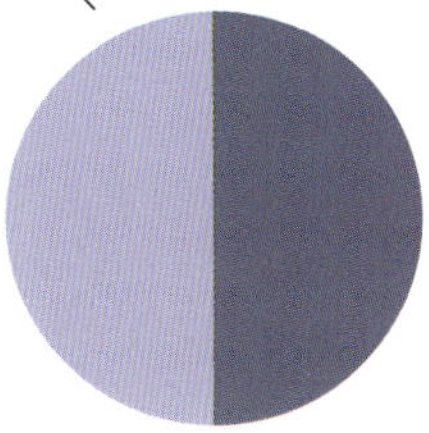

二分の一
$\frac{1}{2}$（半分）は全体を二等分したうちの一つ

分数を描く

分数は、同じ部分に分けられた図形をつかって、いろいろな形で図示できます。

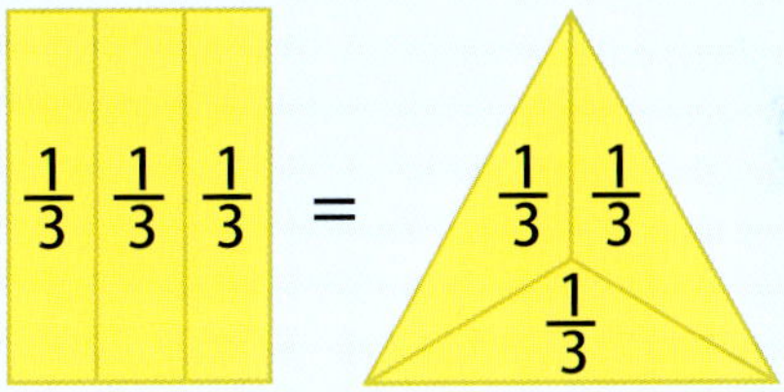

等分
いろいろな図形で分数の表し方をくふうして描いてみよう。

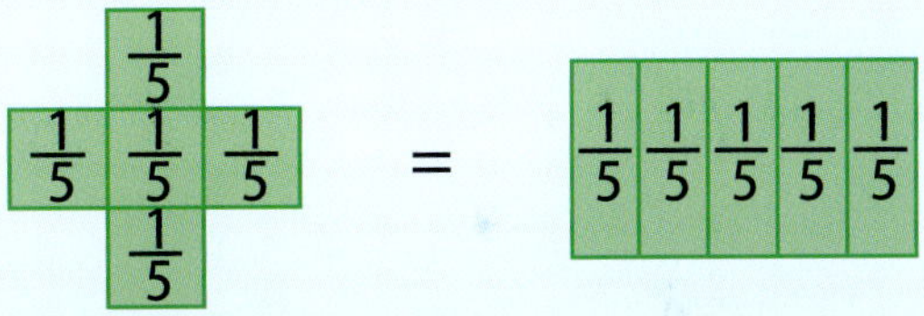

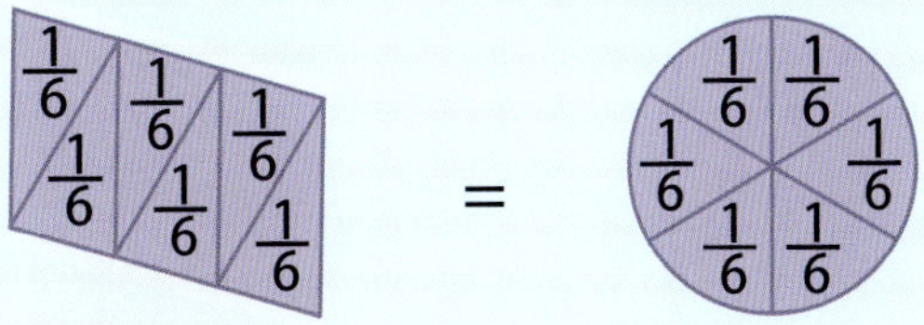

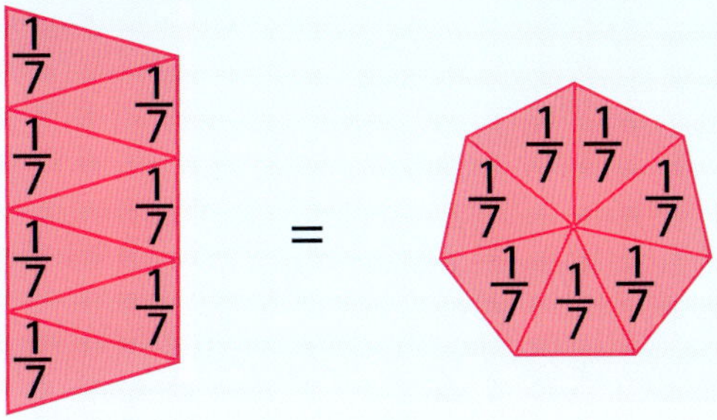

仮分数を帯分数になおす

分子を分母でわることで、仮分数を帯分数にかえることができます。

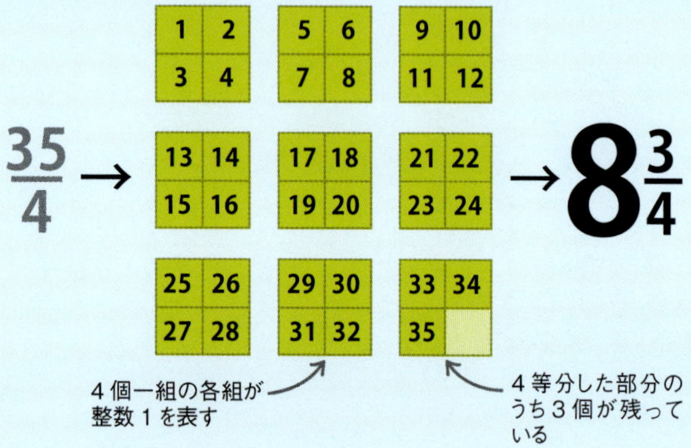

数字を4個ずつのグループにまとめていく。各グループは整数1を表す。この分数は整数8と残りの$\frac{3}{4}$で表すことができる。

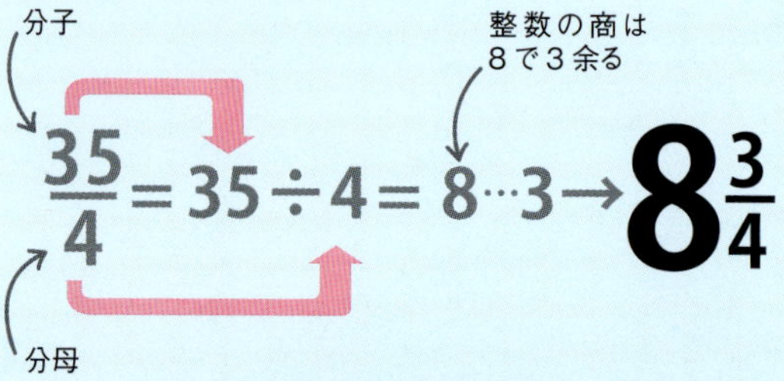

分子の35を分母の4でわる。

わり算の結果は整数8と余りが3（4等分したうちの3個）になるので、$8\frac{3}{4}$という帯分数になる。

帯分数を仮分数になおす

帯分数の整数部分と分母をかけ、分子の数をたすことによって、帯分数を仮分数になおすことができます。

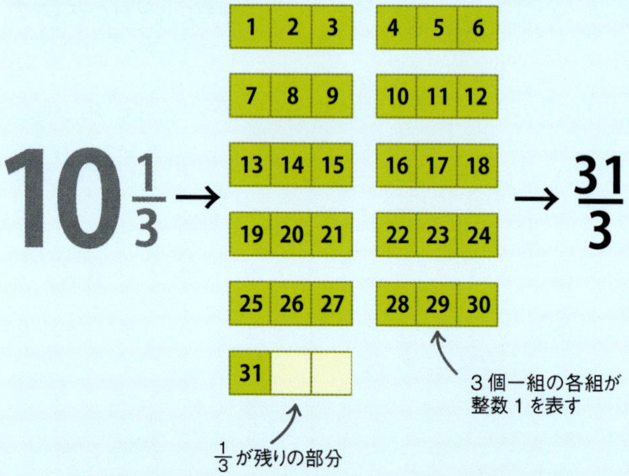

3個ずつのグループが10グループと余りが1個だから、この分数は全部で31個の部分で成り立っていることがわかる。

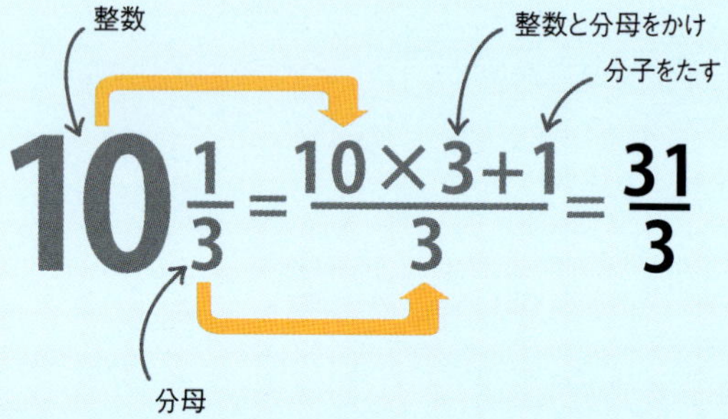

整数10と分母の3をかけ、分子の1を加える。

結果は、分母の3より大きい分子31をもつ仮分数$\frac{31}{3}$となる。

等しい分数

同じ分数でも異なる書き方をされることがあります。見かけはちがっていても等しい分数とわかります。

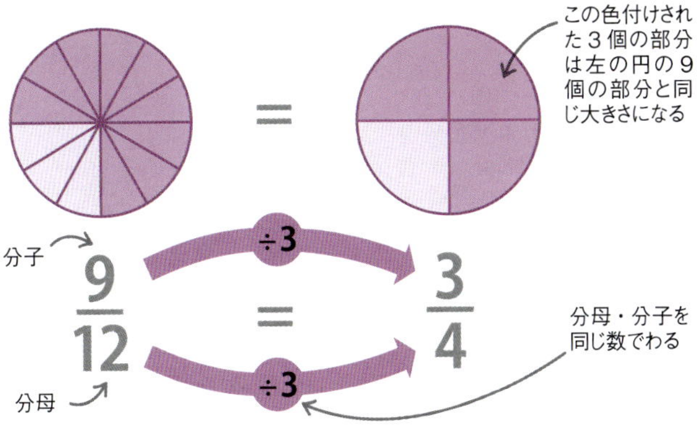

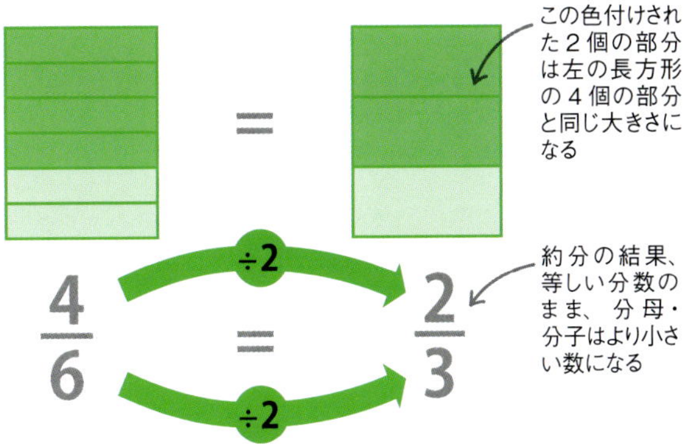

△**約分**
もとの分数の分母・分子を同じ数でわって、より簡単な分数に直すことを約分という。

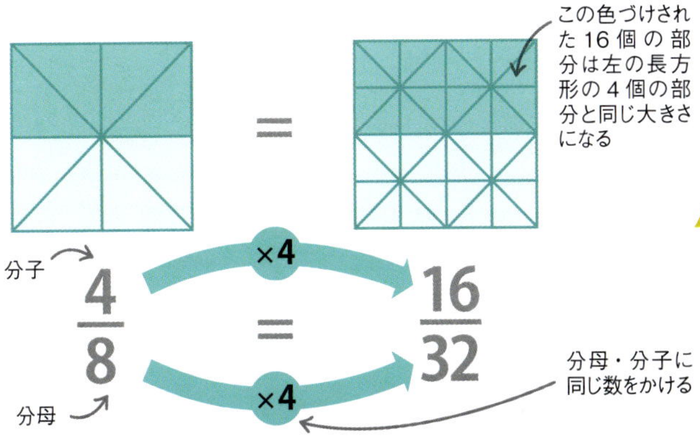

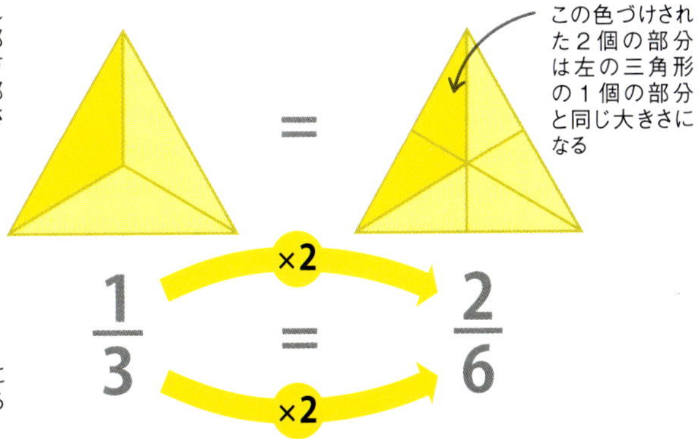

△**分母・分子を大きくする**
分母・分子に同じ数をかけることによって、等しい分数のまま分母・分子を大きくすることができる。

等しい分数									
1/1 =	2/2	3/3	4/4	5/5	6/6	7/7	8/8	9/9	10/10
1/2 =	2/4	3/6	4/8	5/10	6/12	7/14	8/16	9/18	10/20
1/3 =	2/6	3/9	4/12	5/15	6/18	7/21	8/24	9/27	10/30
1/4 =	2/8	3/12	4/16	5/20	6/24	7/28	8/32	9/36	10/40
1/5 =	2/10	3/15	4/20	5/25	6/30	7/35	8/40	9/45	10/50
1/6 =	2/12	3/18	4/24	5/30	6/36	7/42	8/48	9/54	10/60
1/7 =	2/14	3/21	4/28	5/35	6/42	7/49	8/56	9/63	10/70
1/8 =	2/16	3/24	4/32	5/40	6/48	7/56	8/64	9/72	10/80

通分—分母を共通にする

二つ以上の分数の大きさを比べるとき、分母を同じ数にそろえると見分けやすくなります。共通の分母は各分数の分母の公倍数になります。通分できれば、分子の大きさで分数の大きさを比べることができます。

▷分数の大きさを比べる
分数の大きさを比べるには、分母が同じ数になるように各分数を書きかえる必要がある。まず各分数の分母に注目しよう。

$\frac{2}{3}$　$\frac{5}{8}$　$\frac{7}{12}$

分母　分母　分母

▷リストを作る
各分数の分母の倍数を並べてみる。

3の倍数：3, 6, 9, 12, 15, 18, 21, 24, 27, 30…

8の倍数：8, 16, 24, 32, 40, 48, 56, 64, 72…

12の倍数：12, 24, 36, 48, 60, 72, 84, 96…

▷最小公倍数を選ぶ
公倍数をリストアップし、最も小さいものを共通の分母として選ぶ。

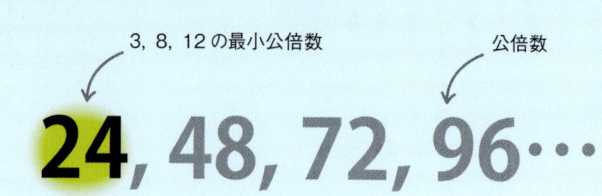

24, 48, 72, 96…

3, 8, 12の最小公倍数　公倍数

▷分数を書きかえる
もとの分数の分母を何倍すれば共通分母になるかを考え、分子にも同じ数をかける。こうして通分できれば、大きさが比べられる。

$\frac{2}{3} = \frac{16}{24}$（×8）　最も大きい分数

$\frac{5}{8} = \frac{15}{24}$（×3）

$\frac{7}{12} = \frac{14}{24}$（×2）　最も小さい分数

もとの分母を8倍すると共通分母24になるので、分子も8倍する

もとの分母を3倍すると共通分母24になるので、分子も3倍する

もとの分母を2倍すると共通分母24になるので、分子も2倍する

分数のたし算・ひき算

整数と同様、分数もたしたり、ひいたりすることができます。計算の方法は分母が同じ分数かちがう分数かによって異なります。

分母が同じ分数のたし算・ひき算

分母が同じ分数のたし算・ひき算は、分子をたしたり、ひいたりするだけで、答えがでます。分母は同じままです。

$$\frac{1}{4}+\frac{2}{4}=\frac{3}{4}$$

分数のたし算は分子だけをたす。分母はかわらない。

$$\frac{7}{8}-\frac{4}{8}=\frac{3}{8}$$

分数のひき算は、はじめの分数の分子から二番目の分数の分子をひけばよい。分母はかわらない。

分母の異なる分数のたし算

異なる分母の分数をたすには、分数を書きかえて同じ分母になるように通分しなければなりません。前のページでとり上げた共通の分母を見つける必要があります。

分母と整数をかけて分子をくわえる

分母はそのまま

$$4\frac{1}{3}+\frac{5}{6} \quad \frac{4\times3+1}{3}$$

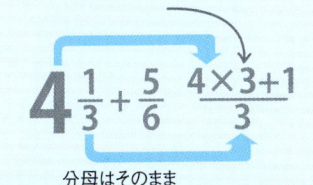

はじめに帯分数を仮分数になおす。

分母は３と６だから６が共通分母になる

$$\frac{13}{3}+\frac{5}{6}$$

異なる分母の分数を直接たすことはできないので、通分する。

$$\frac{13}{3}=\frac{26}{6}$$

×2

もとの分母を２倍すると共通分母６になるので、分子も２倍する

分母・分子に同じ数をかけて分母を同じにする。

通分できたので$\frac{26}{6}$に$\frac{5}{6}$をたす

余りが分子になる

$$\frac{26}{6}+\frac{5}{6}=\frac{31}{6} \rightarrow 31\div6=5\cdots1\rightarrow5\frac{1}{6}$$

答えの仮分数を帯分数になおすために、分子を分母でわる。

分母の異なる分数のひき算

異なる分母の分数をひくには、分数を書きかえて同じ分母になるように通分しなければなりません。共通の分母を見つける必要があります。

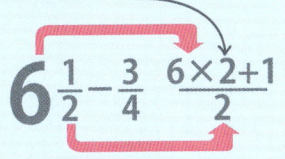

分母と整数をかけて分子をくわえる

分母はそのまま

$$6\frac{1}{2}-\frac{3}{4} \quad \frac{6\times2+1}{2}$$

はじめに帯分数を仮分数になおす。

分母は２と４だから４が共通分母になる

$$\frac{13}{2}-\frac{3}{4}$$

二つの分数は分母が異なるので、通分する。

$$\frac{13}{2}=\frac{26}{4}$$

×2

もとの分母を２倍すると共通分母４になるので、分子も２倍する

分母・分子に同じ数をかけて分母を同じにする。

通分できたので$\frac{26}{4}$から$\frac{3}{4}$をひく

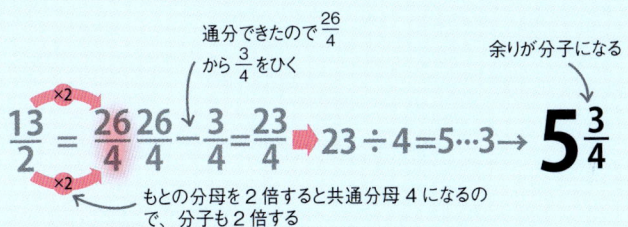

余りが分子になる

$$\frac{26}{4}-\frac{3}{4}=\frac{23}{4} \rightarrow 23\div4=5\cdots3\rightarrow5\frac{3}{4}$$

必要なときは分子を分母でわって、仮分数を帯分数になおす。

分数のかけ算

分数どうしをかけることもできます。分数に帯分数や整数をかける場合は、まず仮分数になおす必要があります。

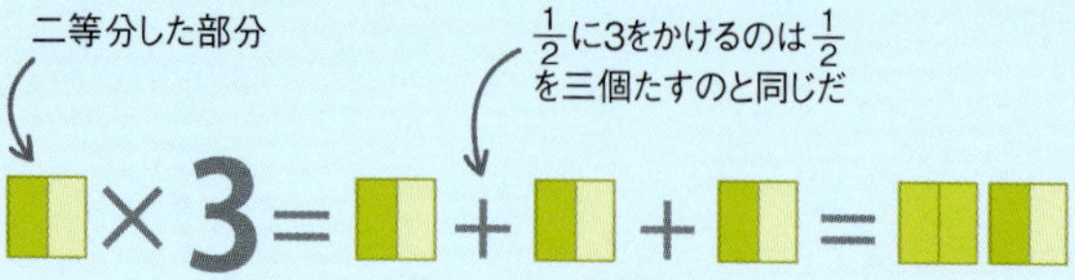

$$\frac{1}{2}\times 3=\frac{1}{2}+\frac{1}{2}+\frac{1}{2}=1\frac{1}{2}$$

二通りの考え方を理解しよう。まず分数の整数倍という見方は同じ分数を何回もたしていくイメージ、一方ある整数に分数をかけると見れば，その整数の何分のいくつか（ここでは3の$\frac{1}{2}$）を考えることなる。

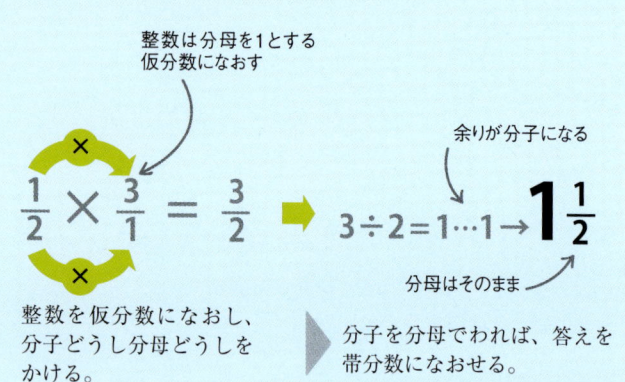

整数は分母を1とする仮分数になおす

$$\frac{1}{2}\times\frac{3}{1}=\frac{3}{2}$$

整数を仮分数になおし、分子どうし分母どうしをかける。

余りが分子になる

$$3\div 2=1\cdots 1\rightarrow 1\frac{1}{2}$$

分母はそのまま

分子を分母でわれば、答えを帯分数になおせる。

二つの真分数のかけ算

真分数どうしはそのままかけることができます。分数をかけることは、「～の何分のいくつ」を求めることだといえます。下の計算は「$\frac{1}{2}$の$\frac{3}{4}$」、あるいは「$\frac{3}{4}$の$\frac{1}{2}$」を求めていることになります。

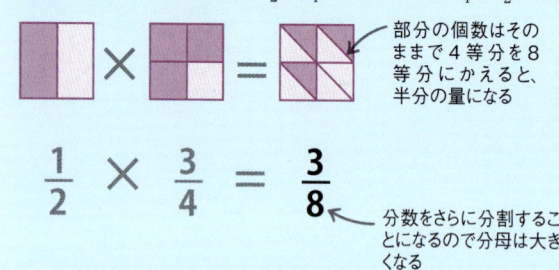

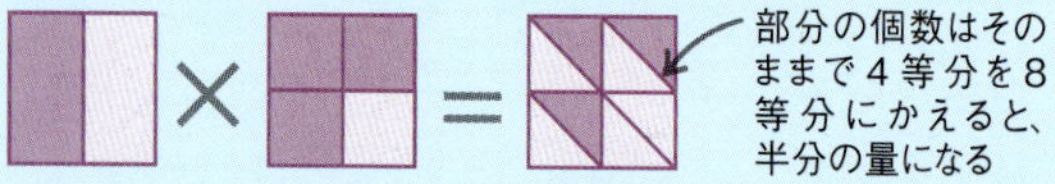

$$\frac{1}{2}\times\frac{3}{4}=\frac{3}{8}$$

分数をさらに分割することになるので分母は大きくなる

二つの真分数をかけると、図でもわかるように、どちらの分数よりも答えは小さくなる。

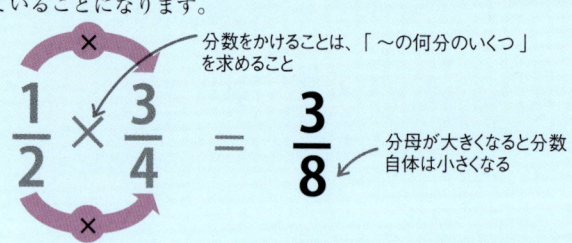

分数をかけることは、「～の何分のいくつ」を求めること

$$\frac{1}{2}\times\frac{3}{4}=\frac{3}{8}$$

分母が大きくなると分数自体は小さくなる

分子どうし分母どうしをかけあわせる。この計算は、「$\frac{1}{2}$の$\frac{3}{4}$はどれだけか」、あるいは「$\frac{3}{4}$の$\frac{1}{2}$はどれだけか」という問いに対する答えをを求めるものである。

帯分数のかけ算

帯分数は仮分数になおしてからかけ算をします。

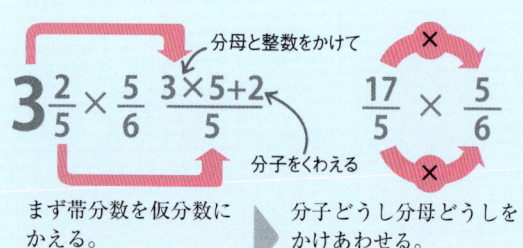

$$3\frac{2}{5}\times\frac{5}{6}\quad\frac{3\times5+2}{5}$$

分母と整数をかけて

分子をくわえる

まず帯分数を仮分数にかえる。

$$\frac{17}{5}\times\frac{5}{6}=\frac{85}{30}$$

分子どうし分母どうしをかけあわせる。

余りが分子になる

分母分子を5でわって約分すると$\frac{5}{6}$になる

$$85\div 30=2\cdots 25\rightarrow 2\frac{25}{30}$$

分母はそのまま

新たにでた仮分数の分子を分母でわれば、答えを帯分数になおせる。

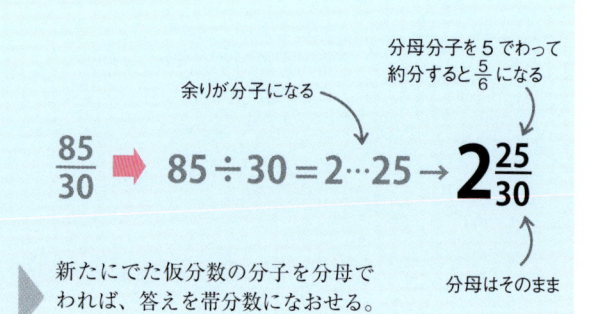

分数のわり算

分数を整数でわるには、整数を分数になおし、その分数を上下ひっくり返してはじめの分数にかけます。

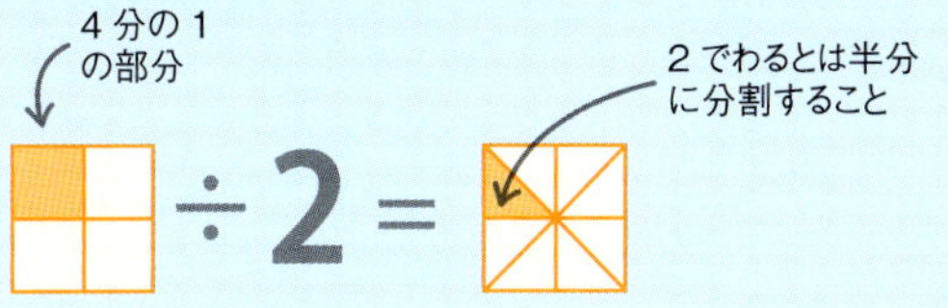

$$\frac{1}{4} \div 2 = \frac{1}{8}$$

分母が２倍されると分数自体は半分になる

分数を整数でわることを図で示すと、分数の表す部分をさらにその整数に分割することになる。この例では$\frac{1}{4}$の部分が半分に分けられ、八等分の一つになる。

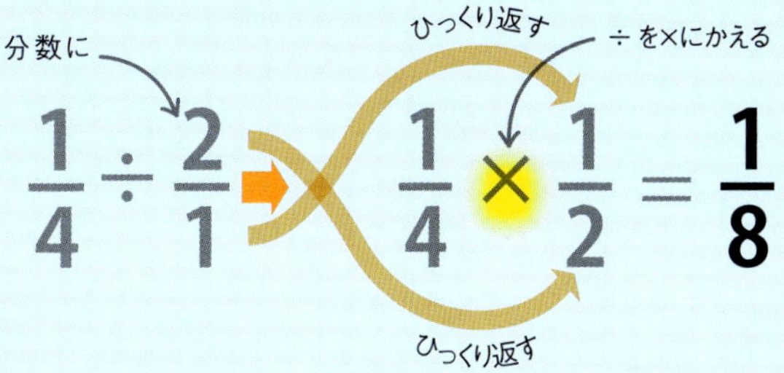

$$\frac{1}{4} \div \frac{2}{1} \rightarrow \frac{1}{4} \times \frac{1}{2} = \frac{1}{8}$$

分数を整数でわるには、整数を分数になおし、その分数の分母・分子をひっくり返して、そのあとかけ算をする。

分数どうしのわり算

分数を分数でわるわり算は逆の演算をすることで可能になります。かけ算とわり算は互いに反対のことをするので、逆の演算になります。

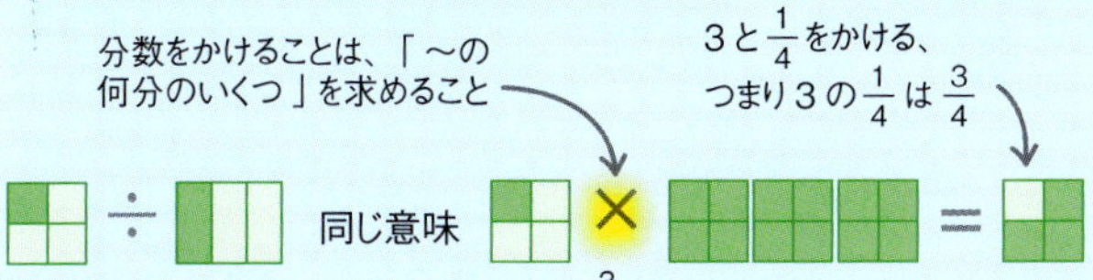

$\frac{1}{4} \div \frac{1}{3}$ 同じ意味 $\frac{1}{4} \times 3 = \frac{3}{4}$

（$\frac{3}{1}$と同じ）

分数を分数でわることは、二番目の分数の分母・分子をひっくり返して、かけ算をするのと同じ。

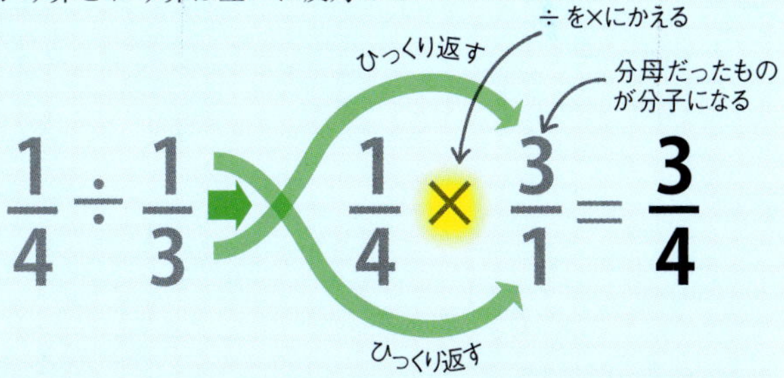

$$\frac{1}{4} \div \frac{1}{3} \rightarrow \frac{1}{4} \times \frac{3}{1} = \frac{3}{4}$$

分数どうしのわり算は逆の演算を用いる。二番目の分数の分母・分子をひっくり返して、そのあと分子どうし分母どうしをかけあわせる。

帯分数のわり算

帯分数のわり算は、まず帯分数を仮分数になおし、二番目の分数の分母・分子をひっくり返して、かけ算をします。

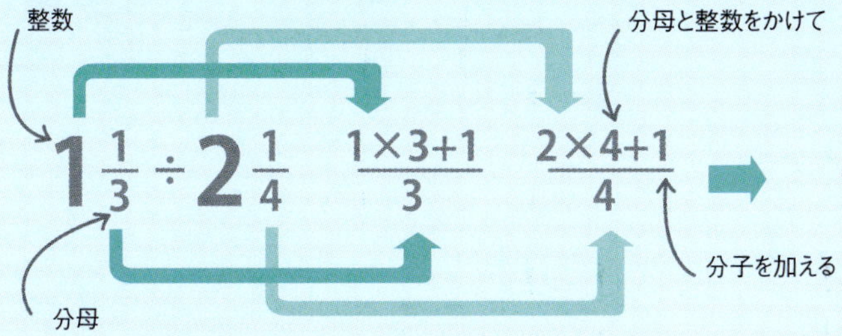

$$1\frac{1}{3} \div 2\frac{1}{4} \quad \frac{1\times3+1}{3} \quad \frac{2\times4+1}{4}$$

まず分母と整数をかけ、分子を加えて、帯分数を両方とも仮分数になおす。

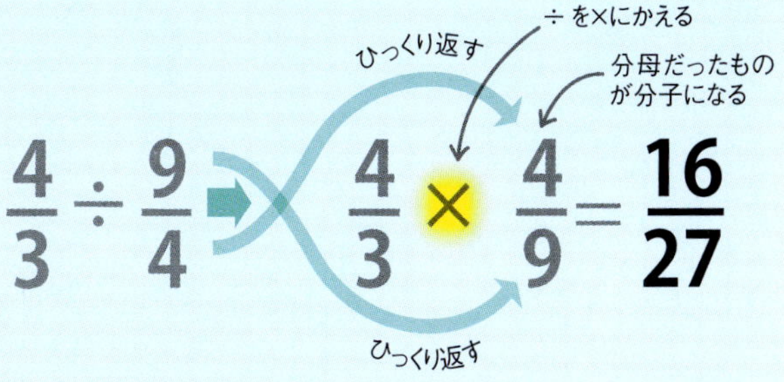

$$\frac{4}{3} \div \frac{9}{4} \rightarrow \frac{4}{3} \times \frac{4}{9} = \frac{16}{27}$$

分数どうしのわり算は、二番目の分数の分母・分子をひっくり返して、そのあと分子どうし分母どうしをかけあわせる。

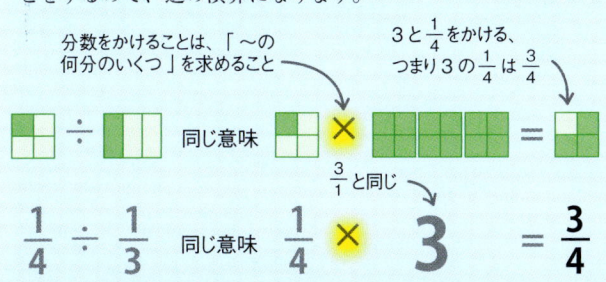

比と比例

参照ページ
〈18〜21 かけ算
〈22〜25 わり算
〈40〜47 分数

二つの量を比較するのが比です。比例など、ともなって変わる量の関係も考えます。

比によって、一つの量が他の量に比べてどの位の大きさであるかがわかります。ともなって変わる二つの量の関係には，比例・反比例などがあります。

比の意味

比は2個以上の数を:の記号をはさんで並べたものです。並んだ数を項といいます。例えば、ボウルに入ったリンゴとナシの個数の比が2：1なら、そのボウルにはナシ1個につきリンゴが2個の割合で入っているという意味です。

◁**サポーター**
この人々の図は二つのサッカークラブ、グリーンズとブルーズのファンを色分けして示したもの

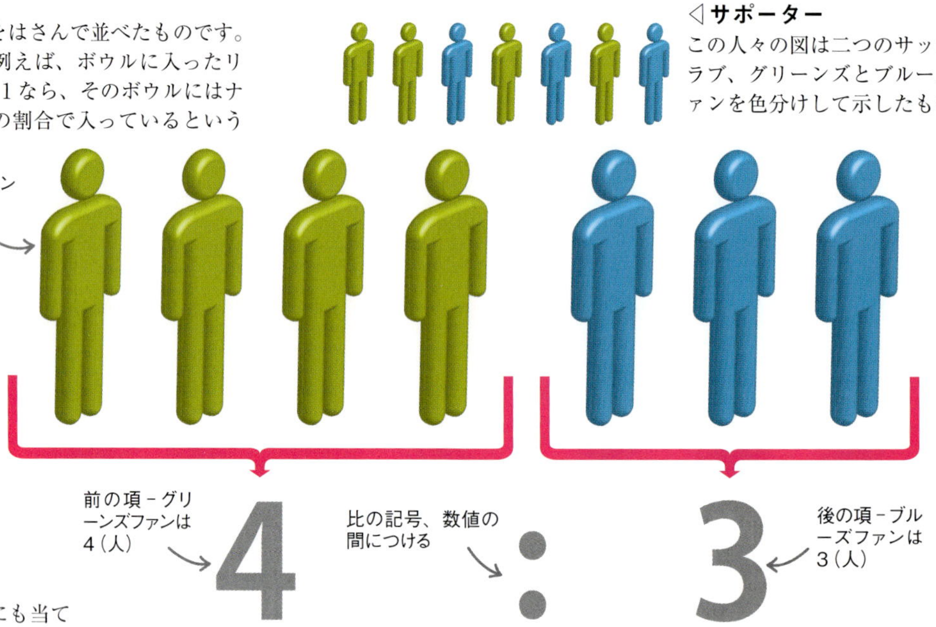

▷**比を作る**
二つのクラブのサポーターの数を比べるために、比の形で書いてみる。グリーンズファン4人につきブルーズファンは3人いることがわかる。

▽**他のファンも比で表す**
同様の比較を他のグループにも当てはめてみよう。

△**1：2**
グリーンズのファン1人とブルーズのファン2人は1：2という比で表せる。この場合、ブルーズファンの人数はグリーンズファンの人数の2倍であることがわかる。

△**1：3**
グリーンズのファン1人とブルーズのファン3人は1：3という比で表せる。この場合、ブルーズファンの人数はグリーンズファンの人数の3倍であることがわかる。

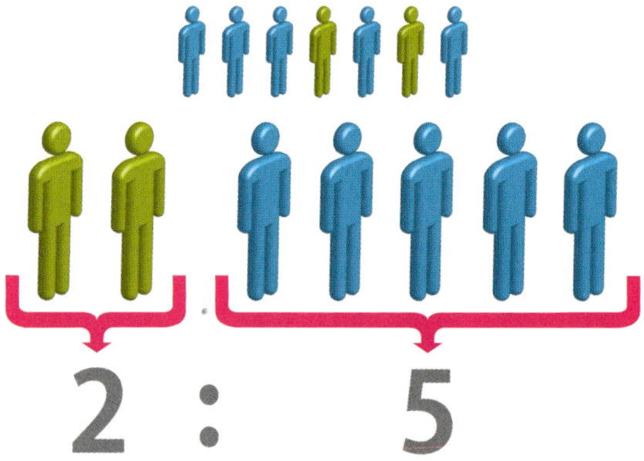

△**2：5**
グリーンズのファン2人とブルーズのファン5人は2：5という比で表せる。この場合、ブルーズファンの人数はグリーンズファンの人数の2倍以上(2.5倍)であることがわかる。

比を簡単にする

大きい数の比を簡単にすることができます。例えば 20 分と 1 時間を比に表すとき、まず単位をそろえ、両方を同じ数でわって、なるべく小さい数になおします。

分の方が小さい単位　1 時間は 60 分にかえる

20分, 60分

どちらかの単位にそろえる。ここでは分を用いる。

比の記号

20 : 60

二つの数値の間に：を入れて比を作る。

60 ÷ 20 = 3
20 ÷ 20 = 1

1 : 3

なおせるときは、できるだけ簡単な比になおす。ここでは両方を 20 でわって、1:3 となる。

比の応用

比は縮小や拡大の比率を示すもの（縮尺）として用いられます。地図などの縮尺では、小さい数が縮小した大きさを、大きい方の数値が実際の大きさを表しています。

▷縮図

1：50000 という縮尺が地図でよく使われる。この地図上で 1.5 cmの長さは、実際にはどれくらいの距離なのかを求めてみよう。

縮尺は地図上での長さが、実際の距離をどの位縮めたものかを示している

地図上の長さ　5 万倍して元に戻す　実際の距離

1.5 cm × 50,000 = 75,000 cm

= 750 m

答えを適当な単位になおす。1 mは 100cm

▷拡大図

マイクロチップの設計図は倍率 40：1、つまり 40 倍に拡大したもの。設計図の 18cm は、実際のマイクロチップではどれだけの長さなのかを、倍率を使って出してみよう。

設計図の長さ　40 でわってもとに戻す　実際のマイクロチップの長さ

18 cm ÷ 40 = 0.45 cm

比を比べる

比を分数になおしたものを比の値といい、大きさを比べることができます。4：5 と 1：2 を比べるときは、比の値になおし通分します。（比の値とは前の項を後の項でわった数値である。）

$1:2 = \frac{1}{2}$　1：2 を分数の形にする

$4:5 = \frac{4}{5}$　4：5 を分数の形にする

比を分数に書き直す。前の項が分子、後の項が分母になる。

2 を 5 倍して 10 が共通分母

$\frac{1}{2} = \frac{5}{10}$　（×5, ×5）

5 を 2 倍して 10 が共通分母

$\frac{4}{5} = \frac{8}{10}$　（×2, ×2）

通分する。始めの分数は分母・分子を 5 倍し、二番目の分数は分母・分子を 2 倍する。

分子を比べる

$\frac{5}{10}$　$\frac{5}{10}$ は $\frac{8}{10}$ より小さい　$\frac{8}{10}$

だから

1 : 2　比の値は1:2の方が小さい　**4 : 5**

通分すれば分数の大きさを比べられ、どちらの比（の値）が大きいかもはっきりする。

比例

二つの量がともなって変わる関係を考えます。ここであつかう関係は比例と反比例です。

比例

変化する二つの量の比が一定のとき、その二つの量は比例している、あるいは正比例しているといいます。比例している場合、一方が2倍、3倍…になれば、他方もそれに対応して2倍、3倍…になります。

▷木を植える
植木職人の数によって、1日に植えられる木の本数が決まる。植木職人の数が2倍になれば、植えられる木の本数も2倍になる。

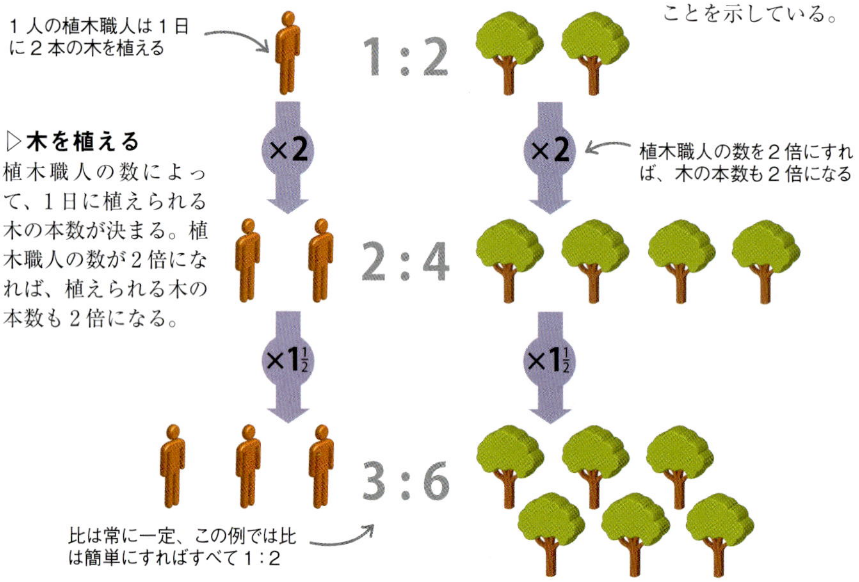

▷比例
この表と下のグラフは、植木職人の数と植えた木の数が比例していることを示している。

植木職人の数	木の本数
1	2
2	4
3	6

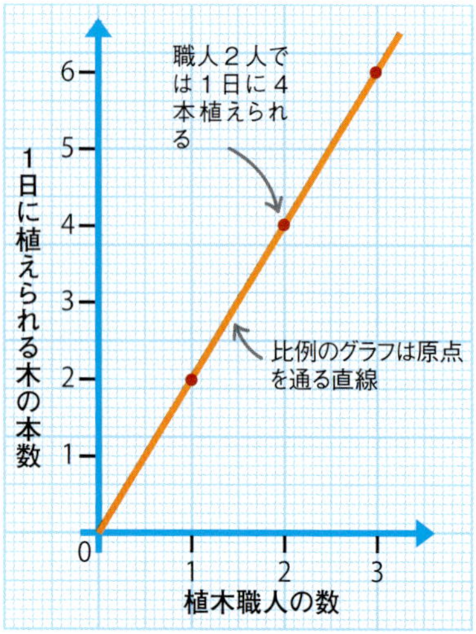

反比例

変化する二つの量の積（かけあわせた答え）が一定のとき、その二つの量は反比例しているといいます。反比例している場合、一方が2倍、3倍…になれば、他方はそれに対応して$\frac{1}{2}$、$\frac{1}{3}$…になります。

▷荷物を配達する
ある量の荷物を配達するのに、使われる車の数によって配達にかかる日数が決まる。車の台数が2倍になれば、配達にかかる日数は半分になる。

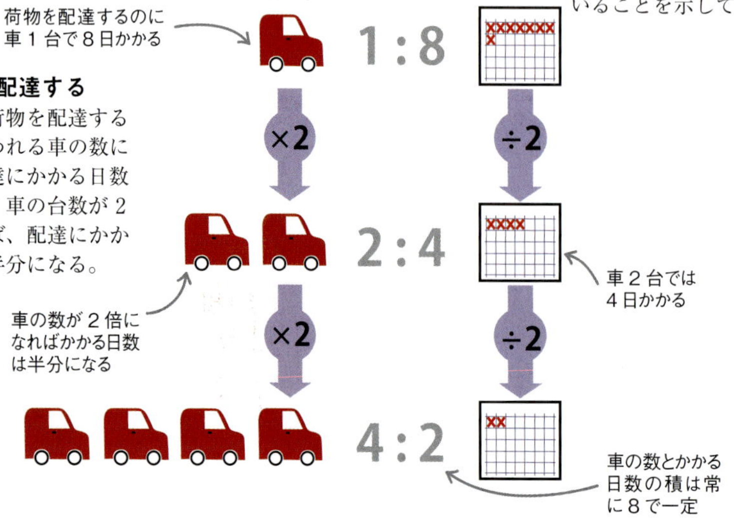

▷反比例
この表と下のグラフは、配達する車の数と配達にかかる日数が反比例していることを示している。

車の数	日数
1	8
2	4
4	2

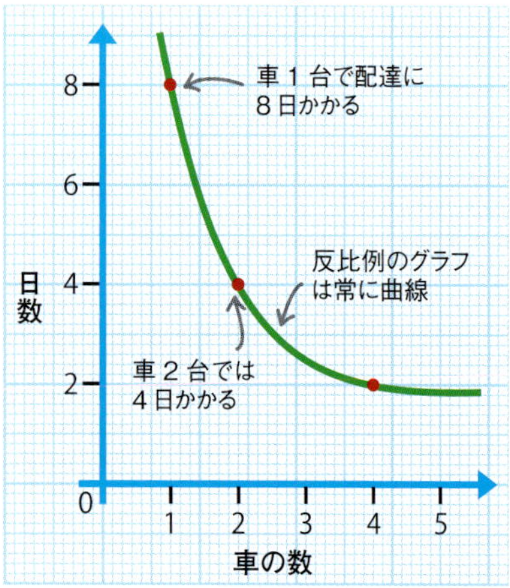

比例配分

ある数量を与えられた比に従って、二つあるいはそれ以上の部分に分けることができます。次の例は20人を2：3と6：3：1に分ける手順を示しています。

全体の人数をこの比に従って分けていく

二つの項の比に分ける

2：3

比の項の合計

$2+3=5$

項の合計でわる

全体の人数

$20\div5=4$

比の前の項

$2\times4=8$

比の後の項

$3\times4=12$

比の後項3に当たるのは12人

比の前項2に当たるのは8人

三つの項の比に分ける

6：3：1

$6+3+1=10$

全体の人数

項の合計でわる

$20\div10=2$

比の前の項

$6\times2=12$

比の6の項に当たるのは12人

比の真ん中の項

$3\times2=6$

比の3の項に当たるのは6人

比の後の項

$1\times2=2$

比の1の項に当たるのは2人

比の各項の合計を出す

全体の人数を項の合計でわった人数をだす

この人数を比の各項にかけていくと、比の表す各グループの人数が出る

比例する数量

比例はわかっていない数量を求める問題を解くのに使われます。例えば、18個のリンゴが3つの袋に同じ数ずつ入っているとき、同じ数のりんごが入った5つの袋では、合計何個のリンゴが入っているか、考えてみます。

合計18個のリンゴが3つの袋に同じ数ずつ入っている。

リンゴの数

袋の数

1袋あたりのリンゴの数

$18\div3=6$

1袋あたりのリンゴの数を求めるために、リンゴの合計を袋の数でわる。

1袋あたりのリンゴの数

袋の数

$6\times5=30$

リンゴの合計

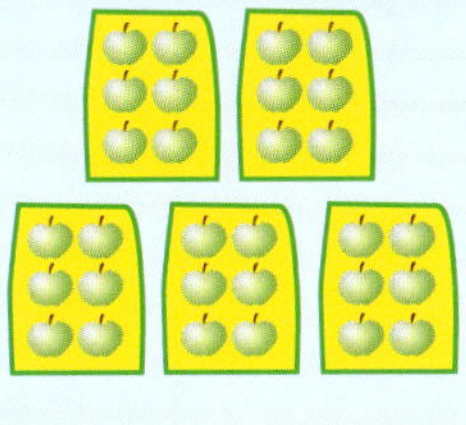

5つの袋に入っているリンゴの合計を求めるために、1袋あたりのリンゴの数に袋の数5をかける。

% 百分率

参照ページ
〈38〜39 小数
〈40〜47 分数
〈48〜51 比と比例
概数 62〜63〉

百分率は 100 のうちどれだけに当たるかという割合をパーセントで表すことです。

もとになる数が決まれば、どんな数でもパーセントで表すことができます。パーセントとは「100 につき」という意味で、割合を比べるときに役立ちます。%という記号が使われます。

100 のうちのどれだけか？

百分率を理解する最も単純な方法は、この大きな図のような 100 個からなる一団を考えることです。ここではある学校にいる 100 人をとりあげます。100 人の中の割合によって、いくつかのグループに分けることができます。

100%

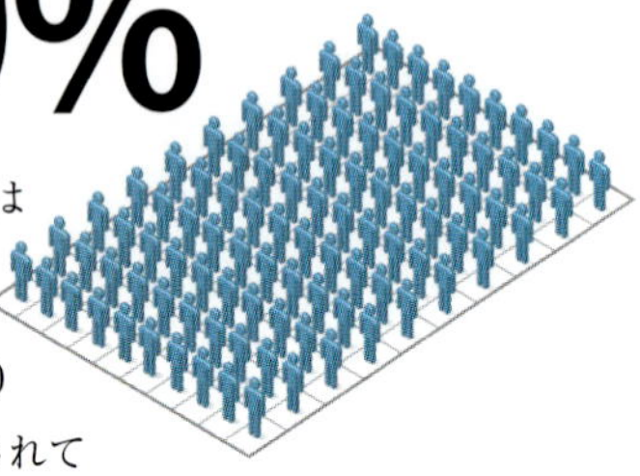

100%は全員または全体を意味している。ここでは 100%，つまり 100 人全員が青で示されている。

50%

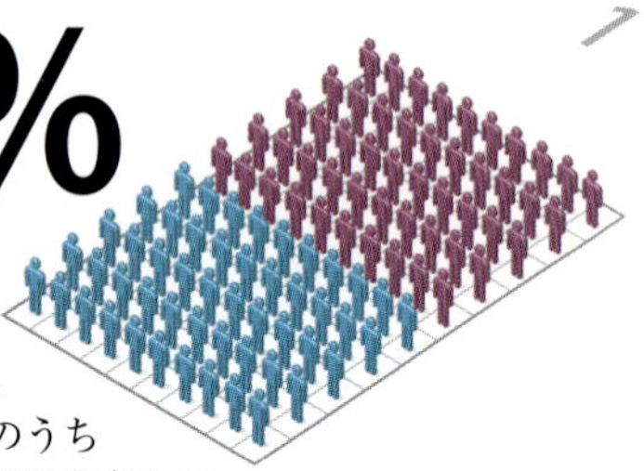

この集団は青と紫 50 人ずつに分けられている。それぞれが 100 のうちの 50、つまり 50%を表している。50%は半分という意味である。

1%

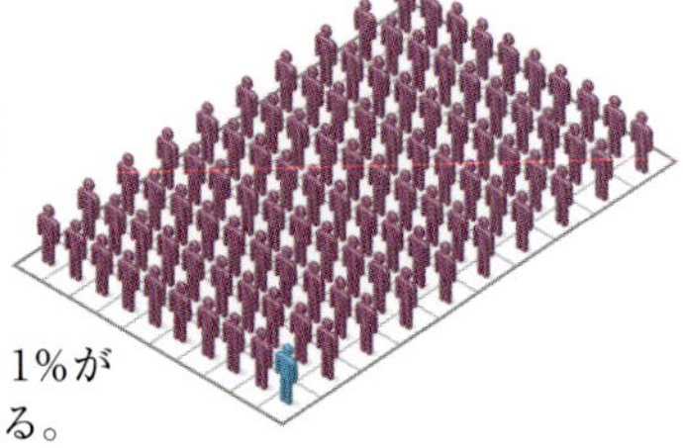

この集団では 100 人のうち 1 人だけ、つまり 1%が青で示されている。

△合計は 100
百分率は全体を構成する各部分を表すのに便利な方法である。例えば、青で示した男性の教員は 5%、つまり 100 人のうちの 5 人を数える。

▽パーセントの実例
パーセントは情報をシンプルでわかりやすく提供できる便利な方法なので、新聞やテレビなどでよく使われる。

パーセントが語る事実	
97%	世界の動物の97%は無脊椎動物である
92.5%	オリンピックの金メダルの92.5%は銀でできている
70%	地球の表面の70%は水でおおわれている
66%	人体の66%は水分である
61%	世界の石油の61%は中東にある
50%	世界の人口の50%は都市に住んでいる
21%	空気の21%が酸素である
6%	世界の地表の6%が雨林でおおわれている

百分率を計算する

百分率は全体のうちのある部分を、100のうちのどれだけに当たるかということで表現しています。ここでは二つの重要な百分率の計算をしてみましょう。一つ目は与えられたパーセントを使って数量を求めること、二つ目はある数が別の数の何パーセントになるかの計算です。

百分率の計算

与えられたパーセントを使って数量を求める例として、ここでは24人のうちの25%に当たる人数を計算してみます。

全体の人数 × パーセント/100 ＝ パーセントに当たる人数

$$24 \times \frac{25}{100} = 6$$

◁24人の25%
青で示した6人が全体24人の25%を占めている。

ある数が別の数の何パーセントになるかを求める例として、ここでは48人は112人の何パーセントかを計算してみます。

問題になっている人数 ÷ 全体の人数 × 100 ＝ 求める割合(%)

$$\frac{48}{112} \times 100 = 42.86$$

答えは小数第2位までの概数

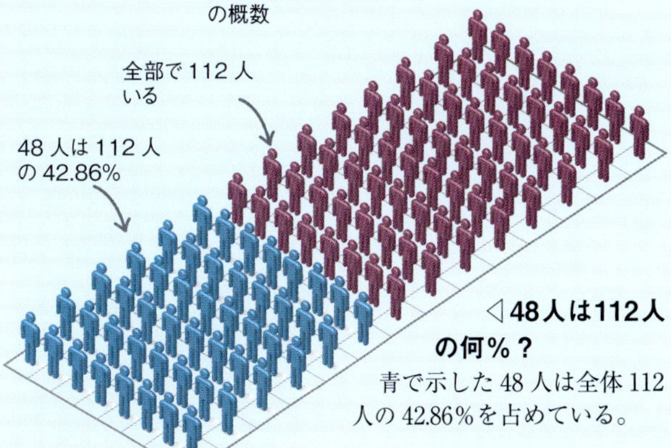

◁48人は112人の何%？
青で示した48人は全体112人の42.86%を占めている。

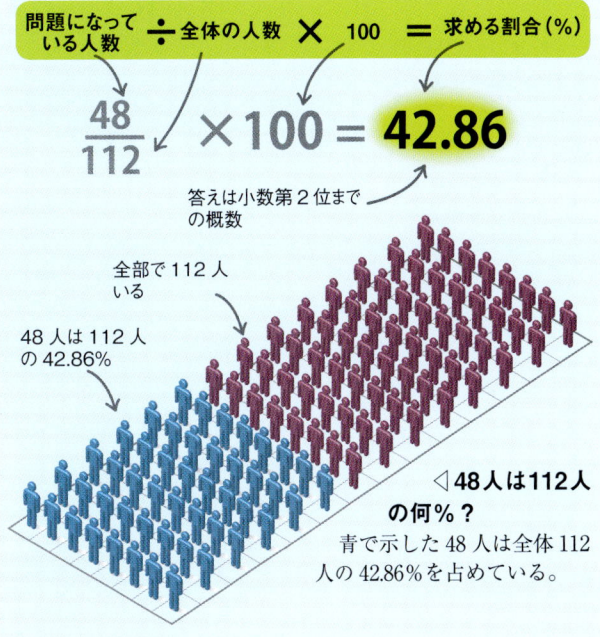

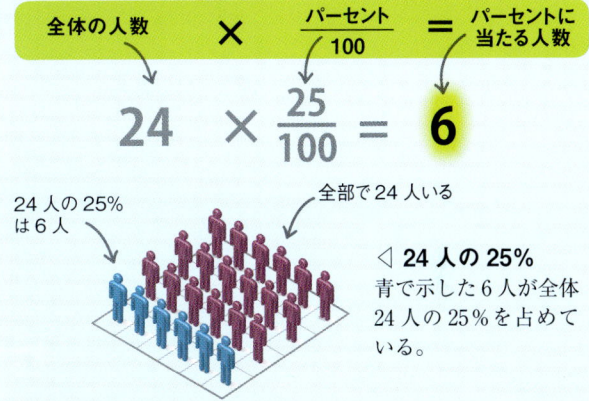

全体に対するある数量の割合

パーセントは全体（もとになる量）に対するある数量の割合を表すのに便利な方法です。全体、ある数量、その割合の三つのうち二つがわかっていれば、残りの一つを計算によって求めることができます。

ある数量がもとになる量の何%かを求める

あるクラス 12 人の生徒のうち、9 人が楽器をひいている。もとになる量（12 人）に対する比べる量（9 人）の割合をパーセントでだすには、比べる量をもとになる量でわって、100 倍すればよい。

比べる量（%をだしたい人数） ÷ もとになる量（全体） × 100 ＝ 割合（全体の何%か）

$$\frac{9}{12} \times 100 = 75\%$$ が楽器をひいている

楽器をひく人数を全体の人数で割る（9÷12=0.75）

パーセントになおすために100倍する（0.75×100=75）

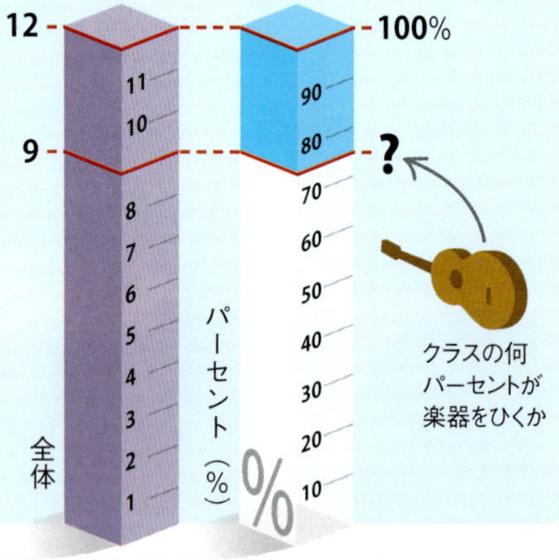

割合（%）から全体の数を求める

あるクラスの 35%が 7 人であるとき、このクラス全体の人数を求めたい。わかっている人数（7 人）をパーセントの数字でわって、100 倍すればよい。
（訳注――日本で指導される、比べる量 ÷ 割合＝もとになる量 に当たる。）

比べる量（わかっている人数） ÷ 割合（%） × 100 ＝ もとになる量（全体）

$$\frac{7}{35} \times 100 = 20$$ クラスの人数

わかっている人数をそのパーセントの数字でわる（7÷35=0.2）

100倍して、クラス全体の人数をだす（0.2×100=20）

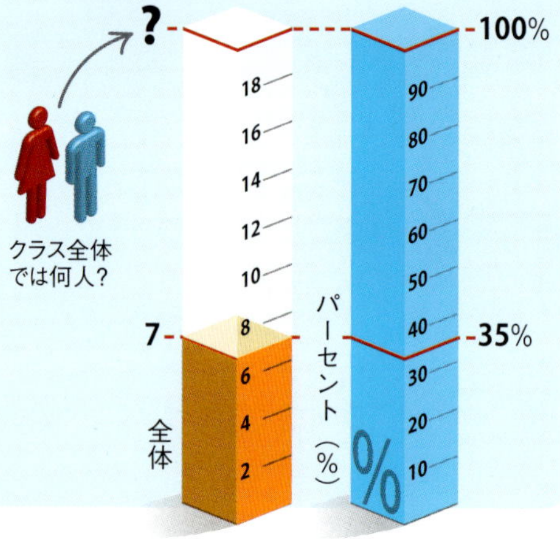

リアルワールド

パーセント

パーセントの数字は私たちの身の回りにあふれています。店、新聞、テレビ…いたるところで見かけますね。セールでの商品の値引率、銀行ローンの利率、電球の電気と光の変換効率…など、毎日の生活でたくさんのものがパーセントで測られ比較されています。食品のビタミンや他の栄養のバランスを示すのにも使われます。

割合の増減

ある数量が何パーセントか増えたり減ったりしたとき,新たな数量を計算することができます。逆に、変化した量がわかっているとき、それがもとの量の何パーセントの増減かを求めることもできます。

パーセントの増減から新しい値を求める

40という数値が55%増えたり減ったりするとき、結果としていくつになるのか求めたい。まず40の55%を計算し、次にその数をたすかひくかすれば、増減の結果がでる。

もとの数 × $\frac{\text{増減の\%}}{100}$ ＝ 増減の数　次に　もとの数 ＋ または － 増減の数 ＝ 新しい値

$$40 \times \frac{55}{100} = 22$$

$$40 \pm 22 = 62 \text{ または } 18$$

増減の%の数字を100でわる（55÷100＝0.55）

その結果をもとの数にかける（40×0.55=22）

もとの数40に22を加えれば**増えた場合の答え**、40から22をひけば**減った場合の答え**になる。

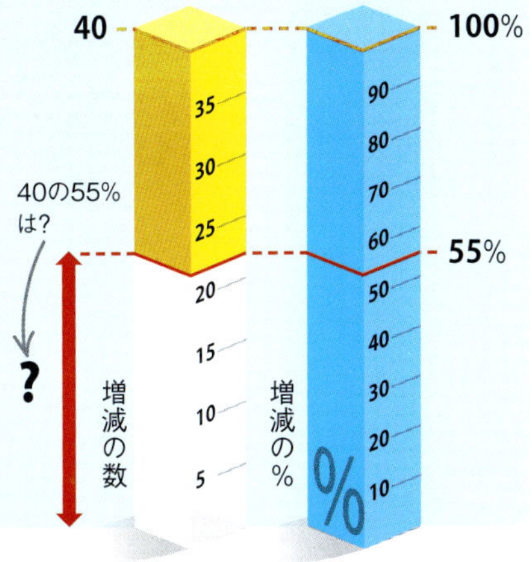

増加の割合を%で求める

学生食堂のドーナツが去年の99円から、今年は30円値上がりして129円になった。何パーセントの値上がりかを計算するには、値上がりした金額30円をもとの値段99円でわって100をかければよい。

値上がり分 ÷ もとの値段 × 100 ＝ 値上がりの割合（%）

$$\frac{30}{99} \times 100 = 30.3\% \text{ 値上がり}$$

値上がりした金額をもとの値段でわり、小数第3位まで求める（30÷99=0.303）

100倍してパーセントにする

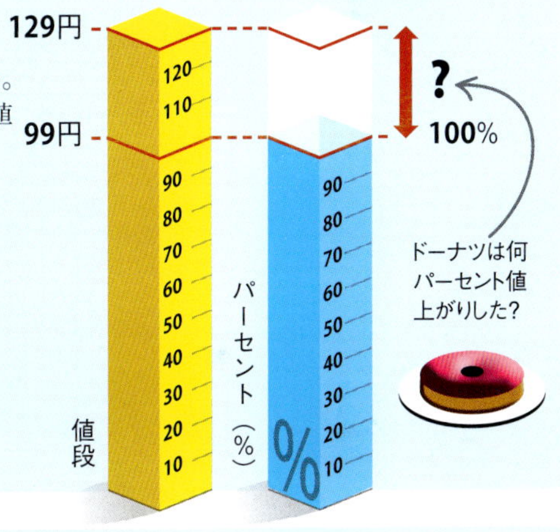

減少の割合を%で求める

去年245人だった学芸会の観客が、今年は36人減って209人になった。何パーセントの減少かを計算するには、減った36人を去年の観客数245人でわって100をかければよい。

減った人数 ÷ もとの人数 × 100 ＝ 減少の割合（%）

$$\frac{36}{245} \times 100 = 14.7\% \text{ 減少}$$

減った人数をもとの観客数でわり、小数第3位まで求める（36÷245=0.147）

100倍してパーセントにする

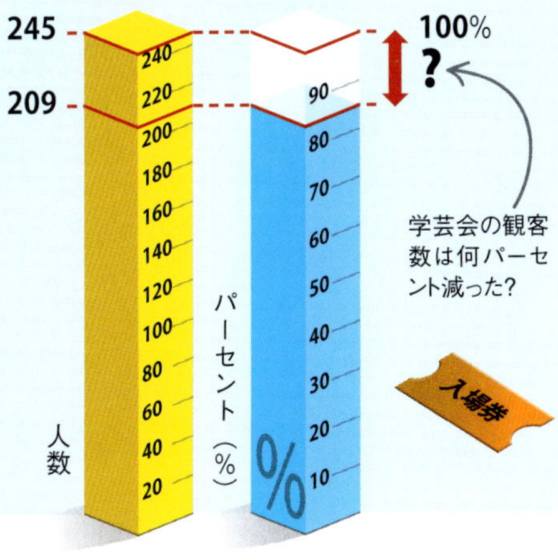

分数・小数・パーセントの変換

参照ページ
〈38〜39 小数
〈40〜47 分数
〈52〜53 百分率

割合には分数・小数・パーセントなどさまざまな表し方があります。

同じ割合の異なる表し方

ある書き方の数を別の書き方になおすと、わかりやすくなる場合があります。例えばある試験に合格するために、20%の得点が必要だとします。これは合格点に到達するためには、全体の$\frac{1}{5}$が正解である必要があるといっても、合格最低点は 0.2（2 割）といっても同じことです。

75%

百分率

パーセントは100のうちのどれだけかという割合を表す

▷どれでも変換可能

同じ数値を三通りの表し方でここに示している。小数（0.75）、分数（3/4）、パーセント（75%）は一見ちがった表し方に見えても、すべて同じ割合を意味している。

小数をパーセントにかえる

小数をパーセントにかえるには 100 倍する。

0.75 → 75%

0.75 × 100 = 75%

小数　100倍する　パーセント

0.75 の小数点を右に二けたずらすと 75 になる

パーセントを小数にかえる

パーセントを小数にかえるには 100 でわる。

75% → 0.75

小数点を左に二けたずらす

75% ÷ 100 = 0.75

パーセント　100でわる　小数

パーセントを分数に換える

パーセントを分数に換えるには、100 を分母とする分数になおし、約分できるときには約分して簡単な分数にする。

75% → $\frac{3}{4}$

100 と 75 を同じ数でわってできるだけ小さくする

75% → $\frac{75}{100}$ → $\frac{3}{4}$（÷25 / ÷25）

パーセント

パーセントを100を分母とする分数になおす

約分してできるだけ簡単な分数にする

0.75

小数

小数は単純にいうと整数でない数。小数点のある数。

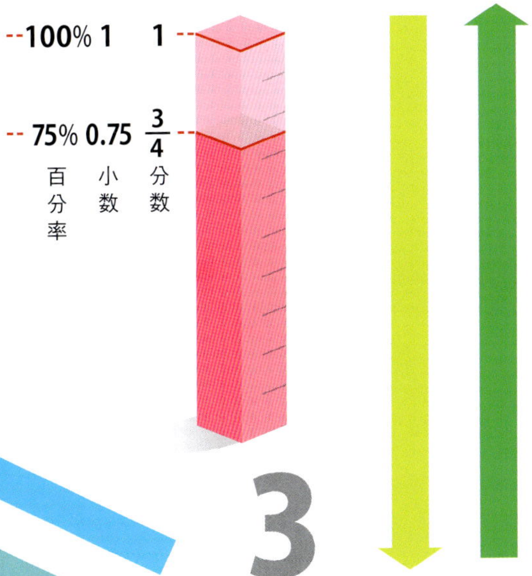

$\frac{3}{4}$

分数

分数は何等分かされたものの部分を表す

覚えておくと便利な数

多くの分数・小数・パーセントが毎日の生活でつかわれています。なかでも多用されるものを挙げてみます。

小数	分数	%	小数	分数	%
0.1	1/10	10%	0.625	5/8	62.5%
0.125	1/8	12.5%	0.666…	2/3	66.6…%
0.25	1/4	25%	0.7	7/10	70%
0.333…	1/3	33.3…%	0.75	3/4	75%
0.4	2/5	40%	0.8	4/5	80%
0.5	1/2	50%	1	1/1	100%

小数を分数に換える

小数点以下のけた数に応じて，10，100，1000 などを分母とする分数になおす。

$0.75 \rightarrow \frac{3}{4}$

100 と 75 を同じ数でわってできるだけ小さくする

$0.75 \rightarrow \frac{75}{100} \xrightarrow{\div 25} \frac{3}{4}$

小数点以下が二けたの小数

小数点以下のけた数を数える。一けたなら分母は10、二けたなら分母は100になり、小数点以下の数字が分子になる。

約分してできるだけ簡単な分数にする

分数をパーセントに換える

分数をパーセントに換えるには、まずわり算をして小数に換え、次に 100 倍する。

$\frac{3}{4} \rightarrow 75\%$

分子の 3 を分母の 4 でわる

$\frac{3}{4} \rightarrow 3 \div 4 = 0.75 \rightarrow 0.75 \times 100 = 75\%$

分数　分子を分母でわる　100倍する。

分数を小数に換える

分数を小数に換えるには、分子を分母でわる。

$\frac{3}{4} \rightarrow 0.75$

分子　分母

$\frac{3}{4} = 3 \div 4 = 0.75$

分数　分子を分母でわる　小数

計算のくふう

日常の計算を電卓を使わずに簡単にするくふうを紹介します。

参照ページ
〈18〜21 かけ算
〈22〜25 わり算
電卓を使う 64〜65〉

かけ算

数によって簡単になるかけ算があります。例えば、10倍するには0を一つつけ加えるか、小数点を右に一けたずらせばよいのです。20倍するには10倍してから2倍します。

▷ 10倍
あるスポーツクラブは去年2名のスタッフを雇ったが、今年はその10倍の人数を雇う必要がある。今年雇う必要があるのは何人か。

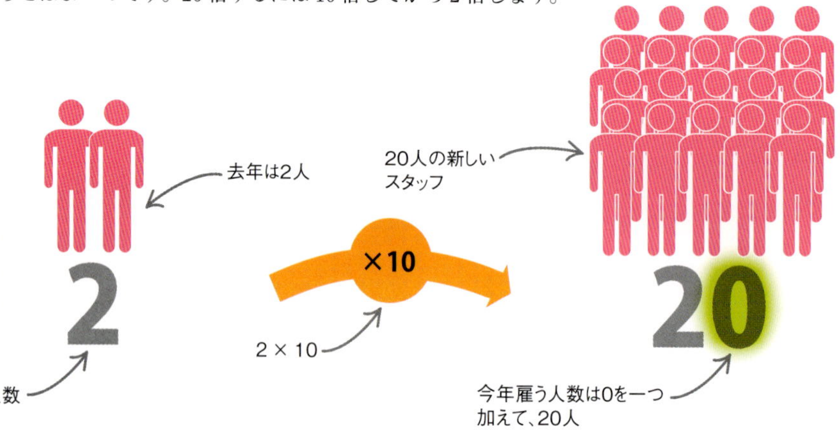

◁ 答えをだす
2に10をかけるには0を一つつけ加えればよい。2人を10倍して答えは20人。

▷ 20倍の計算
ある店では1着1.20ポンドでTシャツを売っている。このTシャツ20着は何ポンドになるか。（ポンドは英国の通貨の単位）

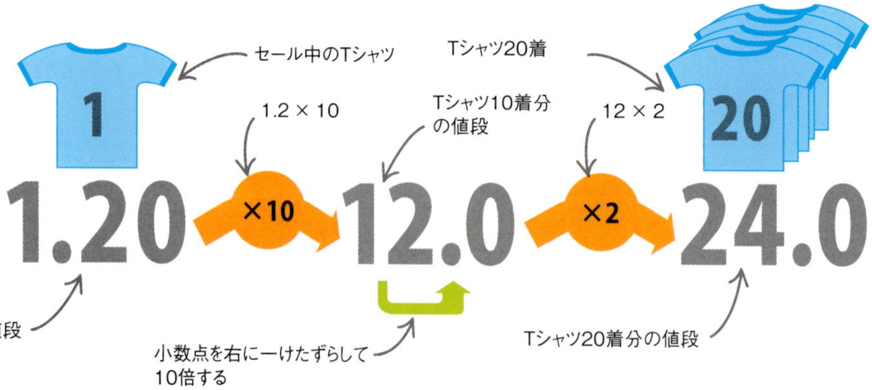

◁ 答えを暗算でだす
まず小数点を右に一けたずらして10倍し、次に2倍すれば、20着分の値段24ポンドがでる。

▷ 25倍の計算
1日に16km走るランナーが、25日間毎日この距離を走り続けると、全部で何km走ることになるか。

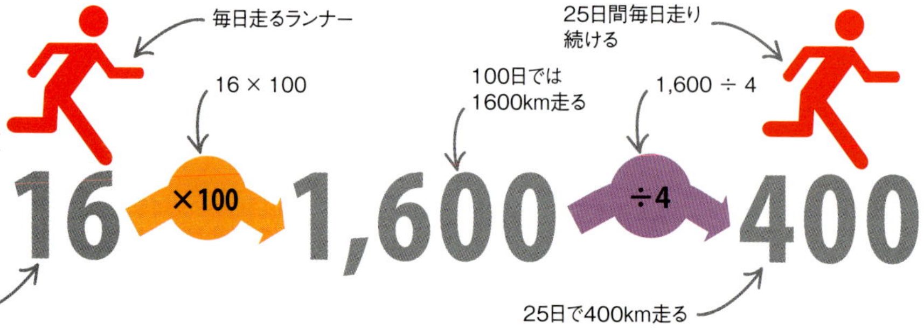

◁ 答えを暗算でだす
まず16kmを100倍し、100日で走る距離1600kmをだす。25日は100日の4分の1だから1600kmを4でわると、25日間で走る距離がでる。

▽**小数のかけ算**
小数は問題を複雑にしているように見えるが、実際には小数点は最後にあつかえばよく、それまでは無視してかまわない。ここではカーペットを敷き詰める床の面積を計算してみよう。

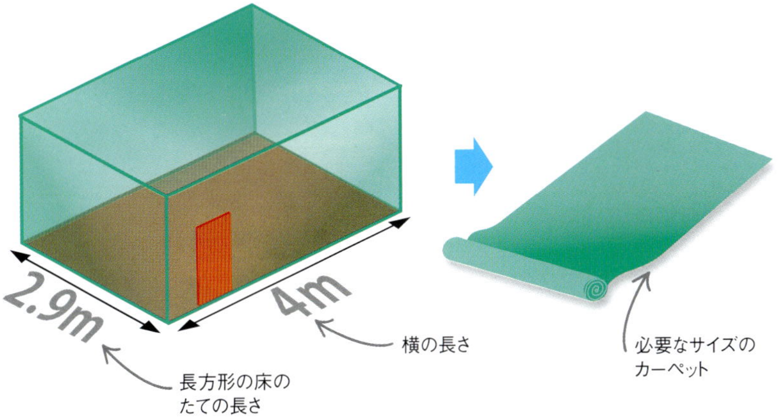

詳しく見ると
答えの確認

2.9をおよそ3と考えて、3×4のかけ算で2.9×4の計算が妥当かどうか確かめてみるのはよい方法です。

だいたい等しいという意味の記号

2.9 ≒ 3 そして

3 × 4 = 12

11.6という実際の計算の答えに近い

だから 2.9×4 ≒ **12**

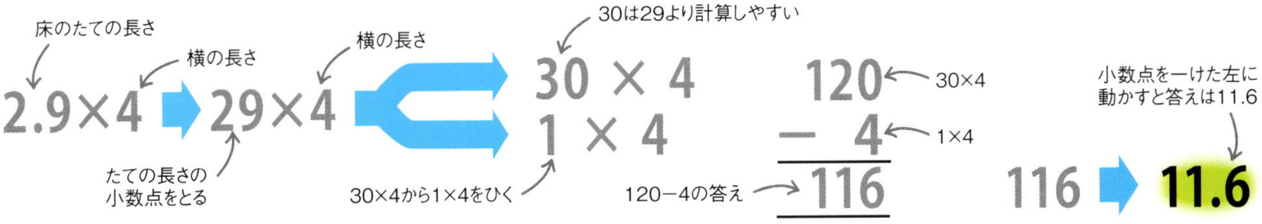

まず2.9の小数点をとり去って（右に一けた移動）、29×4の計算をする。

29×4の計算は、30×4と1×4の差と考えるとやりやすい。

30と4の積120から1と4の積4をひくと116、これは29と4の積に等しい。

始めに移動した小数点をもどす意味で左に一けた動かすと、答えは11.6になる。

便利な特徴

かけ算の表を見ると、面白いパターンが現れている数がいくつかあるのに気づきます。ここでは9と11をかけたときの、覚えておくと便利な特徴を見てみましょう。

1から10までのかける数

9の段のかけ算									
1	2	3	4	5	6	7	8	9	10
9	18	27	36	45	54	63	72	81	90

1 + 8 = 9　　7 + 2 = 9　　9との積

△**9の段のかけ算の答えは、**
各位の数字をたすと9になっている。十の位の数字（18の場合は1）は、かける数（2）より常に1小さい。

1から9までのかける数

11の段のかけ算								
1	2	3	4	5	6	7	8	9
11	22	33	44	55	66	77	88	99

11×3=33, つまり3を重ねて書く　　11×7=77, つまり7を重ねて書く　　11との積

△**各位が同じ数字**
11に一けたの整数をかけたときは、かけた数を十の位と一の位に並べて書いたものが答えである。例えば、4×11は4を並べて44が答え、9×11 = 99までみな同様である。

わり算

10や5でわる計算は簡単にできます。10でわるときは、0を一つ取り除くか、小数点を左に一けたずらします。5でわるときはまず10でわり、その答えを2倍すればよいのです。このやり方で次の二つのわり算をやってみましょう。

▷ 10でわる
貸し切りマイクロバスで遠足に行くのに、160枚の旅行サービス券が必要である。10人の子供が160枚を集めるには、一人何枚ずつ集めればよいか。

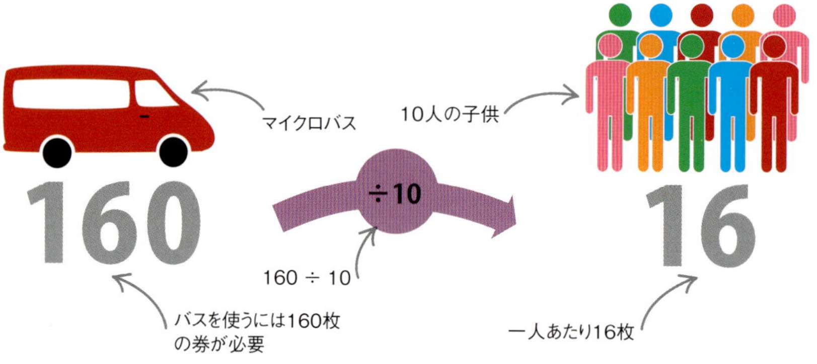

◁ 一人あたり何枚？
一人あたり必要な券の枚数を求めるには、160枚を10人でわればよい。160から0を取り除くと答えは16枚とわかる。

▷ 5でわる
子供5人が動物園に入場するには75枚のサービスコインが必要である。子供一人につき何枚必要か。

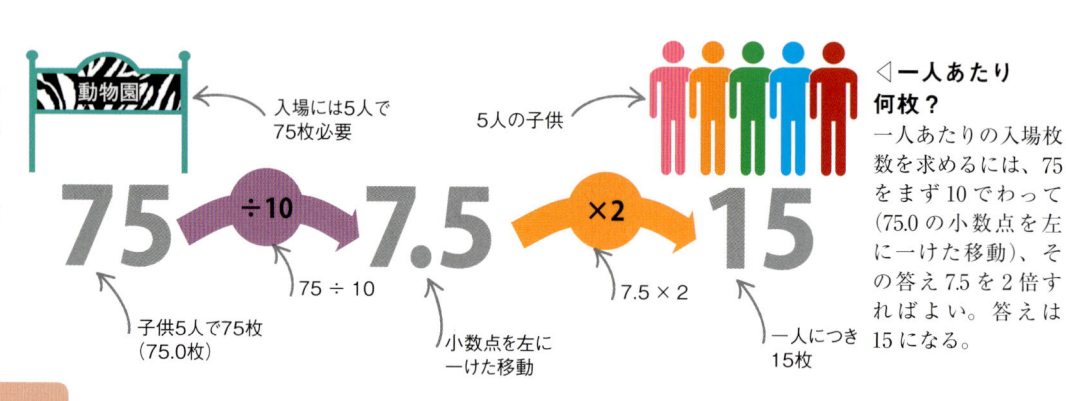

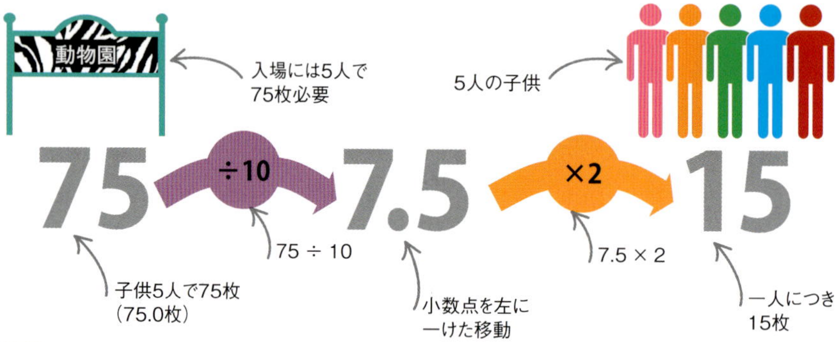

◁ 一人あたり何枚？
一人あたりの入場枚数を求めるには、75をまず10でわって（75.0の小数点を左に一けた移動）、その答え7.5を2倍すればよい。答えは15になる。

詳しく見ると

知っていると便利

大きくて複雑な数を扱う場合にも、知っていると便利なヒントがいろいろあります。次の例は、大きな数が3や4や9でわり切れるかどうか、いいかえれば3や4や9の倍数かどうかを見分ける方法です。

▷ 3の倍数
各位の数字の和が3でわり切れれば、その数自体も3でわり切れる

もとの数　1665233198172 ➡ 1+6+6+5+2+3+3+1+9+8+1+7+2=54（各位の和は54）

54÷3=18、だからもとの数は3の倍数

▷ 4の倍数
下二けたの表す数が4でわり切れれば、その数全体も4でわり切れる

もとの数　12345612345612345**6** ➡ 56 ÷ 4 = 14（下二けたの56を調べる）

56÷4=14、だからもとの数は4の倍数

▷ 9の倍数
各位の数字の和が9でわり切れれば、その数自体も9でわり切れる

もとの数　1643951142 ➡ 1+6+4+3+9+5+1+1+4+2=36（各位の和は36）

36÷9=4、だからもとの数は9の倍数

パーセント

パーセントを含む計算を簡単にするには、複雑な数を計算しやすい小さな数に分けていく方法があります。次の例では、10%や5%を利用して計算を簡単にしています。

▷ 17.5%を上乗せする
480ポンドの自転車の価格に消費税17.5%を上乗せしなければならない。合計いくらになるか。（ポンドは英国の通貨の単位）

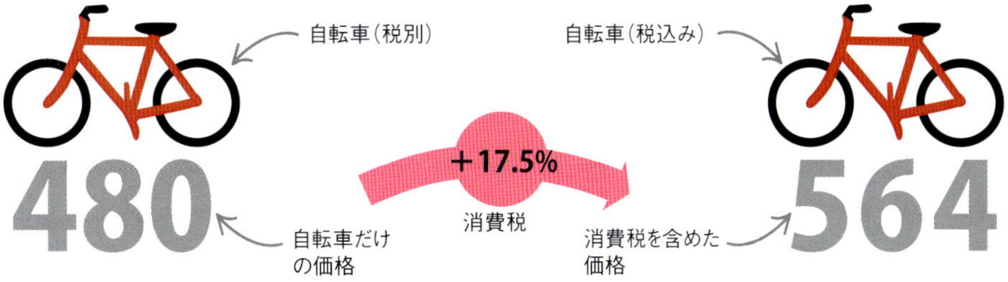

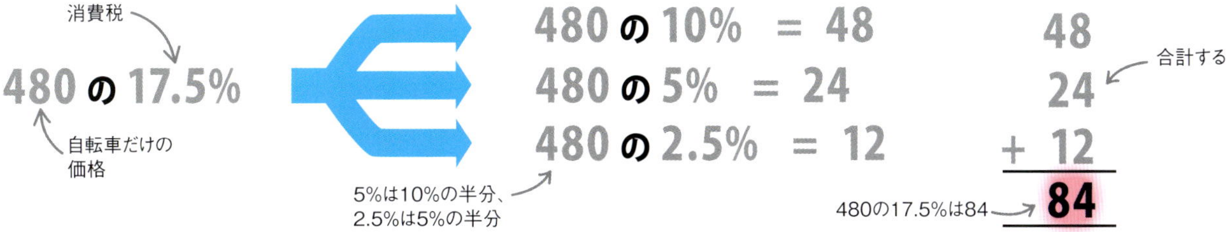

まず、自転車のもとの値段と上乗せすべき税率を確認する。

次に17.5%を10%と5%と2.5%に分けて、それぞれ計算する。

48と24と12の和は84だから、480ポンドに84ポンドを加えて、税込み価格は564ポンドになる。

入れ替えてみる

パーセントともとの量の数字を入れ替えても、計算の結果は変わりません。例えば10の50%は5ですが、数字を入れ替えて50の10%としても結果は5のままです。

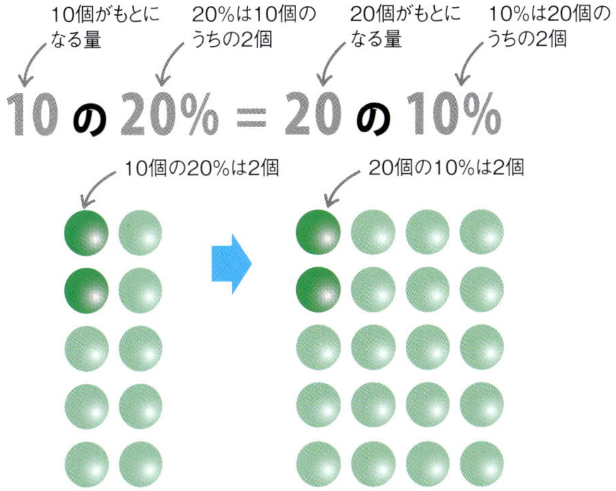

変更してみる

パーセントの数字をある数でわり、もとの量の数字にその数をかけて計算しても結果は変わりません。例えば10個の40%は4個ですが、40%を2でわり個数を2倍して「20個の20%」としても、結果はやはり4個です。

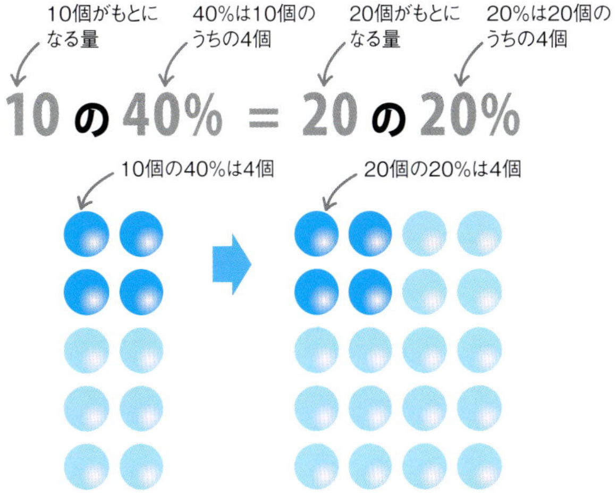

概数

数を実際に使いやすくするためにおよその数（概数）になおすとき、四捨五入という操作を行います。

参照ページ
〈38〜39 小数
〈58〜59 計算のくふう

概数《がいすう》と概算《がいさん》

細かい正確な数は必要でなく、およその数による計算（概算）の方がわかりやすい場合が、現実には多くあります。十の位の概数になおすとき、一の位を4以下なら切り捨て、5以上なら切り上げますが、これを四捨五入といいます。

▽四捨五入すると？
一の位が真ん中の5以上なら切り上げて20に、4以下なら切り捨てて10になる。

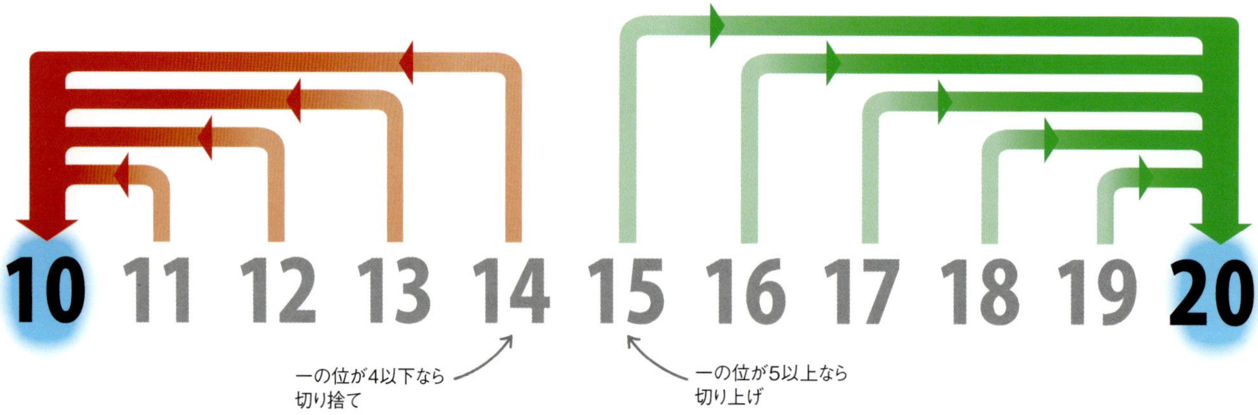

▽四捨五入すると？
十の位が真ん中の5以上なら切り上げ、4以下なら切り捨てて百の位の概数にする。

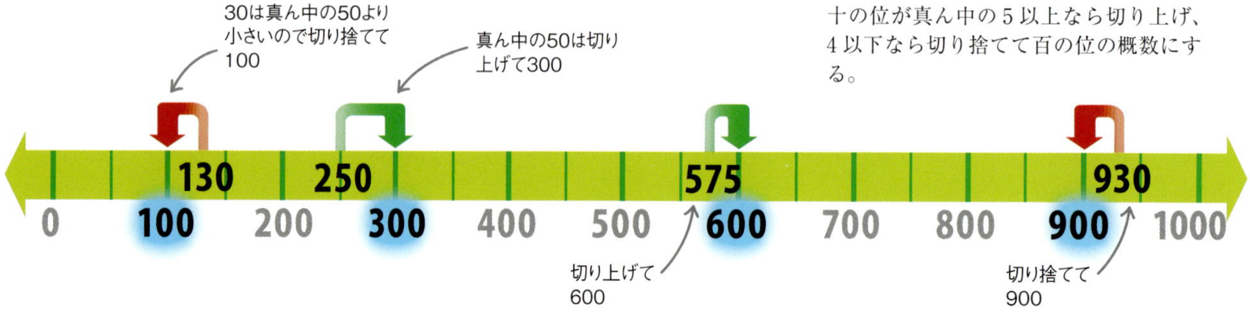

詳しく見ると

近似値　ほぼ等しい値

計測で得られるのは普通近似値ですが、四捨五入してさらにあつかいやすくすることもあります。概数になおしたとき、「ほぼ等しい」ことを表す記号が使われます。普通の等号の上下に・をつけるか、または波打った等号（≂）で表します。

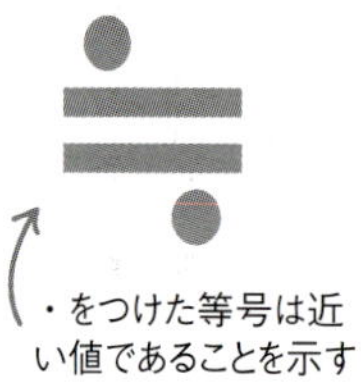

$31 \fallingdotseq 30$ または $187 \approx 200$

△近似値としてほぼ等しい
この記号の両側の値はまったく同じではないが、「ほぼ等しい」「近似値としてあつかえる」という意味になります。31は30に、187は200にほぼ等しい値としてあつかわれることを示しています。

小数の位取り

四捨五入するときに何けたの概数にするかを決めておくことができます。小数第何位までの概数にするかは、その数の用途、正確さの必要性によって変わります。

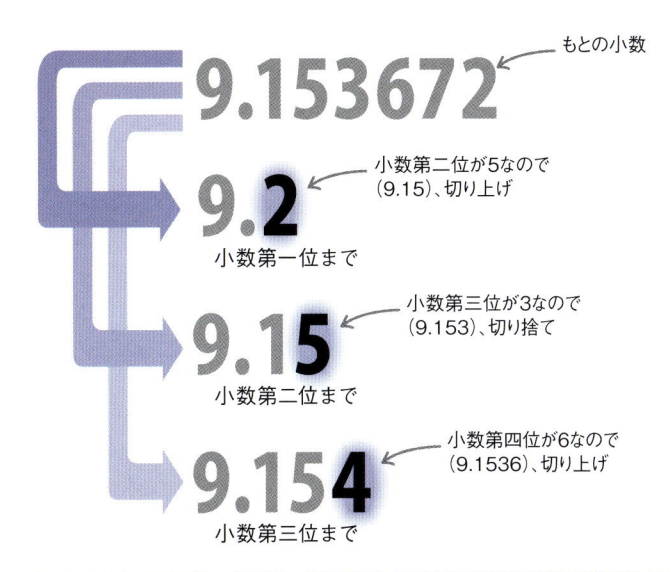

9.153672 ← もとの小数

9.2 ← 小数第二位が5なので(9.15)、切り上げ
小数第一位まで

9.15 ← 小数第三位が3なので(9.153)、切り捨て
小数第二位まで

9.154 ← 小数第四位が6なので(9.1536)、切り上げ
小数第三位まで

詳しく見ると

何けたの概数?

小数はけた数が多くなるほど正確になります。この表は小数のけた数による正確さのちがいを示しています。例えば、ある距離を km で小数第三位まで示すと、1km の千分の一つまり 1m まで正確に表していることになります。

小数の位	位の大きさ	例
1	1/10	1.1km
2	1/100	1.14km
3	1/1000	1.135km

有効数字

近似値のうちの信頼できる数字を有効数字といいます。1 から 9 までの数字は意味が重要ですが、概数の 0 は重要とはいえません。ただし他の数字に囲まれているときや、正確な数値が必要なときは、0 にも大切な意味があります。

有効数字1けた → 200
真の値は150以上250未満の範囲にある

有効数字2けた → 200
真の値は195以上205未満の範囲にある

有効数字3けた → 200
真の値は199.5以上200.5未満の範囲にある

◁**有効な 0**
200 という数値は、有効数字が何けたかによってちがった意味をもつことがある。各例の下に真の値の範囲が示してある。

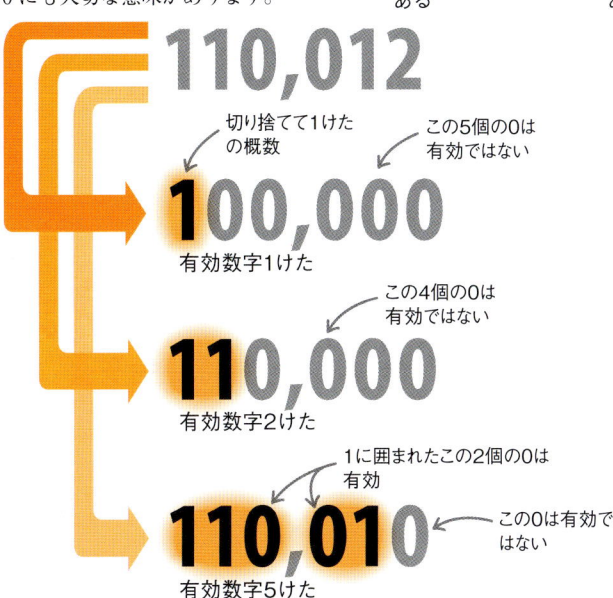

110,012

100,000 ← 切り捨てて1けたの概数 / この5個の0は有効ではない
有効数字1けた

110,000 ← この4個の0は有効ではない
有効数字2けた

110,010 ← 1に囲まれたこの2個の0は有効 / この0は有効ではない
有効数字5けた

3.047

3 ← 切り捨てて1けたの概数
有効数字1けた

3.0 ← この0の後の位を四捨五入したので、この0は有効
有効数字2けた

3.05 ← 切り上げて3けたの概数
有効数字3けた

電卓を使う

参照ページ
幾何で使う道具 74～75〉
資料の収集と整理 196～197〉

電卓（計算機）はいろいろな計算の答えをすばやく出してくれる道具です。

電卓は計算を容易にしてくれる便利な道具ですが、使用に当たってはいくつか心得ておくべき注意点があります。

電卓ってどんな道具？

現在の電卓は小型の電子機器で、日常生活や数学のさまざまな計算に使われています。多くの電卓はここで示しているような操作方法で計算しますが、機種によって機能や表示に違いもあり、取りあつかい説明書を読んだ方がいいでしょう。

電卓を使う

正しい順序で入力しないと、間違った計算をしてしまうことがあるので注意しましょう。

例として次の計算をしてみます。

(7 + 2) × 9 =

数字や記号をかっこも含めてすべてこの順序で入力します。

(7 + 2) × 9 **= 81**

注意

7 + 2 × 9 **= 25** ← まず2×9＝18を計算し、そして18＋7＝25

（※ 訳注――日本で広く普及している安価な電卓にはかっこのキーがなく、7 + 2×9 の順に入力すると 81 という答えがでるものが多い。）

答えの見積もり

電卓は押されたキーのとおり計算してしまいます。ちょっとした押し間違いでとんでもない誤りになることもあるので、あらかじめおよその見当をつけておくのが賢明です。

例えば

2 0 0 6 × 1 9 8

およその見積もりでは

2 0 0 0 × 2 0 0 ← この概算の答えは400000

もし電卓が 40788 という答えを表示したら、明らかに 0 を一つ落として次のような入力ミスをした結果だと気がつくでしょう。

2 0 6 × 1 9 8

よく使われるキー

ON ON
これは電卓の電源を入れるキー。多くの電卓はしばらく操作をしないと自動的に電源が切れる。

1 数字のキー
計算をするのに必要な基本的な数字のキー。一けたの数としても使われ、組み合わせて大きな数もつくる。

= 基本的な計算のキー
たす・ひく・かける・わる・イコールなど基本算術の機能を実行する。

・ 小数点
手書きの小数点と同じ働きをして、整数部分と小数の位を分ける。数字と同じように入力する。

AC 取り消し
キャンセルキー（オールクリアキー）といって、メモリーからそれまでの入力を消す働きがある。新たな計算を始めるとき、不要な数などが残らないように消してしまう。

DEL 削除
メモリーからそれまでの入力を消してしまうキャンセルではなく、今入れた数値などを削除する。CE（クリアエントリー）と表示される場合もある。

RCL リコール
メモリーから数値を呼び出す働きがある。先にあつかった計算や数値など多くの部分を合算するのに役立つ。

△**関数電卓**

関数電卓にはいろいろな機能がある。普通の手軽な電卓には数字のキー、基本の四則計算のキー、他にパーセントのような簡単な機能が一つ二ついているだけだが、関数電卓はここに示したようにより高度な数学のための機能を備えている。

さまざまな機能

x^3 三乗（立方）

ある数の三乗がキー一つで計算でき、ある数に同じ数をかけ、さらにもう一回かけるといった手間が省ける。数を入力したらこのキーを押すだけだ。

ANS アンサーキー

直前の計算結果を当てはめる機能で、いくつかの段階を踏む計算に有効。例えば、2+1=3、7＋ANS＝10

√■ 平方根

正の数の平方根を求めるのに使う。数値を入れ、√のキーを押す。（逆の手順になる機種もある）

x^2 二乗（平方）

ある数に同じ数をかけるといった手間をかけずに、数を入力したらこのキーを押せば二乗の答えがでる。

x■ 累乗

指数のキーで累乗の計算ができる。まず累乗すべき数を入れ、このキーを押し、指数を入力すればよい。

(−) マイナスの符号

負の数の表示に用いる。通常、合計すべき数の最初につける。

sin sin, cos, tan

この三つのキーは三角比のサイン、コサイン、タンジェントの数値を角度から求めるのに使う。

(かっこ

計算式のある部分をかっこでくくり、計算の順序を定める働きをする。

個人の収支

経済について学ぶことは家計をやりくりする上でも大切です。

税金、貯金の利子、借金の利子は個人の収支にも関わってきます。

参照ページ
〈30〜31 正負の数
ビジネスの収支 68〜69〉
公式 169〜171〉

税金

税金は製品、収入、事業などに政府がかける料金です。政府は個人や会社から徴収した税金を、教育や防衛のほかさまざまなサービスを提供するのに使います。個人としては、稼いだ金にかかる所得税や買い物をしたときにかかる消費税などが課税されます。

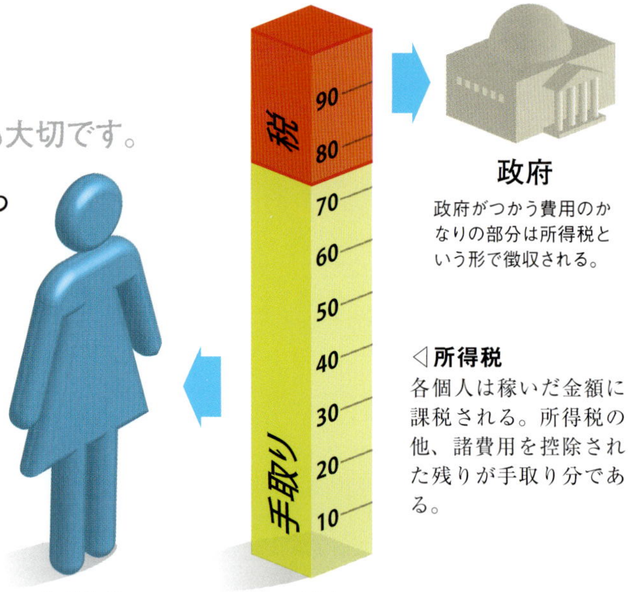

政府
政府がつかう費用のかなりの部分は所得税という形で徴収される。

◁所得税
各個人は稼いだ金額に課税される。所得税の他、諸費用を控除された残りが手取り分である。

納税者
誰でも給料を受け取ったり、買い物をしたりするときに、税金を納めている。

賃金
雇用されている人が稼いだ金額の合計

財務用語

経済の言葉は一見複雑そうに見えても、実はわかりやすいものが多い。重要な用語を知っておくと、支払うべき分や受け取れる額の理解もスムーズになり、個人の収支の管理にも役立つ。

銀行口座	銀行に預けたり、銀行からひき出した金額を管理する帳簿のこと。口座を開いたら、本人確認のための暗証番号が必要で、この番号は他人には明かすべきでない。
クレジット	クレジットは借りられる金額といえる。例えば長期の借り入れや銀行からの借り越しも含まれる。とはいえ金を借りるためにかかる費用が必要であり、これは利子と呼ばれる。
収入	個人や家庭に入ってくる金額のこと。職務に対して支払われる賃金という形が多いが、手当や支給といった形で政府から支払われることもある。
利子	金を借りるのにかかる費用、または銀行に預金したときに元金以上に受け取れる収入のこと。借金のときの利子の方が、預金したときの利子より高い。
住宅ローン	家を買うための資金を借りること。銀行などが購入資金を貸すが、金額が大きい場合が多く、利子や手数料などを含めた返却には長い期間があてられる。
預金	多くの種類の預金があり、銀行に預ければ金は利子を生む。老後の収入を確保するために規則的に積み立てる年金制度もある。
損益分岐点	損益分岐点とは、会社の支出と収入が等しくなる点のことである。かかった費用分だけもどってきたわけだから、利益も出ないし損失も出ない。
損失	稼ぐ以上に出費がかさめば、会社は損失を出す。コスト（製品を生産するのにかかる金額）が売り上げを上回る場合である。
利益	売り上げからコストをひいた後に残った部分が利益となる。利益は事業者が作り出した価値といえる。

利子

銀行は預金者が預金した資金に対しては利子を払い、貸し付ける資金には利子を要求します。利子の割合（利率）はパーセントで表されるが、単利と複利という二つのタイプがあります。

単利

単利は常に、銀行に預けられたもともとの金額に対する利子で支払われます。3%の単利で10000円を銀行口座に預けた場合、毎年同じ金額の利子が上乗せされていくことになります。

預けた金額（元金）　利率　年数

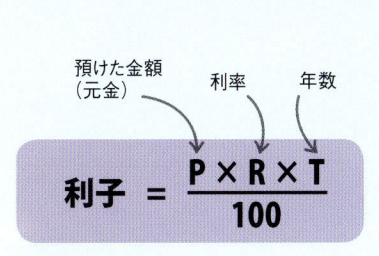

$$\text{利子} = \frac{P \times R \times T}{100}$$

△**単利の公式**
ある年数、単利で預けた場合の式。

1年目

元金　利率　年数　利子

$$\frac{10{,}000 \times 3 \times 1}{100} = 300$$

この式に実際の数値を代入すれば、1年目の利子が計算できる。

元金　利子　合計金額

$$10{,}000 + 300 = 10{,}300$$

1年後のこの口座にある金額は10300円

2年目

1年目と同じ利子

$$\frac{10{,}000 \times 3 \times 1}{100} = 300$$

この式に実際の数値を代入すれば、2年目の利子が計算できる。

2年目の始めの額　利子　合計金額

$$10{,}300 + 300 = 10{,}600$$

利率は元金に対するものなので、2年目以降の利子も1年目と同じ金額になる。

複利

複利は2年目以降、元金と利子の合計額に利子が付きます。3%の複利で10000円を銀行口座に預けた場合、金額は次のように増えていくことになります。

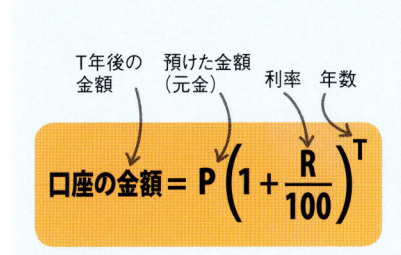

T年後の金額　預けた金額（元金）　利率　年数

$$\text{口座の金額} = P\left(1 + \frac{R}{100}\right)^T$$

△**複利の公式**
ある年数、複利で預けた場合の式。

1年目

元金　利率　年数　合計金額

$$10{,}000 \times \left(1 + \frac{3}{100}\right)^1 = 10{,}300$$

この式に実際の数値を代入すれば、1年目の合計金額が計算できる。

1年目の合計金額　元金　利子

$$10{,}300 - 10{,}000 = 300$$

1年後のこの口座にある金額は10300円で、単利の場合と同じ。

2年目

年数

$$10{,}000 \times \left(1 + \frac{3}{100}\right)^2 = 10{,}609$$

この式に実際の数値を代入すれば、2年目の合計金額が計算できる。

2年目の合計金額　1年目の合計金額　2年目の利子

$$10{,}609 - 10{,}300 = 309$$

複利では前年までの利子も含めた金額に新たな利子がつくので、単利より金額が増える。

ビジネスの収支

ビジネスは利益を上げることを目的としますが、この目的を達成するために数学が重要な役割を果たしています。

ビジネスの目的はあるアイディアや製品を利益に変えることですが、そのためにはかかった費用以上の金額を稼がなくてはなりません。

参照ページ

〈66～67 個人の収支

円グラフ 202～203〉

折れ線グラフ 204～205〉

ビジネスの基本

原材料を仕入れ、加工し、製品にして売るというビジネスを考えます。利益を上げるためには、材料や製造などかかった費用の総計より高い値段で完成品を売らなければなりません。ここではケーキを作って販売するビジネスを例に、基本的な流れを段階ごとに見ていきます。

◁**小規模ビジネス**
たった一人の個人営業から多数の働き手による大事業まで、ビジネスの規模はさまざまだ。

▷**ケーキを作る**
右の例はケーキ屋が資金を投入して材料をそろえ、製品を作り出して販売につなげていく過程を示したものである。

1 インプット―投入するもの

インプットとはここでは製品を作るための原材料のこと。ケーキを作るための主な材料は小麦粉、卵、バター、砂糖などである。

△**費用**
原材料の支払いのために、インプットの段階で費用がかかる。ケーキを焼くたびに同じ費用がかかる。

売り上げと利益

売り上げと利益の間には重大なちがいがあります。売り上げ（売上高）は商品が売れたときに事業者が得る金額のことで、売り上げから費用を引いたものが利益になります。利益はビジネスが産み出した金額なのです。

ビジネスが産み出す金額

商品を売ることで得られる金額

利益 ＝ 売り上げ － 費用

費用は生産にかかるコストで人件費や家賃なども含まれる

費用の中には販売量に関わりなくすでに投入した資金が相当額あるので、費用は0から始まるのではない

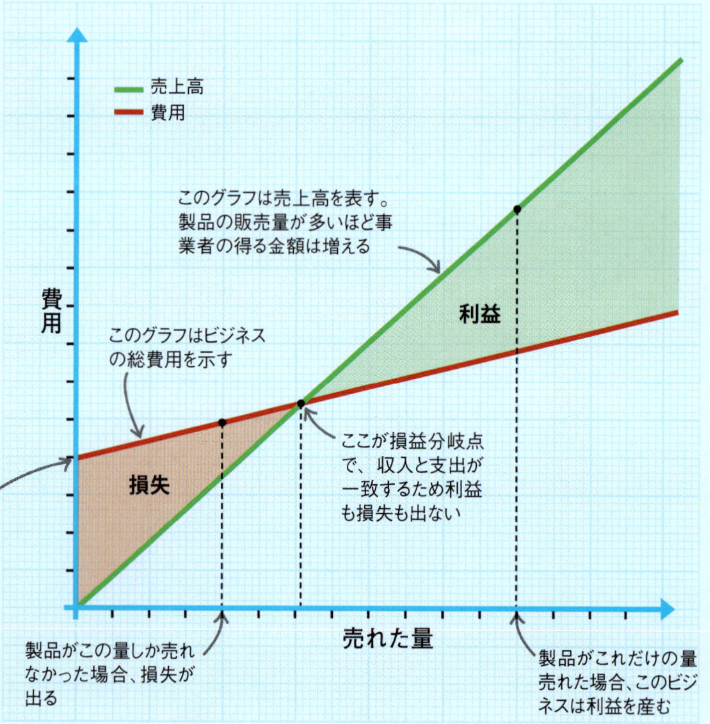

▷**費用と売上高のグラフ**
このグラフは、ビジネスがどこで利益を生み始めるかを示している。売上高が費用を上回ったとき、利益が生まれる。

2 加工処理

加工処理は、そろえた材料をより高い値で売れる別のものに変えていく過程である。

3 アウトプット ―商品を店頭へ

アウトプットとは、加工処理を終えて客に提供できる形に作り出した商品、ここでは完成したケーキのことだ。

△費用
加工処理の費用には、家賃、スタッフに払う賃金、光熱費、加工のための設備・器具代などが含まれる。これらの費用は長期に渡って続いていく出費になることが多い。

△売り上げ
出した商品が売れれば売上金が事業者に返ってくる。売上金はこれまでにかかった費用を埋め合わせるのに充てられるが、その後に残った金額が利益となる。

売上金は何に使われる？

企業に入ってきた売上金はそのまま利益になるのではなく、そこから費用を払わなければなりません。この円グラフは売り上げとして企業に戻ってきた金額が、どう配分されるかの一例を示しています。利益は残った一部にすぎません。

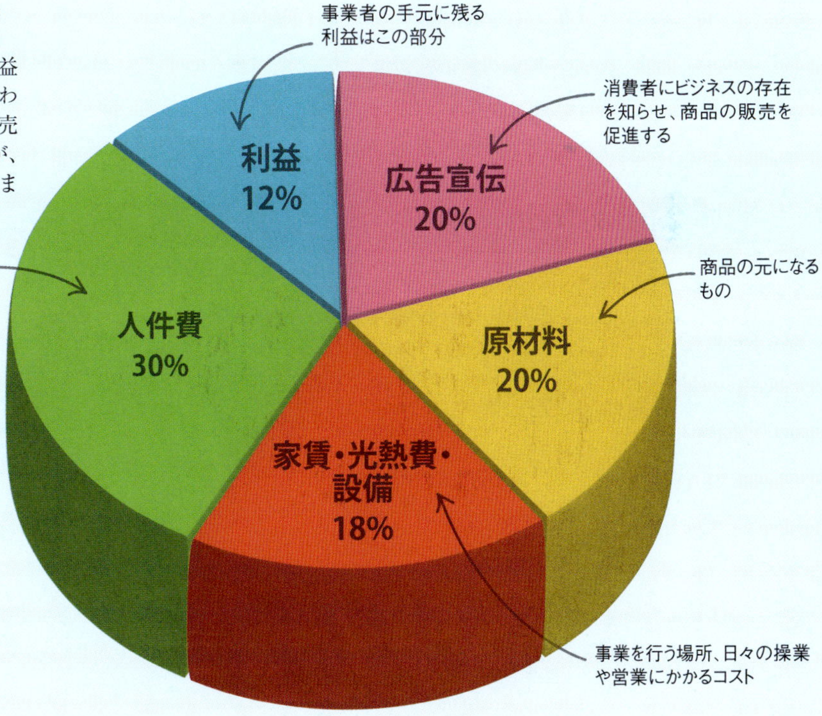

▷費用と利益
この円グラフは必要とされる費用の一例を示している。もちろん業種によって配分は異なり、あつかう商品の特徴や事業の効率などが反映される。かかった費用すべてに配分された後、残った金額が利益になる。

2

幾何
（図形）

幾何って何？

さまざまな線、角、図形、空間をあつかう数学の一分野を幾何《きか》といいます。

土地の面積計算、建築、航海術、天文学などに使われ、幾何学は何千年もの間、実用価値の高いものであり続けています。同時に純粋な学問としての数学の一部門でもあるのです。

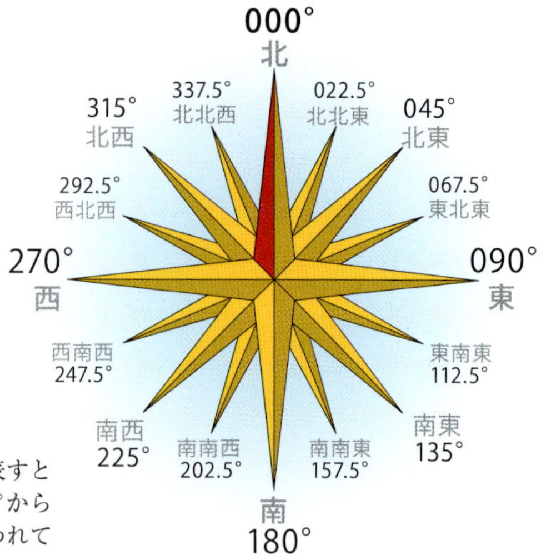

▷方位
航海術で方位を表すときに、北を指す0°から測った角度が使われている。

線、角、図形、空間

幾何は線、角、図形（二次元と三次元）、面積、体積の他、回転や対称などの移動、座標などについてもあつかいます。

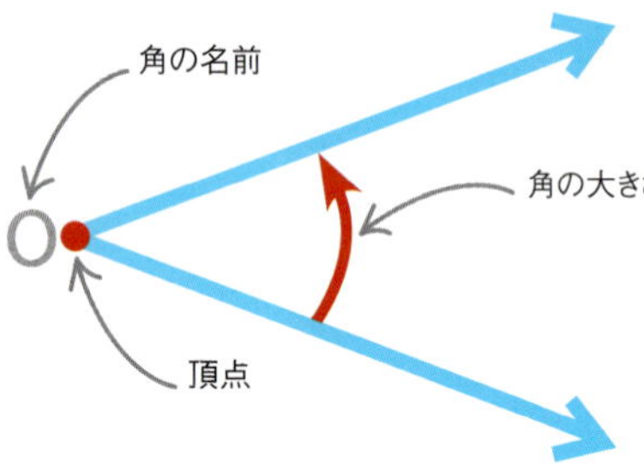

△角
2本の直線がある点で出会うと角ができる。角の大きさは2本の直線の開き方を測ったもので、度で表される。

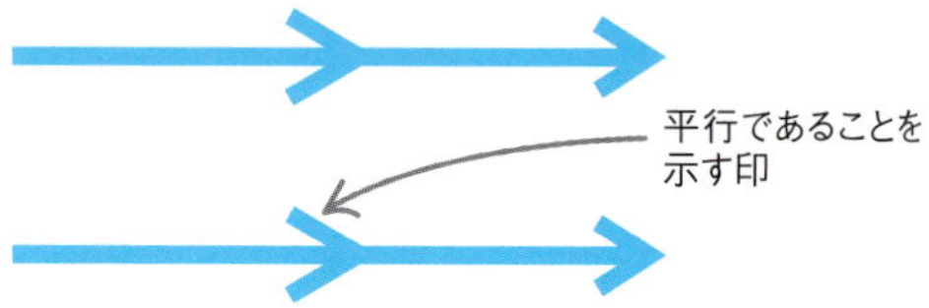

△平行線
平行な二直線はどこをとっても同じ距離だけ離れていて、延長しても交わらない。

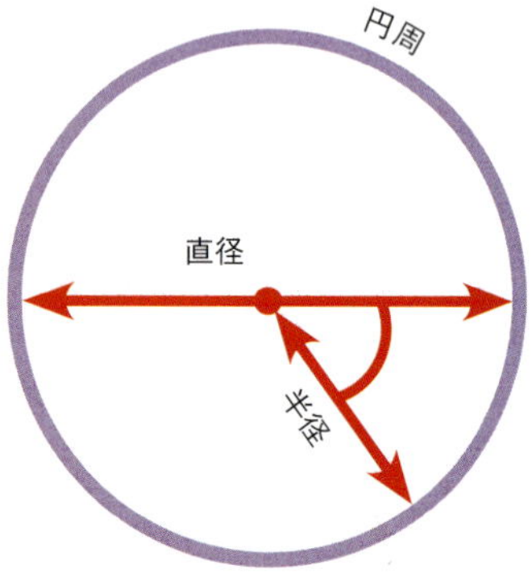

△円
円は中心からつねに同じ距離にある途切れのない曲線で、その長さを円周という。円の端から中心を通って反対の端までの距離を直径といい、その半分の半径は中心から円周までの距離である。

リアルワールド

自然の中の幾何

多くの人が幾何を純粋に数学という学問として考えますが、幾何学的な図形や模様は実は自然界に広く見られるものです。おそらく最もよく知られているのは蜂の巣穴と雪の結晶の六角形でしょう。でも自然の幾何の例は他にもたくさんあります。例えば、水滴、泡、そして惑星はみなおおむね球体ですし、結晶はさまざまな多面体の形をしています。おなじみの食塩は立方体の結晶、石英は先端に角すいのついた六角柱の水晶になります。

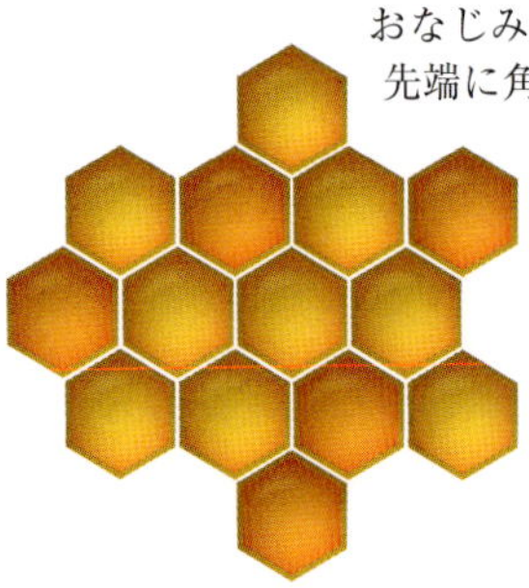

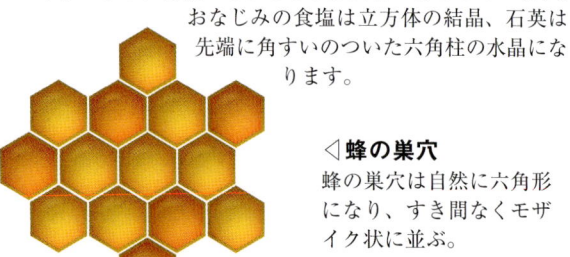

◁蜂の巣穴
蜂の巣穴は自然に六角形になり、すき間なくモザイク状に並ぶ。

詳しく見ると

グラフと図形

グラフは幾何を他の数学の分野に結びつけます。グラフに書かれた線や図形を座標を使って代数の式に変換し、数学的に操作することが可能になります。その逆に、代数の式をグラフに書き表して、幾何のルールにしたがって操作することもできます。図形をグラフに表現して位置を考え、ベクトルを応用して、回転や平行移動などの動きを計算することも可能です。

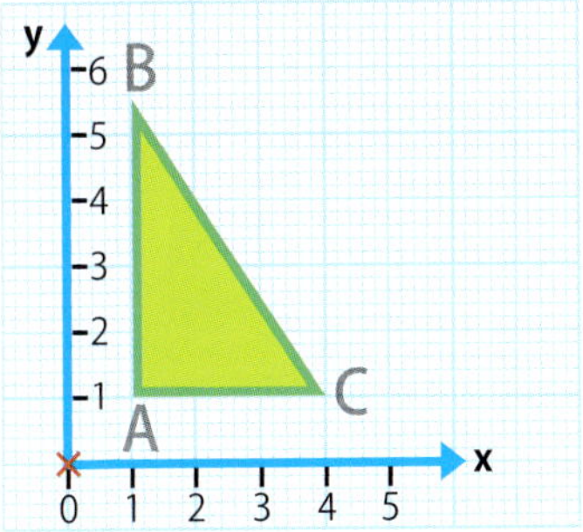

◁**グラフ**
直角三角形 ABC がグラフ上に示してある。各頂点は A=（1, 1）、B=（1, 5.5）、C=（4, 1）

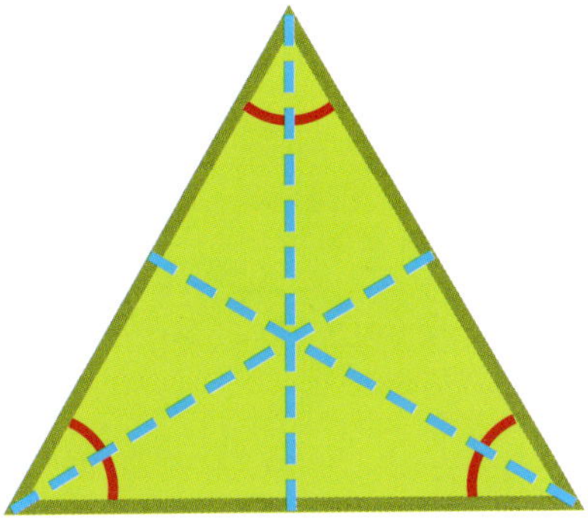

△**三角形**
三角形は三つの辺からなる多角形で、三つの内角の和はつねに 180° である。

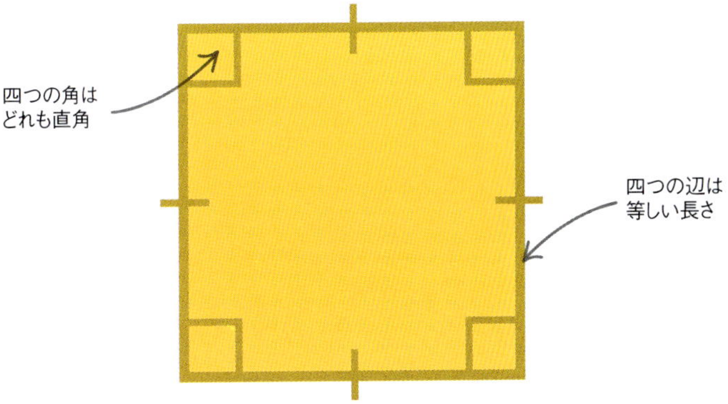

△**正方形**
正方形は四つの辺からなる多角形つまり四角形の一つで、四つの辺の長さはすべて等しく、四つの角はすべて 90° である。

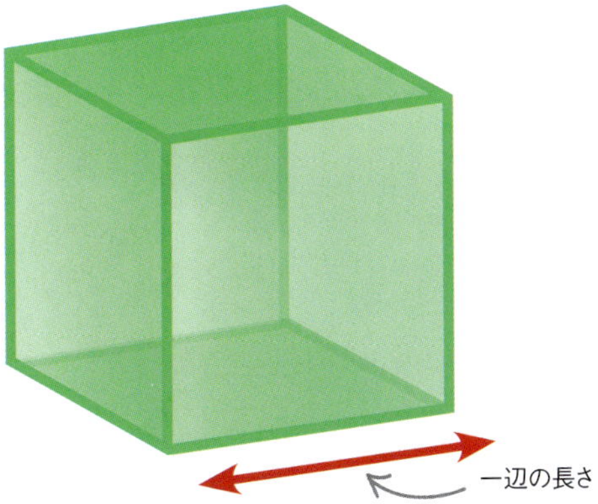

△**立方体**
立方体は空間図形の多面体で、すべての辺の長さが等しい。他の直方体と同様、面の数は 6、辺の数は 12、頂点の数は 8 である。

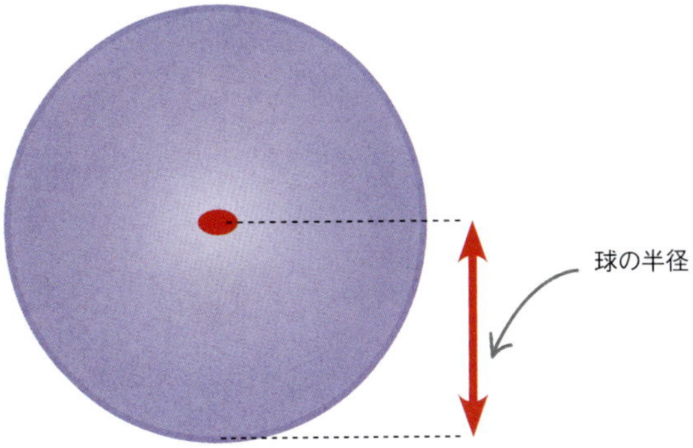

△**球**
球は完全に丸い三次元の立体で、表面のどの点も中心から等しい距離にあり、この距離が半径である。

幾何で使う道具

幾何では計測や作図のために学習用具が必要です。

参照ページ	
角	76～77〉
作図	102～103〉
円	130～131〉

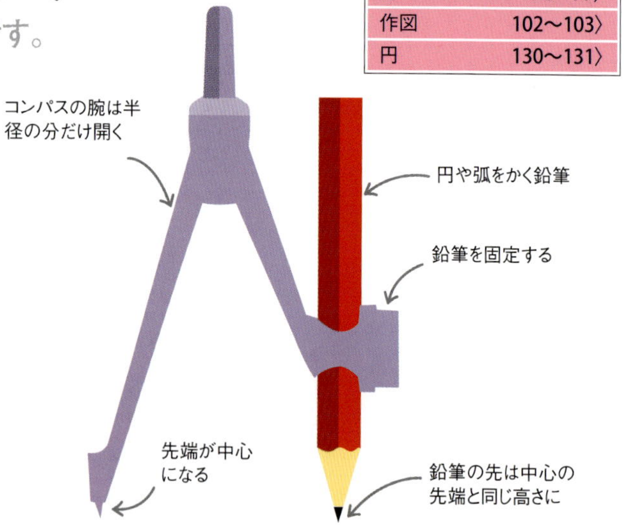

必要な道具は？

いくつかの道具が、図形を測ったり作図したりするために欠かせません。定規、コンパス、分度器は重要です。定規は長さを測ったり、直線をひくために必要です。コンパスは、円や円の一部である弧をかくときに使います。分度器は角度を測るための道具です。

コンパスを使う

円や弧をかく道具であるコンパスには、二本の腕がありますが、先端がとがった方を中心として固定し、鉛筆のついた方を回転させるようにして使います。

▽半径を決めて円をかく

コンパスの腕を半径の長さに広げて円をかく。

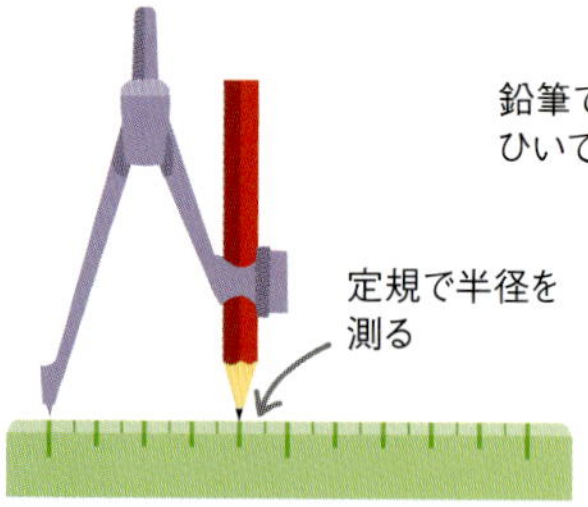

定規にあてて、コンパスの腕を半径の長さにセットする。

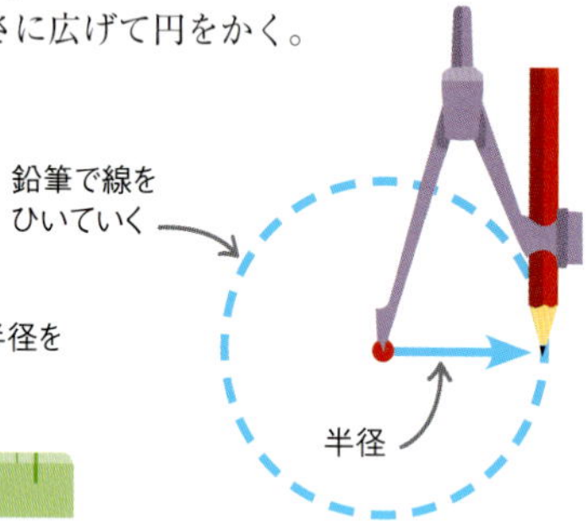

半径を決めて、コンパスのとがった先端を中心として固定し、鉛筆のついた方を回転させる。

▽中心と円周上の１点が決まっている場合

コンパスのとがった先端を中心の位置に置き、もう一方の鉛筆の先が円周上の点に触れるように広げて、回転させる。

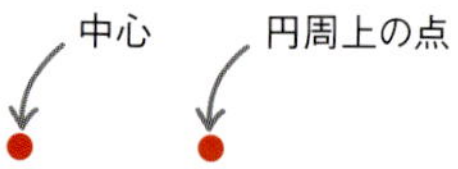

コンパスを2点間の距離にセットする。

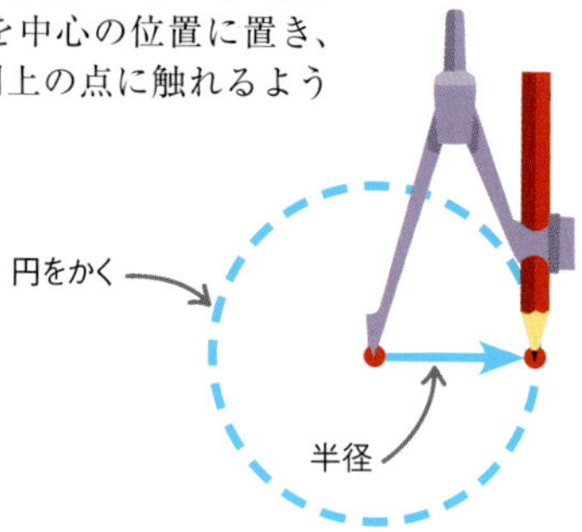

コンパスの回転の軸になる方がずれないように、円をかいていく。

▽弧を作図に使う

円周の一部を弧というが、弧は他の図形の作図の際によく用いられる。

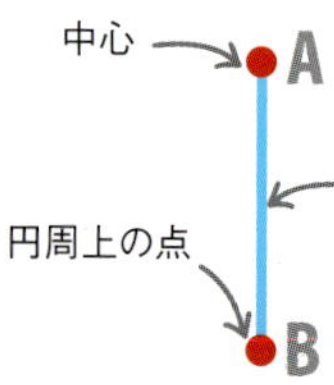

線分をひき、両端の点の一方を中心、他方を円周上の点とする。

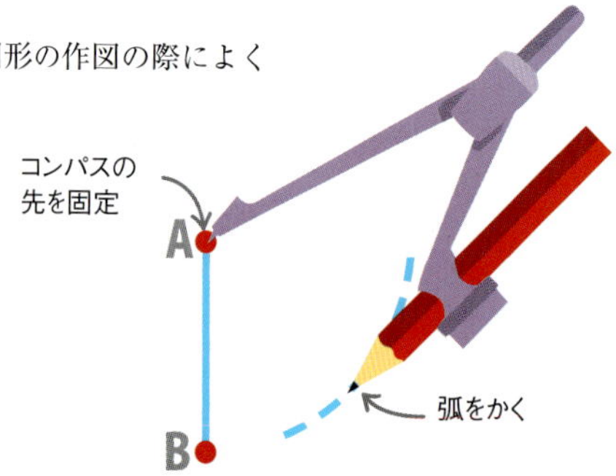

線分の長さにコンパスを開いて、弧の半径とし、点Aを中心とする弧をかく。

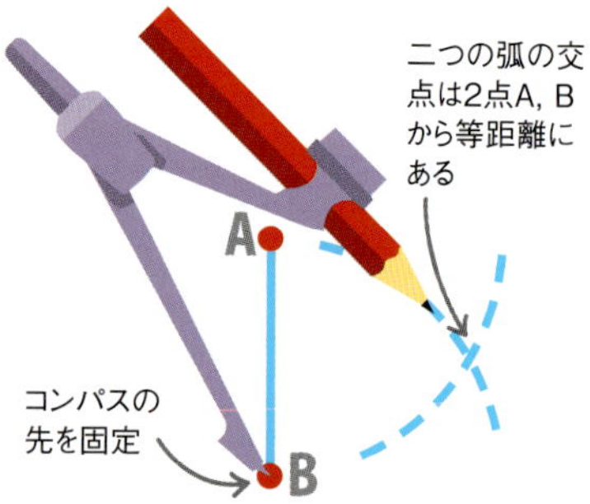

もう一方の点Bを中心として二つ目の弧を作図する。二つの弧の交わった点は2点A, Bから等しい距離にある。

定規を使う

定規は線分の長さや２点間の距離を測るのに使います。コンパスを、決められた半径に開くときにも必要です。

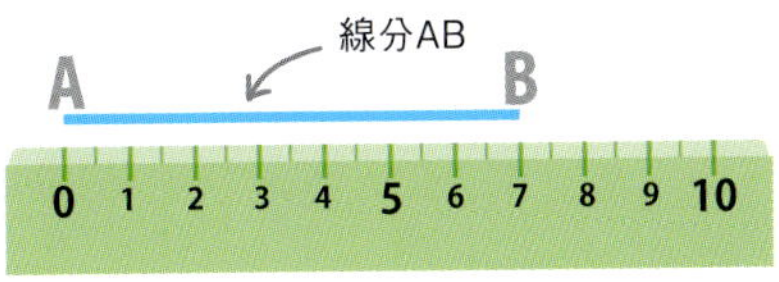

◁**長さの測定**
線分の長さや２点間の距離を測るには定規を使う。

▷**線をひく**
２点を通る直線をひくときは定規を当ててかく。

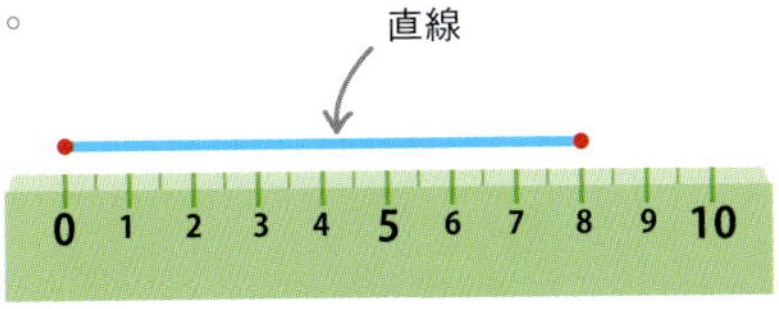

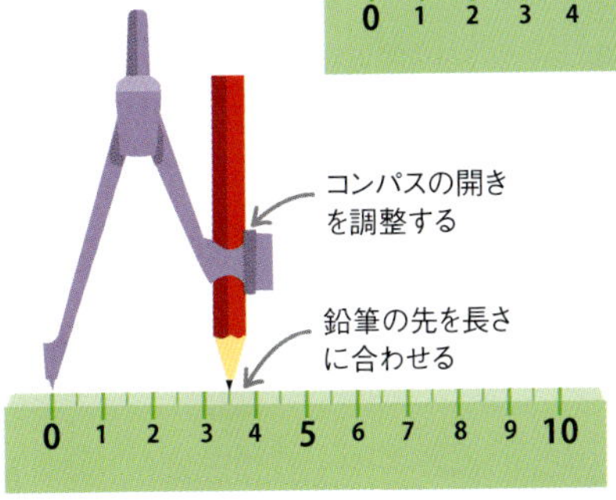

◁**コンパスをセットする**
決められた半径にコンパスを開くときに、定規に当てて測る。

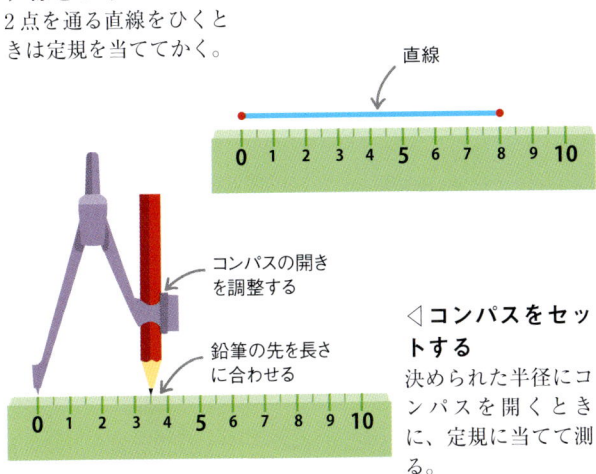

他の道具

他にも作図したり図解したりするときに役立つ道具があります。

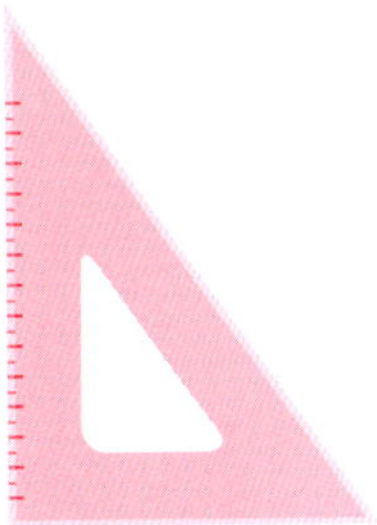

△**三角定規**
三角定規は平行線をひくときなどにつかわれる。内角が 90° 45° 45° の直角三角形と 90° 60° 30° の直角三角形の二種類がある。

△**電卓**
関数電卓には幾何の計算につかういくつかのキーのオプションがある。例えば三角比の sin などは三角形の角や辺を計算するのに使われる。

分度器を使う

角度を測るには分度器が使われます。普通はプラスチック製で透明なので、分度器の中心を角の頂点に合わせやすくなっています。測るときは常に一方の辺を 0° に合わせます。

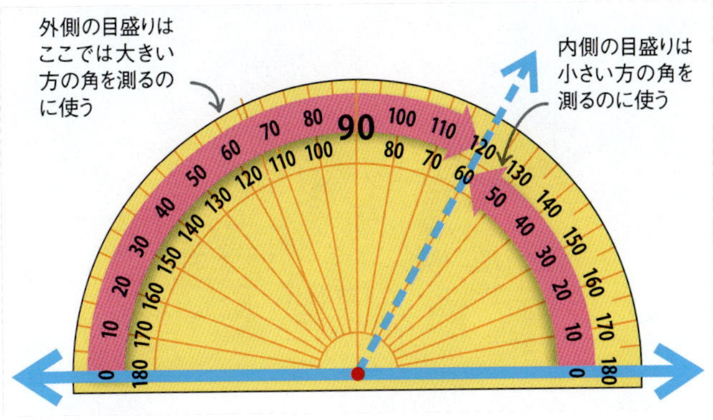

▽**角度を測る**
２本の直線が交わってできる角の大きさを測るには分度器を使う。

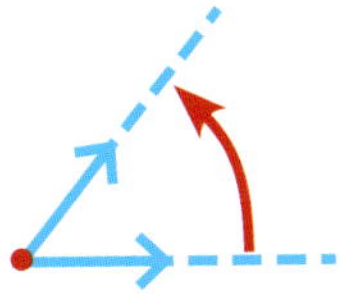

必要なときは線を延長して読みやすくする。

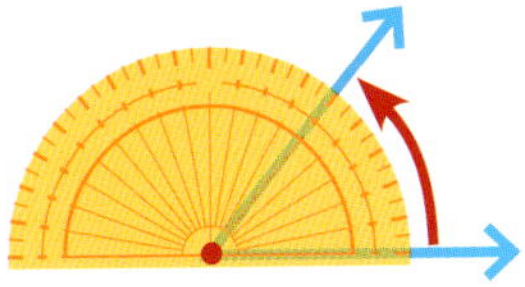

分度器を角に重ね合わせ、0°からの目盛りを読み取る。

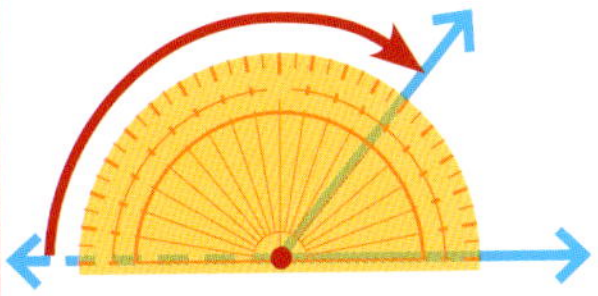

もう一方の目盛りは反対側の角（外角赤い矢印）を測るのに使う。

▽**角をかく**
角度がわかっているとき、分度器を使えば正確に測って作図できる。

線をひいて、角の頂点になる位置に印をつける。

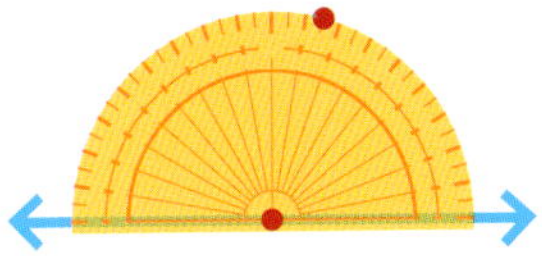

印をつけた点に中心がくるように分度器を重ね、かきたい角度の目盛りの位置に印をつける。

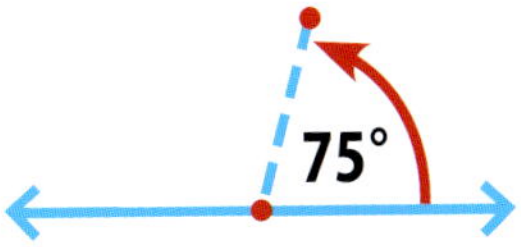

印をつけた2点を結んで角を作り、角度を書き込む。

角

参照ページ
〈74～75 幾何で使う道具
直線 78～79〉
方位 100～101〉

2本の直線がある点で出会うと角ができます。

ある共通の点から2直線が違う方向に延びているとき、その直線がどのくらい「回転」しているかを表すのが角度だということができます。角度は°という記号で表します。

角度を測る

角度は回転の大きさによって決まります。完全な一回転は、円を一周したことになり、360°です。他の角はみな360°より小さくなります。

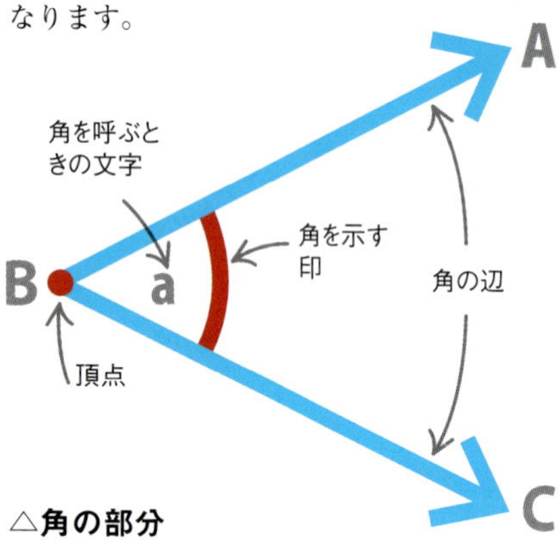

△角の部分
2本の直線(辺)の開き方が角である。角は∠aのような文字、∠ABCのような記号で表す。

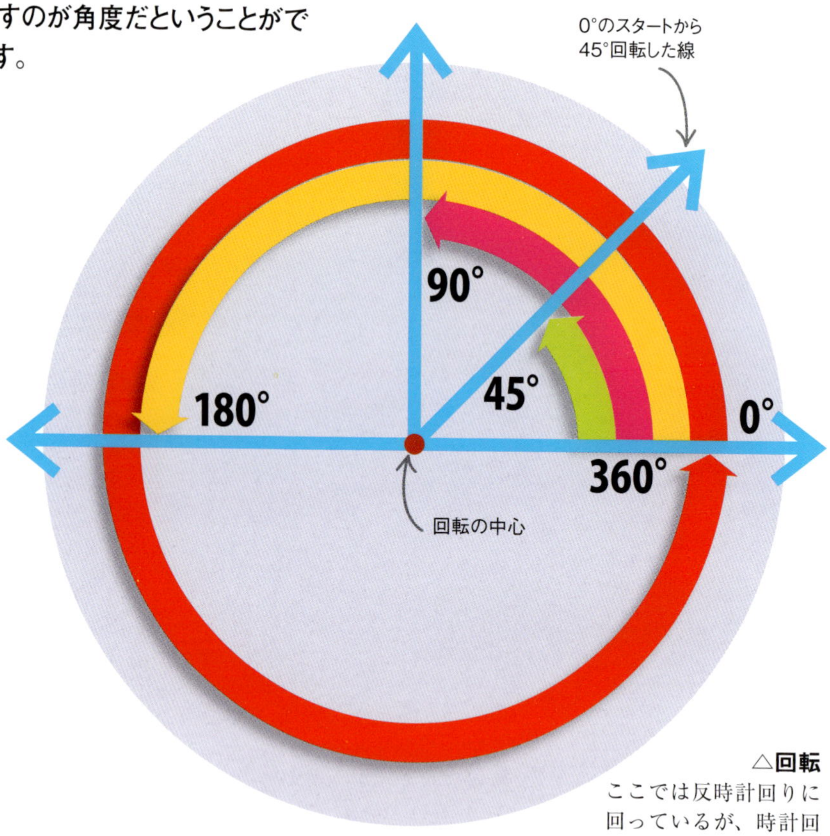

△回転
ここでは反時計回りに回っているが、時計回りに回ることもある。

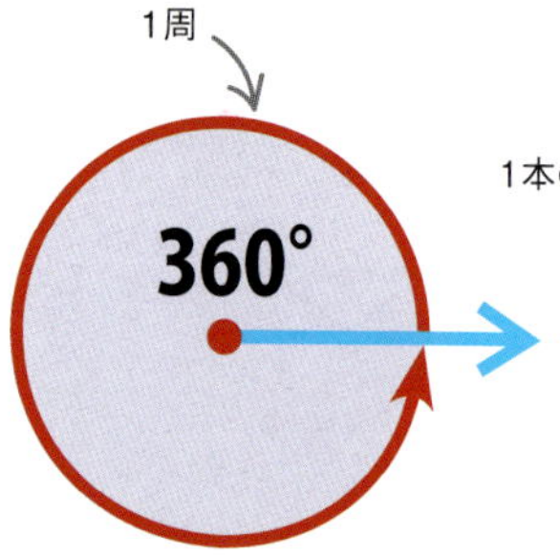

△1回転
1回転を角度で表すと360°で、角の辺は1周してもとにもどることになる。

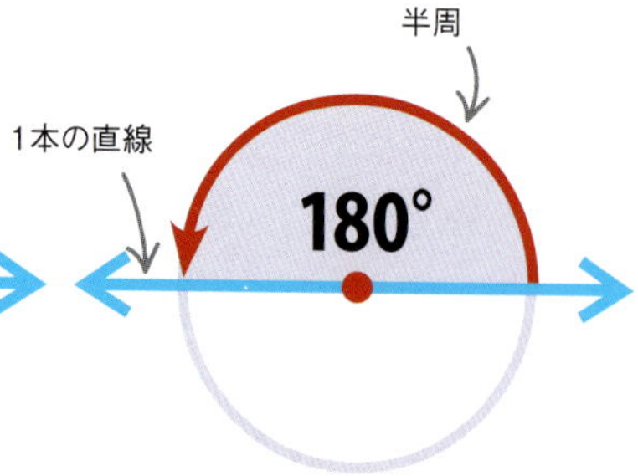

△半回転
半回転を角度で表すと180°で、角の2つの辺は1つの直線になる。直線の角度は180°だ。

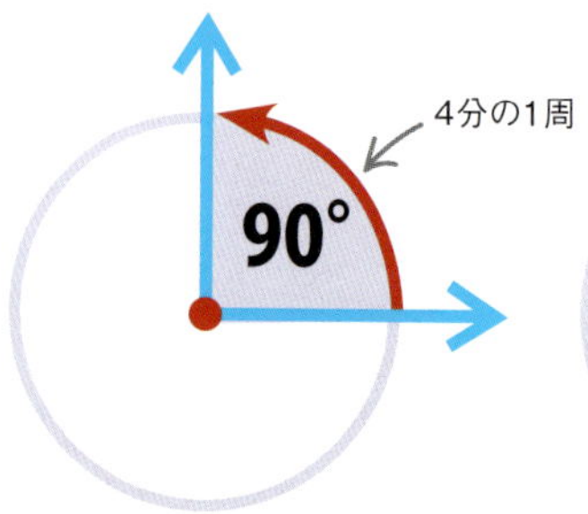

△4分の1回転
4分の1回転を角度で表すと90°で、角の2つの辺は垂直になる。90°は直角と呼ばれる。

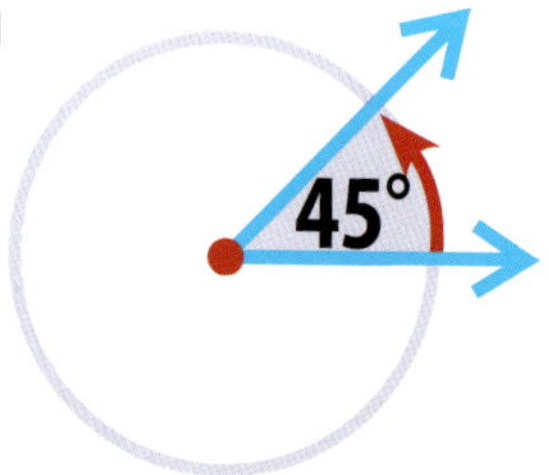

△8分の1回転
1回転の8分の1を角度で表すと45°で、直角の半分になるので、半直角ともいわれる。

角の種類

ここに示したように、角は大きさによって四つの種類に分類されます。

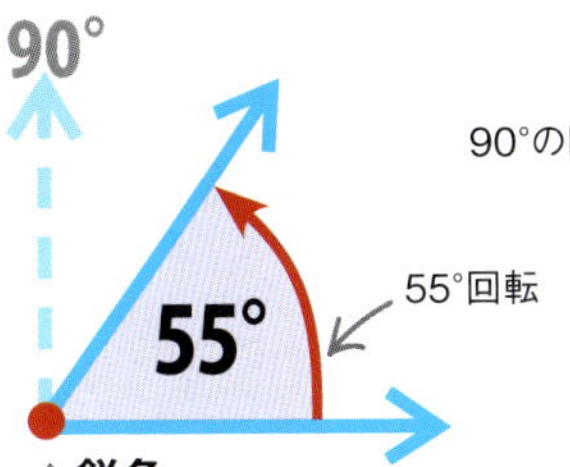

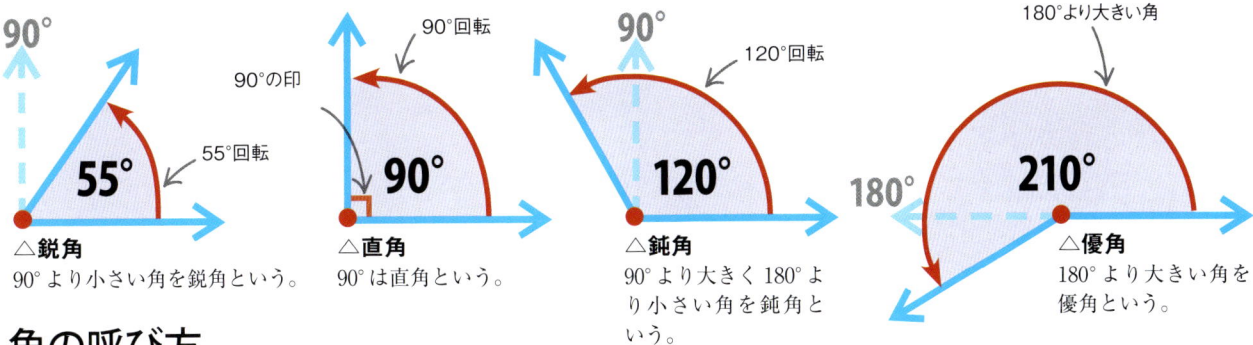

△**鋭角**
90° より小さい角を鋭角という。

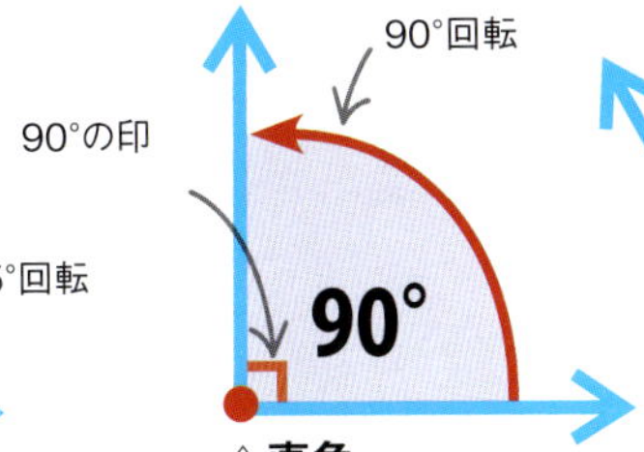

△**直角**
90° は直角という。

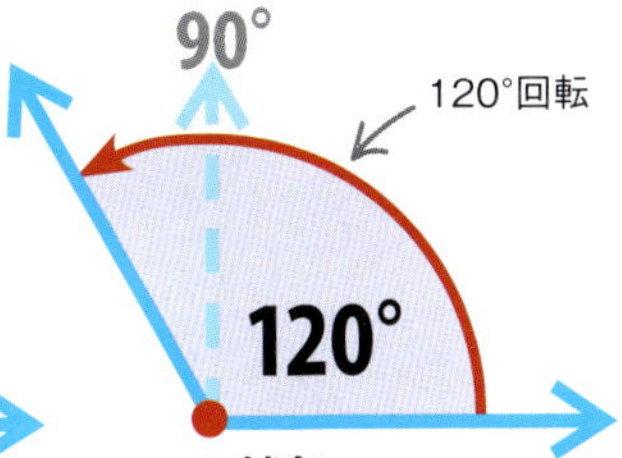

△**鈍角**
90° より大きく 180° より小さい角を鈍角という。

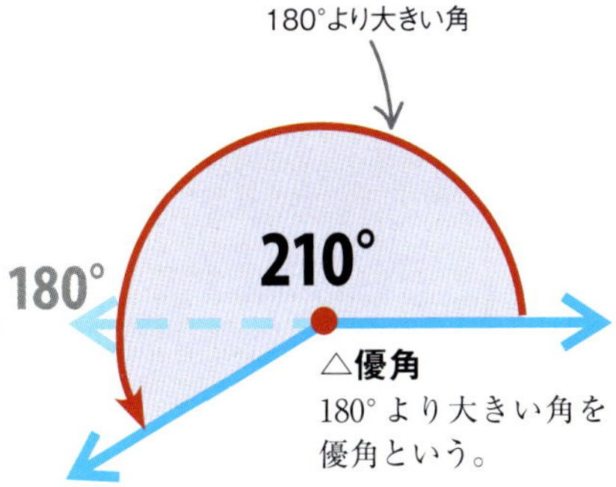

△**優角**
180° より大きい角を優角という。

角の呼び方

一つ一つの角の呼び方と特定の関係を表す角の名前があります。

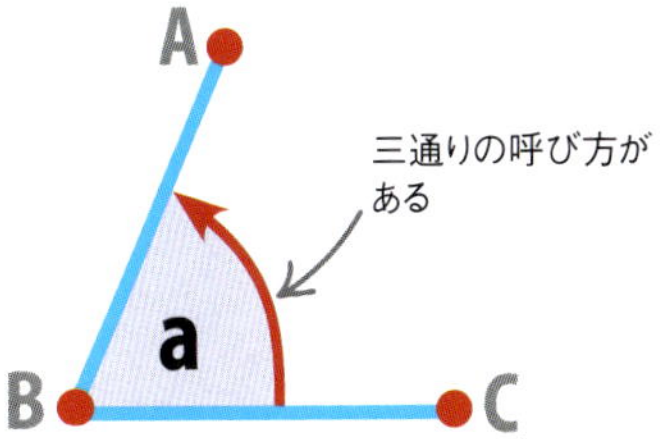

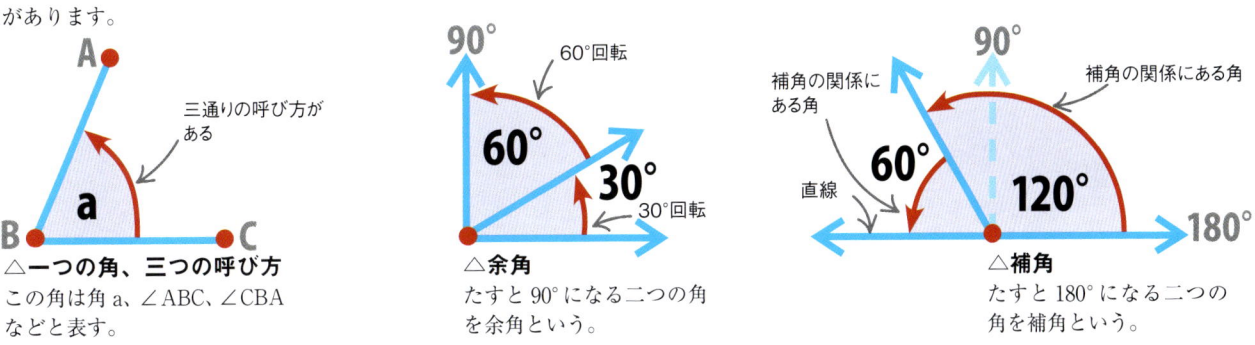

△**一つの角、三つの呼び方**
この角は角 a、∠ABC、∠CBA などと表す。

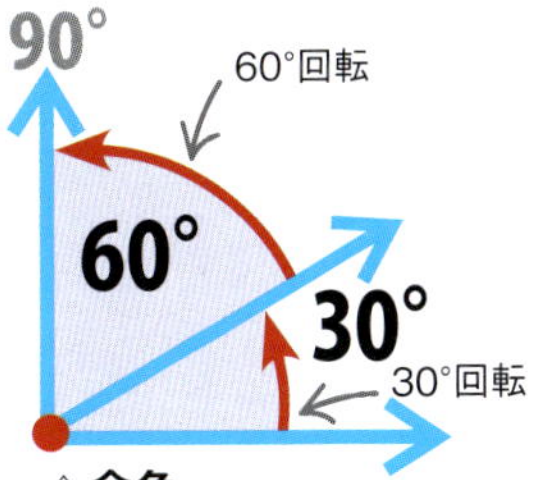

△**余角**
たすと 90° になる二つの角を余角という。

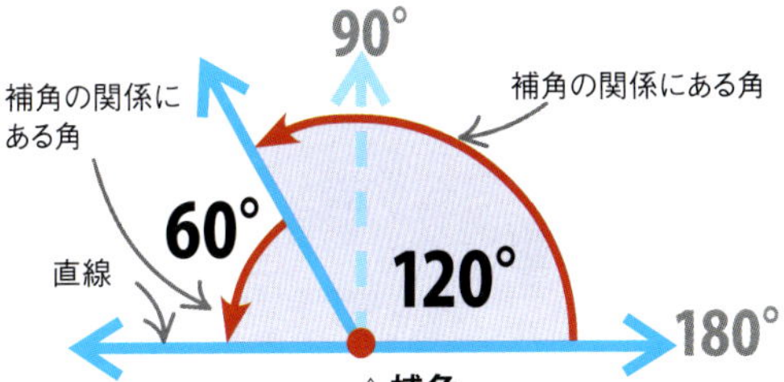

△**補角**
たすと 180° になる二つの角を補角という。

直線上の角

下図のような直線上の角は、たすと 180° になります。この例では、四つの角の和は 180° つまり直線になります。

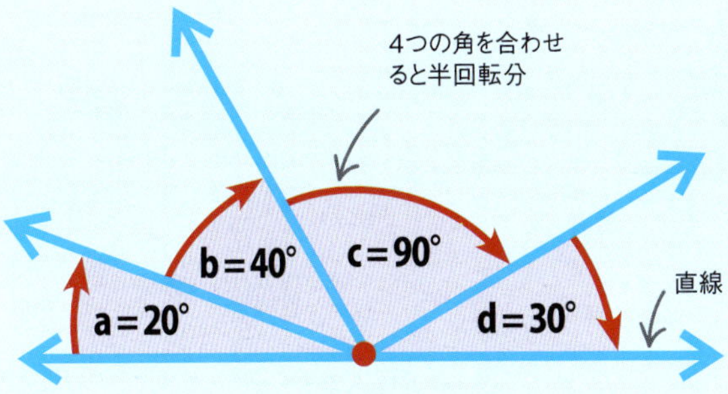

$$a+b+c+d=180^\circ$$
$$20^\circ+40^\circ+90^\circ+30^\circ=180^\circ$$

点を一周する角

点を一回りする角は合計すると一回転分つまり 360° になります。この例では、同じ点を頂点とする五つの角の和が 360° です。

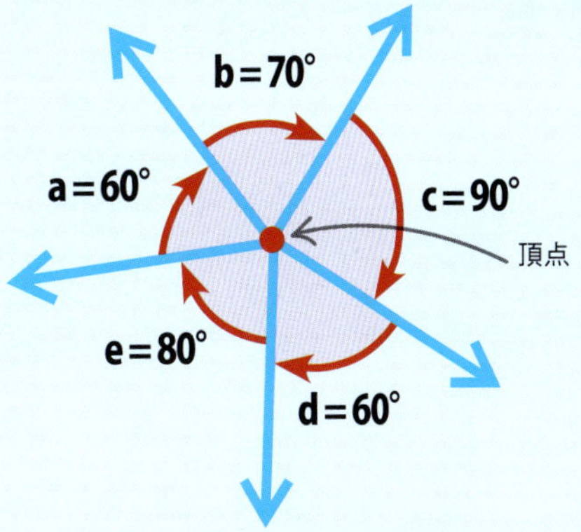

$$a+b+c+d+e=360^\circ$$
$$60^\circ+70^\circ+90^\circ+60^\circ+80^\circ=360^\circ$$

一 直線

参照ページ
〈74〜75 幾何で使う道具
〈76〜77 角
作図 102〜103〉

直線のことを単に線といったり、平面あるいは空間での二点間の最短距離は直線だといったりしますが、本来直線は無限に延びています。

点、直線、平面

幾何において最も基本となるものは、点と直線と平面です。点は位置だけを示すもので、幅も高さも長さもありません。直線は一次元で、反対の二方向に無限に延びています。平面は二次元の平らな面で、これもあらゆる方向に無限に広がっています。

△点
点は位置を正確に表すのに用いられる。普通はドット(·)で印され、アルファベットで呼ばれる。

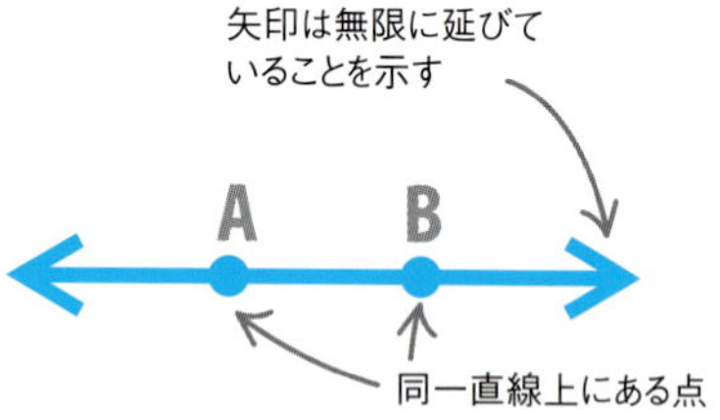

△直線
直線の矢印は、両方向に無限に延びていることを示す。直線 AB のように表す。(これに対し、一方に端があり他方が無限に延びている直線を半直線という。)

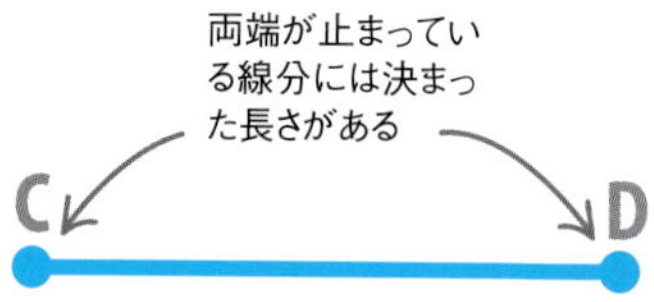

△線分
決まった長さがある線分には矢印はつけず、両端を止める。線分 CD のように両端の 2 点で呼ばれる。

△平面
平面は便宜上このような形で表し、アルファベットで呼ぶ。端のラインを描いているが、実際には平面はあらゆる方向に無限に広がっている。

直線の位置関係

同一平面上の二直線は、交わるか平行かのどちらかになります。交わるとは 1 点を共有することであり、二直線が常に同じ距離だけ離れているなら、その二直線は交わることはなく、平行です。

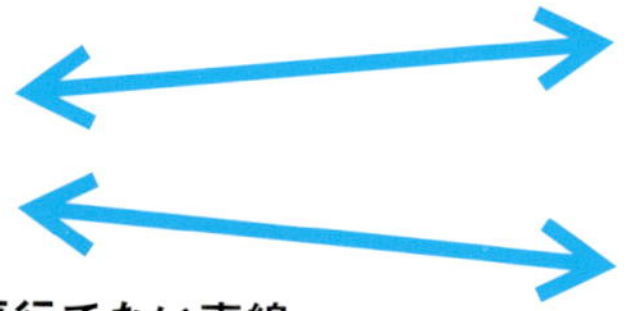

△平行でない直線
二直線間の距離が常に同じではないなら、平行ではなく、延長すれば必ずどこかで交わる。

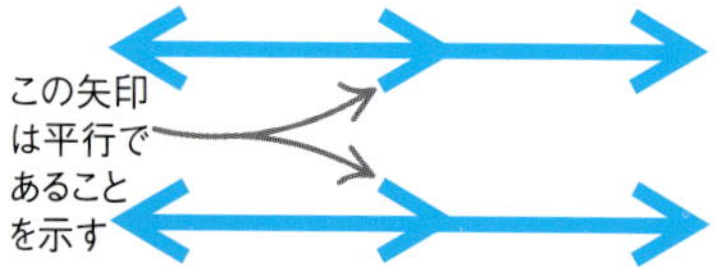

△平行な直線
二つ以上の直線が延長してもけっして交わらないとき、平行であるという。図のような矢印はその直線が平行であることを示している。

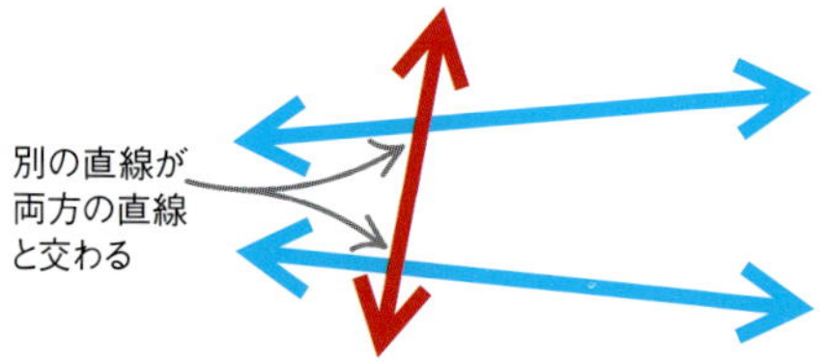

△横断線
二つ以上の直線と異なる点で交わる直線を横断線ということもある。

詳しく見ると

平行四辺形

平行四辺形は二組の向かい合う辺が平行で、長さが等しい四角形です。

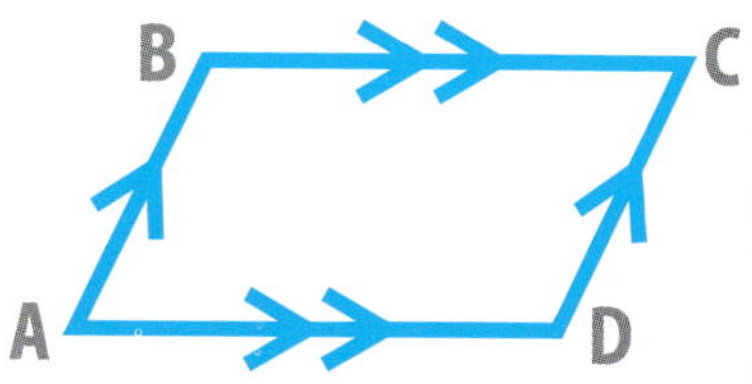

△平行な辺
辺 AB と辺 DC が平行、辺 BC と辺 AD が平行。辺 AB と辺 BC、辺 AD と辺 CD は平行ではない。異なる矢印で区別する。

平行線と角

直線との位置関係によって、角は分類され、名前がつけられています。平行な二直線に別の直線が交わるとき、等しい角の組み合わせが生まれますが、それぞれに呼び方があります。

▽角に記号をつける

直線ABとCDは平行。この二直線にもう一つの直線が交わってできる角に、小文字で記号をつけていく。

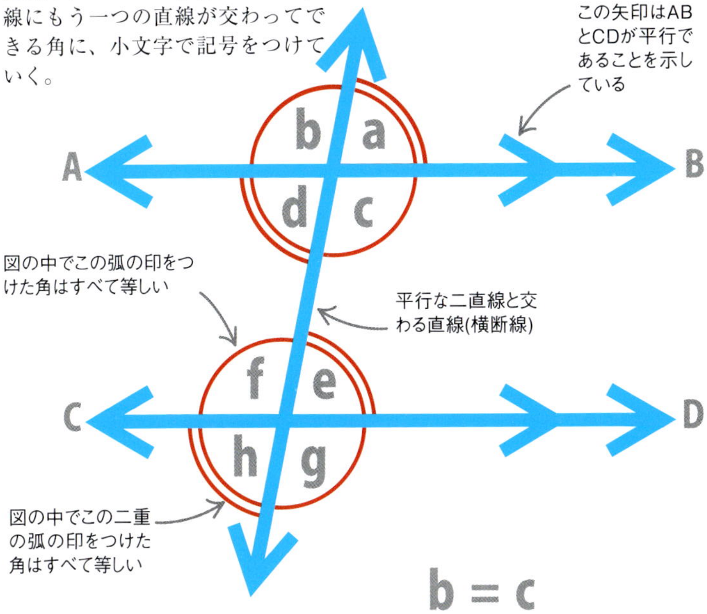

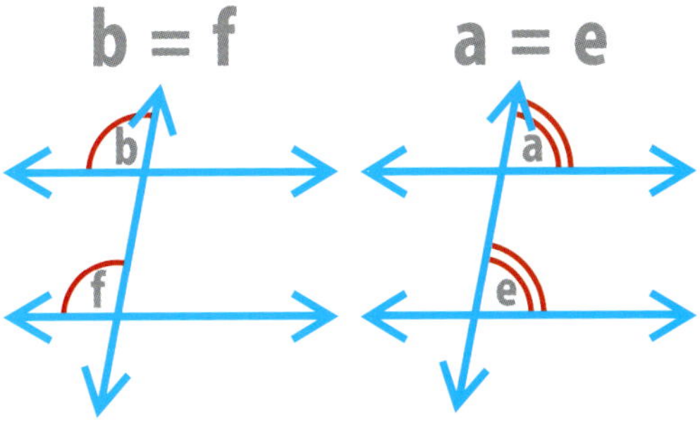

△同位角

平行線と横断線に対して位置関係が同じである角を同位角という。平行線の同位角は等しい。

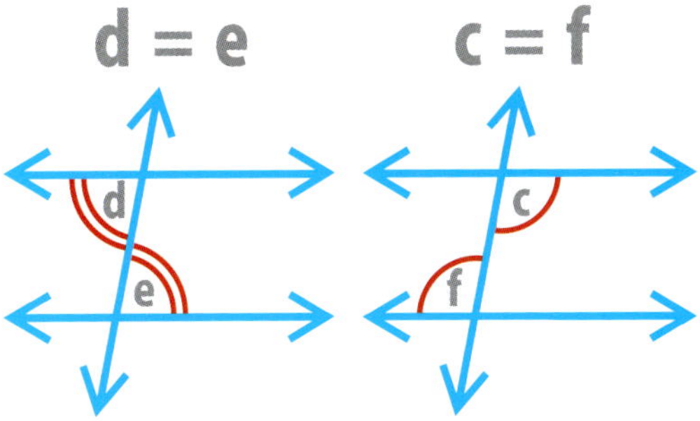

△錯角

平行線の間の横断線の反対側にできる、図のような位置関係の角を錯角という。平行線の錯角は等しい。

▷対頂角

直線が交わると、交点の両側に向かい合った等しい角ができる。この角を対頂角という。

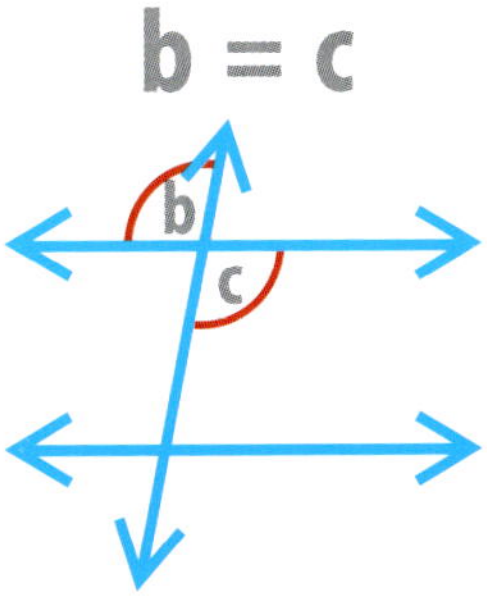

平行線をひく

ある直線に平行な直線をひくにはいろいろな方法がありますが、ここでは定規と分度器を使います。

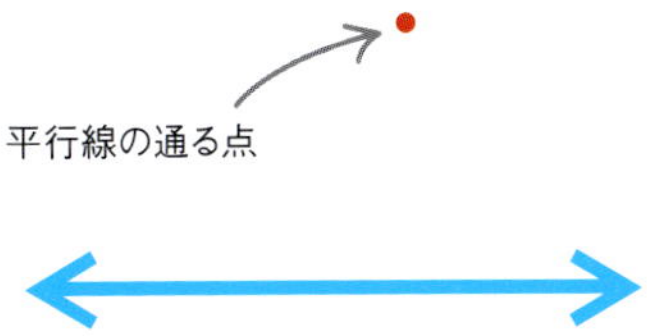

定規で直線をひき、直線外に点の印をつける。この位置でもとの線と新たにひく平行線との距離が決まる。

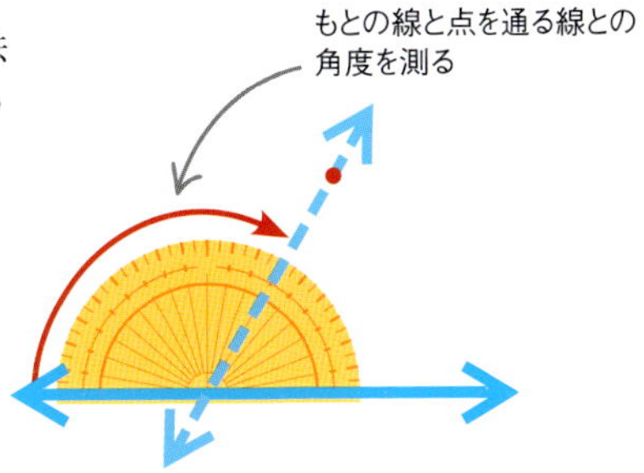

印をつけた点を通り、もとの線に交わる直線をひき、もとの線との角度を測る。

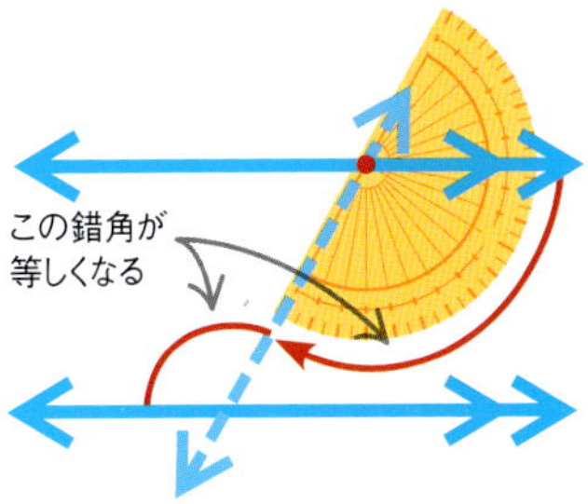

交わる直線から同じ角度を測って印をつけ、先の印の点と結ぶ線を定規で引く。この直線はもとの線と平行になる。

対称

参照ページ	
〈78〜79 直線	
回転移動	92〜93〉
対称移動	94〜95〉

対称には、線対称と回転対称という二つのタイプがあります。

ある図形を折り返して左右がぴったり重なる場合、あるいは回転してもとの形とぴったり重なる場合、対称な図形であるといいます。

線対称

ある平面図形を二等分する線で折り返して、半分が他の半分にぴったり重なるとき、その図形は線対称であるといいます。折り返しの線を対称の軸と呼びますが、線対称は、等分された両側が互いに鏡に映った像のようになっていることから、次の面対称とともに鏡像対称（または反射対称）ともいわれます。

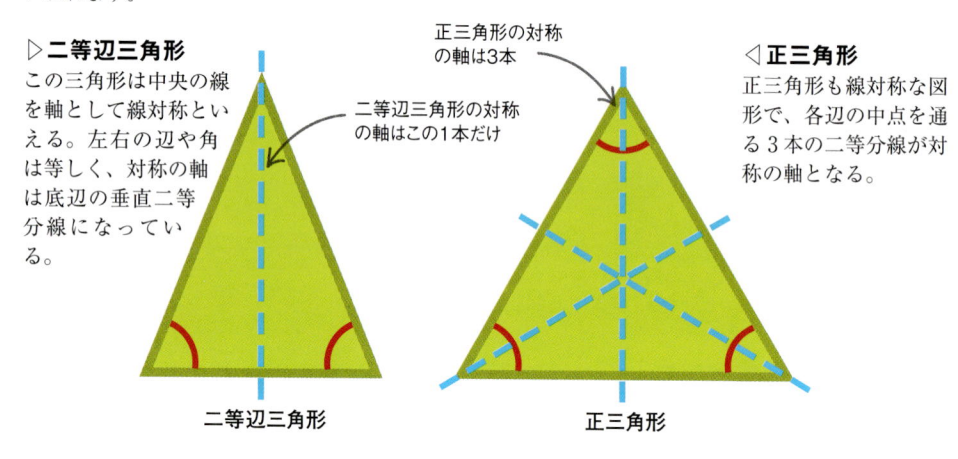

▷二等辺三角形
この三角形は中央の線を軸として線対称といえる。左右の辺や角は等しく、対称の軸は底辺の垂直二等分線になっている。

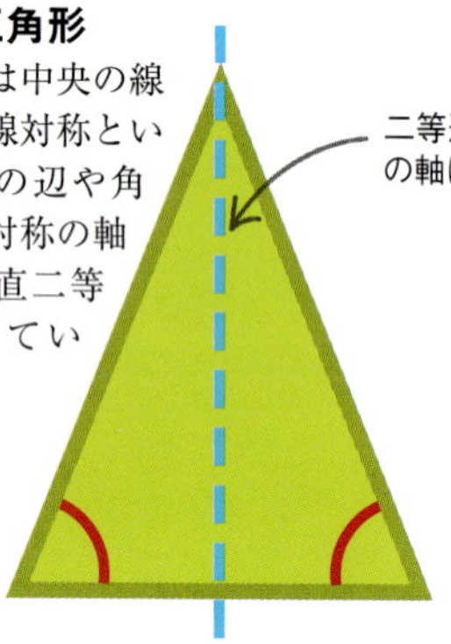

二等辺三角形の対称の軸はこの1本だけ

二等辺三角形

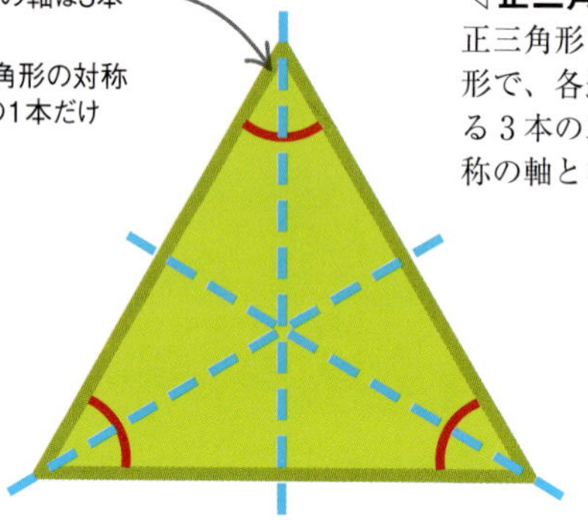

正三角形の対称の軸は3本

正三角形

◁正三角形
正三角形も線対称な図形で、各辺の中点を通る3本の二等分線が対称の軸となる。

面対称

三次元の立体の場合も、面を境に対称になるものがあります。平面で二等分された両側が、互いに鏡に映った像のようになっているとき、その立体は面対称だといえます。

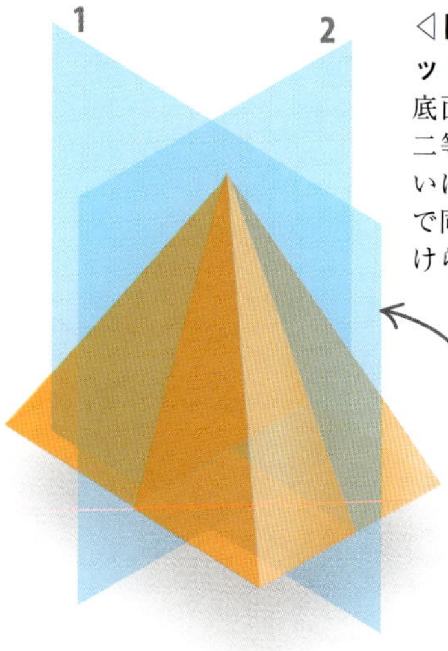

底面が長方形の四角すいには、二つの対称面がある

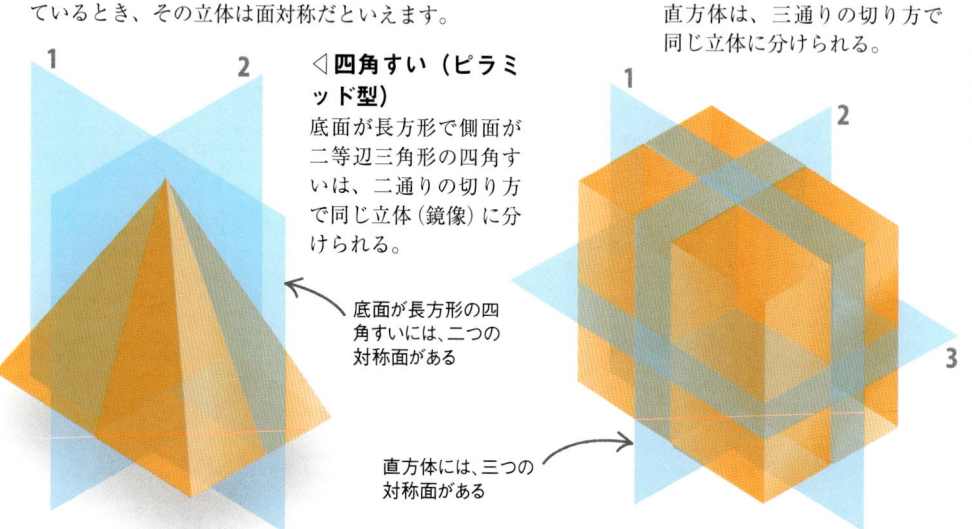

◁四角すい（ピラミッド型）
底面が長方形で側面が二等辺三角形の四角すいは、二通りの切り方で同じ立体（鏡像）に分けられる。

▽直方体
三組（6面）の長方形からなる直方体は、三通りの切り方で同じ立体に分けられる。

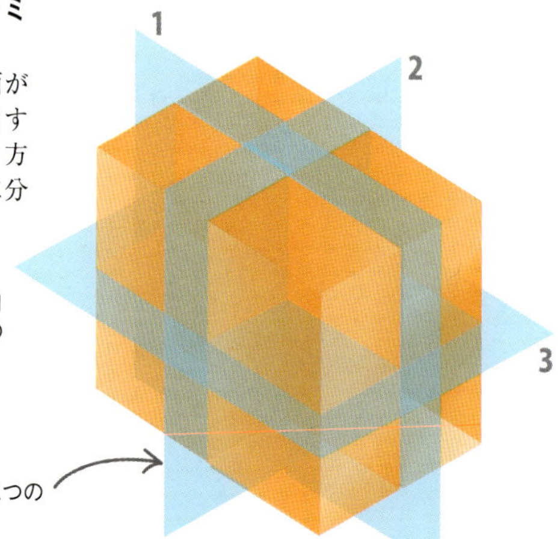

直方体には、三つの対称面がある

▽対称の軸
ここには示したのは、いくつかの線対称な図形の対称の軸である。円には対称の軸は無数にある。

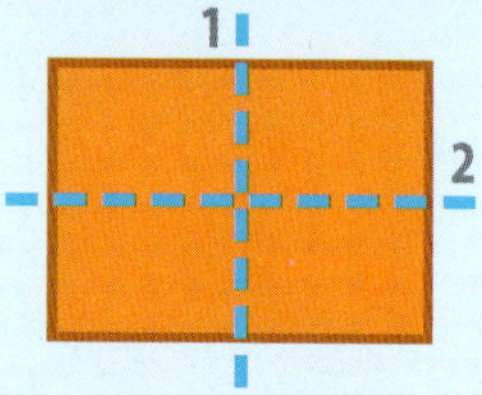

長方形の対称の軸

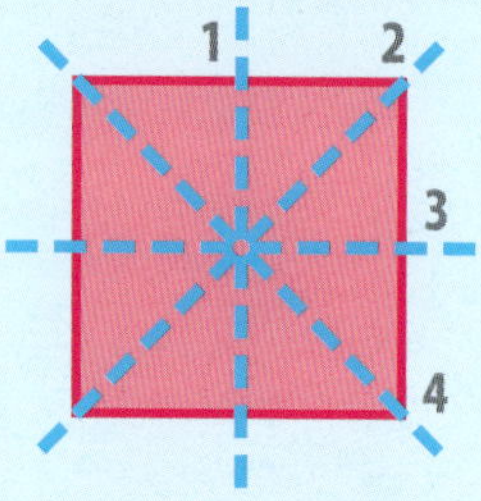

正方形の対称の軸

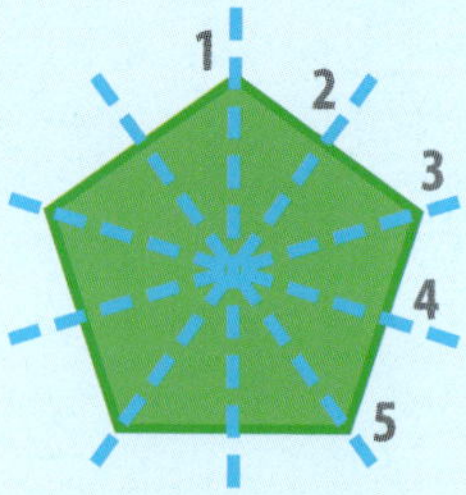

正五角形の対称の軸

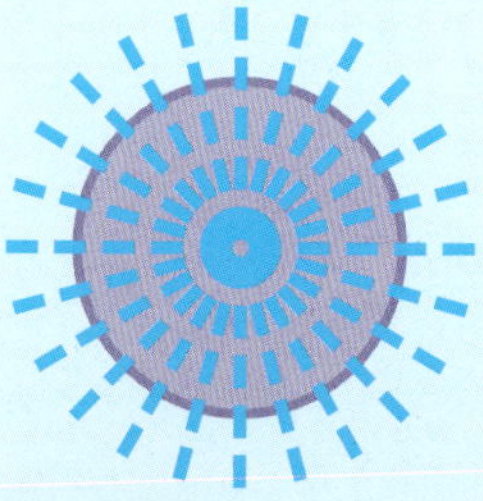
円は中心を通るすべての直線が対称の軸である

回転対称

平面図形で、ある点を中心として回転してもとの状態とぴったり重なる場合、その図形は回転対称であるといいます。一回転する間に何回もとの形と同じになるかによって、三回対称、四回対称などと呼ぶこともあります。（回転対称のうち180°回転してもとの形になるものを点対称といいます。）

▷正三角形

正三角形は回転対称な図形で、三回対称、つまり一回転する間に三回もとの形と一致する。

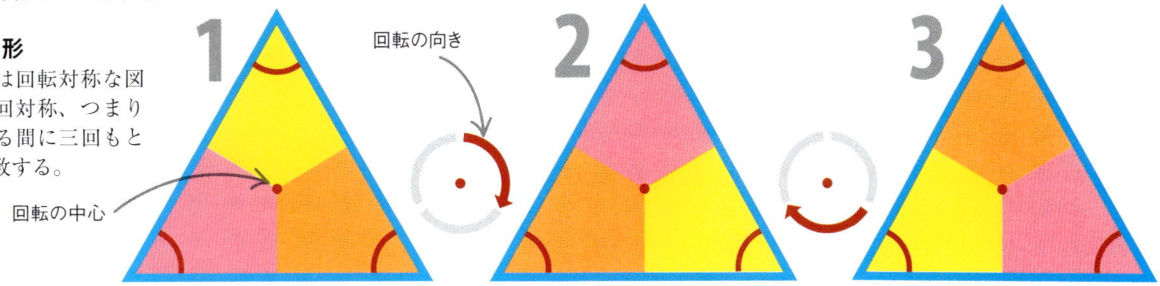

▽正方形

正方形は回転対称であり、四回対称、つまり一回りする間に四回もとの形と一致する。

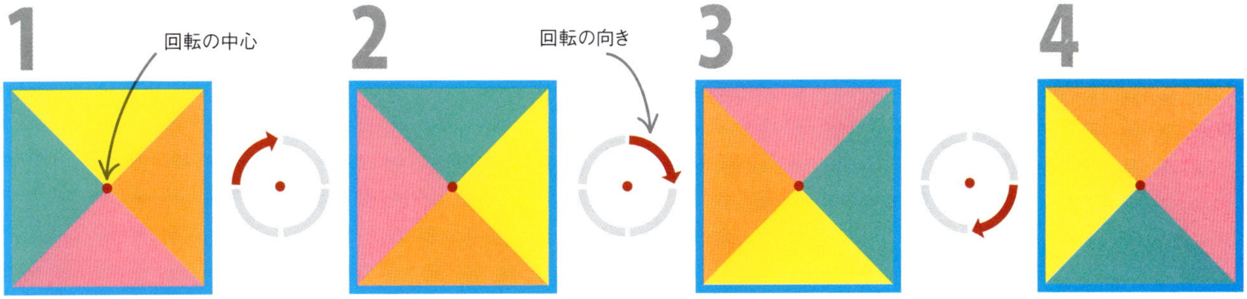

回転対称の軸

平面図形では回転の中心が点でしたが、空間図形の場合は対称の軸という直線の周りを回転します。回転してもとの状態とぴったり重なる場合、その立体は回転対称であるといいます。

▽四角すい（ピラミッド型）

底面が長方形で側面が二等辺三角形の四角すいは、半回転（180度）したときもとの形と同じになる。

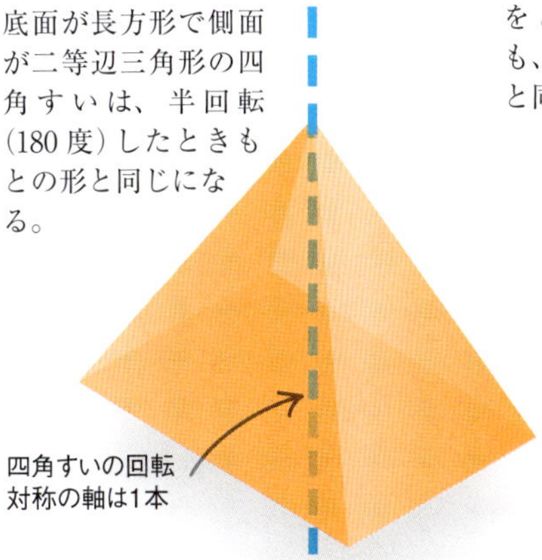

▽円柱

円柱は垂直な軸の周りをどれだけ回転しても、常にもとの状態と同じ。

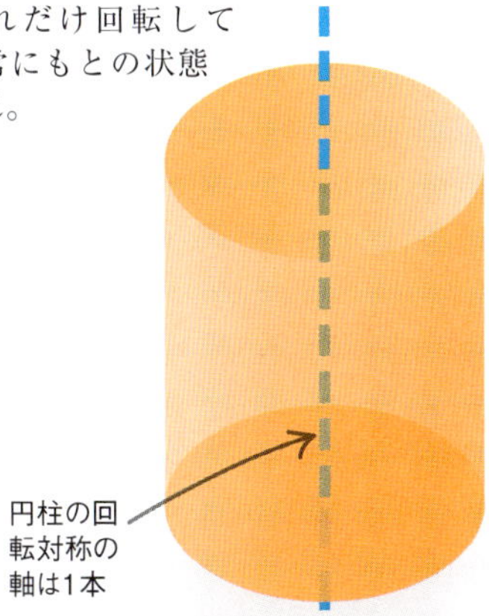

▽直方体

直方体は3本の軸の周りを、それぞれ半回転（180度）したときもとの形と同じになる。

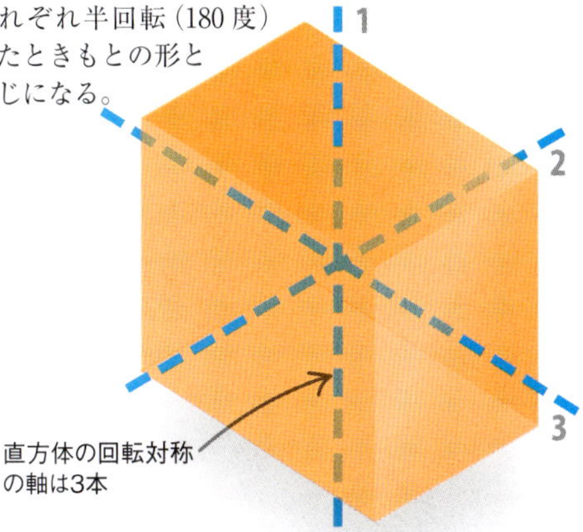

座標

参照ページ
ベクトル 86〜89〉
直線と式 174〜177〉

座標は地図で場所を示したり、グラフで点の位置を表したりします。

座標とは？

座標は二つの数字または文字をコンマで区切り、かっこに入れたもので、読んだり書いたりするときの順序が大切です。例えばこの地図で（E, 1）は、横方向は左から五つ右、たて方向は上から１段目の郵便局の位置を指しています。

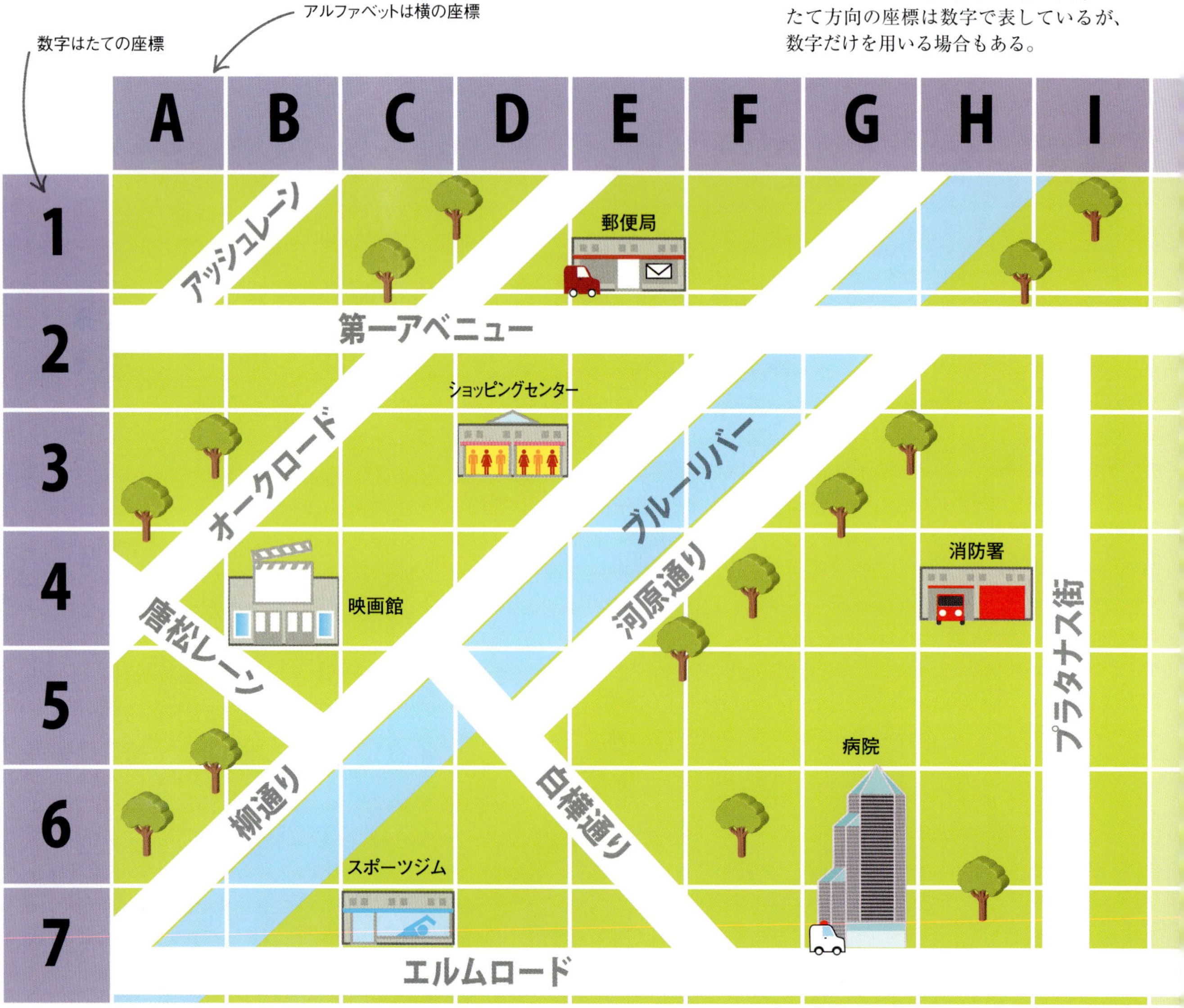

▽街の地図
格子状の網の目が地図上で場所を示す枠組みになっていて、二つの座標でどのマス目も特定できる。横方向の座標とたて方向の座標が組み合わされば、場所が決まる。この地図は横方向の座標は文字で、たて方向の座標は数字で表しているが、数字だけを用いる場合もある。

地図を読む

常に横方向の座標が先で、たて方向の座標が後になります。下の地図では、アルファベットと数字が組み合わされて座標になっています。

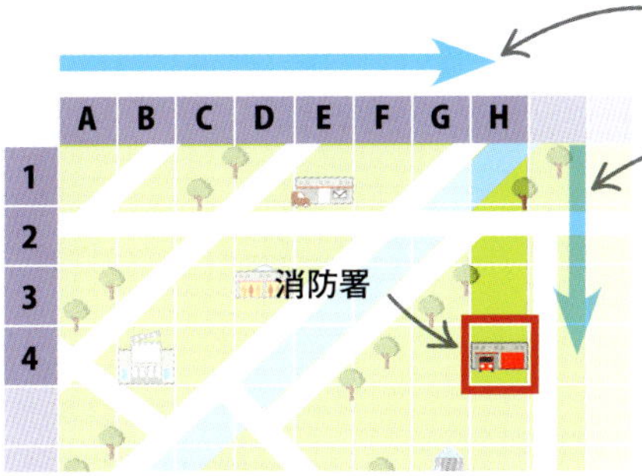

左から右に移動して横方向の座標を見つける

上から下に移動してたて方向の座標を見つける

◁消防署
消防署の位置を示す座標は(H, 4)

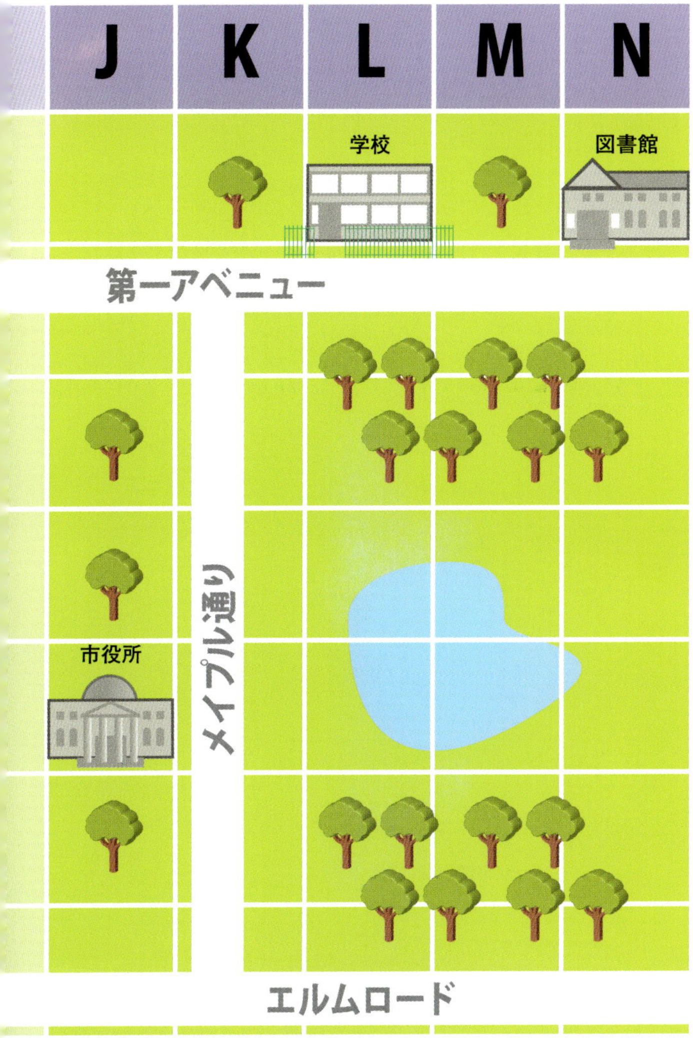

座標を使って

目的の場所や建物を、地図の上で座標を使って探すことができます。この地図で見つけようとするときは、まず左から右にたどり、それから下へさがりましょう。

◁映画館
座標(B, 4)の映画館を探すには、左から2つ右に進み、そこから4段目までたてにさがる。

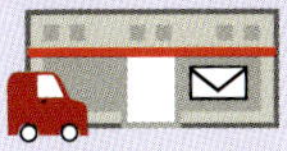

◁郵便局
郵便局の座標は(E, 1)だから、横方向はE、たては1段目の位置。

◁市役所
座標(J, 5)の市役所を探すには、左から10右に進み、そこから5段目までたてにさがる。

◁スポーツジム
座標(C, 7)のスポーツジムの位置はCの列の7段目。

◁図書館
図書館の座標は(N, 1)だから、横方向はNまで進み、たては1段目の位置

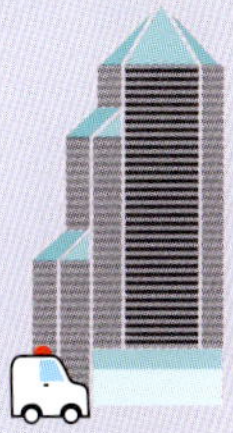

◁病院
病院の座標は(G, 7)だから、横方向はGまで進み、そこから7段目までたてにさがればよい。

◁消防署
座標(H, 4)の消防署を探すには、左から8右に進み、そこから4段目までたてにさがる。

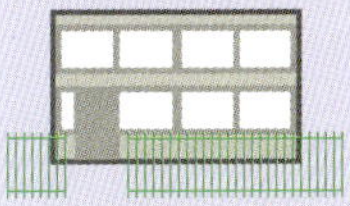

◁学校
学校の座標は(L, 1)だから、横方向はLまで進み、たては1段目の位置

◁ショッピングセンター
座標(D, 3)のショッピングセンターの位置はDの列の3段目。

グラフの座標

グラフ上の点の位置を特定するのに、二本の座標軸による座標を用います。横の軸をx軸、たての軸をy軸といい、点の位置をx座標とy座標で（x，y）のように表します。

▷四つの象限

座標はx軸とy軸の目盛りで決まるが、二つの軸の交点を原点という。座標平面はx軸とy軸によって四つの部分に分けられ、それぞれを右図の番号順に第一象限、第二象限…というように呼ぶ。

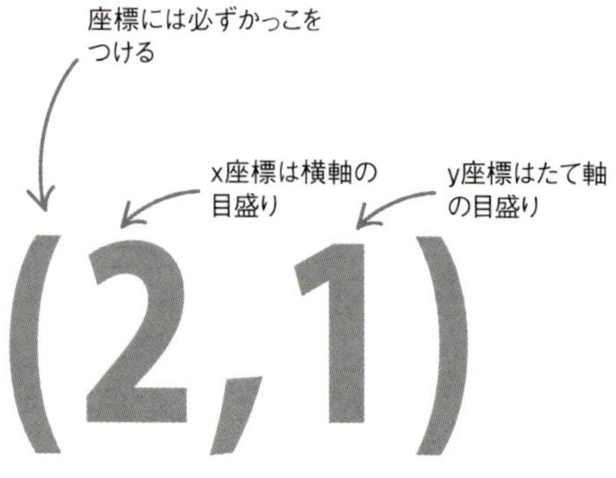

△点の座標

ある点の位置を二つの軸の目盛りの数値で表したものが座標である。一番目の数がx軸の目盛り、二番目の数がy軸の目盛りを示している。

座標平面に点をとる

座標平面に点をとるには、まずx軸上をx座標の位置まで進み、そこからy座標の分だけ上か下に進みます。二つの軸の目盛りの位置からたてと横に進んで交わった点ということもできます。

A = (2, 2)　B = (−1, −3)
C = (1, −2)　D = (−2, 1)

4つの点の座標がある。それぞれはじめがx座標、後がy座標であることに注意して、座標平面に点をとってみよう。

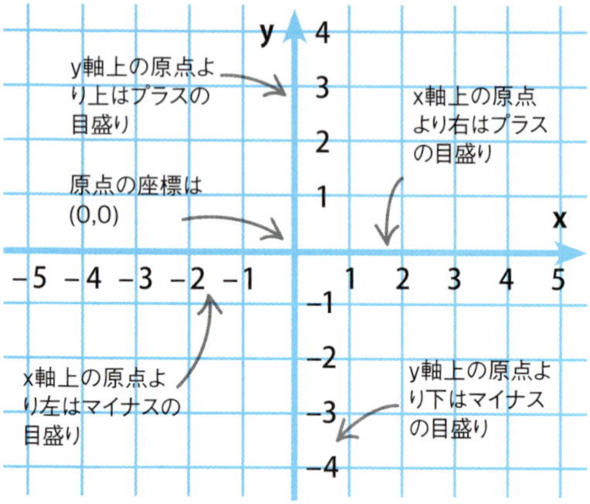

▶ グラフ用紙にx軸とy軸をかき、原点で正負が分かれるようにそれぞれの軸に目盛りをつけていく。

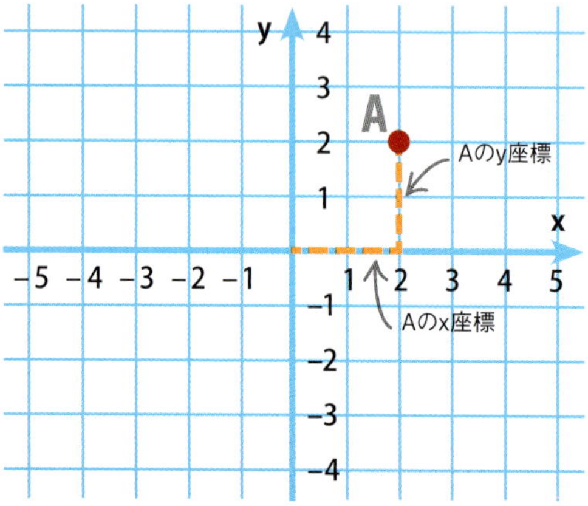

▶ 点の位置を決めるには、まずx軸上を原点からx座標の位置まで進み、そこからy座標の分だけ上か下に進む。

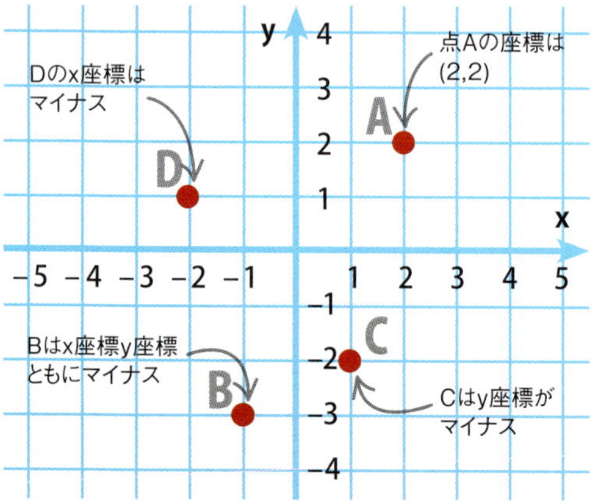

▶ 同様にして各点をとっていく。マイナスの座標の場合、x座標なら原点の左へ、y座標なら原点から下へ進む。

直線の式

座標平面上で、ある座標の点を通る直線をｘとｙの式で表すことができます。例えばｙ＝ｘ＋１という式の表す直線上では、どの点もｙ座標がｘ座標より１大きくなっています。

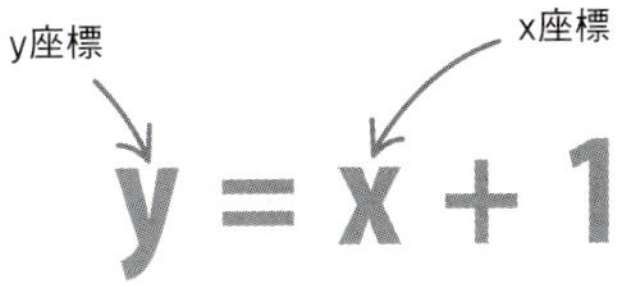

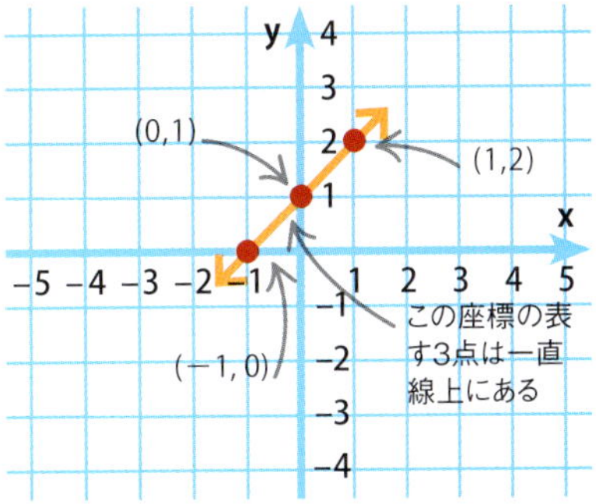

直線の式は二つの点の座標がわかれば求められる。この直線は3点(−1,0)、(0,1)、(1,2)を通るが、これらの座標がどんなパターンで並んでいるかはわかりやすいだろう。

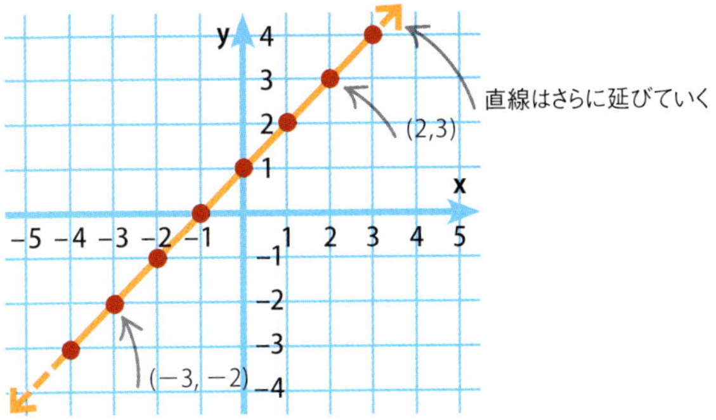

この式の表すグラフは、ｙ座標がｘ座標より1大きい点（ｙ＝x+1）の集合である。この式を満たす他の座標もこの直線上にある。

世界地図

経線と緯線を用いて、地球上である地点の位置を示すのに座標が使われます。ｘｙ座標平面と同じ仕組みで、経度０のグリニッジ子午線と緯度０の赤道が交わったところが「原点」ということになります。

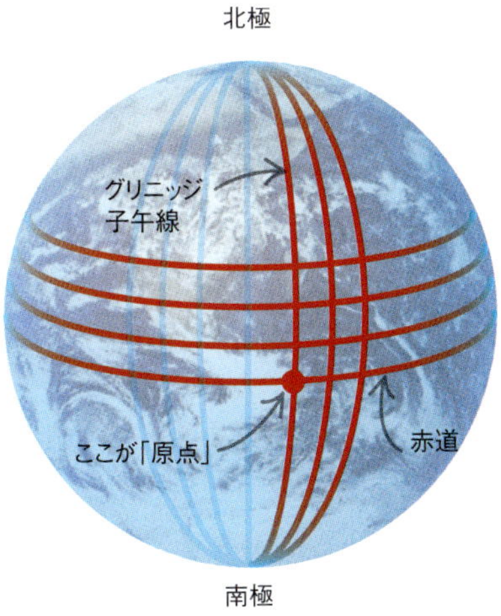

経線は北極と南極を結ぶ線で、緯線は経線に対して垂直な線である。x軸に当たる赤道とy軸に当たるグリニッジ子午線が交わったところが「原点」になる。

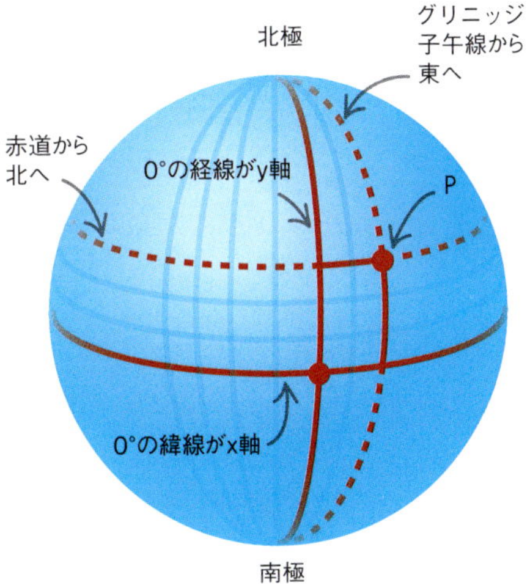

例えばP地点の座標は、グリニッジ子午線から東へ何度(東経)、赤道から北へ何度(北緯)というように表される。

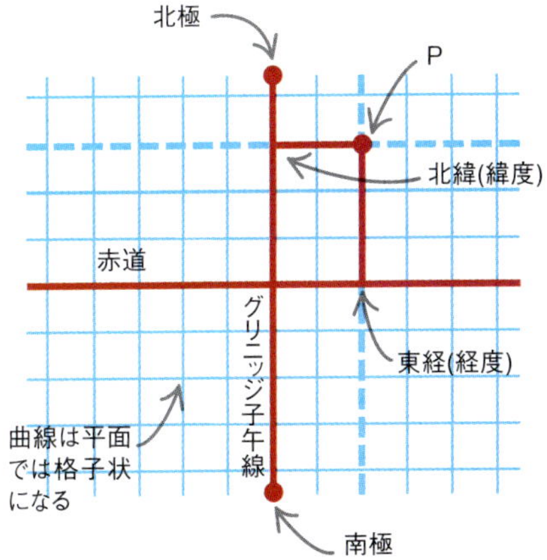

地球の球面を地図で示すとこうなる。経度がx座標に、緯度がy座標に当たる。

ベクトル

参照ページ
〈82〜85　座標
平行移動　90〜91〉
ピタゴラスの定理　120〜121〉

ベクトルは大きさと向きをもつ量です。

ベクトルはある方向へ進む距離を示しているといえるので、普通は矢印のついた線分で表します。線分の長さがベクトルの大きさを表し、矢印が向きを示しています。

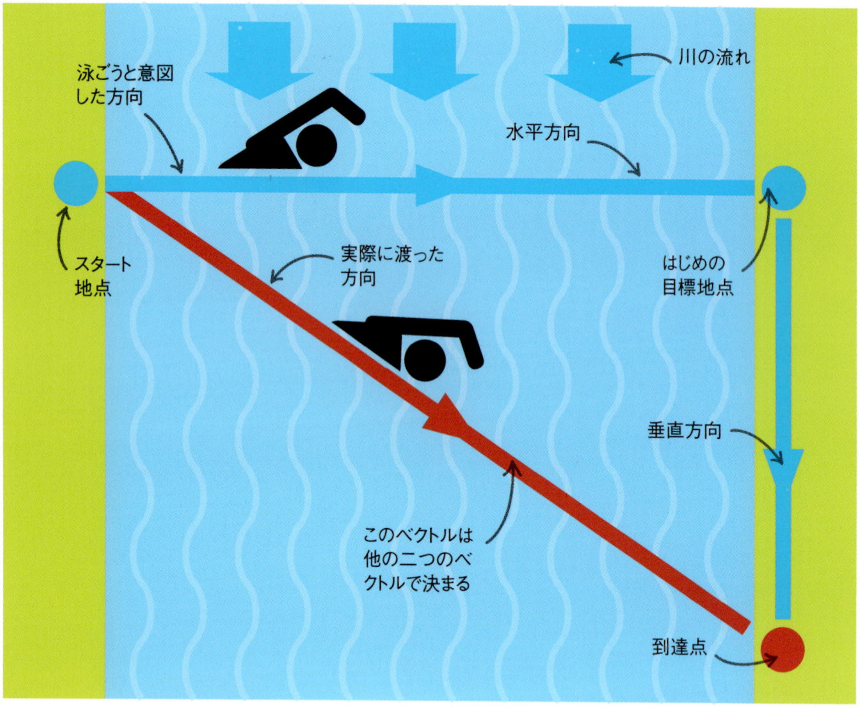

ベクトルの意味

ベクトルはある方向へ進む距離で表せます。ベクトルを三角形の辺としてあつかうことも多く、この場合直角三角形の斜辺と考えると便利で（p.120－121参照）、他の二辺によってベクトルの大きさと方向が決まります。左の例では、川の対岸へ泳いで渡った斜めの経路のベクトルを考えます。三角形の他の二辺は、最短距離（川幅）と、対岸の最短距離の地点から実際に泳ぎ着いた地点までの距離になります。

◁泳ぎのベクトル
ある人が川幅30 mの対岸に向かって泳ぎ始めたが、流れに押されて目標地点より20 m川下に泳ぎ着いた。この人の泳いだベクトルは、横に30 m、下に20 mの直角三角形の斜辺と考えられる。

ベクトルの表記

図ではベクトルは矢印のついた線分で、大きさと向きを表します。文字や数字を使ってベクトルを表記するには、三つの書き方が用いられます。

$\mathbf{v} =$　頭文字のvは図などでよく使われる簡単な表し方。

$\overrightarrow{ab} =$　始点と終点の文字の上に、向きを示す矢印をつける書き方。

$\begin{pmatrix} 6 \\ 4 \end{pmatrix} =$　ベクトルの大きさと向きを、水平方向の数字と垂直方向の数字を使って表す方法。ベクトルの成分表示といい、それぞれの数値をx成分、y成分という。(6, 4)と横書きにする場合もある。

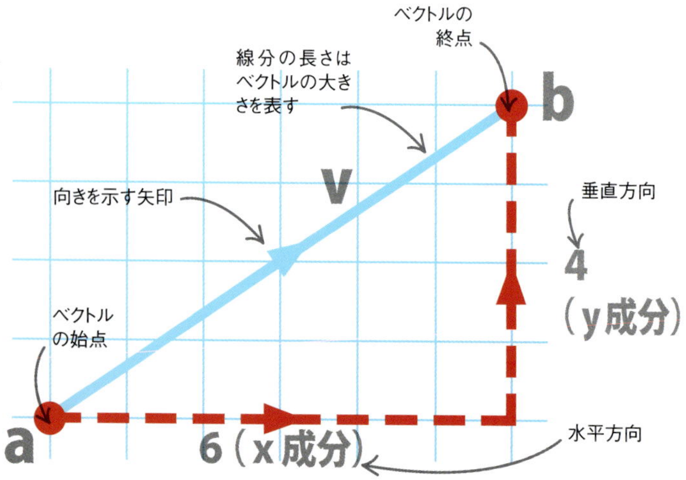

ベクトルの向き

ベクトルの向きはその成分の正負によって決まります。水平方向の x 成分はプラスであれば右向き、マイナスであれば左向きという意味です。垂直方向の y 成分はプラスであれば上向き、マイナスであれば下向きという意味です。

▷左上向き

x 成分がマイナス、y 成分がプラスであれば、ベクトルは左上向きになる。

水平方向がマイナスなら、左に進む $\begin{pmatrix} -3 \\ 3 \end{pmatrix}$ 垂直方向がプラスなら、上向き

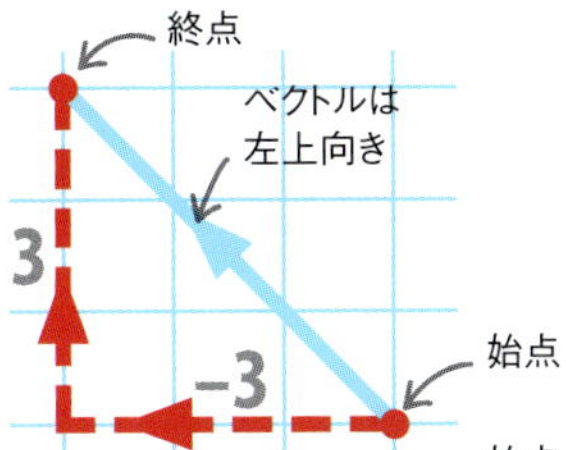

▷左下向き

x 成分がマイナス、y 成分もマイナスであれば、ベクトルは左下向きになる。

水平方向がマイナスなら、左に進む $\begin{pmatrix} -3 \\ -3 \end{pmatrix}$ 垂直方向がマイナスなら、下向き

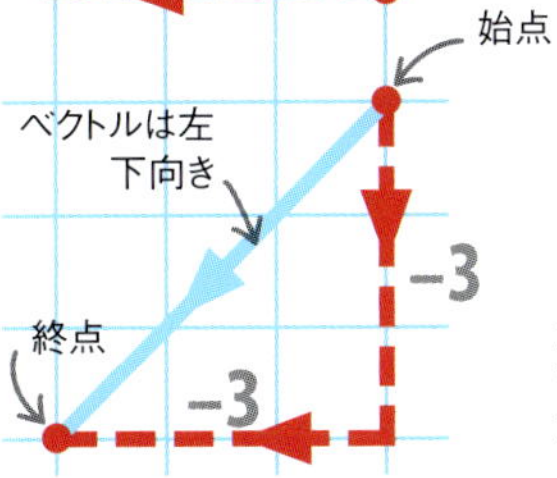

▷右上向き

x 成分がプラス、y 成分もプラスであれば、ベクトルは右上向きになる。

水平方向がプラスなら、右に進む $\begin{pmatrix} 3 \\ 3 \end{pmatrix}$ 垂直方向がプラスなら、上向き

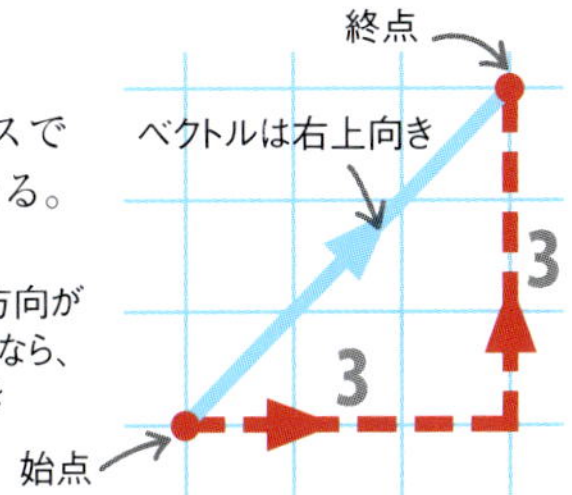

▷右下向き

x 成分がプラス、y 成分がマイナスであれば、ベクトルは右下向きになる。

水平方向がプラスなら、右に進む $\begin{pmatrix} 3 \\ -3 \end{pmatrix}$ 垂直方向がマイナスなら、下向き

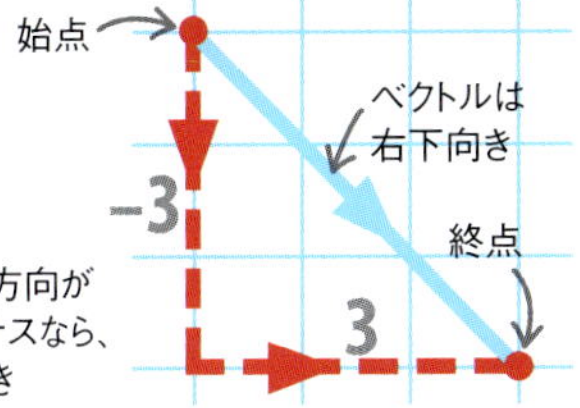

等しいベクトル

二つのベクトルは位置が違っていても、x 成分と y 成分が同じなら等しいと見なされます。

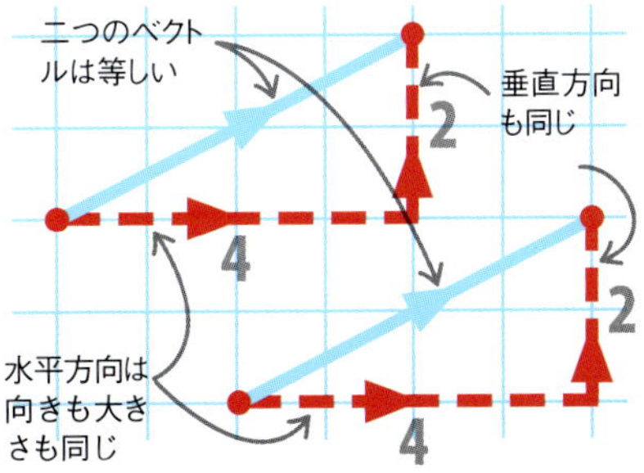

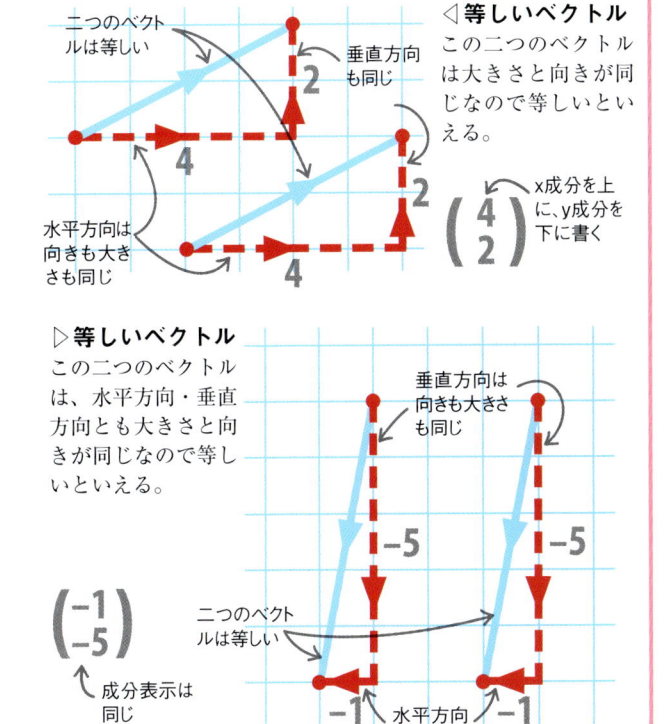

◁等しいベクトル

この二つのベクトルは大きさと向きが同じなので等しいといえる。

$\begin{pmatrix} 4 \\ 2 \end{pmatrix}$ x成分を上に、y成分を下に書く

▷等しいベクトル

この二つのベクトルは、水平方向・垂直方向とも大きさと向きが同じなので等しいといえる。

$\begin{pmatrix} -1 \\ -5 \end{pmatrix}$ 成分表示は同じ

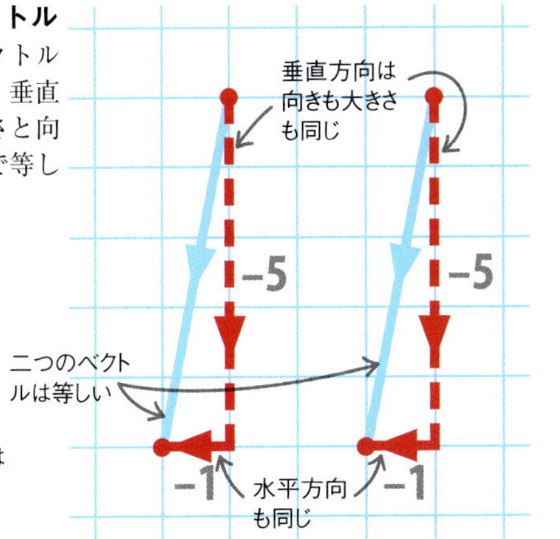

ベクトルの大きさ

求めるベクトルを直角三角形の斜辺(c)とし、ピタゴラスの定理を用いて垂直成分(a)と水平成分(b)から、ベクトルの大きさ(c の長さ)を計算することができます。

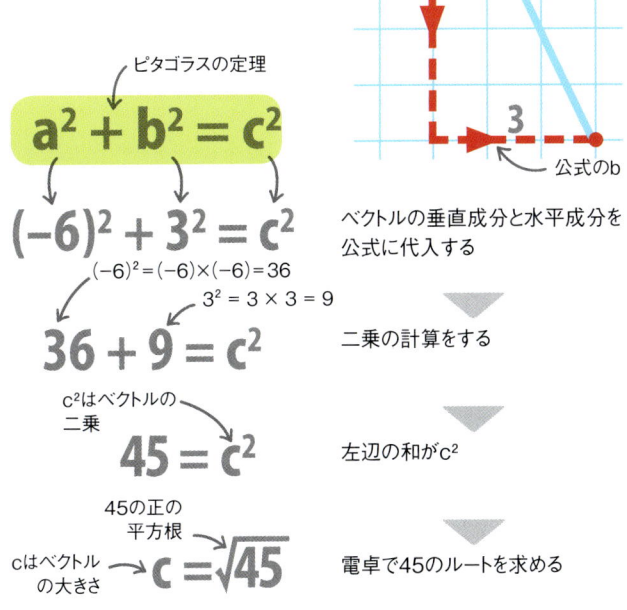

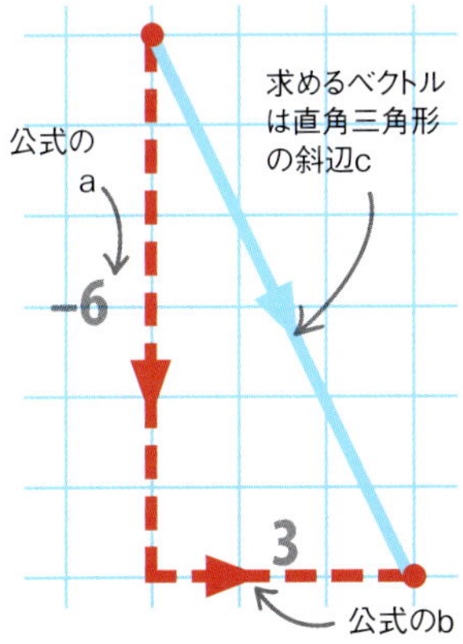

ピタゴラスの定理

$$a^2 + b^2 = c^2$$

$$(-6)^2 + 3^2 = c^2$$

ベクトルの垂直成分と水平成分を公式に代入する

$(-6)^2 = (-6) \times (-6) = 36$

$3^2 = 3 \times 3 = 9$

$$36 + 9 = c^2$$

二乗の計算をする

c^2はベクトルの二乗

$$45 = c^2$$

左辺の和がc^2

45の正の平方根

cはベクトルの大きさ

$$c = \sqrt{45}$$

電卓で45のルートを求める

ベクトルの大きさ

$$c \fallingdotseq 6.7$$

答えがこのベクトルの大きさ

ベクトルのたし算、ひき算

ベクトルは二つの方法でたし算やひき算をすることができます。一つは成分表示を用いて数値を計算する方法、もう一つはベクトルを図にかいて新たにできるベクトルを見つける方法です。

▷たし算

ベクトルは二つの方法でたし算をすることができる。どちらのやり方でも同じ答えになる。

第一のベクトル　第二のベクトル　3＋(−1)＝2

$$\begin{pmatrix}3\\2\end{pmatrix}+\begin{pmatrix}-1\\2\end{pmatrix}=\begin{pmatrix}2\\4\end{pmatrix}$$

2＋2＝4

△成分の和

成分表示されたベクトルのたし算をするには、水平方向の x 成分の和と垂直方向の y 成分の和を求めればよい。

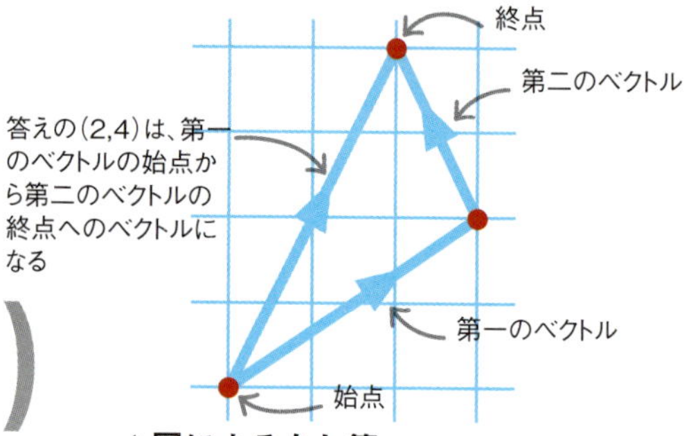

△図によるたし算

第一のベクトルをかき、その終点から第二のベクトルをかき加える。第一のベクトルの始点から第二のベクトルの終点へ、新たにベクトルをかき加える。これが二つのベクトルの和である。

▷ひき算

ベクトルは二つの方法でひき算をすることができる。どちらのやり方でも同じ答えになる。

第一のベクトル（ひかれる方）　第二のベクトル（ひく方）　3 − (−1)＝4

$$\begin{pmatrix}3\\2\end{pmatrix}-\begin{pmatrix}-1\\2\end{pmatrix}=\begin{pmatrix}4\\0\end{pmatrix}$$

2 − 2＝0

△成分の差

成分表示されたベクトルのひき算をするには、水平方向の x 成分の差と垂直方向の y 成分の差を求めればよい。

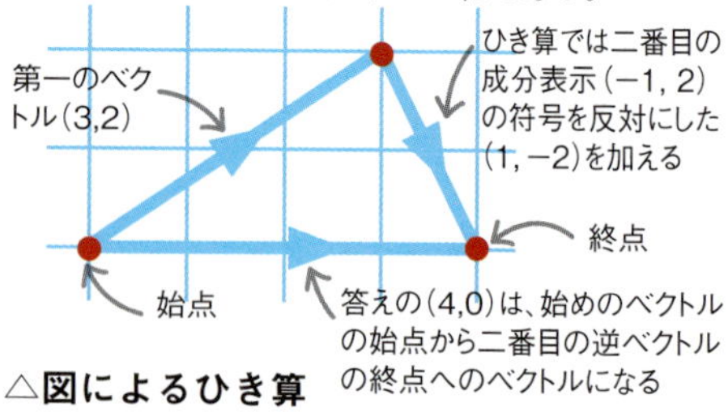

△図によるひき算

第一のベクトルの終点から、第二のベクトルの向きを正反対にしたもの（逆ベクトル）をかく。第一のベクトルの始点から第二の逆ベクトルの終点へ、新たにベクトルをかき加える。これが差である。

ベクトルのかけ算

ここでいうかけ算とは、ベクトルに数をかけることで、ベクトルどうしをかけるという意味ではありません。ベクトルに正の数をかけても向きは同じままですが、負の数をかけると反対の向きになります。ベクトルのかけ算も、成分表示を用いて計算する方法と、図にかく方法があります。

▽ベクトル a

水平成分 − 4、垂直成分＋2のベクトル a がある。下のように成分表示と図で表せる。

$$a=\begin{pmatrix}-4\\2\end{pmatrix}$$

水平成分（x成分）　垂直成分（y成分）

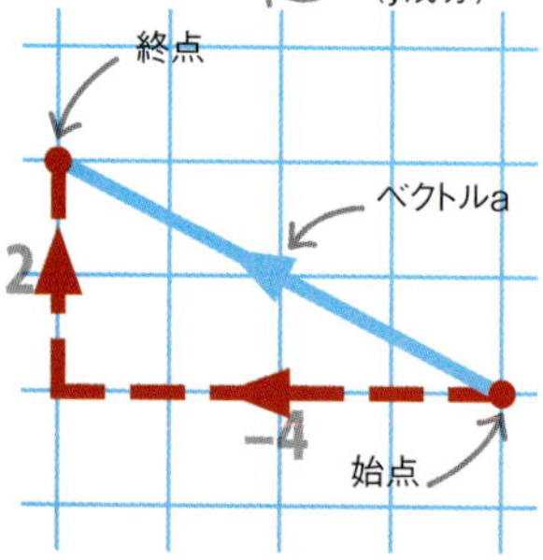

▽ベクトル a を 2 倍する

成分表示を用いる場合は、それぞれの成分を 2 倍する。図では、同じ向きのまま 2 倍の長さに延長すればよい。

ベクトルa　2 × (−4) = −8

$$2a=2\times\begin{pmatrix}-4\\2\end{pmatrix}=\begin{pmatrix}-8\\4\end{pmatrix}$$

2 × 2 = 4

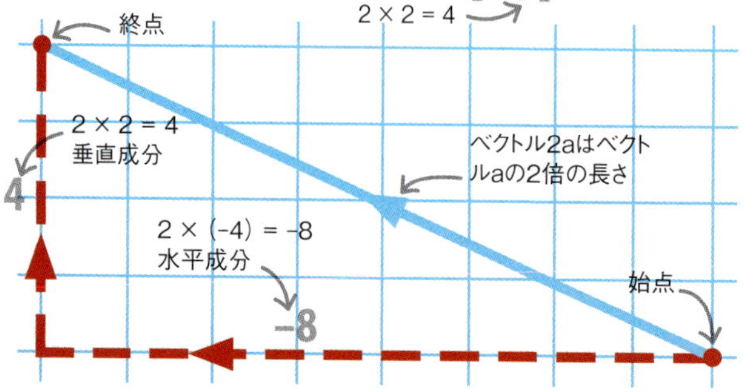

▽ベクトル a を $-\frac{1}{2}$ 倍する

成分表示を用いる場合は、それぞれの成分を $-\frac{1}{2}$ 倍する。図では、反対の向きにして半分の長さにかきなおす。

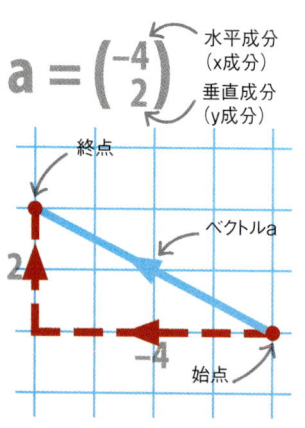

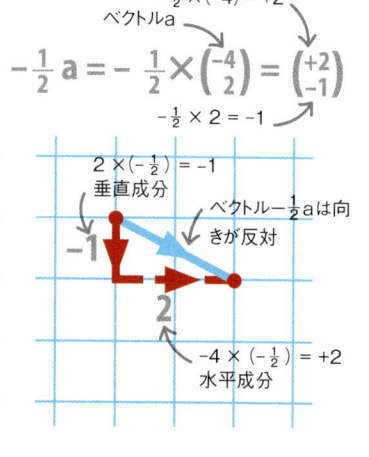

ベクトルa　$-\frac{1}{2}\times(-4)=+2$

$$-\frac{1}{2}a=-\frac{1}{2}\times\begin{pmatrix}-4\\2\end{pmatrix}=\begin{pmatrix}+2\\-1\end{pmatrix}$$

$-\frac{1}{2}\times 2=-1$

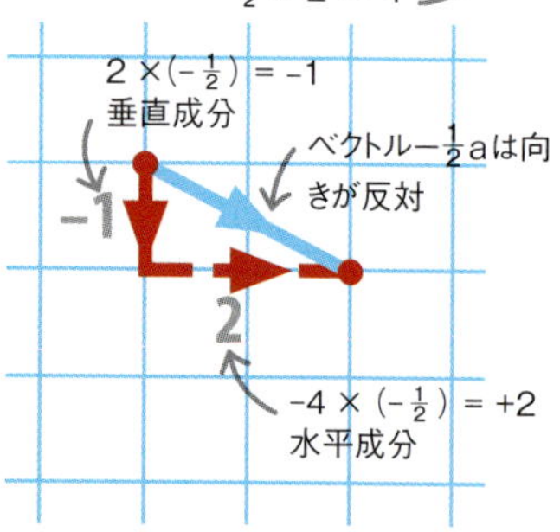

図形への応用

ベクトルは図形の証明にも使われます。ここでは、三角形の二辺の中点を結ぶ線分は他の辺に平行で長さは半分であるということを、ベクトルを使って考えてみます。

まず三角形ABCの二辺を選び、ABをベクトルa、ACをベクトルbとする。BからBA、ACを通って、Cに行く経路をベクトルで考えると、BからAに向かうのはベクトルaと反対の向きになるのでベクトル−a、AからCに向かうのはそのままベクトルbになる。つまりベクトルBCはBA、ACの経路をたどれば−a+bと表すことができる。
← ベクトルBAはベクトルABの逆
ベクトルAB をaとする
ベクトルBCはこのように表せる → −a+b
ベクトルAC をbとする

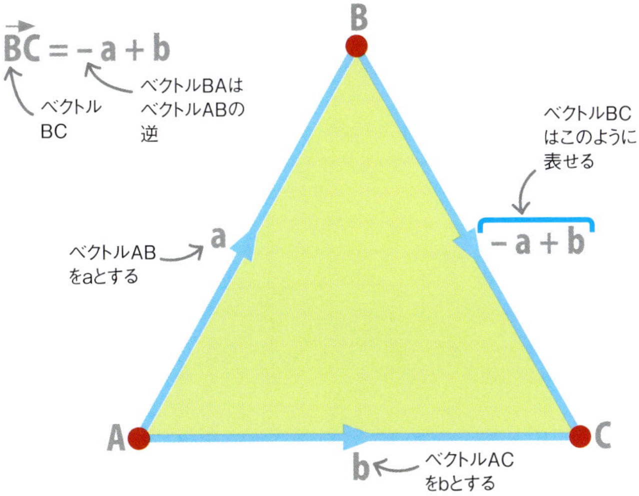

次に三角形の二辺AB、ACの中点をそれぞれP、Qとし、PとQを結ぶ。三つのベクトルAP、AQ、PQができるが、APはベクトルaの半分の大きさ、AQはベクトルbの半分の大きさである。

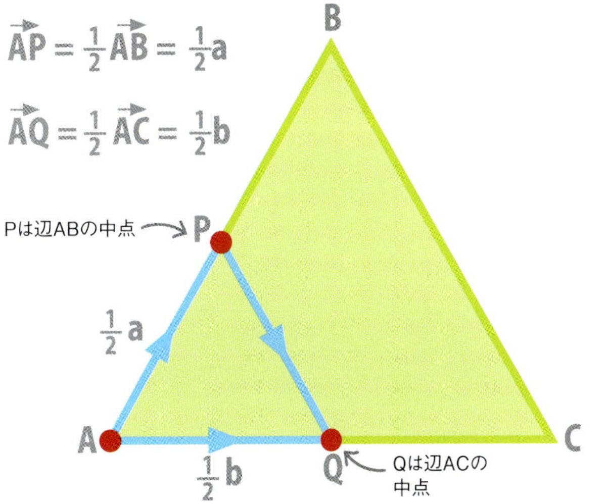

次にベクトル$\frac{1}{2}$a、$\frac{1}{2}$bを使ってベクトルPQを表してみる。PからPA、AQを通って、Qに行く経路をベクトルで考えると、PからAに向かうのはベクトル$\frac{1}{2}$aと反対の向きになるのでベクトル−$\frac{1}{2}$a、AからQに向かうのはそのままベクトル$\frac{1}{2}$bになる。つまりベクトルPQはPA、AQの経路をたどれば−$\frac{1}{2}$a+$\frac{1}{2}$bと表すことができる。

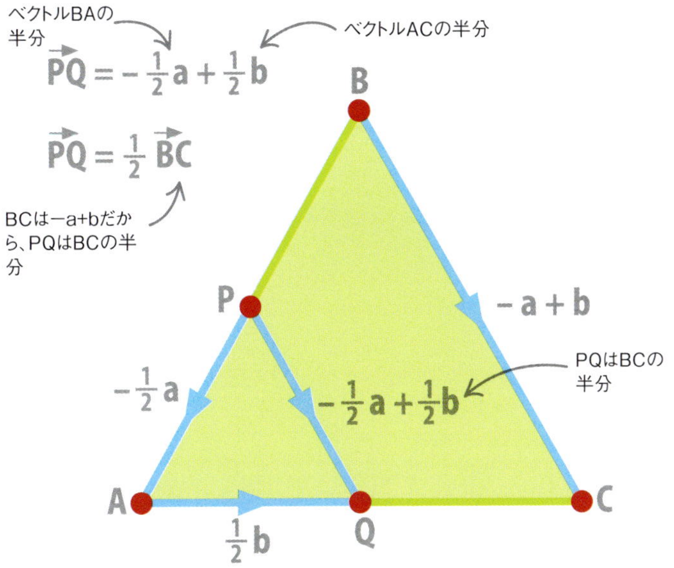

最後に結論。ベクトルPQとベクトルBCは向きが同じなので平行である。ゆえに二辺AB、ACの中点を結ぶ線分PQは、辺BCに平行である。また、ベクトルPQはベクトルBCの半分の大きさなので、線分PQの長さは辺BCの半分である。

BCとPQは平行

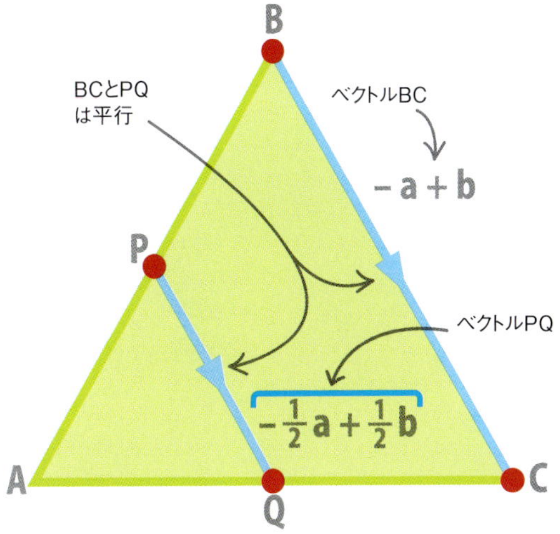

平行移動

参照ページ
〈82〜85　座標
〈86〜89　ベクトル
回転移動　92〜93〉
対称移動　94〜95〉
拡大　96〜97〉

平行移動すると図形は一定の方向に動いて、位置を変えます。

平行移動は変換の一種で、一定の方向に一定の距離だけ図形が動きますが、大きさや形、向きは変わりません。平行移動はベクトルで表されます。

平行移動の例

大きさや形は変わらず、回転することなく、位置をずらしていく動きが平行移動です。この例では、三角形 ABC が平行移動して三角形 $A_1B_1C_1$ になっています。この移動を T_1 とします。三角形 $A_1B_1C_1$ がさらに平行移動して三角形 $A_2B_2C_2$ になっていますが、この移動を T_2 とします。

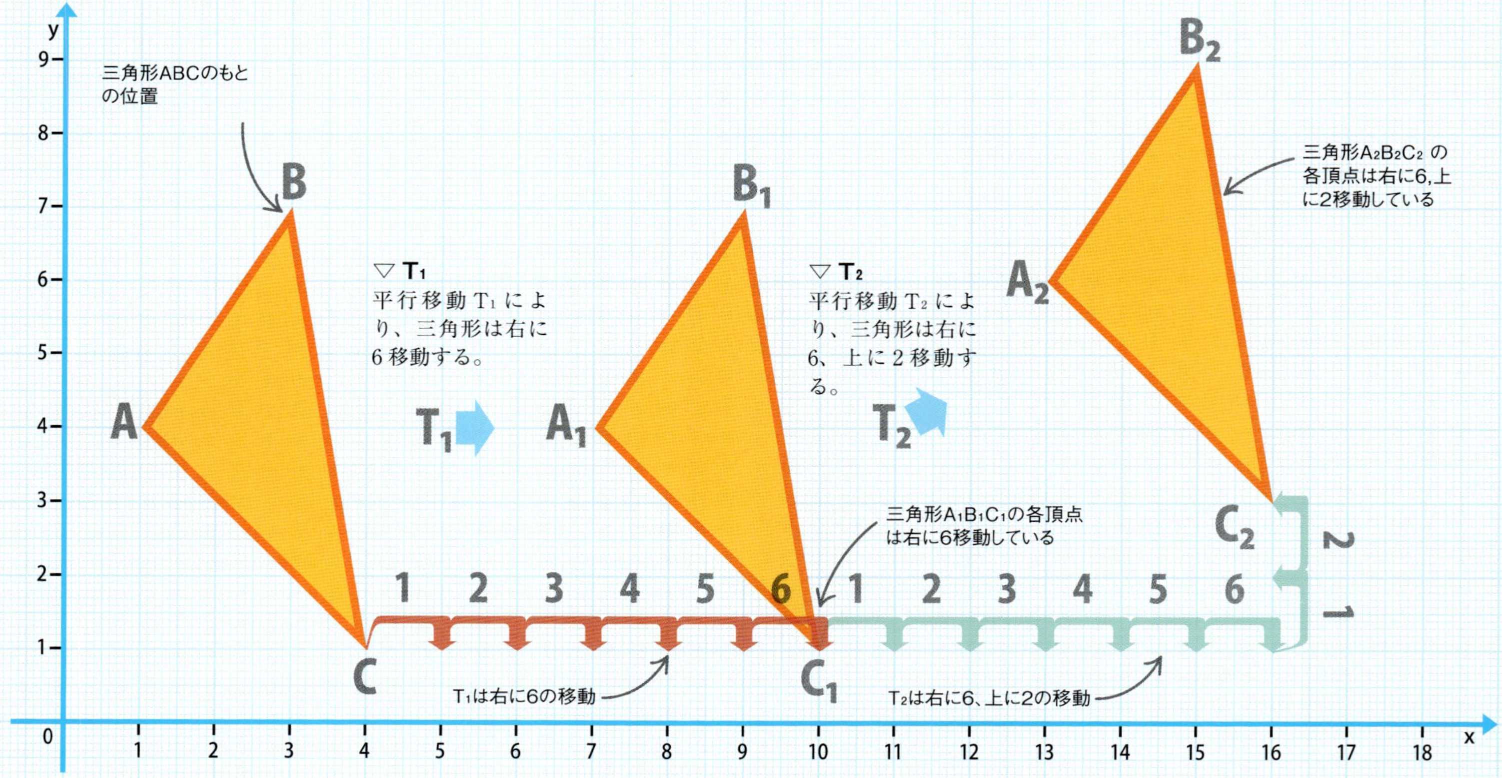

▽ T₁
平行移動 T₁ により、三角形は右に6 移動する。

▽ T₂
平行移動 T₂ により、三角形は右に6、上に 2 移動する。

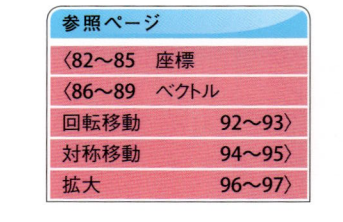

移動の表し方

平行移動はベクトルで表されます。かっこ内の上の数は水平方向に移動した距離を示し、下の数は垂直方向に移動した距離を示します。何度も移動した場合は、T_1, T_2, T_3 のように番号で区別します。

はじめの移動

$$T_1 = \begin{pmatrix} 6 \\ 0 \end{pmatrix}$$

水平方向に動いた距離

垂直方向に動いた距離

△移動 T_1

三角形 ABC を三角形 $A_1B_1C_1$ の位置に移動するには、水平方向に 6 動かし、垂直方向には動かさないので、ベクトルの表示は上のようになる。

二番目の移動

$$T_2 = \begin{pmatrix} 6 \\ 2 \end{pmatrix}$$

水平方向に動いた距離

垂直方向に動いた距離

△移動 T_2

三角形 $A_1B_1C_1$ を三角形 $A_2B_2C_2$ の位置に移動するには、水平方向に 6、垂直方向に 2 動かすので、ベクトルの表示は上のようになる。

移動の方向

移動のベクトル表示に使われる数は，移動の向きによってプラス・マイナスがきまる。右や上に移動する場合はプラス、左や下に移動する場合はマイナスになる。

▽マイナスの移動

長方形 ABCD は左下の向きに移動しているので、ベクトル表示の数値はマイナスになる。

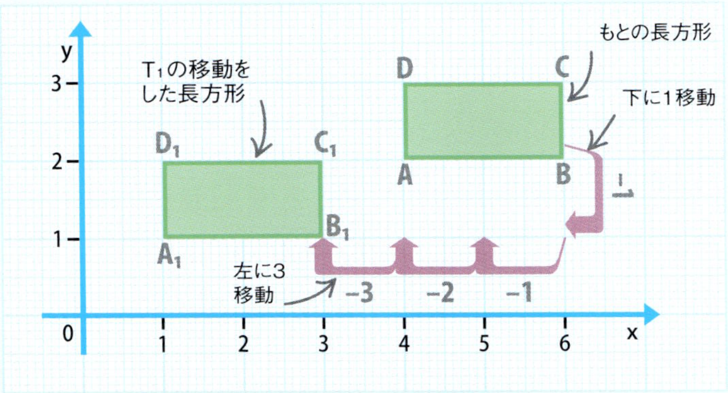

$$T_1 = \begin{pmatrix} -3 \\ -1 \end{pmatrix}$$

水平方向は左に3移動

垂直方向は下に1移動

◁移動 T_1

長方形 ABCD が長方形 $A_1B_1C_1D_1$ の位置に移動している。これをベクトルで表すと、どちらの成分もマイナスになる。

詳しく見ると

タイル模様

タイリング（平面《へいめん》充《じゅう》填《てん》）は、すき間を残さずに表面を図形で敷きつめて作られる模様です。回転せずに同じ図形の平行移動だけでタイル模様を作る場合、正方形と正六角形が用いられます。正六角形の場合は 6 種類の移動、正方形の場合は 8 種類の移動が必要になります。

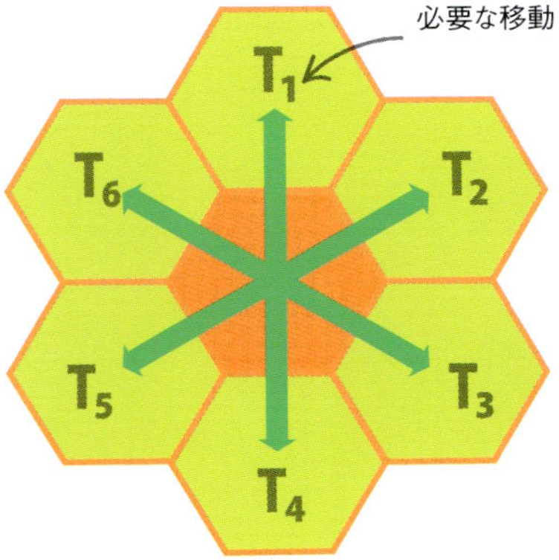

△正六角形

周りの六角形は中央の六角形を移動したもの。このパターンがくり返されていく。

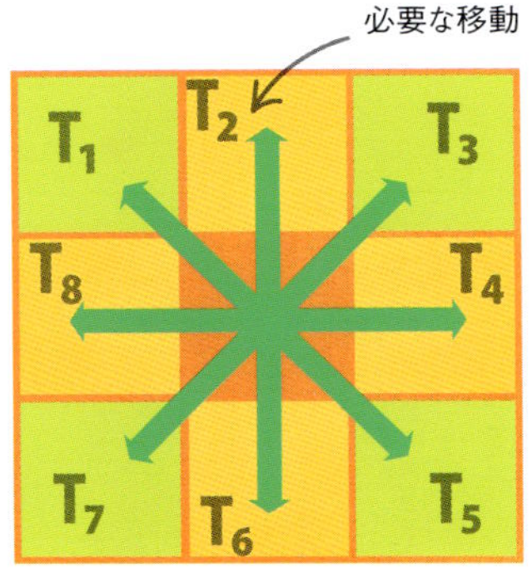

△正方形

周りの正方形は中央の正方形を移動したもの。このパターンがくり返されていく。

回転移動

参照ページ
〈76～77　角
〈82～85　座標
〈90～91　平行移動
対称移動　94～95〉
拡大　96～97〉
作図　102～105〉

回転移動は変換の一種で、ある点のまわりを図形が回転します。

ある点を中心として図形が回転することを回転移動といい、どれだけ回るかは回転の角度で決まります。

回転移動の特徴

回転移動はどこを中心として何度回転するかがポイントです。図形のどの点も中心からの距離は、回転の前後で変わりません。回転の中心は、図形の内でも外でも、境界線上でも、どこにあってもかまいません。回転移動は、コンパス・定規・分度器を使って作図できますし、回転した図形から回転の中心や角度を求めることも可能です。

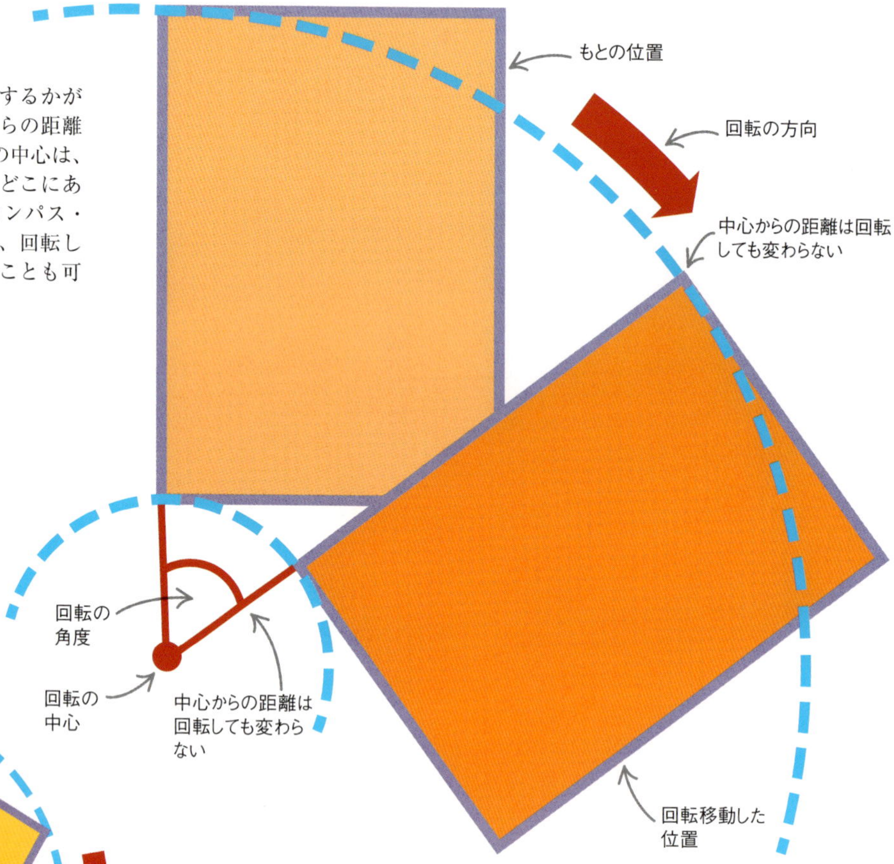

▷**回転の中心**
この長方形は外部にある点を中心として回転している。360° 回転した場合はもとの位置に戻る。

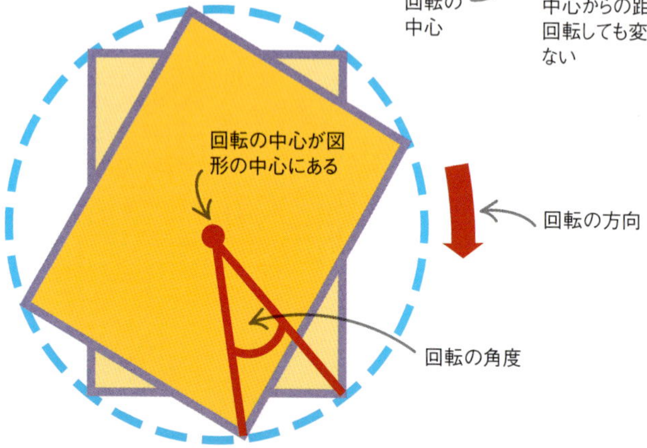

△**回転の中心が内部にある場合**
回転の中心が図形の内部にあっても回転移動できる。この長方形は自分の中心のまわりを回る、つまり対角線の交点を中心として回転している。この場合 180° 回転すると、もとの状態とまったく同じになる。

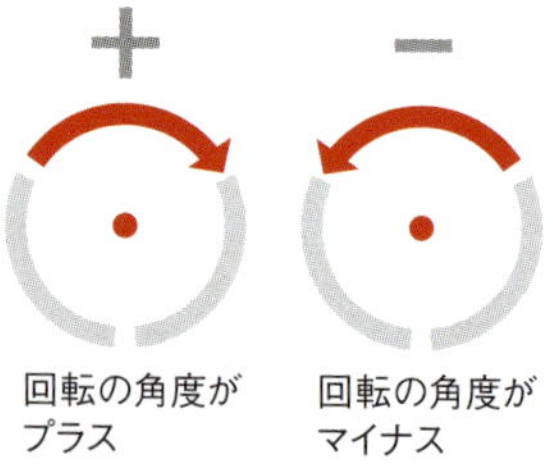

△**回転の角度**
回転の角度はプラスのときとマイナスのときがある。プラスなら図形は時計回りに、マイナスなら反時計回りに回る。

回転移動の作図

回転移動を作図するには、三種類の情報が必要になります。まず回転させる図形、次に回転の中心の位置、そして回転の角度です。

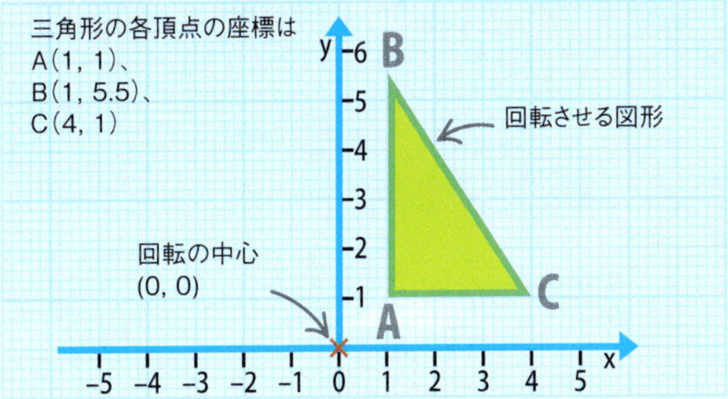

図のように三角形ABCの位置が与えられ、回転の中心を原点とし、回転の角度は−90°つまり反時計回りに90°回転させるものとする。三角形ABCはy軸の左側に移動する。

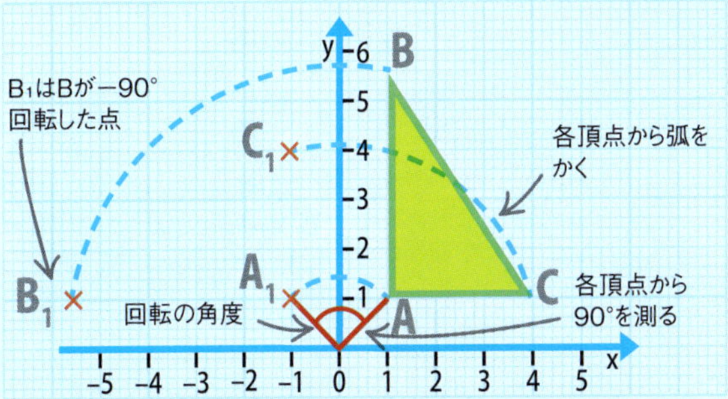

原点を回転の中心とし、コンパスで各頂点A、B、Cから反時計回りに弧をかく。(回転の角度はマイナスなので左回りになる。)次に分度器の中心を原点に合わせ、各頂点から90°を測って、各弧の上に印をつける。

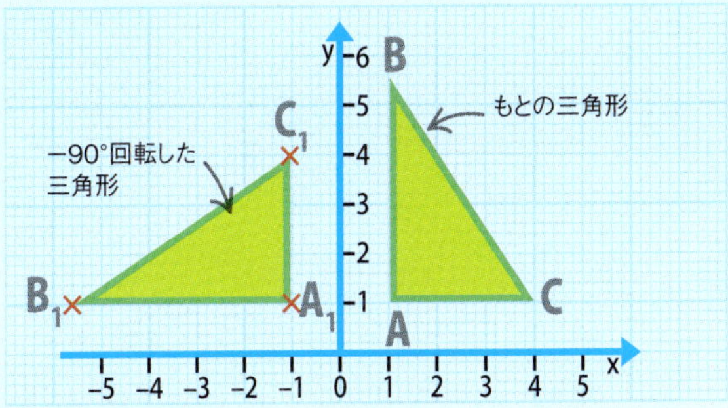

印をつけた点をA_1、B_1、C_1とし、各点を結ぶ。三角形$A_1B_1C_1$が三角形ABCを反時計回りに90°回転させた図形である。

回転の角度と中心を求める

もとの図形と回転した図形から、回転の中心と角度を求めることができます。

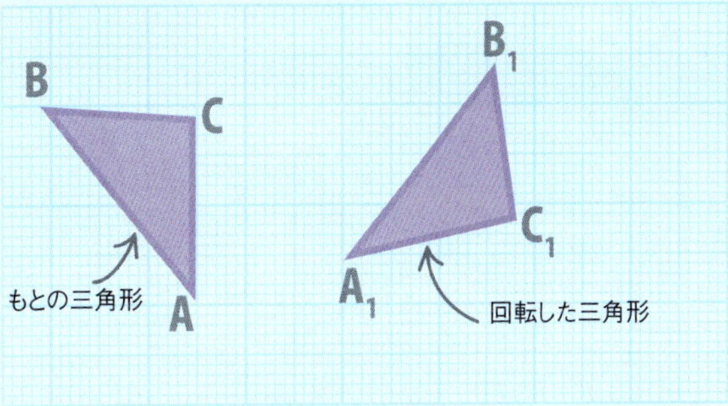

三角形$A_1B_1C_1$は三角形ABCを回転させたものである。対応する点を結んだ線分の垂直二等分線をひくことによって、回転の中心の位置、さらには回転の角度がわかる。(p.103参照)

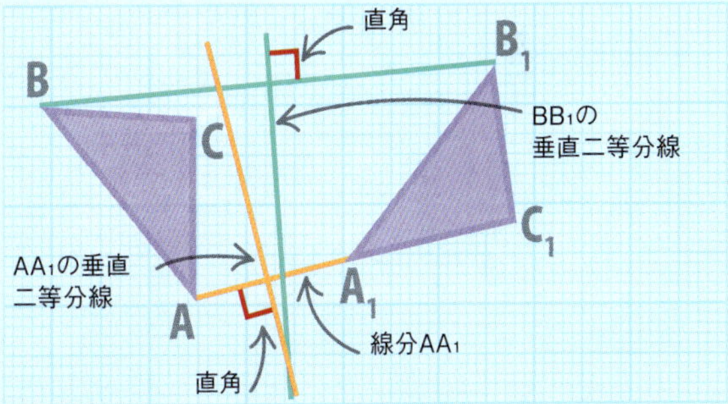

定規とコンパスを使って、A、A_1を結んだ線分とB、B_1を結んだ線分の垂直二等分線をひく。二本の垂直二等分線は交わる。

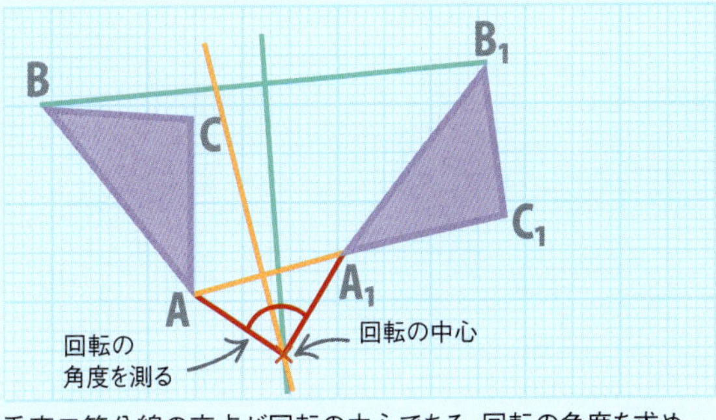

垂直二等分線の交点が回転の中心である。回転の角度を求めるには、A、A_1と回転の中心をそれぞれ結び、その間の角度を測る。

対称移動

参照ページ

〈80～81 対称
〈82～85 座標
〈90～91 平行移動
〈92～93 回転移動
拡大 96～97〉

対称移動は、対称の軸で折り返して移動することですが、移動した図形は鏡に映った像のようになります。

対称移動の特徴

もとの図形のある点（A）と移動した図形の対応する点（A_1）は、対称の軸から等しい距離にあります。つまり対応する点を結ぶ線分は、対称の軸によって垂直に二等分されます。

▽水面に映った山

実際の山のA、B、C、D、Eの各点は、水面に映った山ではA_1、B_1、C_1、D_1、E_1の各点となっている。

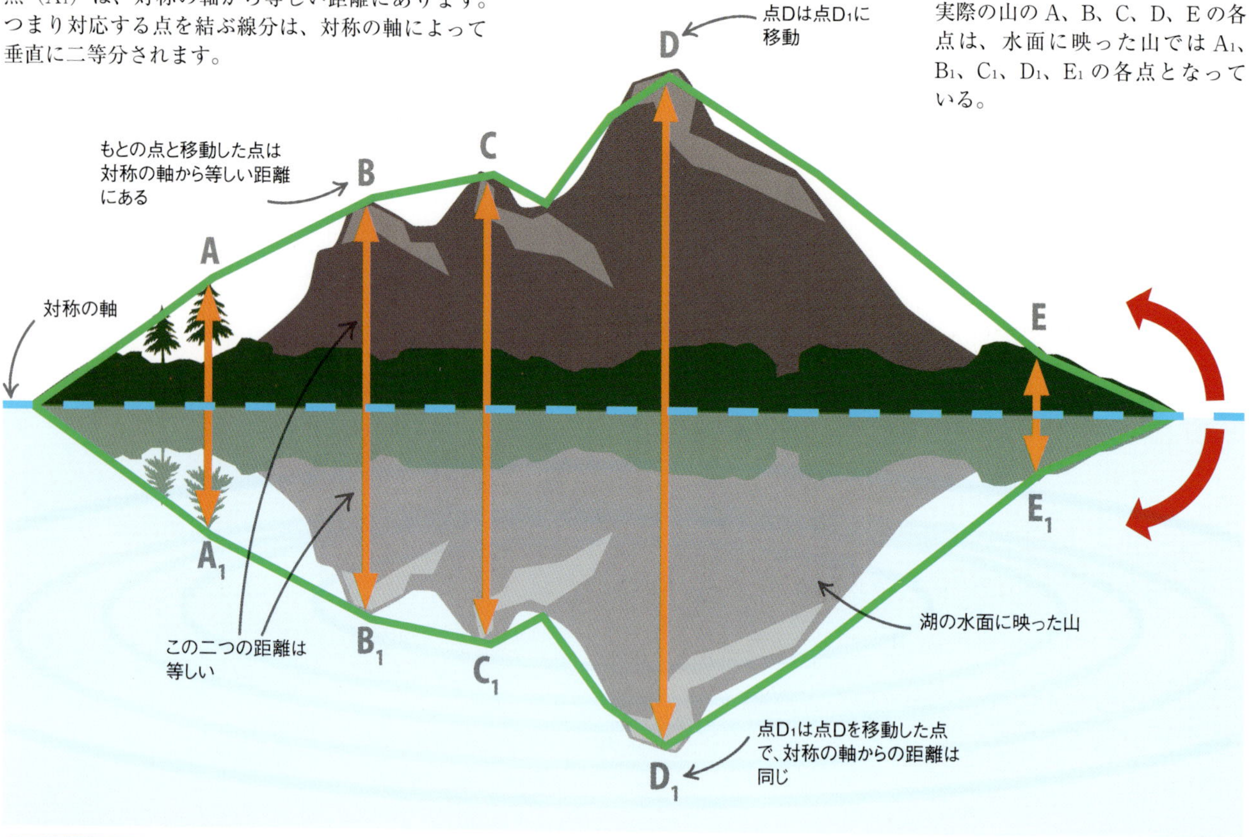

詳しく見ると

万華鏡

万華鏡は色のついたビーズと複数の鏡で模様を作り出します。複雑な模様はビーズが鏡に何度も反射したためにできたものです。

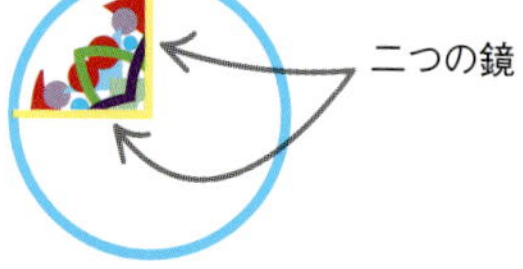

簡単な万華鏡の場合、いくつかのビーズ玉と90°に取り付けられた鏡でできている。

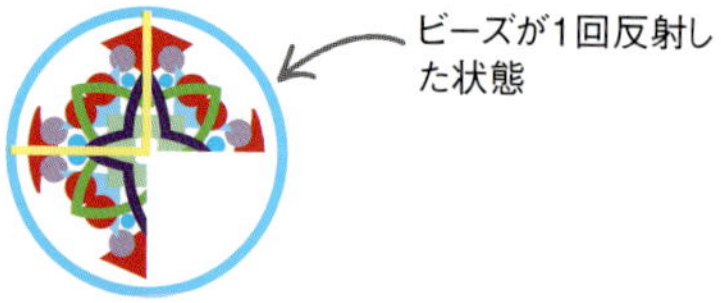

ビーズ玉が二つの鏡に映って像ができる。

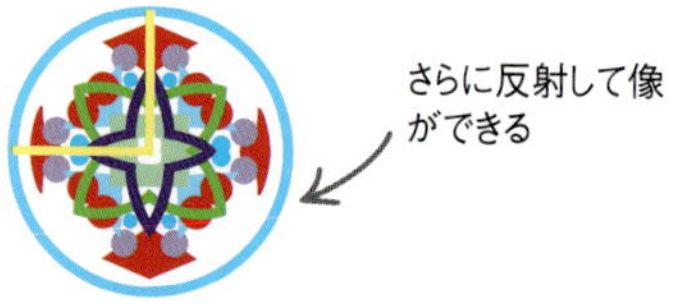

できた像がさらに映ってまたビーズの像ができる。

対称移動の作図

ある図形を対称移動するには、その図形と軸の位置を知ることが必要です。対称移動した図形の各点は、対称の軸からの距離がもとの図形の対応する点と同じになります。ここでは三角形 ABC を、 y = x という式で表される直線を軸として、対称移動してみましょう。

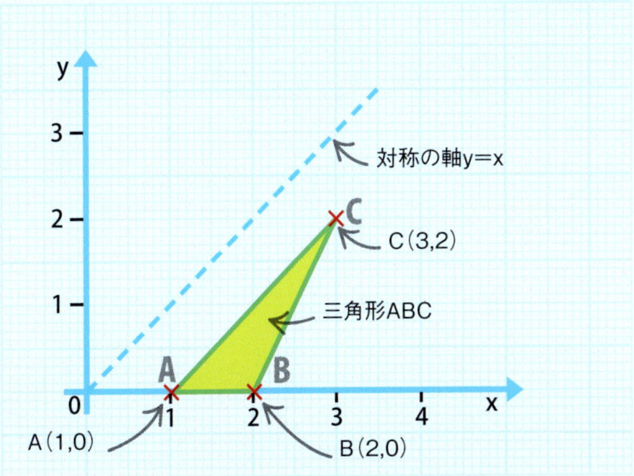

まず、対称の軸をかく。直線y=xは、x座標とy座標が等しい点（0, 0）、（1, 1）、（2, 2）、（3, 3）などを通る直線である。次に移動する三角形ABCをかく。頂点の座標は（1, 0）、（2, 0）、（3, 2）である。

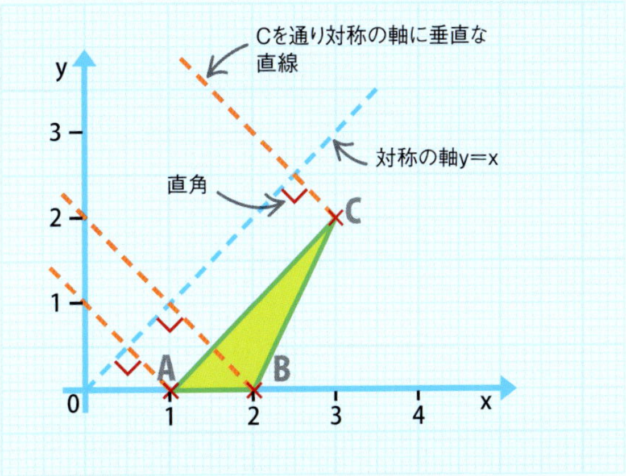

次に三角形ABCの各頂点から対称の軸に垂直な直線をひく。この三つの直線上に新たな三角形の頂点をとるので、軸を越えて延長しておく。

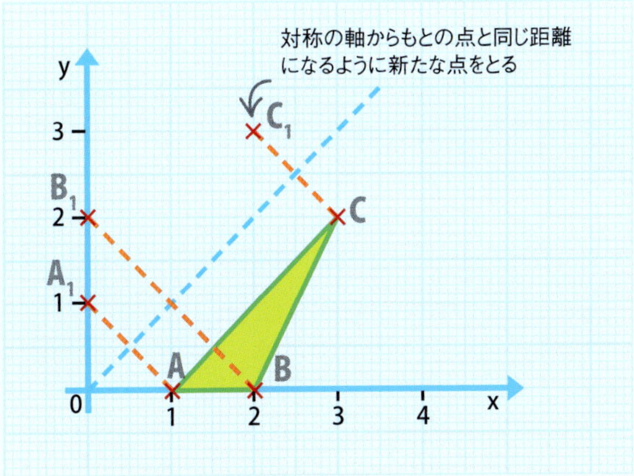

次に各頂点から対称の軸までの距離を測り、軸の反対側の同じ距離の所に新たな点A_1、B_1、C_1をとっていく。

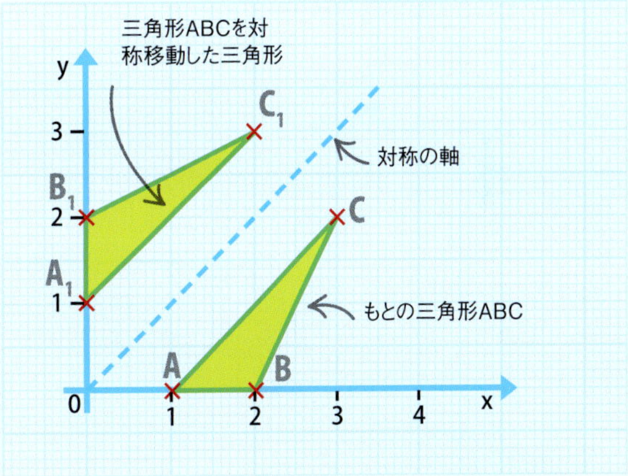

最後に点A_1、B_1、C_1を結ぶと、三角形ABCを対称移動した三角形$A_1B_1C_1$ができる。どの頂点も軸までの距離がもとの頂点と等しい。

拡大

参照ページ
〈48〜51 比と比例
〈90〜91 平行移動
〈92〜93 回転移動
〈94〜95 対称移動

拡大は同じ形のまま大きさを変える変換です。

拡大図は中心となる点を決めて、作図することができます。もとの図形を小さくすることもでき、この場合は縮小といいます。拡大図の大きさは倍率によって決まります。

拡大の倍率

図形を拡大するときの倍率は、対応する部分の長さが何倍になるかを表します。例えば５倍の拡大図は、面積ではなく辺の長さが５倍に拡大された図のことです。

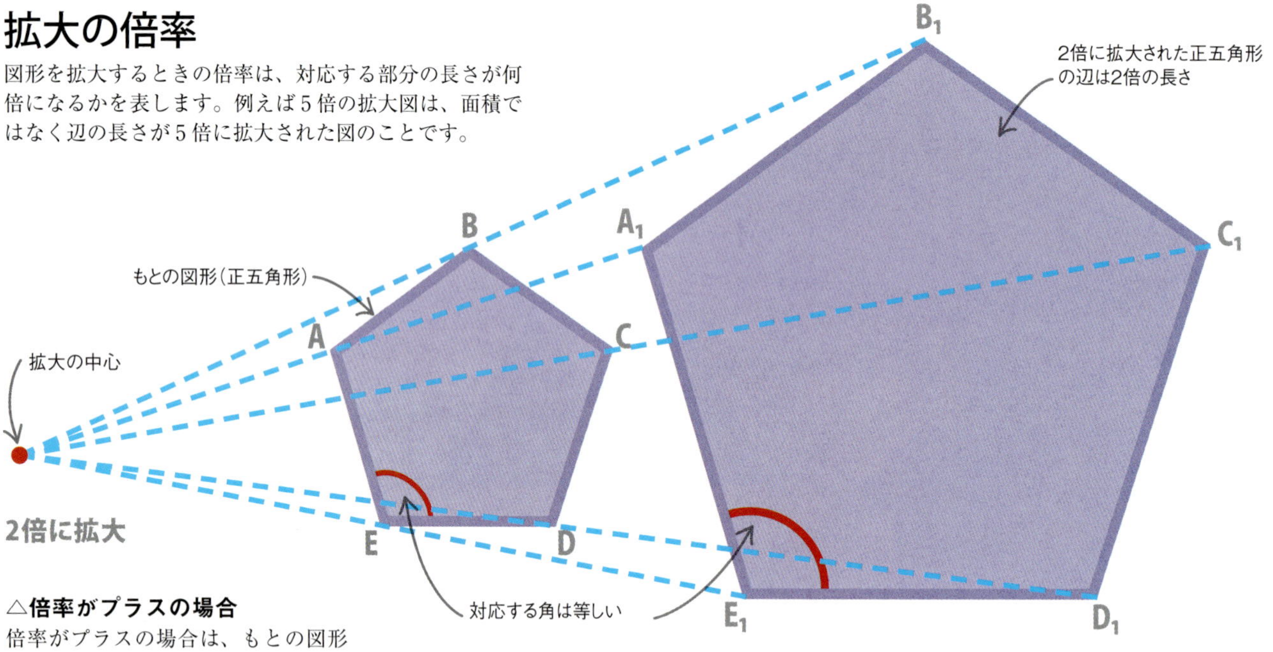

△倍率がプラスの場合
倍率がプラスの場合は、もとの図形と拡大図は中心から見て同じ側にあり、同じ向きのままである。

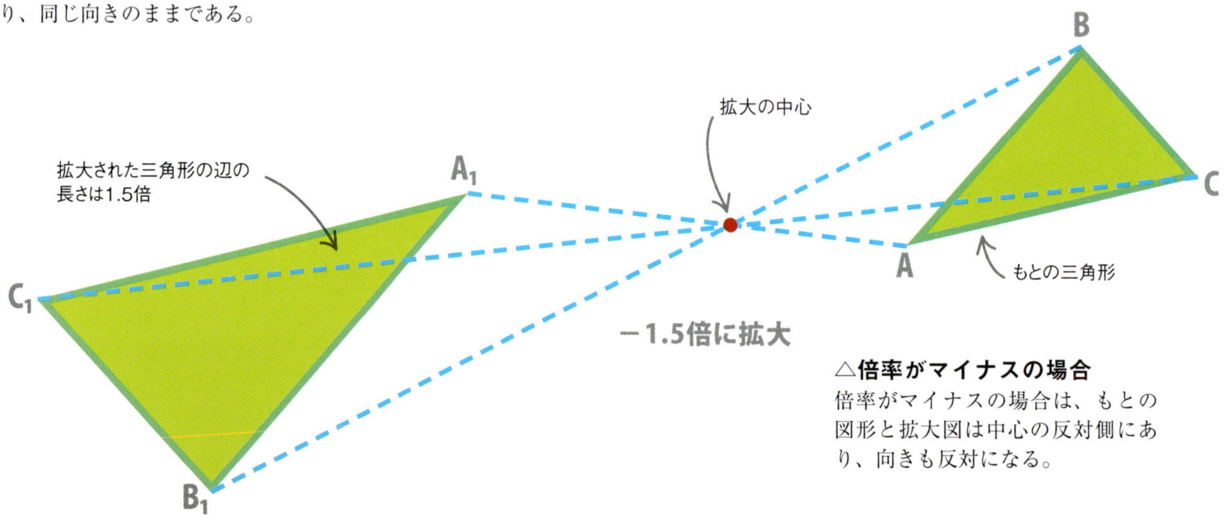

△倍率がマイナスの場合
倍率がマイナスの場合は、もとの図形と拡大図は中心の反対側にあり、向きも反対になる。

拡大図の作図

グラフ用紙に座標をとっていくことで、拡大図を作図することができます。ここでは四角形 ABCD を、原点を拡大の中心として 2.5 倍に拡大してみます。

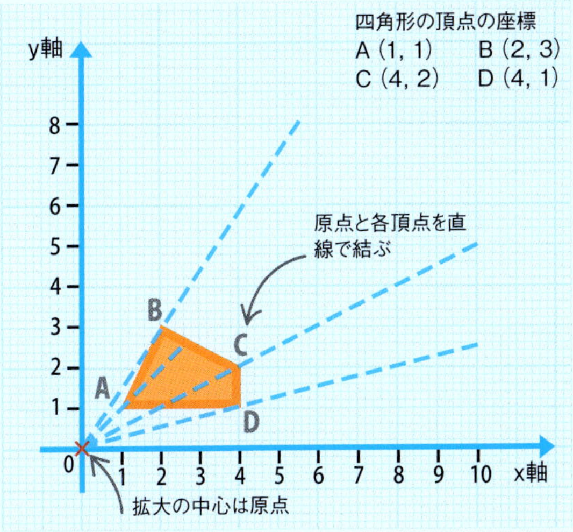

与えられた座標から四角形ABCDをかき、原点と各頂点を結ぶ直線をひく。

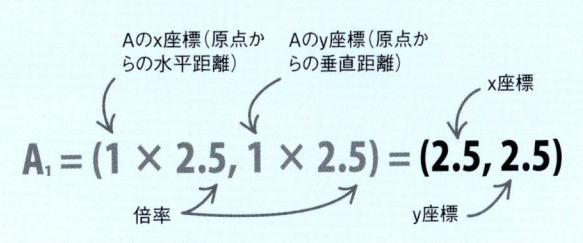

Aのx座標（原点からの水平距離）　Aのy座標（原点からの垂直距離）　x座標

$$A_1 = (1 \times 2.5, 1 \times 2.5) = (2.5, 2.5)$$

倍率　y座標

他の点のx座標・y座標も同様に計算する

$$B_1 = (2 \times 2.5, 3 \times 2.5) = (5, 7.5)$$

$$C_1 = (4 \times 2.5, 2 \times 2.5) = (10, 5)$$

$$D_1 = (4 \times 2.5, 1 \times 2.5) = (10, 2.5)$$

拡大図の新たな頂点A_1、B_1、C_1、D_1の座標を計算する。もとの頂点のx座標・y座標に倍率の2.5をかけ、拡大の中心からの水平距離・垂直距離を2.5倍にする。

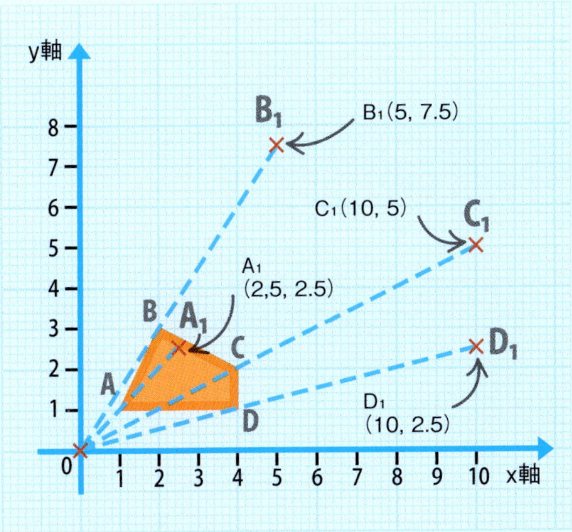

計算した座標から新たな頂点A_1、B_1、C_1、D_1をかき込んでいく。新たな頂点はそれぞれ原点ともとの各頂点を結んだ直線上にある。

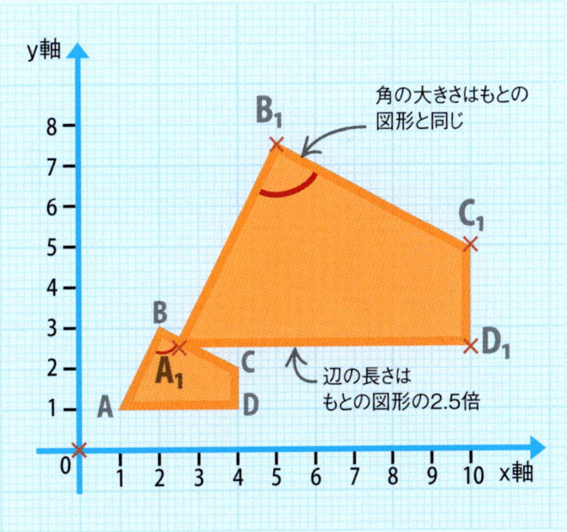

各点を結ぶと拡大図が完成する。拡大した四角形の辺の長さはもとの図形の2.5倍になっているが、角の大きさは変わらない。

縮尺

縮尺は縮図において、実際の大きさをどの位の比率で縮小したかを表すものです。

縮尺は地図のように実物を縮小する場合に用いられますが、マイクロチップの設計図などでは逆に拡大した倍率が重要になります。

参照ページ
〈48〜51 比と比例
〈96〜97 拡大
円 130〜131〉

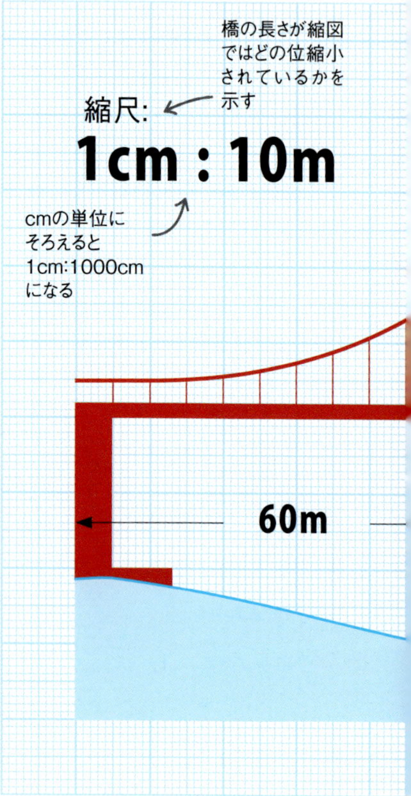

縮尺を決める

橋のような大きなものの正確な設計図を作るには、実際の長さを縮小する必要があります。このとき橋のさまざまな部分の測定結果を、同じ比率で縮めなければなりません。縮図を作る第一段階は縮尺を決めることです。ここでは、10m を 1cm にしてみましょう。縮尺は普通小さい方の単位にそろえて、比の形で表されます。

縮図での長さ　　実際の長さ

1cm : 1,000cm

比の記号

◁**比で表した縮尺**
10m を 1cm にする縮尺を比で表すために、cm を共通の単位とします。1m は 100cm だから 10m は 100cm × 10 ＝ 1000cm

縮図の作り方

例としてバスケットコートの縮図を作ってみましょう。このコートはたて 30m 横 15m の長方形で、真ん中に半径 1m の円があり、両エンドに半径 5m の半円があります。縮図に取りかかる前に、まずおおざっぱな下絵を描き、実際の長さを書き入れてみます。次に縮尺を決め、長さを計算し、縮図を作っていきます。

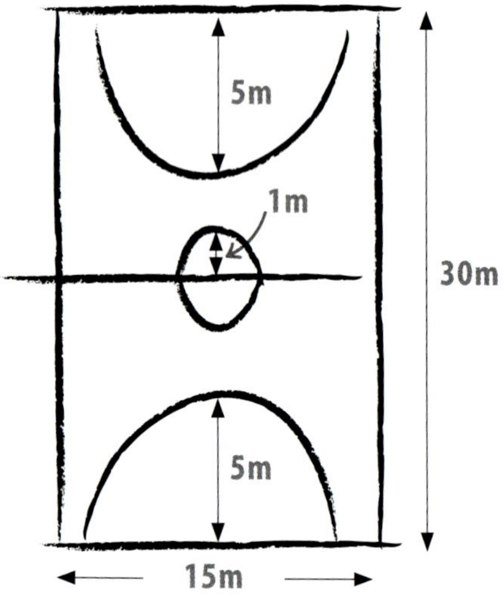

目安となる下絵を描いて実際の長さを書き入れてみる。最長の辺、縮図全体の大きさなどに注意して、適当な縮尺を考える。

コートの最も長い30mが10cm以下になるように、適切な縮尺を選ぶ。

縮図での長さ　**1cm : 5m**　実際の長さ

この比の単位をそろえると、1cm:500cmとなるので、実際の長さを500でわれば縮図での長さが得られる。

実際の長さの単位をmからcmになおして計算　　縮尺　　縮図での長さ

コートのたて	=	3,000cm ÷ 500	=	6cm
コートの横	=	1,500cm ÷ 500	=	3cm
中央の円の半径	=	100cm ÷ 500	=	0.2cm
半円の半径	=	500cm ÷ 500	=	1cm

▶ 適切な縮尺を選んだら、比を小さい方の単位cmにそろえる。実際の長さもcmになおし、縮尺を使ってわり算をして、縮図での長さを計算する。

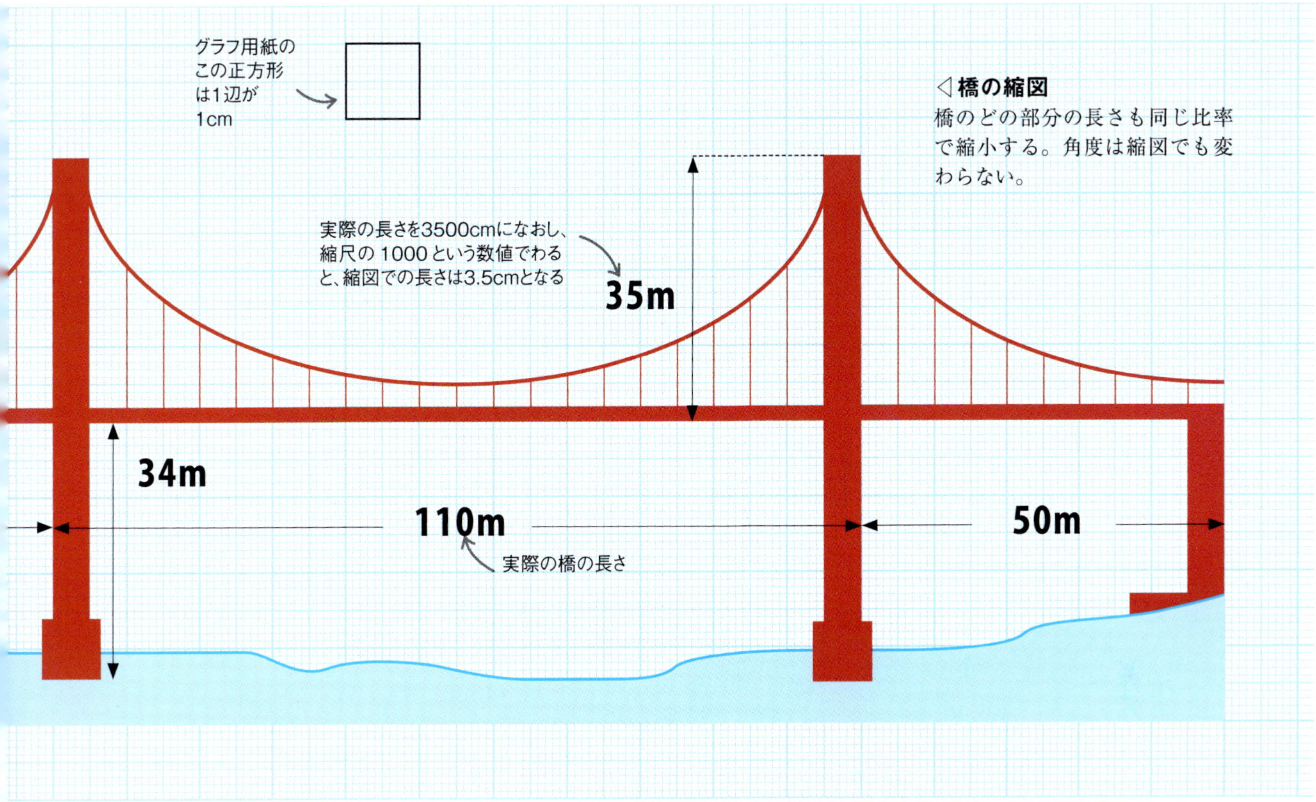

◁**橋の縮図**
橋のどの部分の長さも同じ比率で縮小する。角度は縮図でも変わらない。

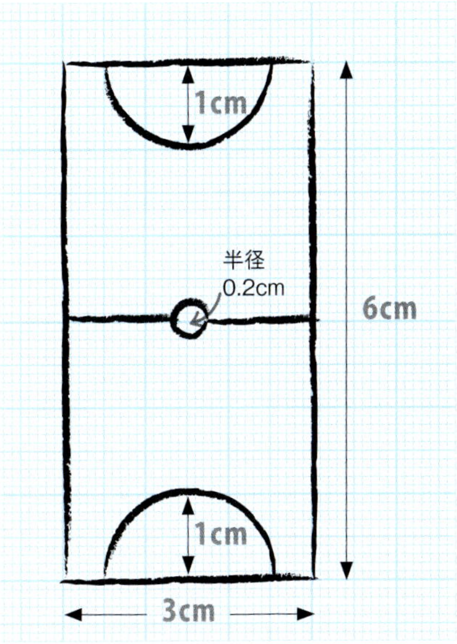

計算した長さを使って、二度目の下書きをすると、完成図がさらに書きやすくなる。

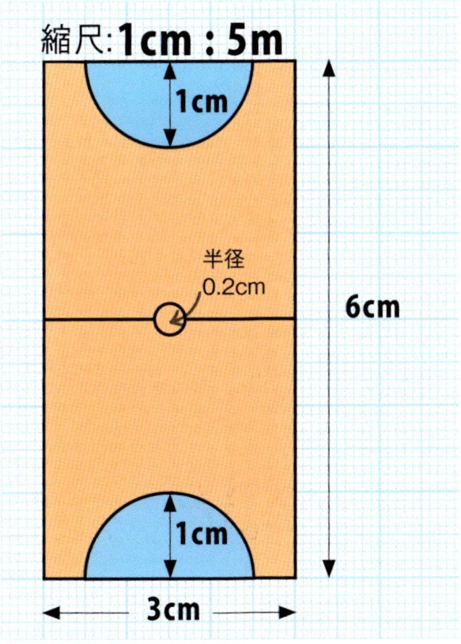

最後にバスケットコートの縮図を、定規とコンパスを使って清書する。

リアルワールド

地図

地図の縮尺は地図がカバーする広さによってさまざまです。このフランスの地図は1cm:150kmという縮尺が使われています。一方街路図などでは1cm：500mという縮尺がよく用いられます。

方位

参照ページ
〈74〜75　幾何で使う道具
〈76〜77　角
〈98〜99　縮尺

方位は東西南北の方角を示します。

正確に方角を示すことは、見知らぬ土地で針路を決めるのに極めて重要です。

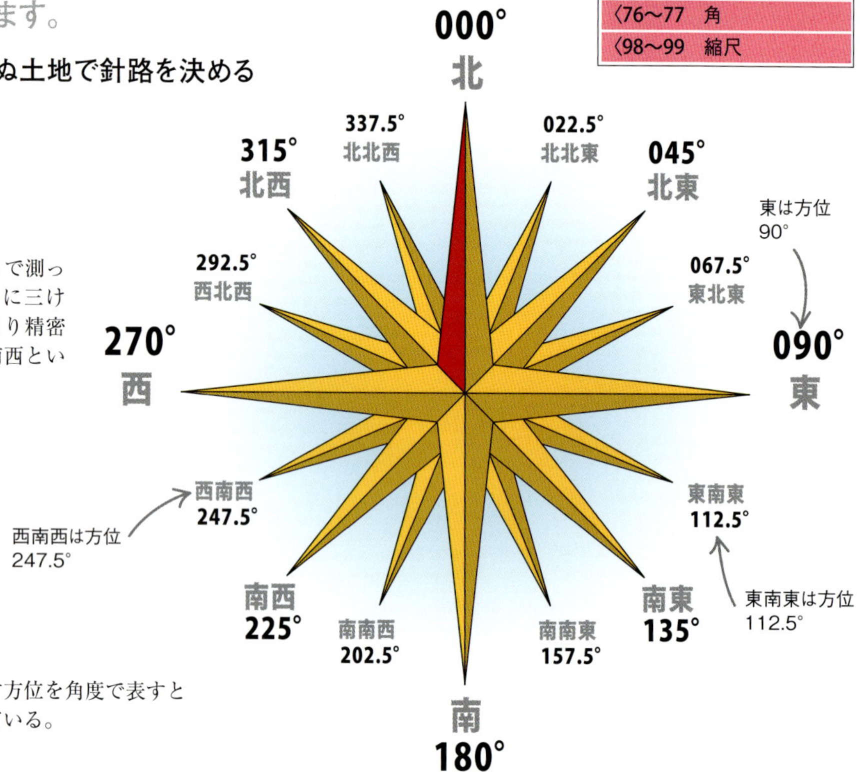

方位とは？

方位は、方位磁石の北の方向から時計回りで測った角度で表します。普通270°というように三けたの整数で示しますが、247.5°のようにより精密に小数で表すこともあります。また、西南西という表し方も使われます。

▷**磁石と方位**
この図は磁石の指す方位を角度で表すとどうなるかを示している。

方位の測り方

まず出発点を中心として分度器を置き、磁石の北の方向から時計回りに角度を測ります。

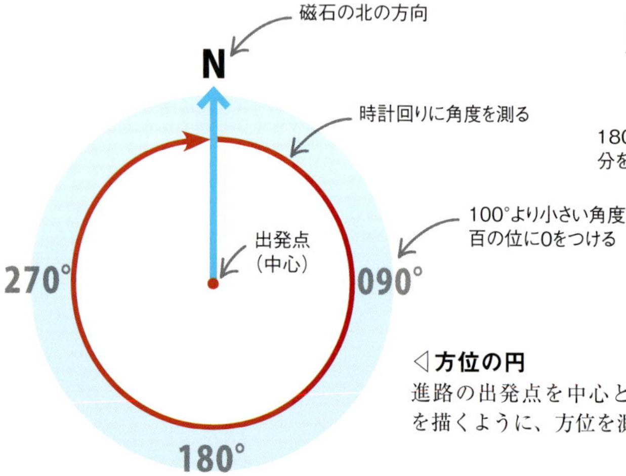

◁**方位の円**
進路の出発点を中心とした円を描くように、方位を測る。

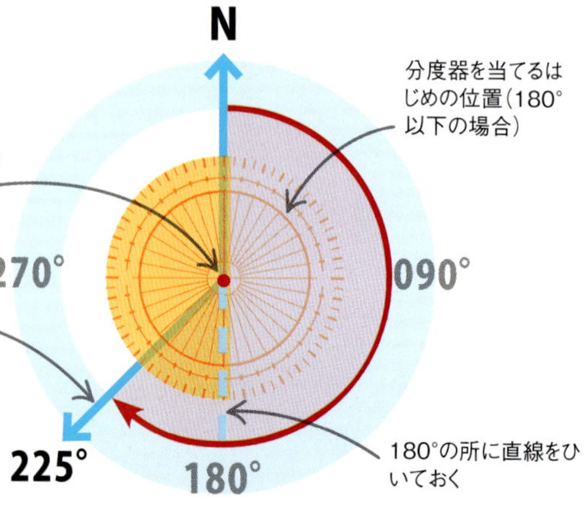

△**180°より大きい方位**
まず北の方向から時計回りに180°まで測るが、180°を超えるときは線をひいて残りを測る。残りが45°なら225°が方位となる。

方位を使って航路を描く

航路を図にするには、方位が重要になります。この例では、ある飛行機がまず 290° の方位に 300km 飛び、方向転換して 045° の方位に 200km 進みます。その後もう一度方向転換してスタート地点に戻りますが、これを 100km を 1cm に縮小して航路図に表し、最後の区間の方位と距離を求めてみましょう。

縮尺

1cm : 100km

方位290°を測る。180°の線をひき、そこから分度器で残りの110°を測って、290°の方位に針路をかく。

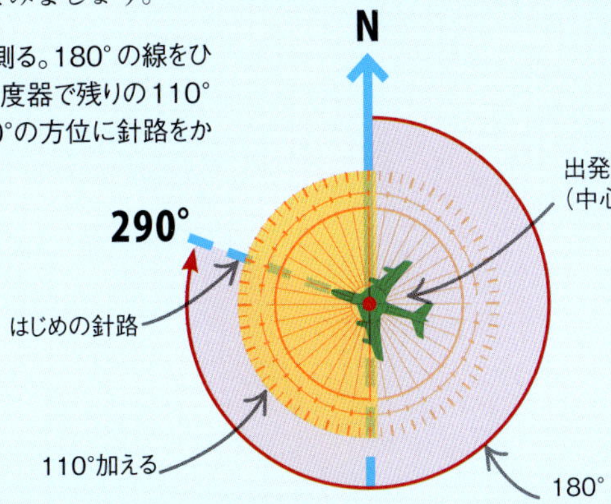

次に290°の方位に進む距離を、縮図での長さになおす。100kmを1cmにする縮尺だから、300kmは3cmになる。

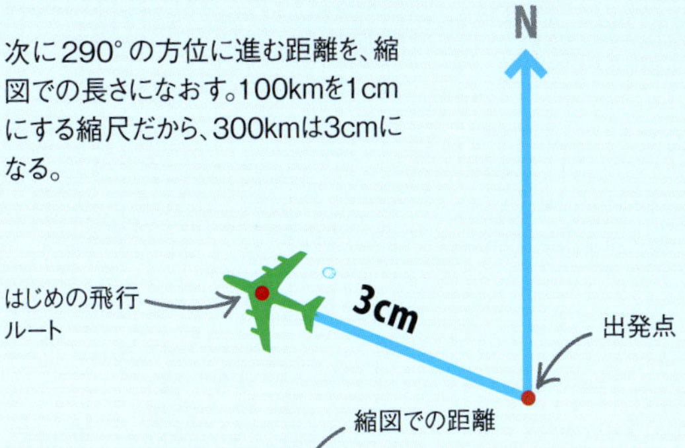

300 ÷ 100 = 3cm

3cm進んだ点から北に線をひき、この線から45°を測って第二の針路をとる。

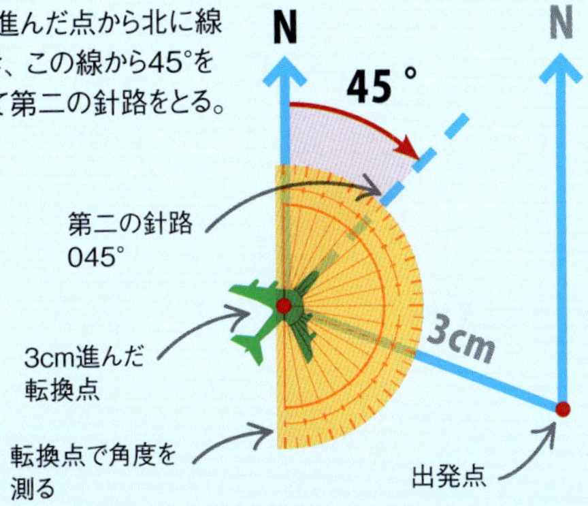

次に045°の方位に進む距離を、縮図での長さになおす。100kmを1cmにする縮尺だから、200kmは2cmになる。

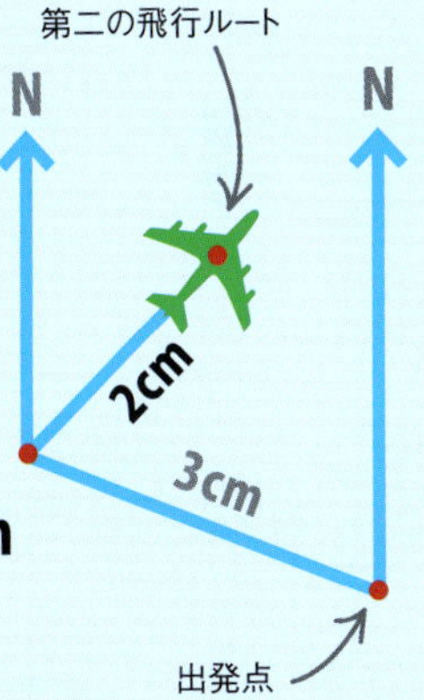

200 ÷ 100 = 2cm

縮図での距離

2cm進んだ点から北に線をひき、この線から、出発点に戻る航路の方位を測ると150°とわかる。

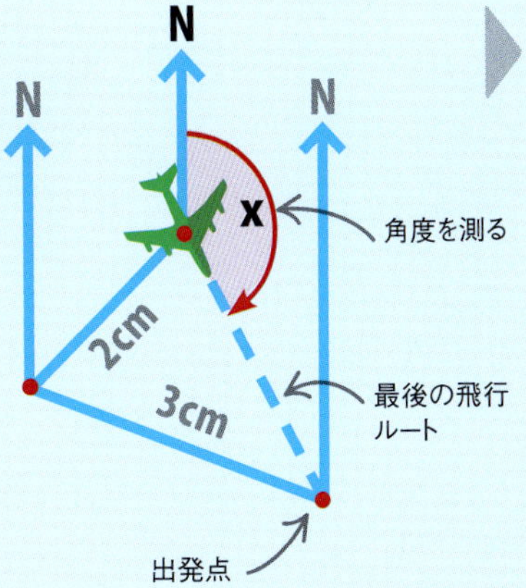

x = 150°

最後に、150°の方位に進む距離を、縮図で測ると2.8cm。実際の距離になおすと、最後の飛行区間は280kmとわかる。

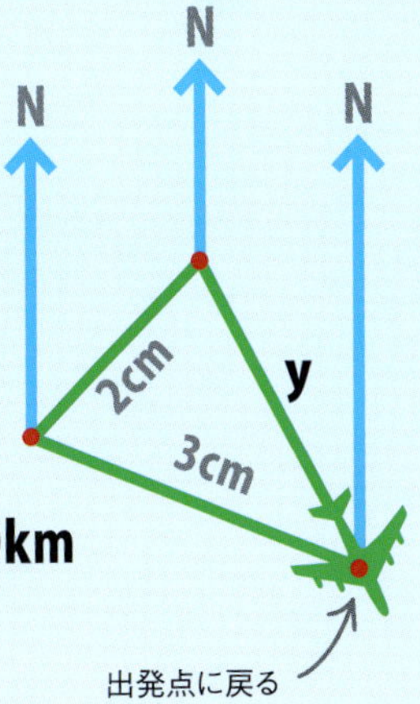

y = 2.8cm

2.8 × 100 = 280km

実際の距離

作図

定規とコンパスを使って垂線や角を作図します。

定規とコンパスを使って、さまざまな線・角・図形を、幾何学的に正確にかくことを作図といいます。

参照ページ

〈74〜75　幾何で使う道具

〈76〜77　角

三角形　108〜109〉

三角形の合同　112〜113〉

垂線の作図

直角に交わる線のことを、垂直な線または垂線といいます。垂線の作図には二通りのやり方があります。一つ目は与えられた直線上の点に垂線をたてる作図、二つ目は直線外の点から垂線をおろす作図です。

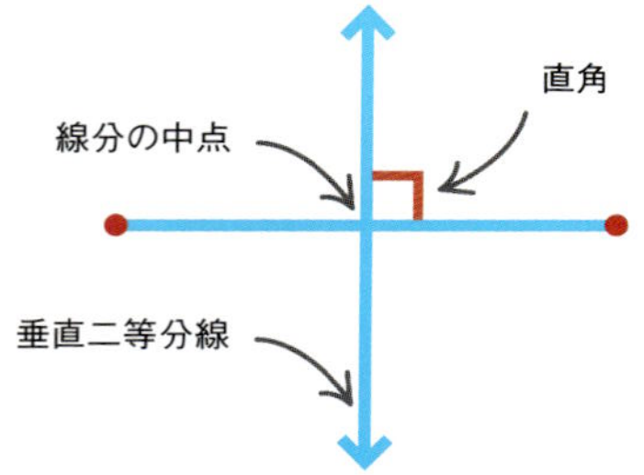

◁**垂直二等分線**
垂直二等分線はある線分を正確に半分に分ける垂直な直線です。

直線上の点を通る垂線

与えられた直線上の点を通る垂線を作図します。印をつけた点が二直線の交点になります。

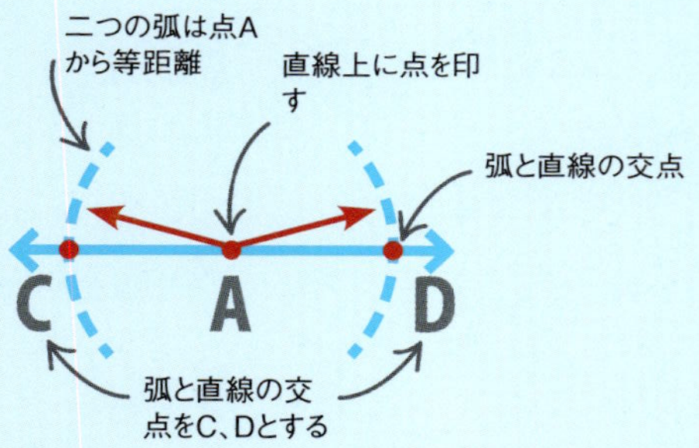

直線をひき、直線上に点Aをとる。点Aを中心として一定の半径で弧をかき、弧と直線の交点をC、Dとする。

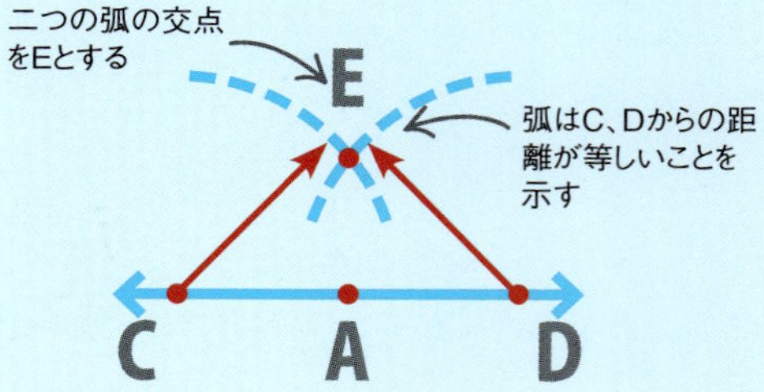

Cを中心として弧をかき、さらに半径を変えずにDを中心として弧をかき、二つの弧の交点をEとする。

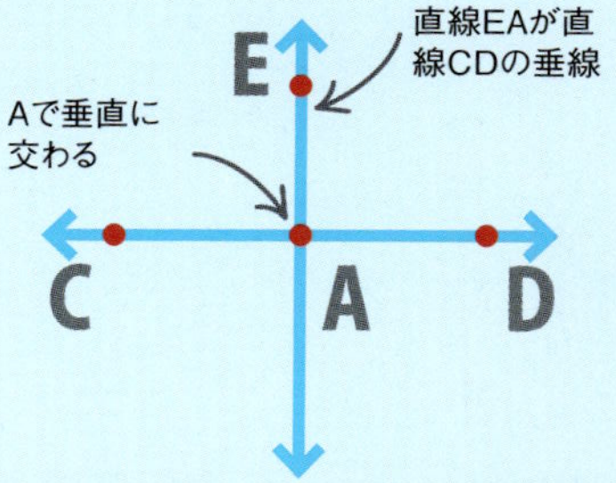

EとAを直線で結ぶ。この直線がもとの直線の垂線である。

直線外の点を通る垂線

直線外に点をとり、そこから垂線をひく作図をします。

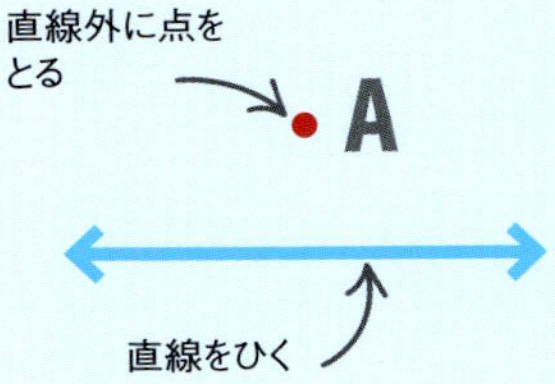

直線をひき、直線外に点Aをとる。

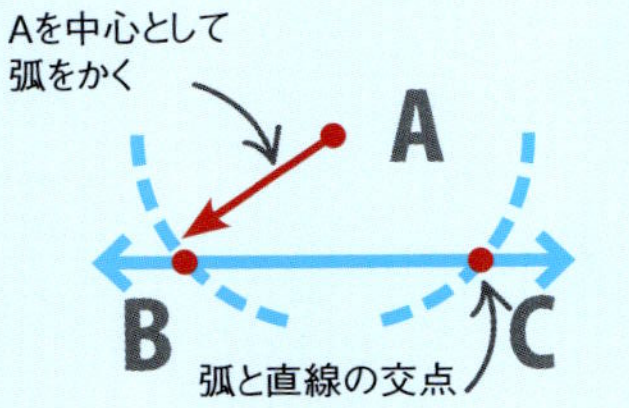

Aを中心として弧をかき、直線との交点をB、Cとする。

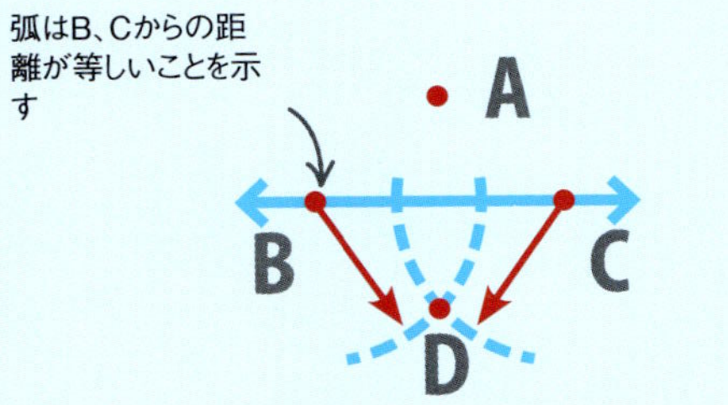

2点B、Cを中心として半径を変えずに、直線の下に弧をかき、二つの弧の交点をDとする。

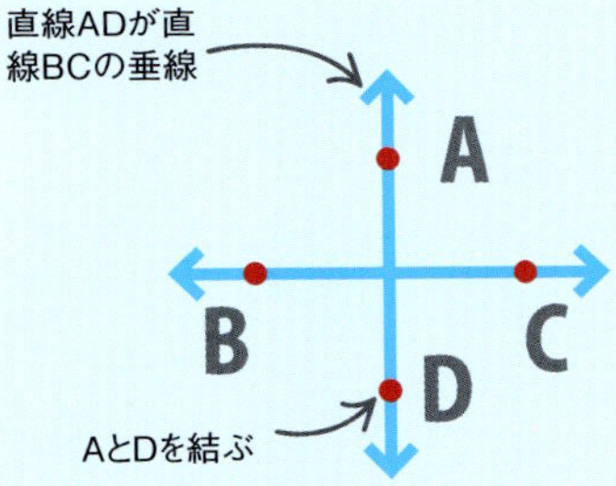

DとAを直線で結ぶ。この直線がもとの直線の垂線である。

垂直二等分線の作図

ある線分の中点を通り、半分に分ける垂線を垂直二等分線といいます。線分の上下に弧を使って点をとることで作図できます。

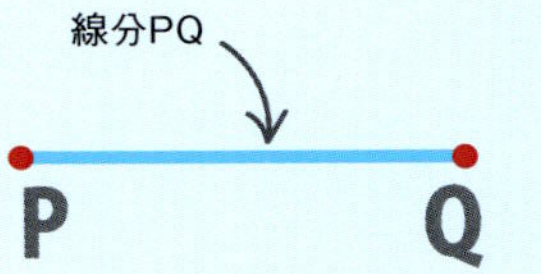

線分をひき、両端の点をP、Qとする。

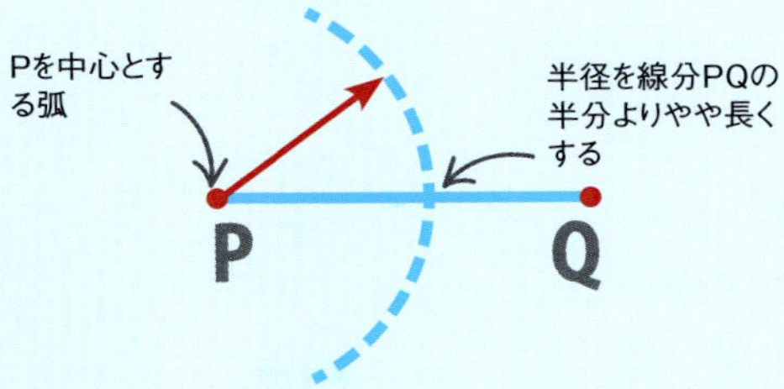

Pを中心として、半径が線分PQの半分よりやや長い弧をかく。

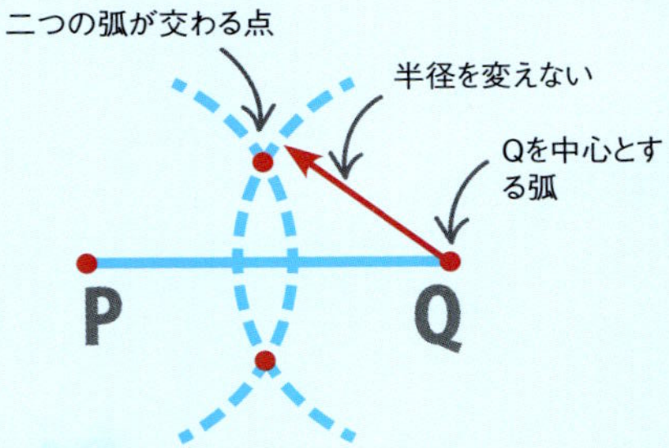

同じ半径のまま、Qを中心としてもう一つ弧をかく。この弧は、Pを中心とした弧と二点で交わる。

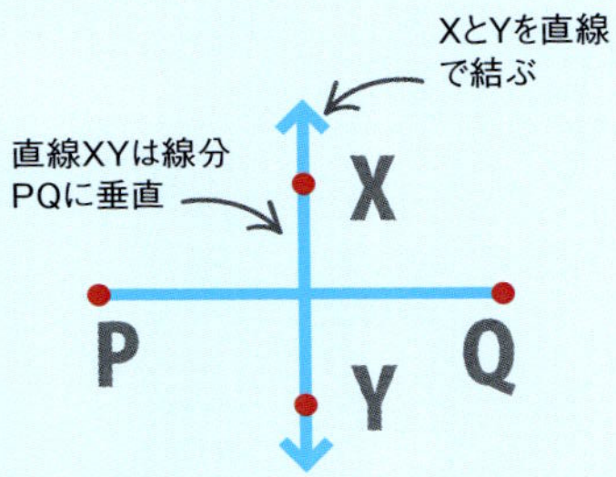

二つの弧の交点をX, Yとし、XとYを結ぶ。直線XYが線分PQの垂直二等分線である。

角を二等分する

角の頂点を通って角を半分の大きさに分ける直線を作図してみます。コンパスを使って角の辺に点を取ることによって、この線をかくことができます。

▷角の二等分線
角の二等分線は、角の頂点を通って角を二つの等しい部分に分ける直線である。

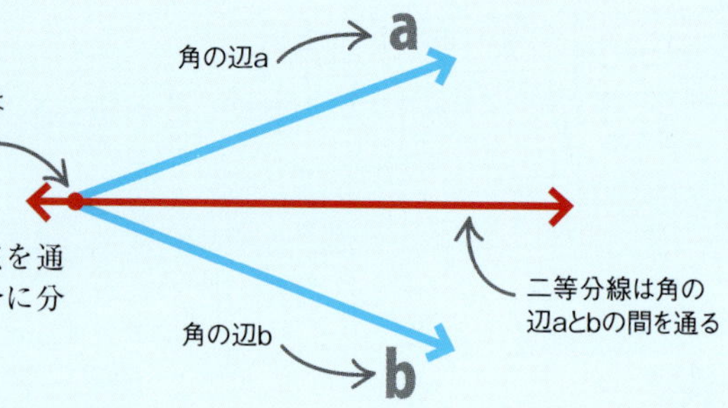

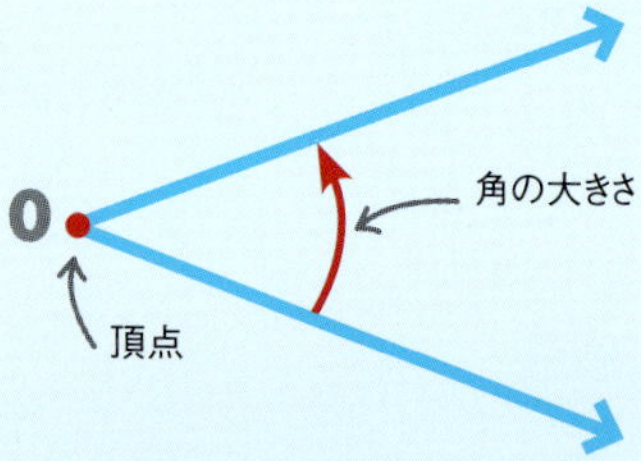

まず適当な大きさの角をかいて、頂点をoとする。

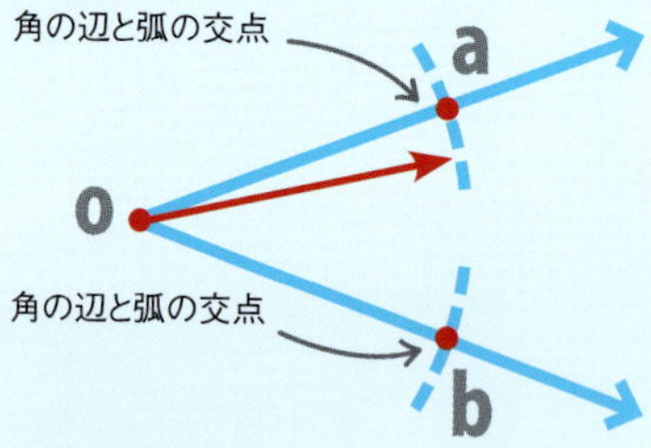

頂点oを中心として弧をかき、弧と角の辺との交点をa、bとする。

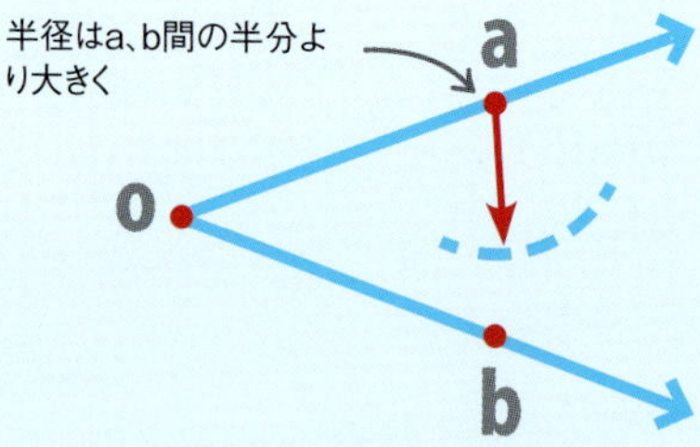

点aを中心として、角の辺の間に弧をかく。

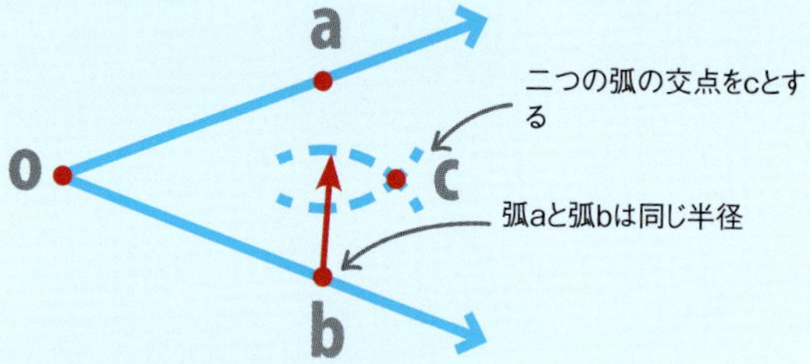

同じ半径のまま、点bを中心としてもう一つ弧をかき、二つの弧の交点をcとする。

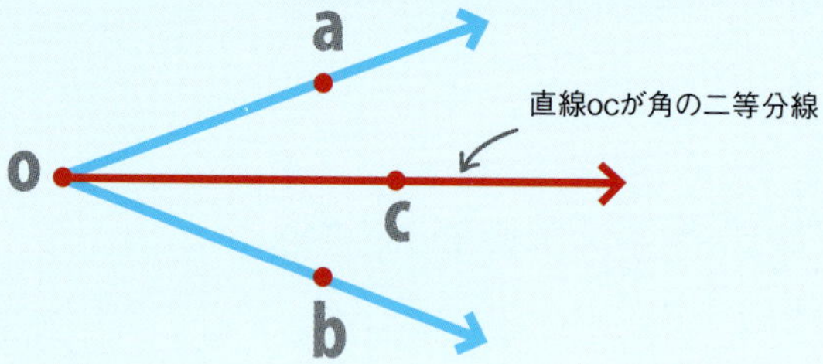

交点cと角の頂点oを結ぶ。この直線が角の二等分線である。

詳しく見ると

合同な三角形

対応する角や辺がそれぞれ等しい三角形は合同であるといいます。角の二等分線を作図するときに用いた点を結ぶと、二等分線の上下に合同な二つの三角形ができます。

▷三角形の作図
角の二等分線をかいた後、使った点を結ぶと、合同な二つの三角形ができる。

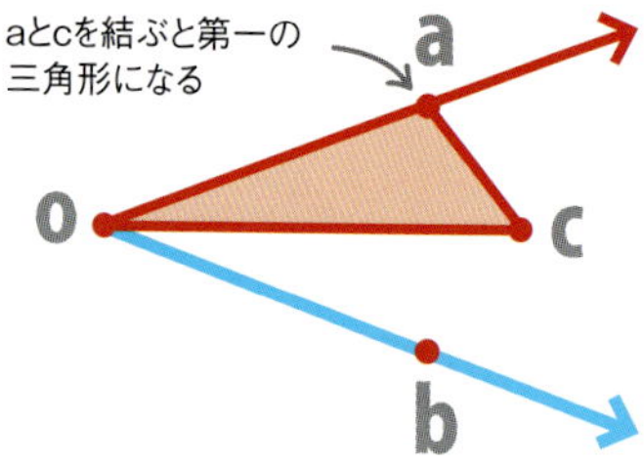

点aと点cを結ぶと、赤で示した第一の三角形ができる。

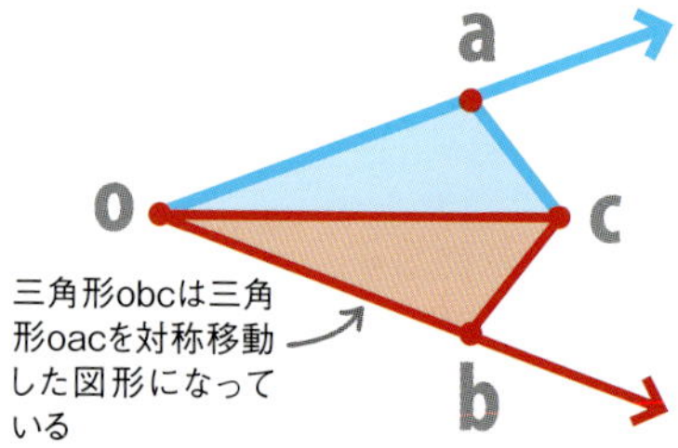

点bと点cを結ぶと、第二の三角形ができる。

角の作図—90°と 45°

角の二等分線のひき方は、分度器を使わずに 90° や 45° などよく使う角を作図するのに応用できます。

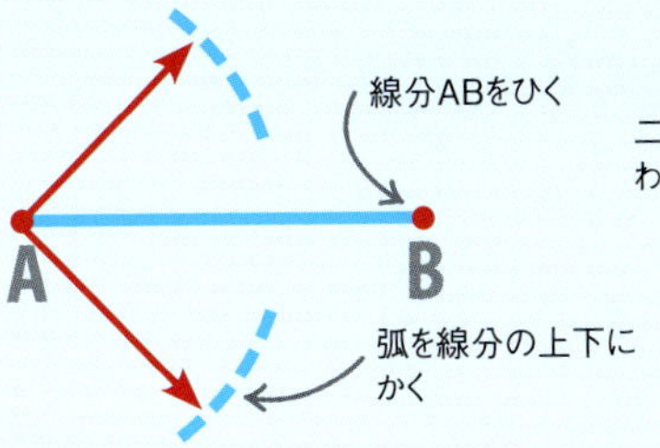

線分ABをかき、Aを中心として、半径が線分ABの半分よりやや長い弧をかく。

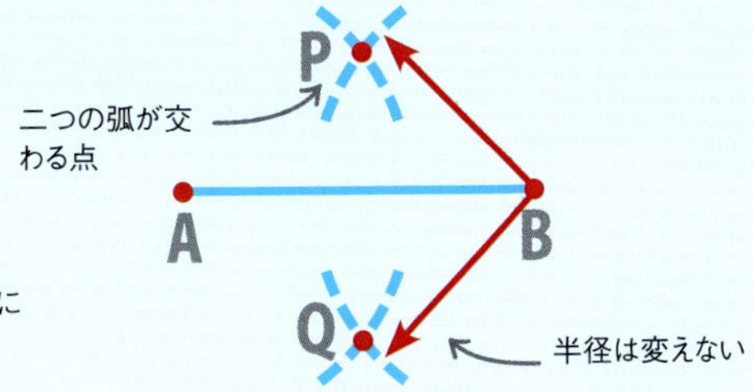

同じ半径のまま、Bを中心としてさらに弧をかき、二つの弧の交点をP, Qとする。

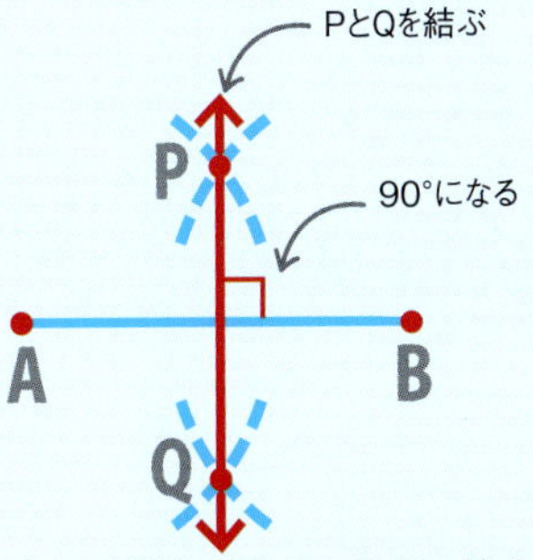

二点P、Qを結べばABの垂直二等分線となる。(直角を作るには、AB上に点をとり垂線をたてる作図もよく使われる)

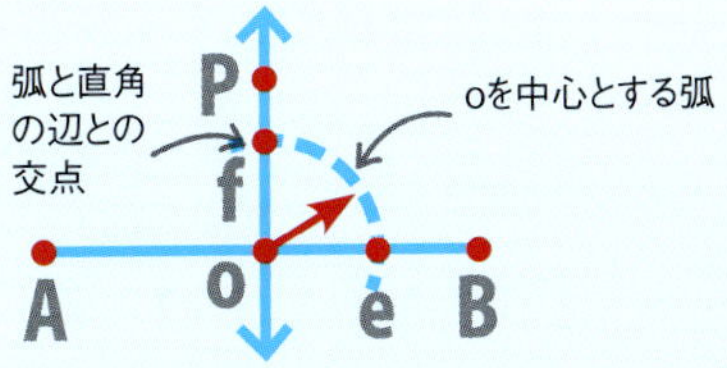

二直線の交点をoとし、oを中心として弧をかき、弧と二直線との交点をe、fとする。

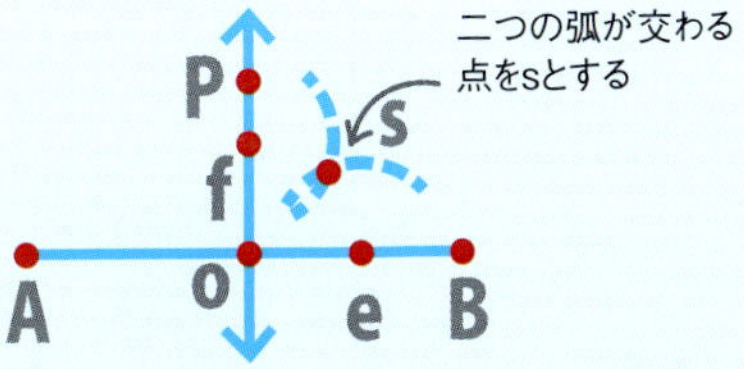

同じ半径のままe、fを中心として二つの弧をかき、二つの弧の交点をsとする。

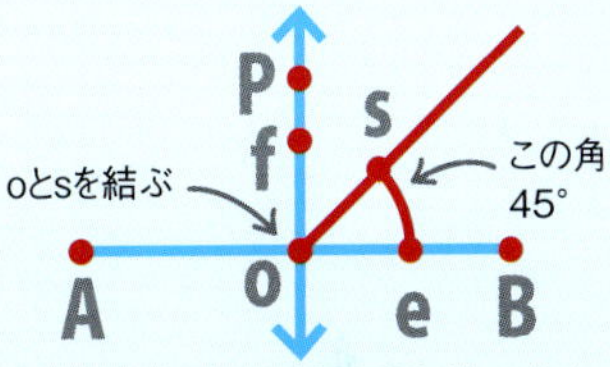

交点sと点oを結んだ直線は直角の二等分線なので、45°の角ができる。

角の作図—60°

三つの辺がすべて等しい正三角形は、三つの角もすべて 60° ですが、分度器を使わずに作図できます。

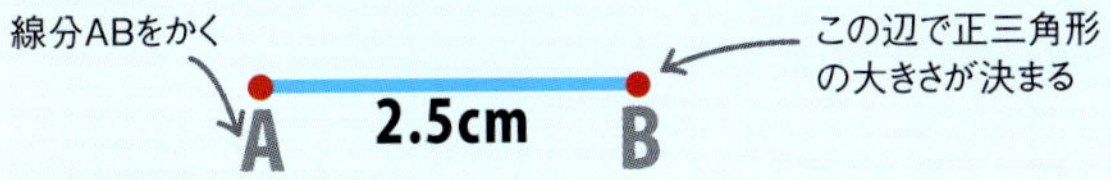

正三角形の一辺となる線分ABをかく。ここでは2.5cmとしたが、何cmでもよい。

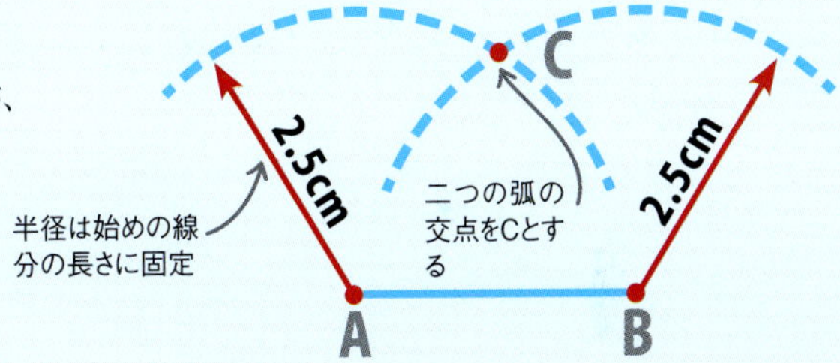

コンパスをABの長さに開き、A、Bを中心として同じ半径のまま二つの弧をかき、二つの弧の交点をCとする。

二点A、Cを結ぶとACとABは同じ長さになり、角Aは60°になる。

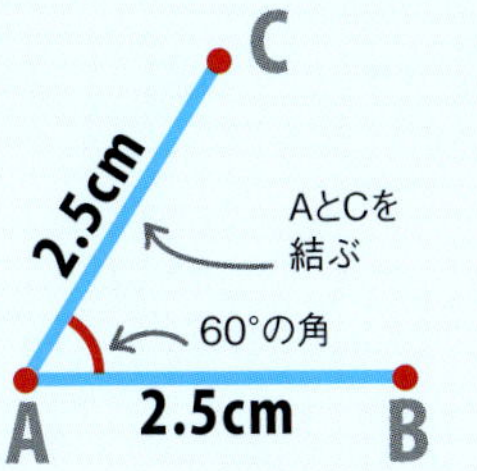

二点B、Cを結ぶと正三角形ABCができる。辺の長さはすべて等しく、角はすべて60°である。

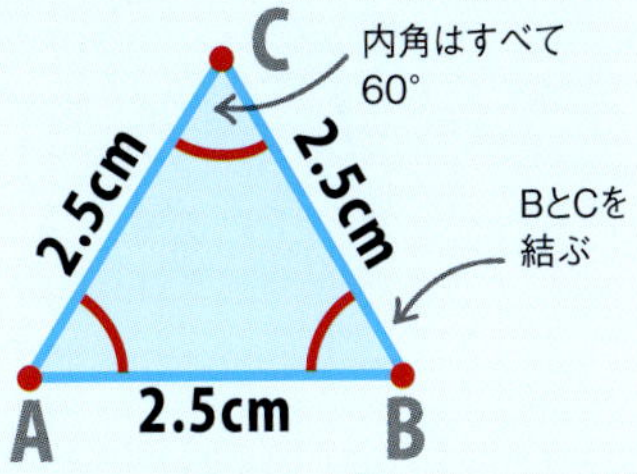

軌跡

参照ページ
〈74〜75　幾何で使う道具
〈98〜99　縮尺
〈102〜105　作図

軌跡は点がある条件に従って動くときに描く道筋です。

軌跡とは？

円や直線などなじみの図形も、特定の条件に従って動く点の道筋といえ、軌跡に含まれます。軌跡は一定の条件を満たす点の集合ということもでき、複雑な図形を描くこともあります。正確な位置を特定するなど、現実の問題の解決に役立っています。

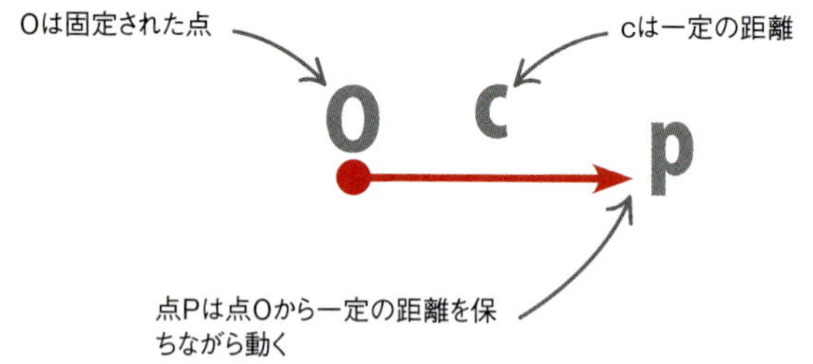

点Pの軌跡はコンパスで描ける。中心を定点Oに置き、コンパスをcの長さにセットする。

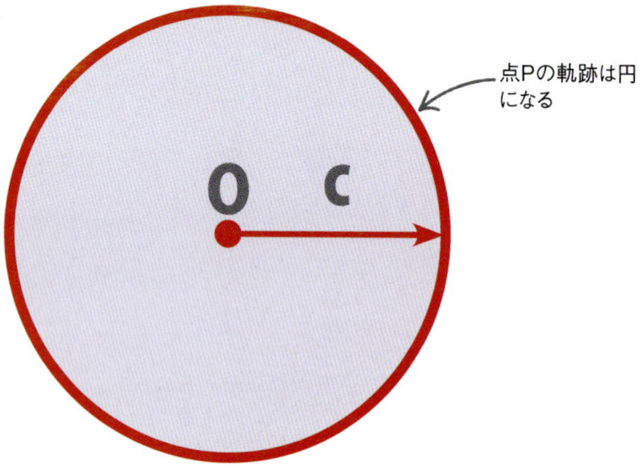

コンパスはOから一定の距離cを保ちながら動くから、一回転させれば軌跡はOを中心とした半径cの円になる。

軌跡を描く

軌跡を描くには特定の条件に従うすべての点を考える必要があり、作図にはコンパスや定規が必要になります。ここでは決まった線分 AB から等距離にある点の集合を、軌跡として考えます。

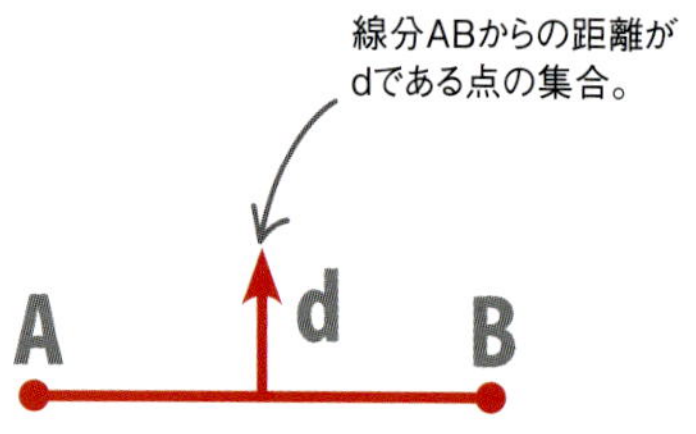

線分ABをひき、ABからの距離がdである点の軌跡を考える。

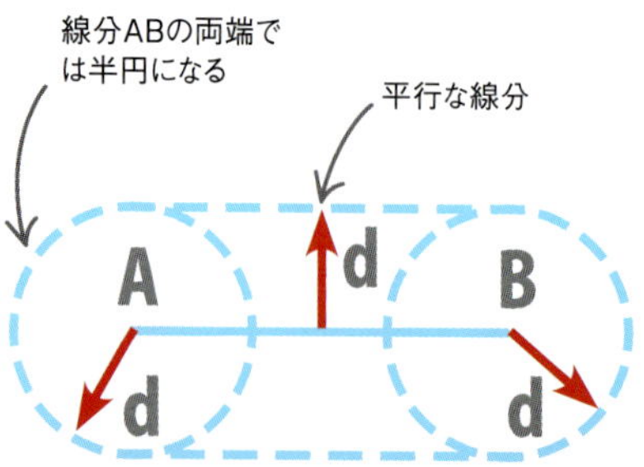

二点A, B間では、軌跡はABに平行な線分になる。線分の両端では半円の軌跡を描くので、コンパスで作図する。

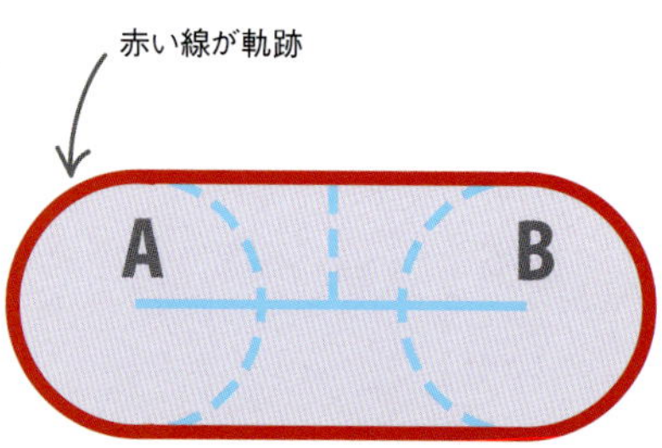

完成した軌跡は、陸上競技のトラックのような形になっている。

詳しく見ると

渦巻き型の軌跡

より複雑な形の軌跡もあります。下の例は、円筒に巻き付いていくひもの先端が描く渦巻き型の軌跡です。

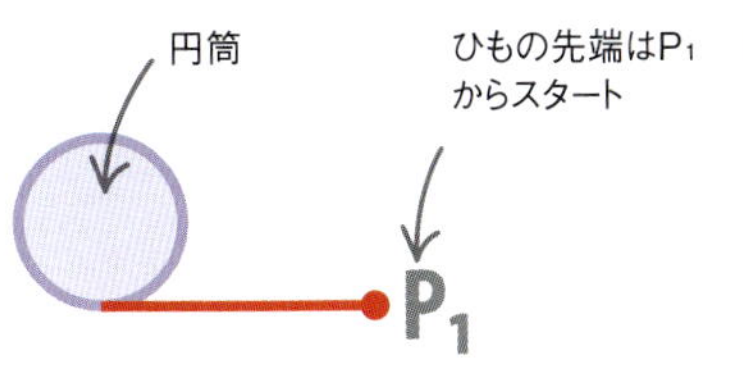
円筒
ひもの先端はP_1からスタート
P_1

ひもはピンと張ったまま、先端PはP_1の位置からスタートする。

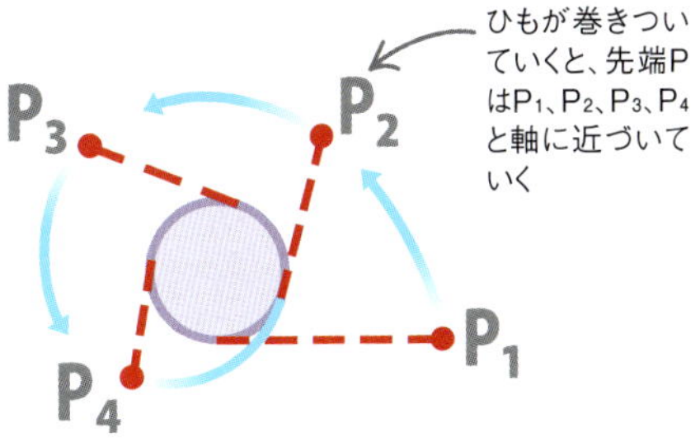
ひもが巻きついていくと、先端PはP_1、P_2、P_3、P_4と軸に近づいていく
P_1
P_2
P_3
P_4

ひもが円筒の軸に巻きついていくにつれて、ひもの先端は円筒の表面に近づいていく。

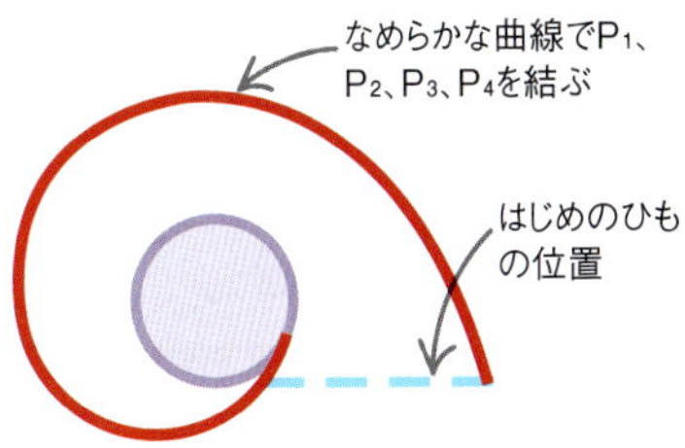
なめらかな曲線でP_1、P_2、P_3、P_4を結ぶ
はじめのひもの位置

ひもの先端Pの軌跡を図示すると、渦巻き型の曲線となる。

軌跡の応用

軌跡を応用すれば、現実の問題の解決に役立ちます。例えば、200km離れた二つのラジオ放送局の周波数が同じで、それぞれの送信の範囲が150kmだとしましょう。送信の範囲が重なるエリアでは混信が起こります。混信の起こる範囲を、軌跡と縮図（p.98）を使って特定してみましょう。

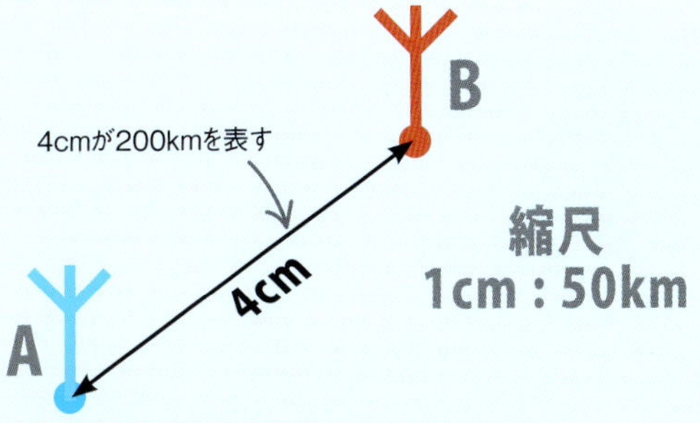
B
4cmが200kmを表す
4cm
A
縮尺
1cm : 50km

混信の起こる範囲を見つけるために、まず縮尺を選び、それぞれの放送局の送信エリアを図示してみよう。ここでは縮尺を1cm：50kmとする。

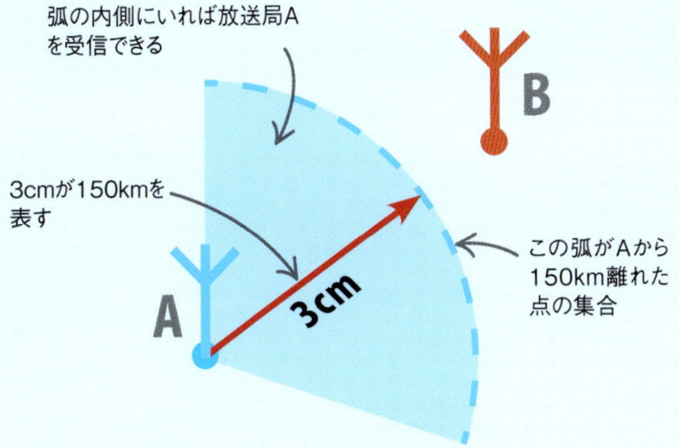
弧の内側にいれば放送局Aを受信できる
B
3cmが150kmを表す
3cm
A
この弧がAから150km離れた点の集合

放送局Aの送信エリアを図示するには、放送局Aから150km離れている点の軌跡が必要になる。縮尺により150kmは3cmになるので、Aを中心として半径3cmの弧をかく。

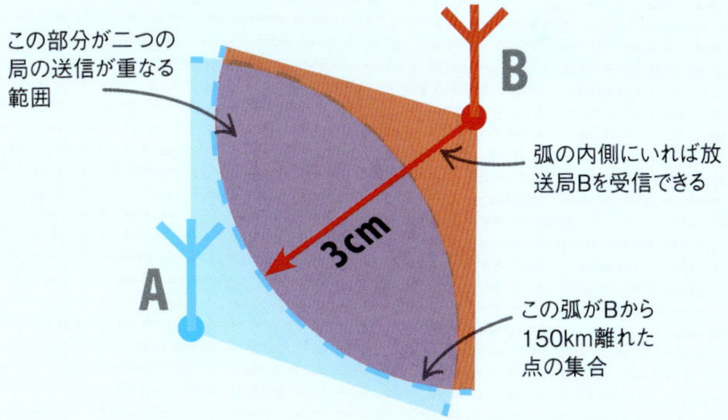
この部分が二つの局の送信が重なる範囲
B
弧の内側にいれば放送局Bを受信できる
3cm
A
この弧がBから150km離れた点の集合

放送局Bの送信エリアは、放送局Bを中心とした半径3cmの弧の内側になる。
混信の起こる範囲は二つの送信エリアの重なる部分、つまり二つのおうぎ形の重なる部分だとわかる。

三角形

参照ページ
〈76～77　角
〈78～79　直線
三角形の作図　110～111〉
多角形　126～129〉

三角形は三つの直線で囲まれた図形です。

三角形には三つの辺と三つの角があります。二つの辺が出会ったところが頂点ですが、頂点も三つあります。

三角形とは？

三角形は三つの辺からなる多角形です。三角形の底辺という場合、どの辺でもよいのですが、普通下にある辺を指します。最も長い辺は最も大きい角に向かい合い、最も短い辺は最も小さい角に向かい合っています。三角形の三つの内角の和は180°です。

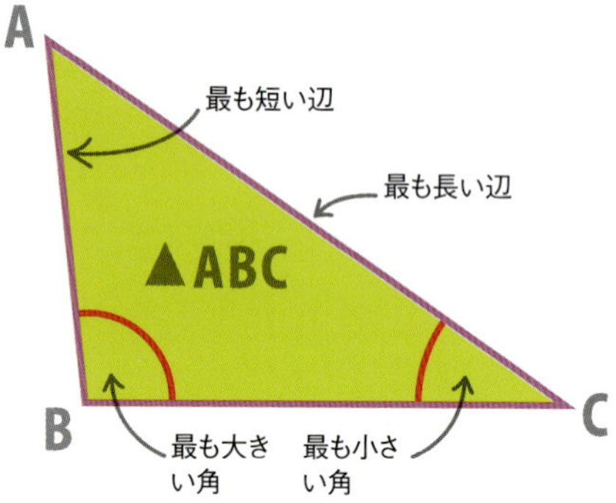

△呼び方

各頂点は普通大文字で印され、A、B、Cの頂点をもつ三角形は、△ABCとかきあらわします。△ABCは三角形ABCと読みます。

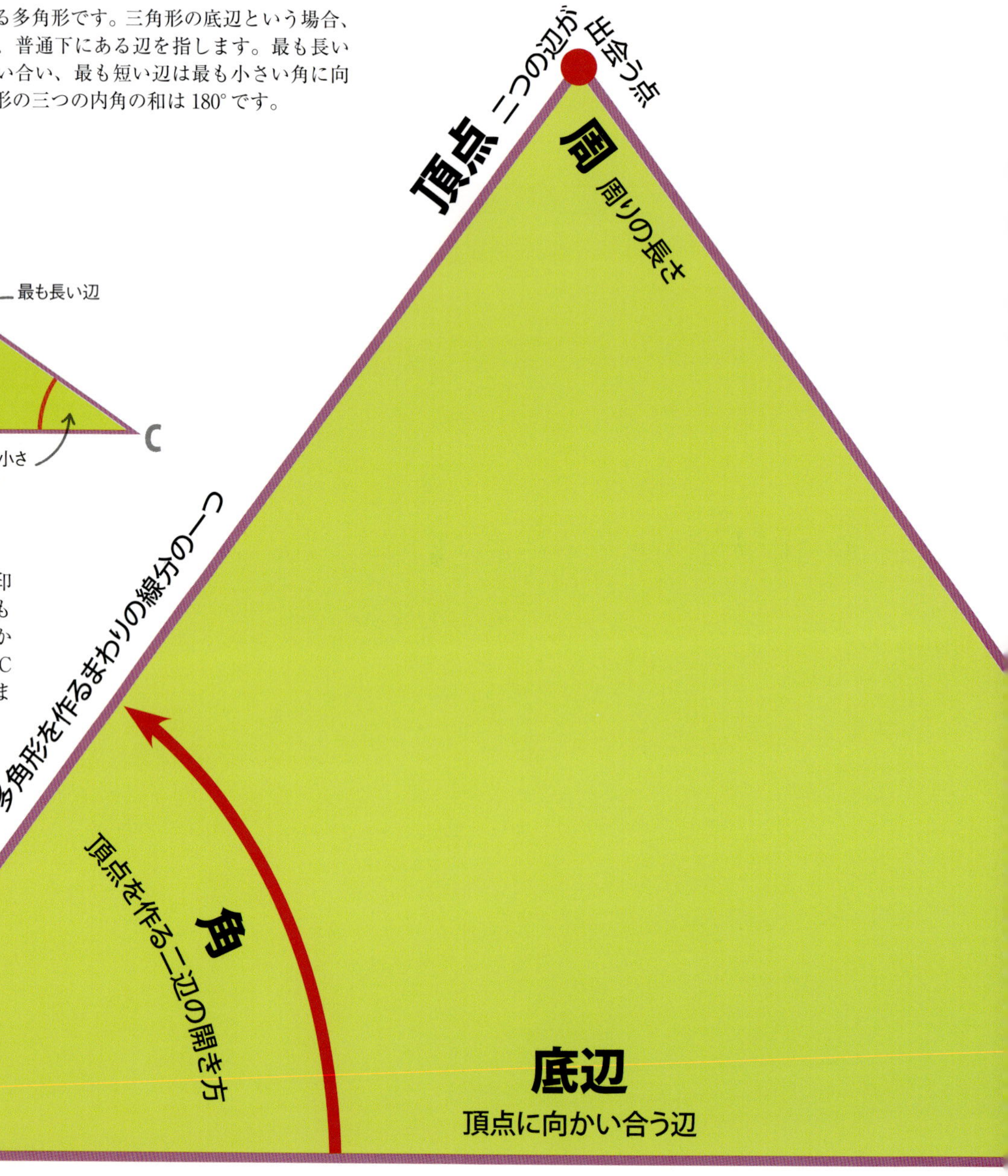

三角形の種類

三角形には特別の性質を持った種類が、いくつかあります。三角形は辺の長さや角の大きさによって、分類されています。

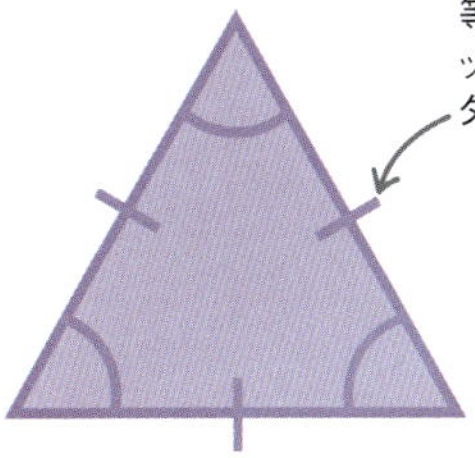

◁**正三角形**
三つの辺が等しい三角形。三つの角も等しく、すべて 60° である。

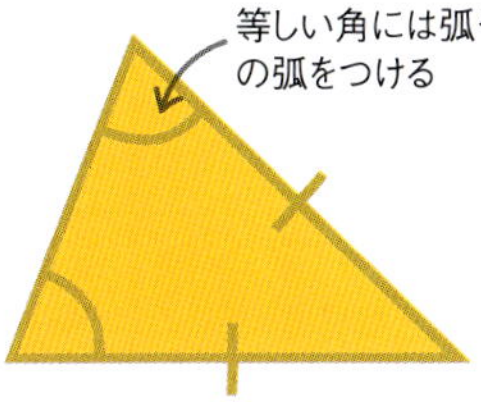

◁**二等辺三角形**
二つの辺が等しい三角形。二つの等しい辺に向かい合う二つの角も等しい。

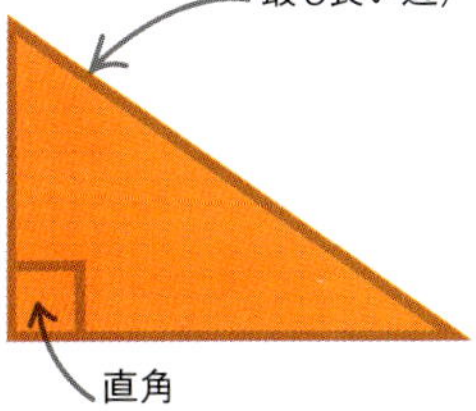

◁**直角三角形**
90° の角をもつ三角形。直角に向かい合う辺は、斜辺と呼ばれる。

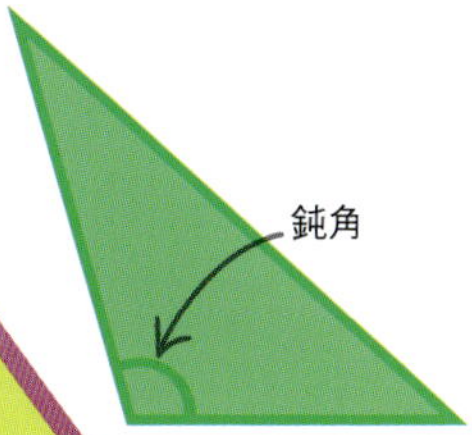

◁**鈍角三角形**
90° より大きい角をもつ三角形。

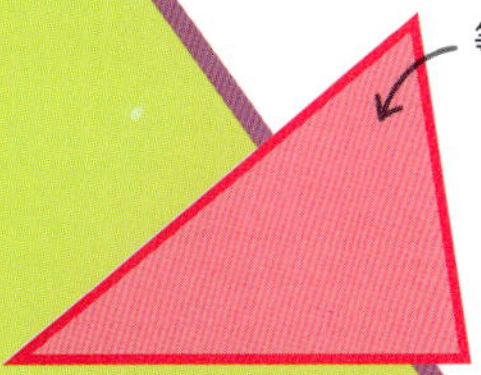

◁**不等辺三角形**
どの辺の長さも角の大きさも等しくない三角形。

三角形の内角

二辺が出会うところにできる内側の角を内角といいます。（単に角といえば普通内角のことです。）三角形の三つの内角をたすとつねに 180° になります。つまり三つの内角を移動して一カ所に集めると、一直線になります。

$$a + b + c = 180°$$

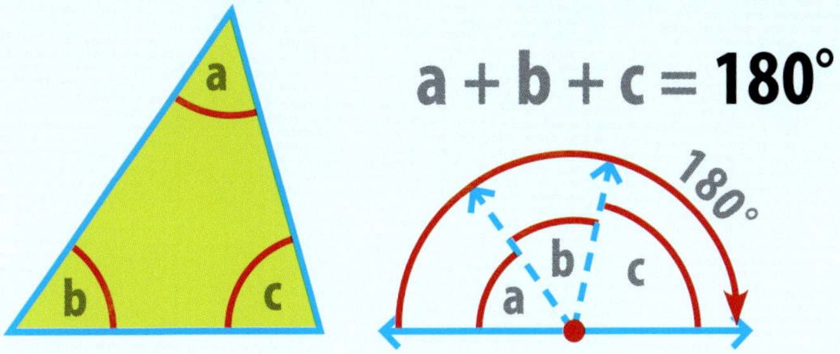

三角形の内角の和が180°であることを証明する

平行線をひくことによって、等しい角を見つけると、三つの内角が一カ所に集まって一直線になることを証明できます。

三角形の一つの頂点から向かい合う辺に平行な直線をひき、二つの新たな角に注目する。

平行線の錯角・同位角は等しいので、角a、bを角cの所に集めると、一直線つまり180°になることがわかる。

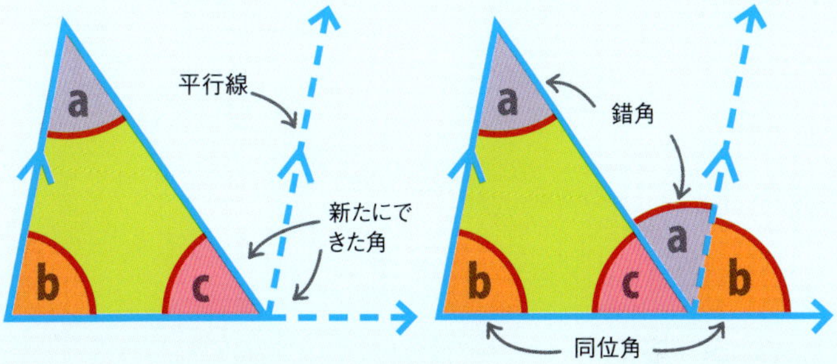

三角形の外角

三角形には三つの内角と三つの外角があります。一辺ととなりの辺の延長線とが作る角のことを外角といいます。三角形の外角の和は 360° です。（三角形以外の多角形も外角の和は 360° です。）

$$x + y + z = 360°$$

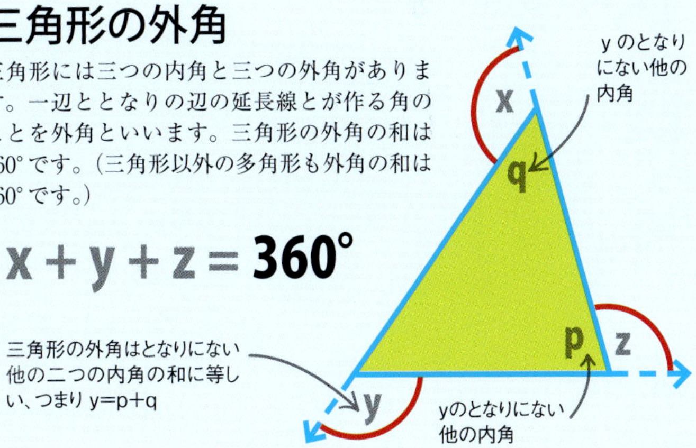

三角形の作図

三角形の作図にはコンパス、定規、分度器が必要です。

三角形を作図するのに、すべての辺や角度を測る必要はありません。正しい組み合わせで辺や角のうちのいくつかがわかれば、作図できます。

参照ページ
〈74～75　幾何で使う道具
〈102～105　作図
〈106～107　軌跡

三角形が決まる条件

辺や角のうち三つだけわかっていれば三角形は一つに決まり、定規・コンパス・分度器を使って作図できます。残りのわからなかった辺や角も、完成した図で測ればわかります。三角形が確定して作図できるのは、三辺がわかっている場合、一辺とその両端の角がわかっている場合、二辺とその間の角がわかっている場合の三通りです。さらに、二つの三角形でこの三通りのうちの一つの場合で等しいことがわかれば、その二つの三角形は形も大きさも同じ（つまり合同）ということになります。

リアルワールド

3D画像への応用

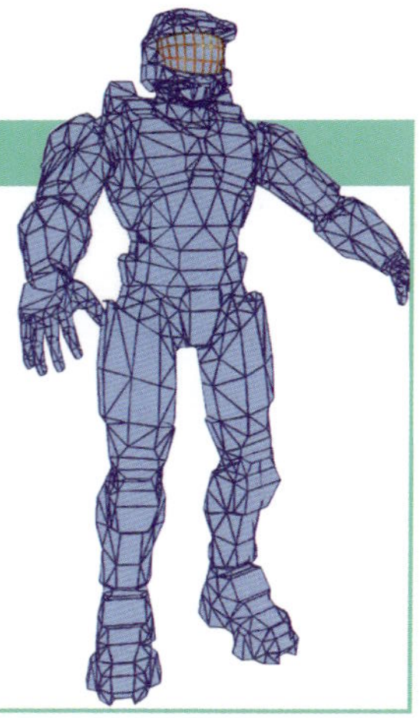

3D 画像は、映画、コンピューターゲーム、インターネットなどでおなじみですね。驚くべきことにそれらの画像は三角形を用いて作られています。ある物体がいくつかの基本的な図形の組み合わせとして描かれ、それがさらに細かい三角形に分解されます。三角形の形が変化すると、物体が動いているように見えます。一つ一つの三角形が色や形を変化させ、物体に命を吹き込んでいるのです。

▷コンピューターアニメ

動きを作り出すために、コンピューターは膨大な数の図形の変化を計算します。

三つの辺がわかっているときの作図

三辺の長さが例えば 5cm、4cm、3cm と決まっているときは、次の手順で定規とコンパスを使って三角形をかくことができます。

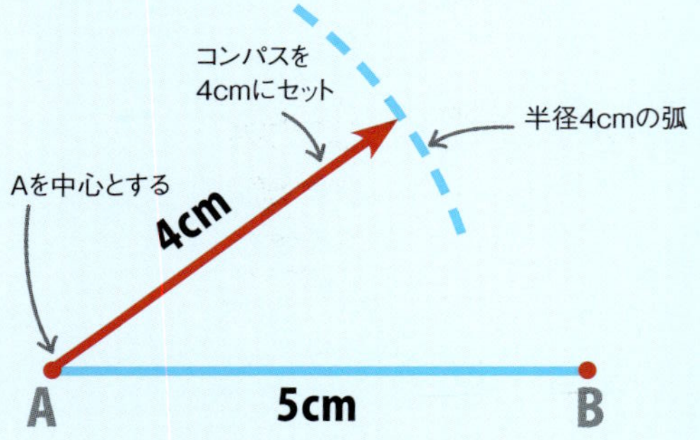

まず5cmの一辺ABをひき、コンパスを二つ目の辺の長さ4cmに開いて、Aを中心に半径4cmの弧をかく。

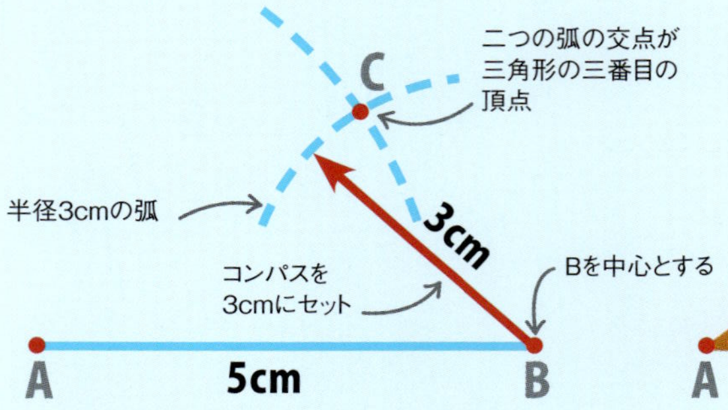

コンパスを三つ目の辺の長さ3cmに開いて、Bを中心に半径3cmの弧をかき、二つの弧の交点をCとする。

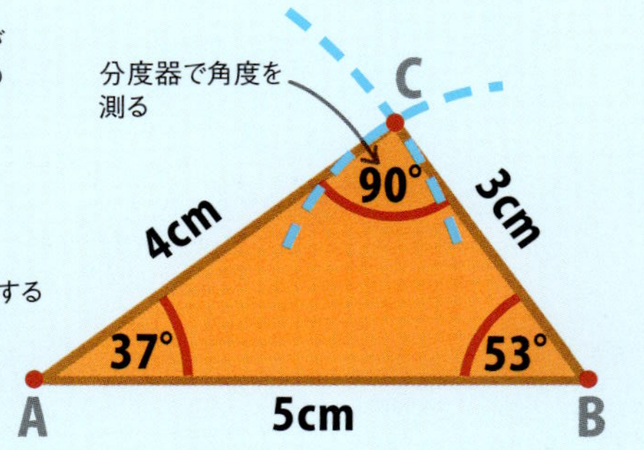

点A、Bと交点Cを結んで三角形は完成。分度器で内角の大きさを測って、和が180°になることを確かめよう。（90°+53°+37°=180°）

一辺とその両端の角がわかっているときの作図

例えば、一辺の長さが 5cm、その両端の角が 73° と 38° とわかっているときは、次のように作図していきます。

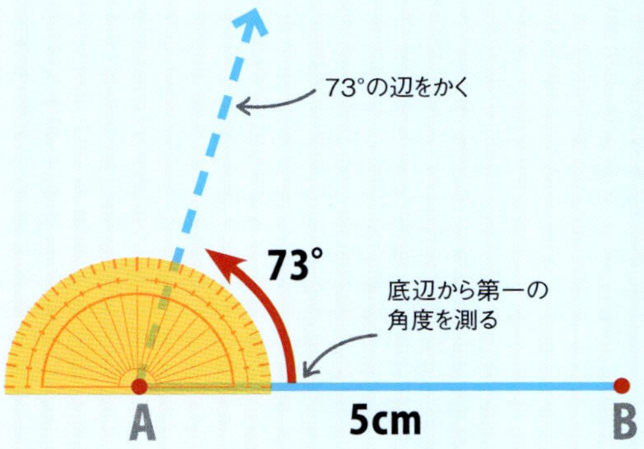

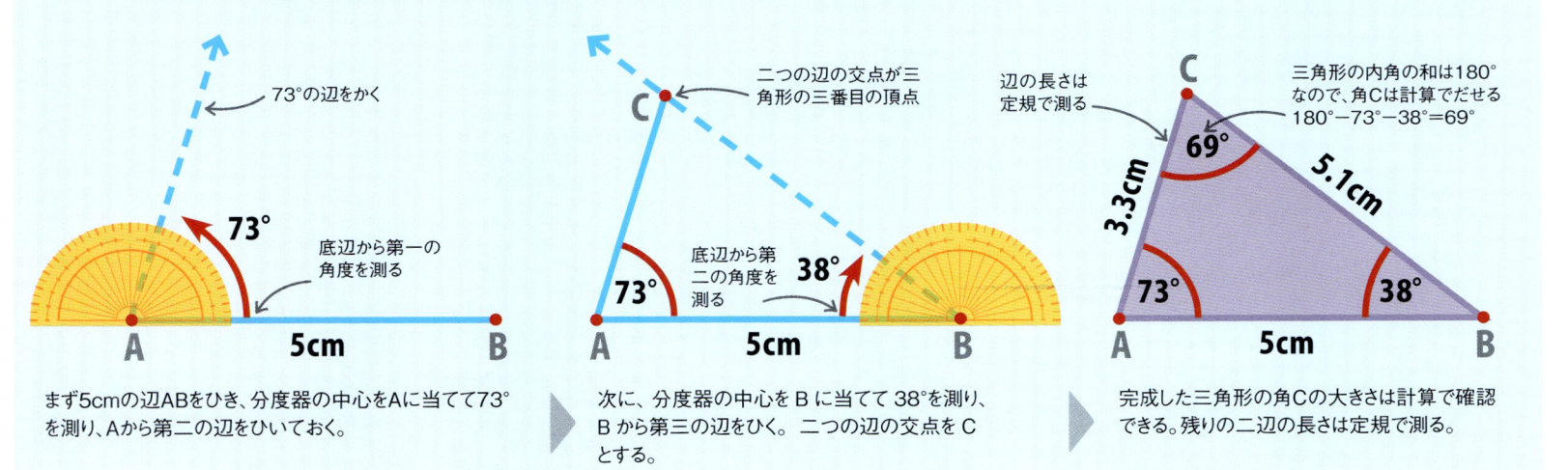

まず5cmの辺ABをひき、分度器の中心をAに当てて73°を測り、Aから第二の辺をひいておく。

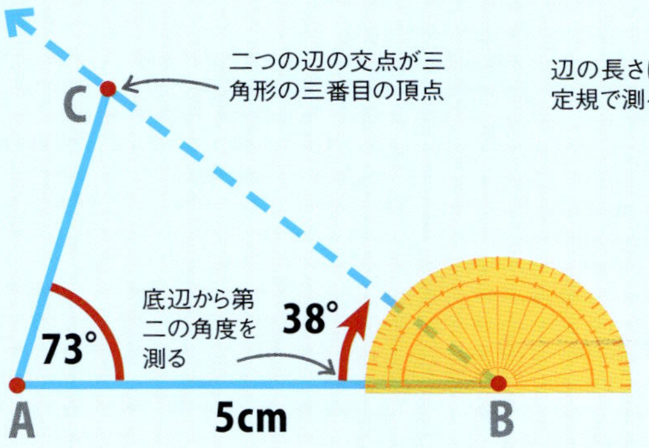

次に、分度器の中心を B に当てて 38°を測り、B から第三の辺をひく。二つの辺の交点を C とする。

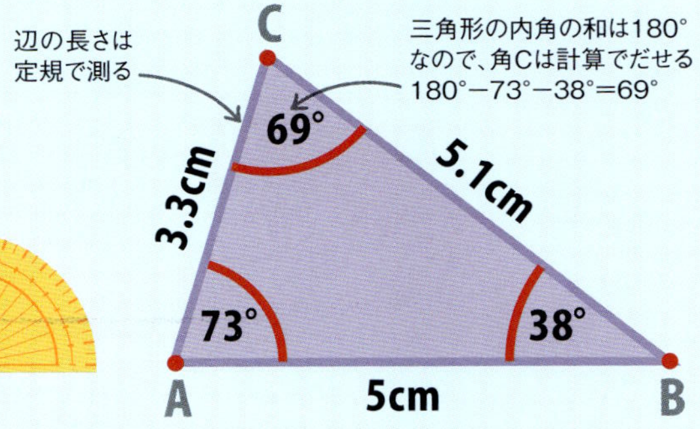

完成した三角形の角Cの大きさは計算で確認できる。残りの二辺の長さは定規で測る。

二辺とその間の角がわかっているときの作図

例えば二つの辺の長さが 5cm と 4.5cm、その間の角が 50° とわかっているときは、次のように作図していきます。

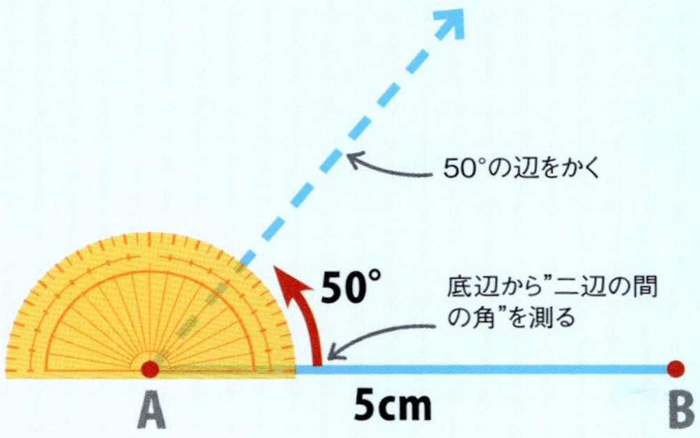

まず5cmの辺ABをひき、分度器の中心をAに当てて50°を測り、Aから50°の直線をひいておく。この直線が三角形の第二の辺になる。

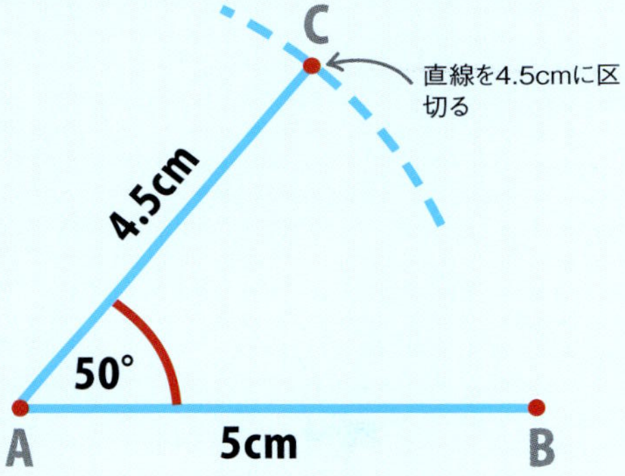

コンパスを二つ目の辺の長さ 4.5cm に開いて、A を中心に半径 4.5cm の弧をかく。弧と A からひいた直線との交点を C とする。

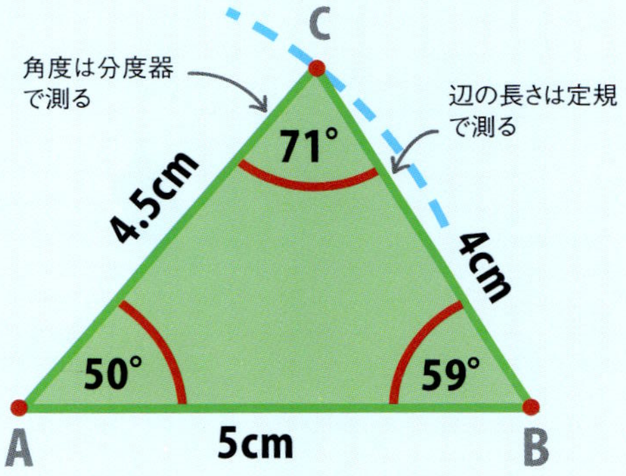

点B、Cを結べば三角形が完成。分度器で残りの角を、定規で残りの辺の長さを測る。

三角形の合同

参照ページ
〈90～91 平行移動
〈92～93 回転移動
〈94～95 対称移動

形と大きさがまったく同じ三角形について考えます。

合同な三角形

二つ以上の三角形で、対応する辺の長さと角の大きさがそれぞれ等しいとき、その三角形は合同であるといいます。辺と角に加え、面積など他の特徴ももちろん同じです。他の図形と同様、合同な三角形でも、平行移動・回転移動・対称移動いずれも可能です。移動した三角形は大きさや角は同じなのに、違って見えることもあるかもしれません。

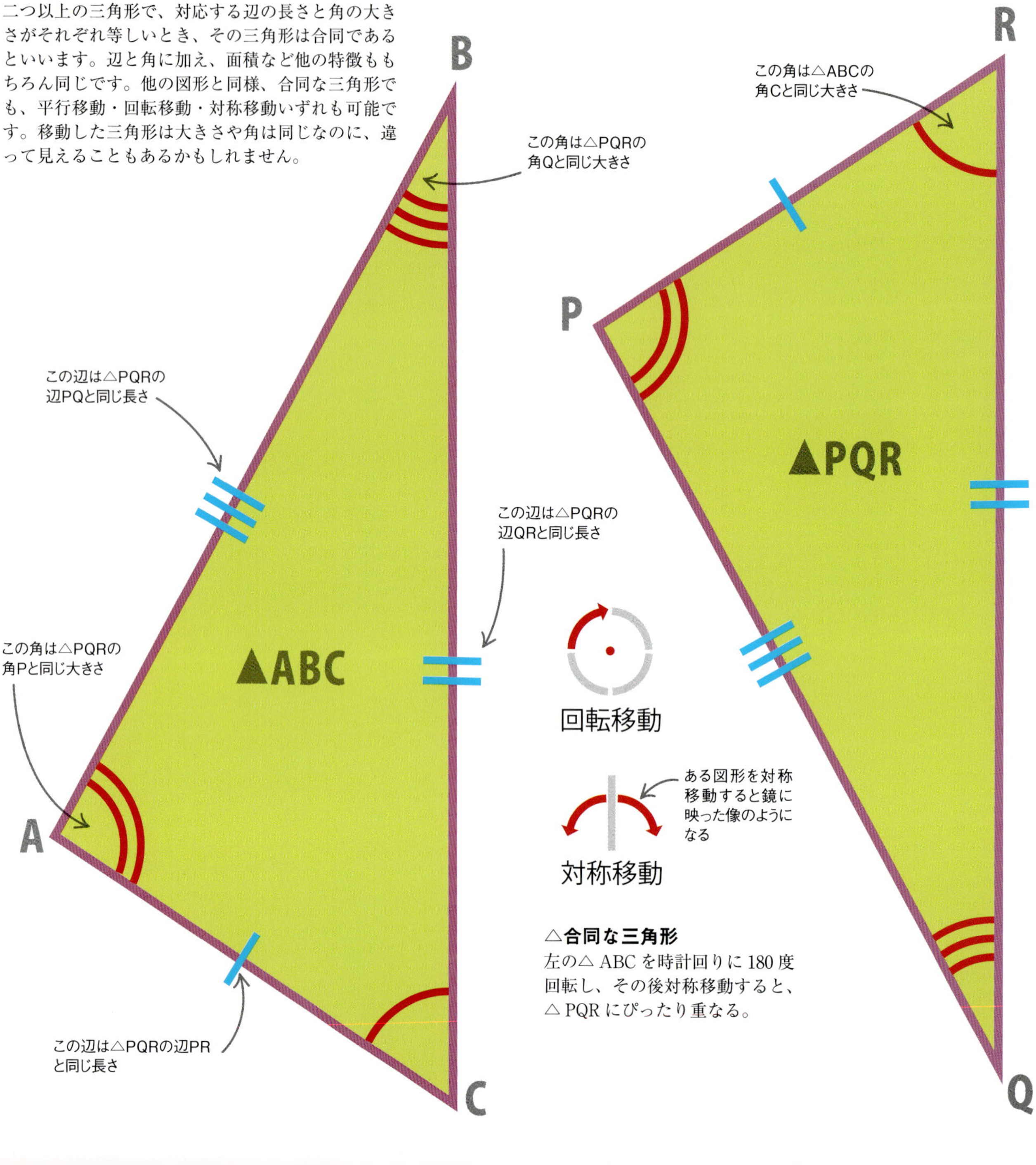

△合同な三角形
左の△ ABC を時計回りに 180 度回転し、その後対称移動すると、△ PQR にぴったり重なる。

三角形の合同条件―合同の見極め方

すべての辺の長さや角の大きさがわからなくても、三カ所ずつ測るだけで、三角形が合同かどうかわかります。次の四つの条件があります。

▷三辺

ある三角形の三つの辺の長さが別の三角形の三辺にそれぞれ等しければ、二つの三角形は合同である。

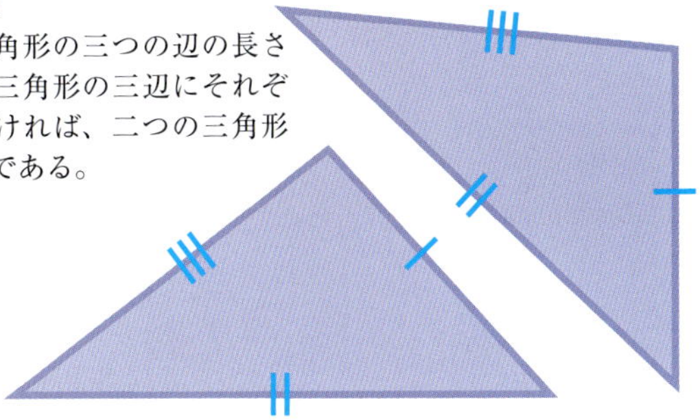

▷一辺とその両端の角

一つの辺の長さとその両端の角の大きさがそれぞれ等しければ、二つの三角形は合同である。

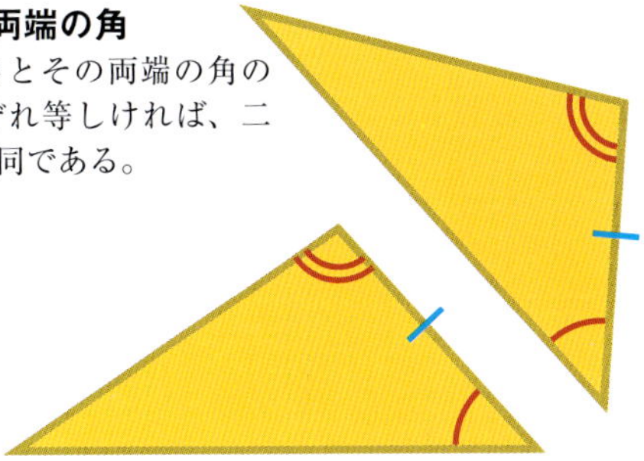

▷二辺とその間の角

二つの辺の長さとその間の角の大きさがそれぞれ等しければ、二つの三角形は合同である。

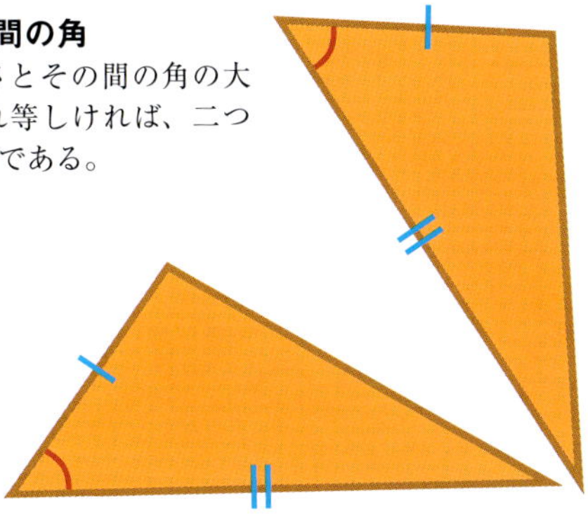

▷直角三角形の斜辺と他の一辺

直角三角形の斜辺とそれ以外の一つの辺の長さがそれぞれ等しければ、二つの三角形は合同である。

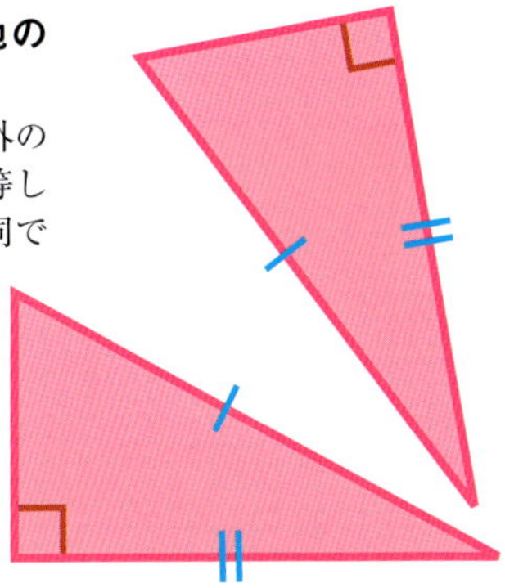

二等辺三角形の二つの角は等しいことを証明する

二等辺三角形の二つの辺は等しいです。垂線をひくことで、二つの角も等しいことを証明できます。

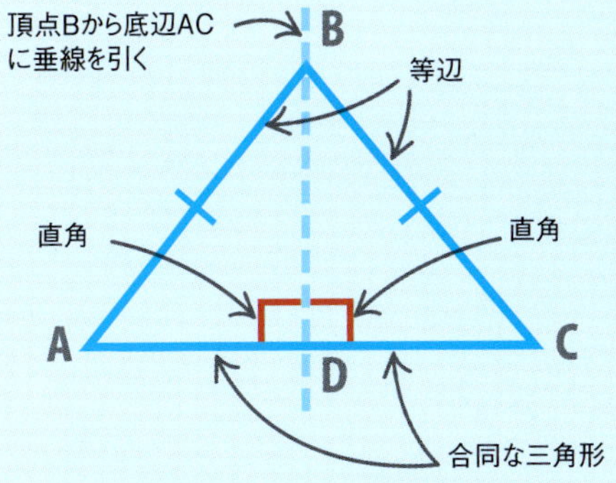

二等辺三角形の頂点から垂線（直角に交わる線）を底辺に引くと、二つの合同な直角三角形ができる。

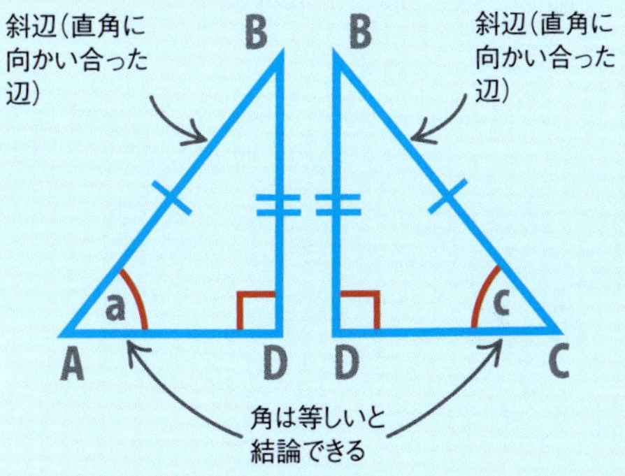

垂線は二つの直角三角形に共通である。二つの直角三角形は斜辺と他の一辺がそれぞれ等しいので、合同である。ゆえに角aと角cは等しい。

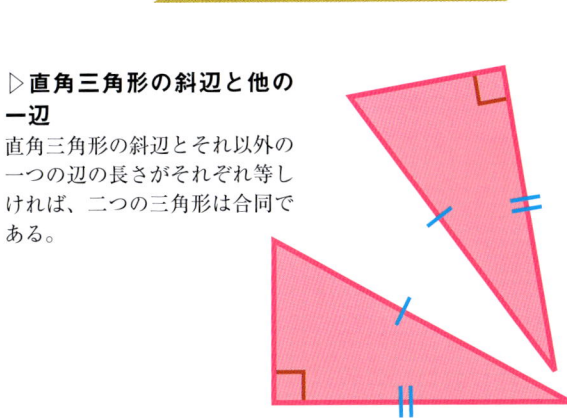

三角形の面積

三角形の面の広さを考えます。

参照ページ
〈108～109　三角形
円の面積　134～135〉
公式　169～171〉

面積とは？

ある図形の面積とは、その輪郭つまり周の内部の広さを表す量のことで、cm²など「平方」の単位で表されます。三角形の場合、底辺の長さと高さがわかっていれば、次の公式を使って面積を求めることができます。

$$\text{三角形の面積} = \frac{1}{2} \times \text{底辺} \times \text{高さ}$$

三角形の面積を求める公式

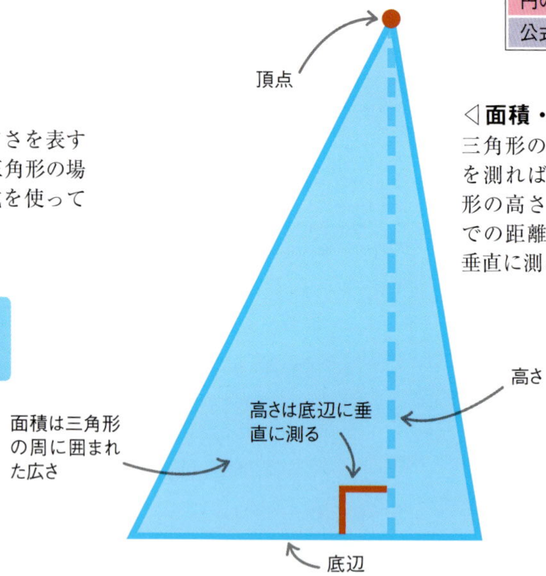

◁**面積・底辺・高さ**
三角形の面積は底辺と高さを測れば求められる。三角形の高さは頂点から底辺までの距離で、底辺に対して垂直に測る。

底辺と高さ

三角形の面積を求めるには、底辺と高さという二つの測定数値が必要です。三つの辺のうちどの辺を底辺としても、それぞれの場合の高さがわかれば、面積を求めることができます。高さは頂点から底辺までの距離で、底辺に対して垂直に測ります。

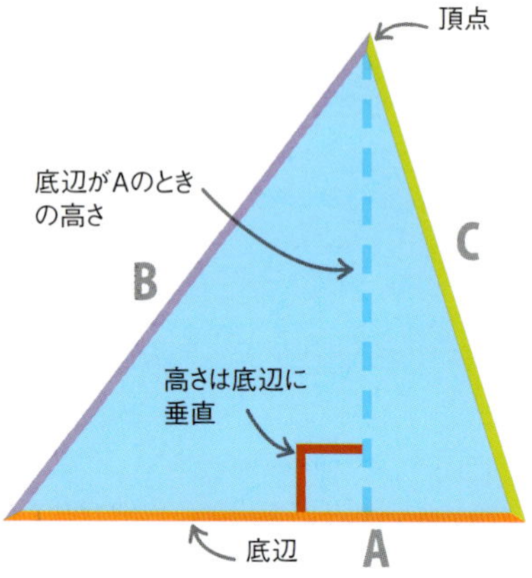

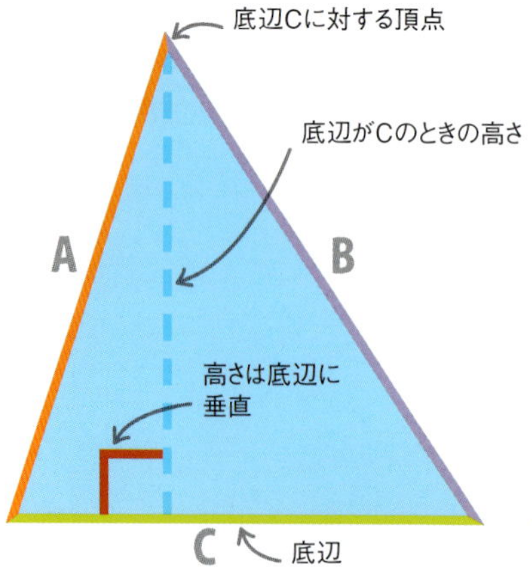

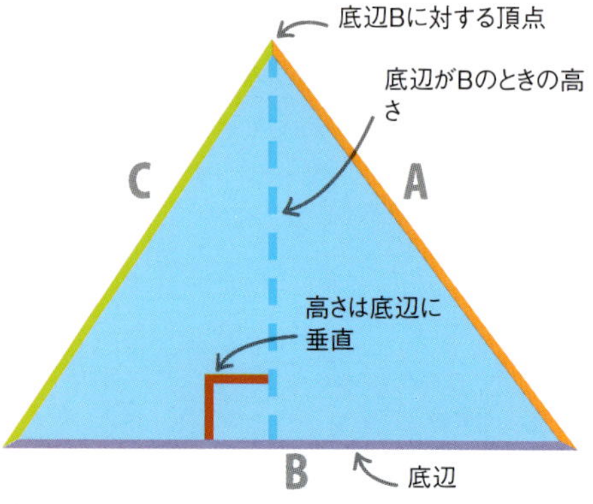

△ **Aを底辺とした場合**
オレンジの辺Aの長さを公式の「底辺」の値として、面積を求めることができる。高さは、頂点（最も高い点）から底辺Aまでの距離である。

△ **Cを底辺とした場合**
三つの辺のうちどの辺を底辺としてもよい。ここでは三角形を回転して、緑の辺Cが底辺になるようにする。この場合の高さは底辺Cから頂点までの距離である。

△ **Bを底辺とした場合**
さらに三角形を回転して、紫の辺Bが底辺になるようにする。この場合の高さは底辺Bから頂点までの距離である。どこを底辺としても面積は同じである。

三角形の面積を求める

三角形の面積の公式($\frac{1}{2}$× 底辺 × 高さ)にわかっている底辺と高さの値を代入し、計算すれば面積を求めることができます。

▷鋭角三角形

この三角形の底辺は 6cm、高さは 3cm。公式を使って面積を計算してみよう。(鋭角三角形は三つの角が 90° より小さい三角形)

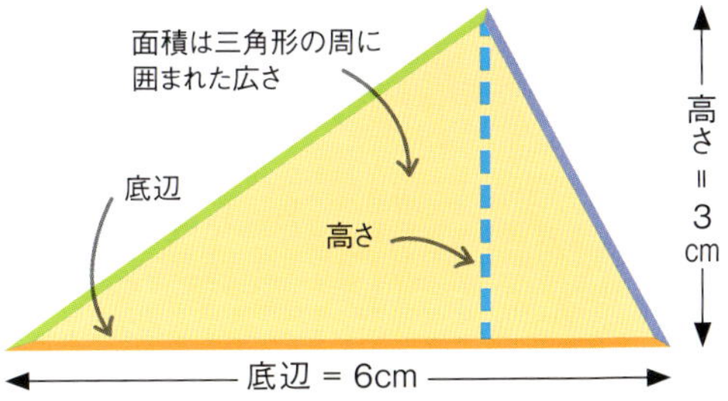

はじめに三角形の面積を求める公式を書いてみる。

三角形の面積 ＝ $\frac{1}{2}$ × 底辺 × 高さ

次にわかっている長さを公式に代入する。

面積 ＝ $\frac{1}{2}$ × 6 × 3

公式通り計算して、答えを出す。$\frac{1}{2}$×6×3=9　答えに単位cm^2をつける。

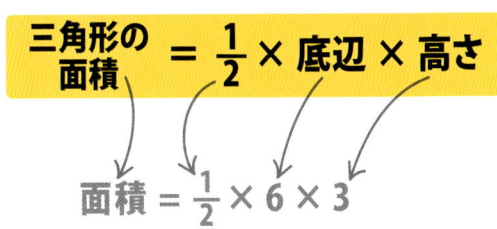

面積の単位は平方がつく

面積 ＝ $9cm^2$

▷鈍角三角形

この三角形の底辺は 3cm、高さは 4cm。公式を使って面積を計算してみよう。公式の使い方はどんな三角形でも同じだ。(鈍角三角形は一つの角が 90° より大きい三角形。)

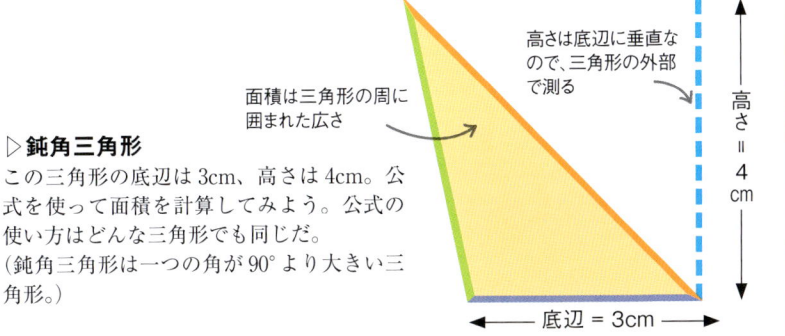

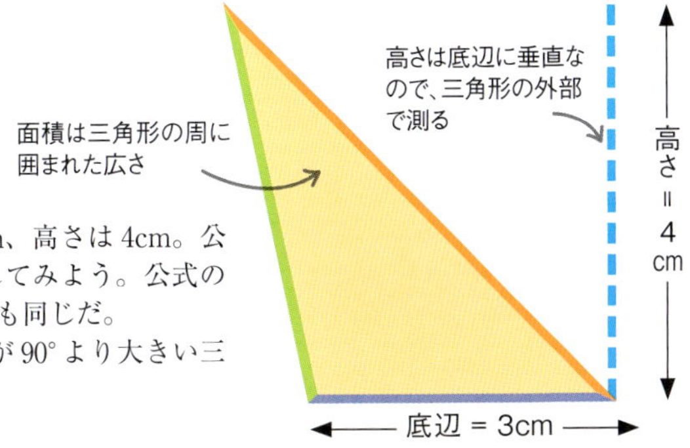

始めに三角形の面積を求める公式を書いてみる。

三角形の面積 ＝ $\frac{1}{2}$ × 底辺 × 高さ

次にわかっている長さを公式に代入する。

面積 ＝ $\frac{1}{2}$ × 3 × 4

公式通り計算して、答えを出す。答えに単位 cm^2 をつける。

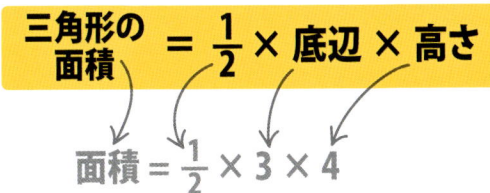

$\frac{1}{2}$ × 3 × 4 ＝ 6

面積の単位は平方がつく

面積 ＝ $6cm^2$

詳しく見ると

公式の意味

三角形の形をくふうして長方形に変えてみます。

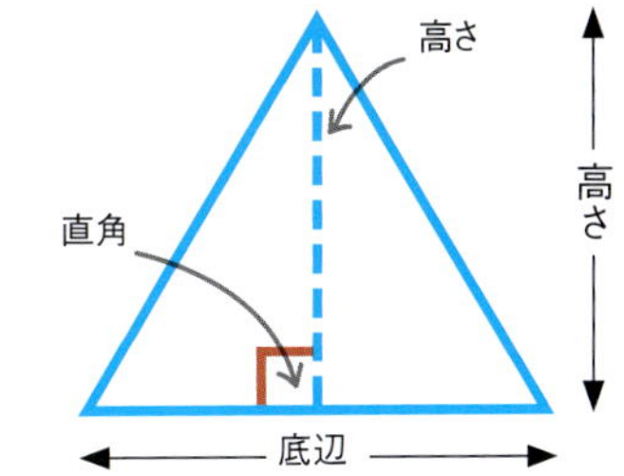

三角形の頂点から底辺に垂線をひき、高さをかきこむ。

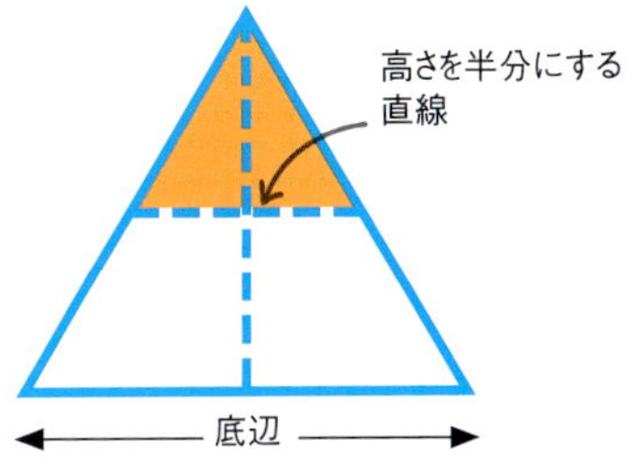

垂線の中点、つまり高さの半分の点を通って、底辺に平行な直線をひく。

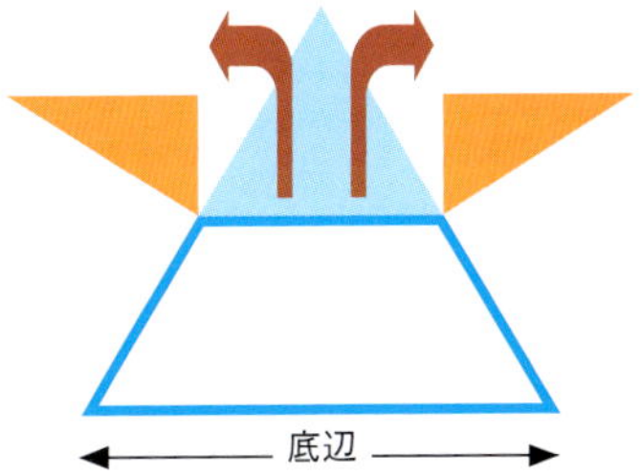

上にできた二つの三角形を、図のように外側に回転させていくと、全体が長方形になる。この長方形の面積はもとの三角形とまったく同じだ。

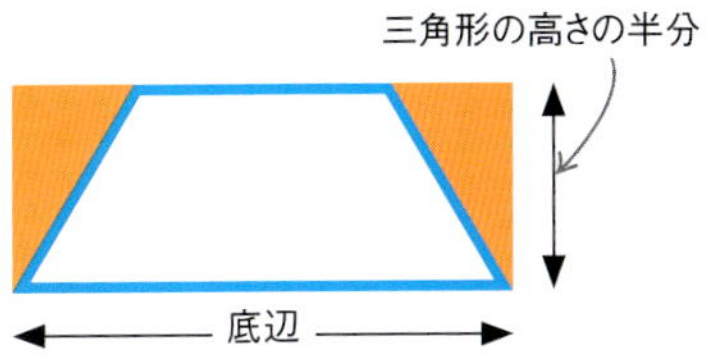

三角形の面積は結局長方形の「たて×横」で求められるが、この場合の「たて」は三角形の高さの$\frac{1}{2}$、「横」は三角形の底辺である。だから「たて×横」は「高さの$\frac{1}{2}$×底辺」、つまり三角形の公式「$\frac{1}{2}$×底辺×高さ」となる。

面積と高さから底辺を求める

面積と高さが与えられれば、三角形の面積の公式を使って底辺の長さを求めることができます。面積と高さの数値を代入し、式を変形して底辺を求めます。

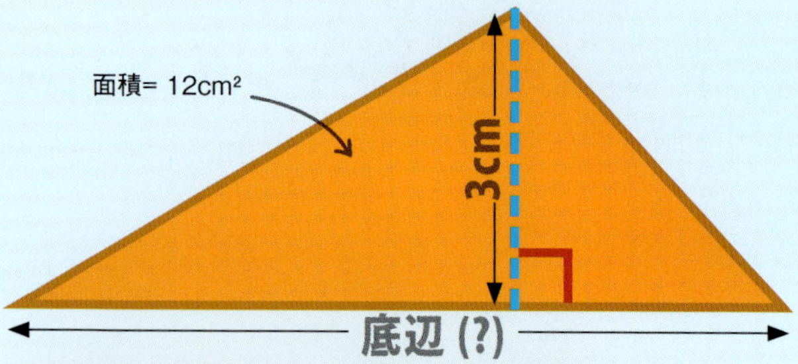

まず三角形の面積を求める公式を書いてみる。公式は、面積が底辺と高さの積の$\frac{1}{2}$であることを示している。

$$\text{三角形の面積} = \frac{1}{2} \times \text{底辺} \times \text{高さ}$$

与えられた数値を公式に代入する。ここでは、面積12cm²と高さ3cmがわかっている。

$$12 = \frac{1}{2} \times \text{底辺} \times 3$$

式を簡単にする。$\frac{1}{2}$と高さの3をかけると1.5

$\frac{1}{2} \times 3 = 1.5$　底辺が未知数

$$12 = 1.5 \times \text{底辺}$$

底辺を求める形に式を変形する。ここでは両辺を1.5でわる。

両辺を1.5でわると、右辺では約分で1.5が消える

$$\frac{12}{1.5} = \text{底辺}$$

両辺を同じ数でわる

答えを計算する。12を1.5でわると8だから、底辺の長さは8cmである。

$$\text{底辺} = \mathbf{8cm}$$

面積と底辺から高さを求める

面積と底辺が与えられれば、三角形の面積の公式を使って高さを求めることができます。面積と底辺の数値を代入し、式を変形して高さを求めます。

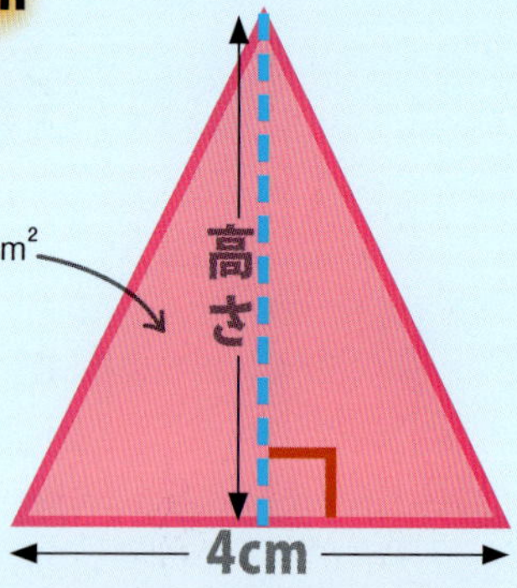

まず三角形の面積を求める公式を書いてみる。公式は、面積が底辺と高さの積の$\frac{1}{2}$であることを示している。

$$\text{三角形の面積} = \frac{1}{2} \times \text{底辺} \times \text{高さ}$$

与えられた数値を公式に代入する。ここでは、面積8cm²と底辺4cmがわかっている。

$$8 = \frac{1}{2} \times 4 \times \text{高さ}$$

高さが未知数

式を簡単にする。$\frac{1}{2}$と底辺の4をかけると2

$\frac{1}{2} \times 4 = 2$

$$8 = 2 \times \text{高さ}$$

高さを求める形に式を変形する。ここでは両辺を2でわる。

両辺を2でわると、右辺では約分で2が消える

$$\frac{8}{2} = \text{高さ}$$

両辺を同じ数でわる

答えを計算する。8を2でわると4だから、高さは4cmである。

$$\text{高さ} = \mathbf{4cm}$$

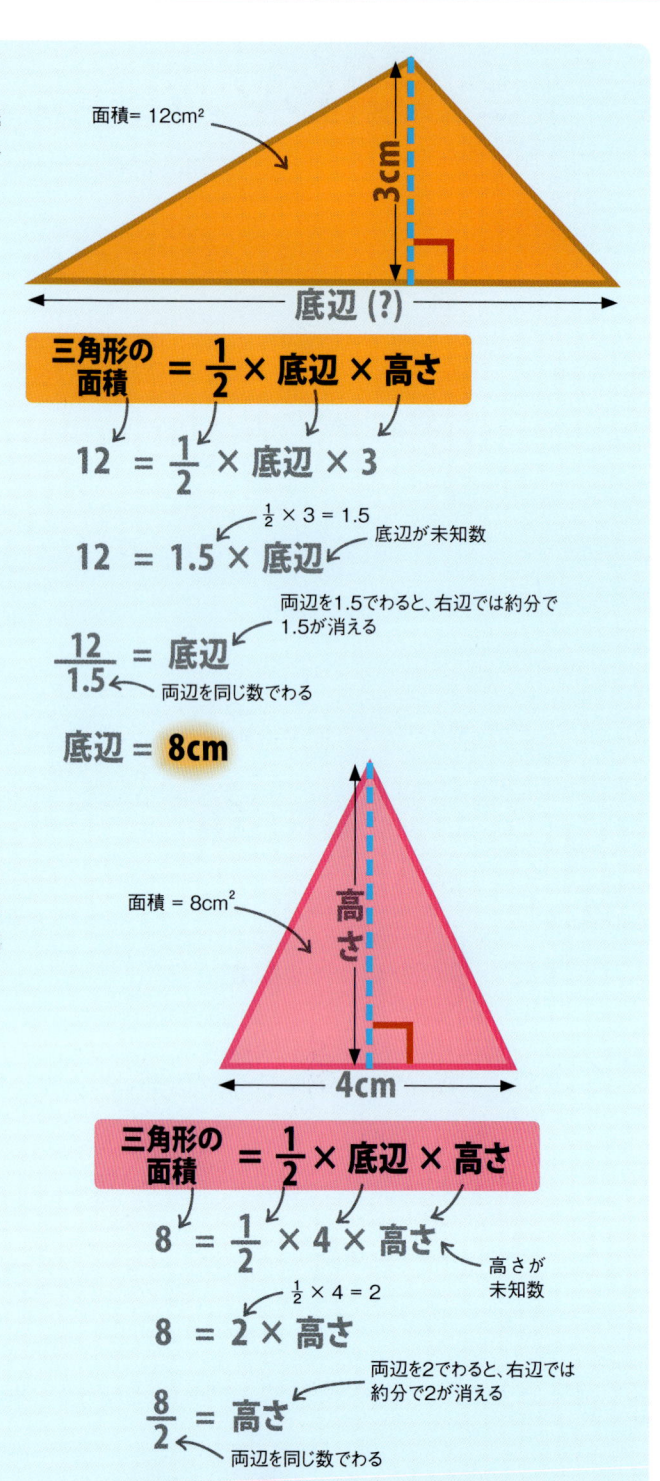

三角形の相似

大きさは違っていても形がまったく同じである二つの図形を相似な図形といいます。

参照ページ
〈48〜51　比と比例
〈96〜97　拡大
〈108〜109　三角形

相似な三角形とは？

形を変えずに拡大、または縮小して得られる三角形は、もとの三角形と相似であるといいます。相似な三角形では、対応する角の大きさはそれぞれ等しく、対応する辺の長さの比はすべて同じになります。例えば下の三角形 ABC の各辺は、三角形 $A_2B_2C_2$ の対応する各辺の 2 倍の長さになっています。二つの三角形が相似だといえる条件には四つの場合があり（p.118 参照）、相似とわかれば比を用いて辺の長さを求めることができます。

角 B_2 は角 B、B_1 と同じ大きさ

A_2B_2 は AB の $\frac{1}{2}$、A_1B_1 の $\frac{1}{3}$ の長さ

B_2C_2 は BC の $\frac{1}{2}$、B_1C_1 の $\frac{1}{3}$ の長さ

角 C_2 は角 C、C_1 と同じ大きさ

角 B は角 B_1、B_2 と同じ大きさ

AB は A_1B_1 の $\frac{2}{3}$、A_2B_2 の2倍の長さ

BC は B_1C_1 の $\frac{2}{3}$、B_2C_2 の2倍の長さ

角 A は角 A_1、A_2 と同じ大きさ

角 B_1 は角 B、B_2 と同じ大きさ

A_1B_1 は AB の1.5倍、A_2B_2 の3倍の長さ

B_1C_1 は BC の1.5倍、B_2C_2 の3倍の長さ

A_1C_1 は AC の1.5倍、A_2C_2 の3倍の長さ

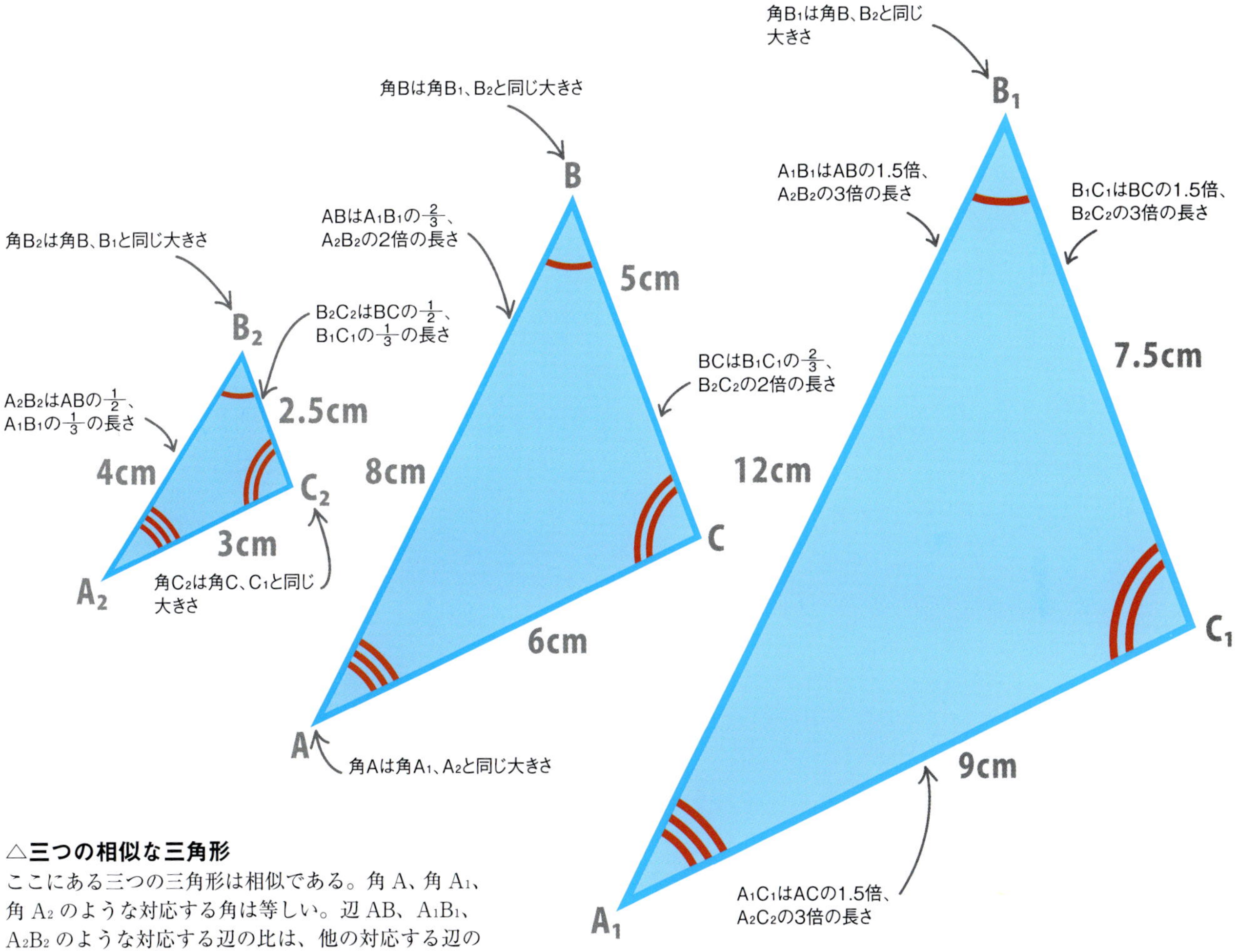

△三つの相似な三角形
ここにある三つの三角形は相似である。角 A、角 A_1、角 A_2 のような対応する角は等しい。辺 AB、A_1B_1、A_2B_2 のような対応する辺の比は、他の対応する辺の比と等しい。このことは、一つの三角形の各辺をもう一つの三角形の対応する各辺でわり算してみればチェックできる。答えが同じなら、辺の比は等しい。

どんなときに相似といえる？―三角形の相似条件

すべての辺や角を測らなくても、三角形の相似は判断できます。二つの三角形の対応する辺や角のうち、次の四つの組み合わせのどれかを調べれば、相似といえるかどうかがわかるのです。まず二組の角、次に二組の辺とその間の角、三番目に三組の辺、最後に直角三角形の斜辺と他の一辺です。

二組の角

二つの三角形で二組の角がそれぞれ等しければ、結局残りの角も等しいことになり、この二つの三角形は相似である。

$$\angle U = \angle U_1$$
$$\angle V = \angle V_1$$

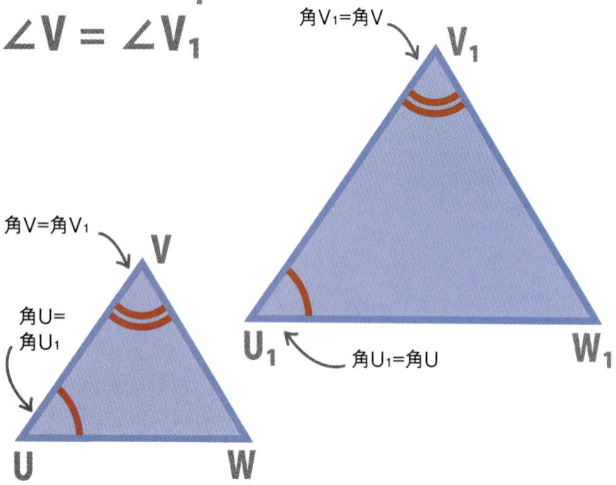

二組の辺の比とその間の角

二つの三角形で二組の辺の比が等しく、その間の角が等しければ、この二つの三角形は相似である。

$$\frac{PR}{P_1R_1} = \frac{PQ}{P_1Q_1} \text{ かつ } \angle P = \angle P_1$$

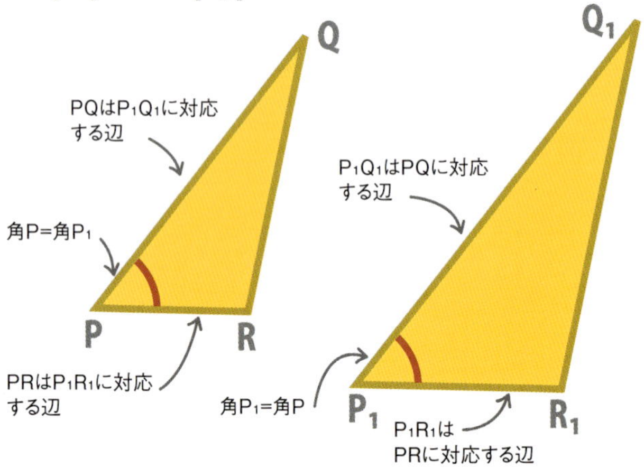

三組の辺の比

二つの三角形で三組の辺の比が等しければ、この二つの三角形は相似である。

$$\frac{AB}{A_1B_1} = \frac{AC}{A_1C_1} = \frac{BC}{B_1C_1}$$

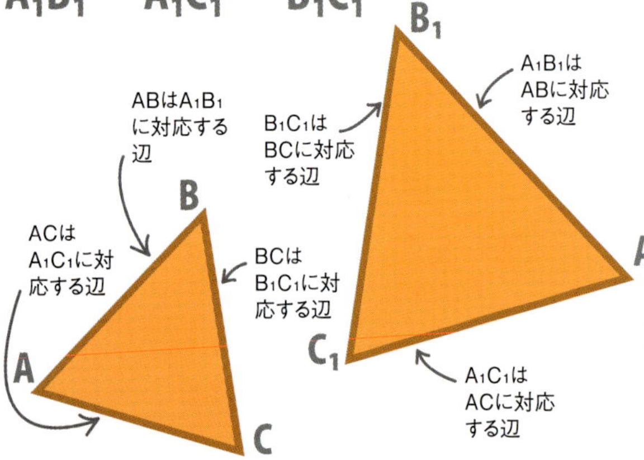

直角三角形の斜辺と他の一辺の比

直角三角形において、斜辺の比が他の一組の辺の比に等しければ、この二つの三角形は相似である。

$$\frac{LN}{L_1N_1} = \frac{ML}{M_1L_1} \left(\text{または } \frac{MN}{M_1N_1} \right)$$

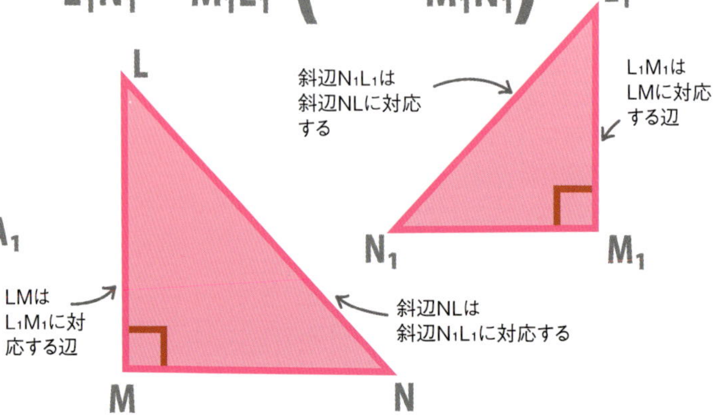

相似比を使って未知の辺を求める

相似な図形の対応する部分の長さの比を相似比といいますが、相似比を使って未知の辺の長さを求めることができます。

▷相似な三角形

三角形ABCと三角形ADEは、二組の角が等しく相似である。辺ADと辺BCの長さを、長さのわかっている辺の比を使って求めることができる。

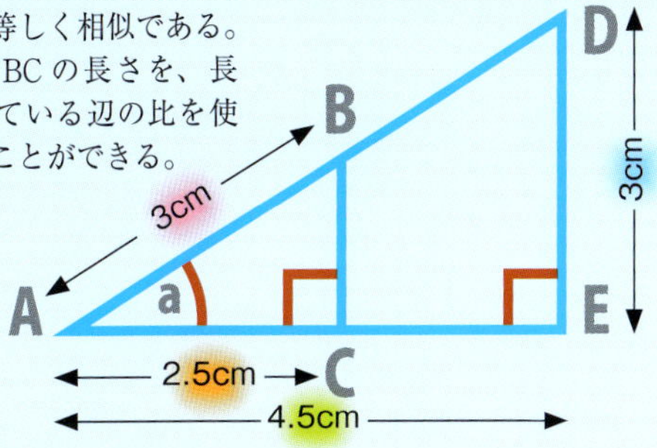

ADの長さを求める

ADの長さを求めるには、ADとそれに対応する辺ABの比と、長さのわかっている辺AEとACの比を用います。

等しい二組の辺の比をかき出す。ここでは小さい方の三角形の辺を分母にして、分数の形でかく。(AD:ABという書き方でもよい)

$$\frac{AD}{AB}=\frac{AE}{AC}$$

▼

比の式にわかっている数値を代入すれば、ADの長さを求めるための式ができる。

ADが未知の長さ

$$\frac{AD}{3}=\frac{4.5}{2.5}$$

▼

「AD=」という形に式を変形する。ここでは両辺に3をかければよい。

両辺に3をかける

$$AD=3\times\frac{4.5}{2.5}$$

3をかけると左辺はADだけになる

▼

計算をして答えを出し、単位をつける。これがADの長さである。

$$AD=5.4\text{cm}$$

BCの長さを求める

BCの長さを求めるには、BCとそれに対応する辺DEの比と、長さのわかっている辺AEとACの比を用います。

等しい二組の辺の比を書き出す。ここでは小さい方の三角形の辺を分母にして、分数の形で書く。

$$\frac{DE}{BC}=\frac{AE}{AC}$$

▼

比の式にわかっている数値を代入すれば、BCの長さを求めるための式ができる。

$$\frac{3}{BC}=\frac{4.5}{2.5}$$

▼

「BC=」という形に式を変形するが、この場合は一度には無理だ。BCが分母にあるので、まずは両辺にBCをかける。

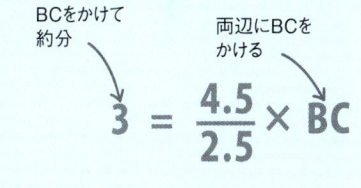

BCをかけて約分

両辺にBCをかける

$$3=\frac{4.5}{2.5}\times BC$$

▼

さらに等式を変形する。2.5が分母にあるので、両辺に2.5をかけて分母を払う。

両辺に2.5をかける

$$3\times2.5=4.5\times BC$$

2.5をかけて分母を払う

▼

もう一回式を変形する。「BC=」という形になおすために、両辺を4.5でわる。

両辺を4.5でわる

$$BC=\frac{3\times2.5}{4.5}$$

4.5でわって約分

▼

計算をして答えを出し、単位をつける。わり切れないので、適当な位で四捨五入する。(分数で答える場合も多い)

1.666…小数第二位までのがい数に

$$BC=1.67\text{cm}$$

ピタゴラスの定理

参照ページ
〈32〜35 累乗とルート
〈108〜109 三角形
〈114〜116 三角形の面積
公式 169〜171〉

ピタゴラスの定理は三平方の定理ともいわれ、直角三角形の辺の長さを求めるときに使われます。

直角三角形では二つの辺の長さがわかっていれば、残りの辺はピタゴラスの定理を使って長さを求めることができます。

ピタゴラスの定理とは？

ピタゴラスの定理は「直角三角形の直角をはさむ二辺の二乗の和は斜辺の二乗に等しい」という基本法則のことです。二乗は平方ともいうので、三辺の平方の定理といえ、平方は図で示せば正方形の面積として表せます。右の図で、最も大きな正方形の面積は、他の二つの正方形の面積をたしたものに等しくなります。

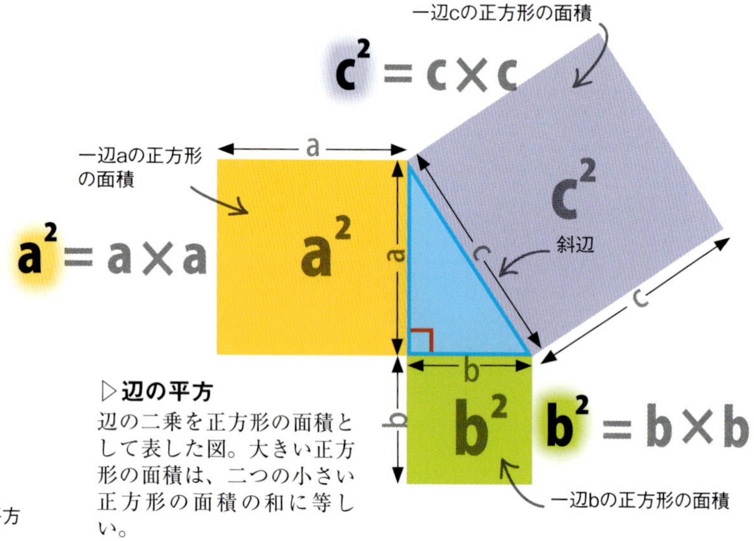

▷辺の平方
辺の二乗を正方形の面積として表した図。大きい正方形の面積は、二つの小さい正方形の面積の和に等しい。

辺a　辺b　斜辺c

$$a^2 + b^2 = c^2$$

二辺a, bの平方の和は、斜辺cの平方に等しい

公式に各辺a、b、cの長さを代入して、ピタゴラスの定理が成り立つことを確かめてみましょう。この三角形の例では、最も長い辺の長さが5、他の二辺の長さが4と3です。この計算は三角形が直角三角形かどうかを見極める場合にも使われます。

aは4　bは3　cは5

$$a^2 + b^2 = c^2$$

$$4^2 + 3^2 = 5^2$$

4 × 4　3 × 3　5 × 5

$$16 + 9 = 25$$

二つの辺の二乗の和　最も長い辺の二乗

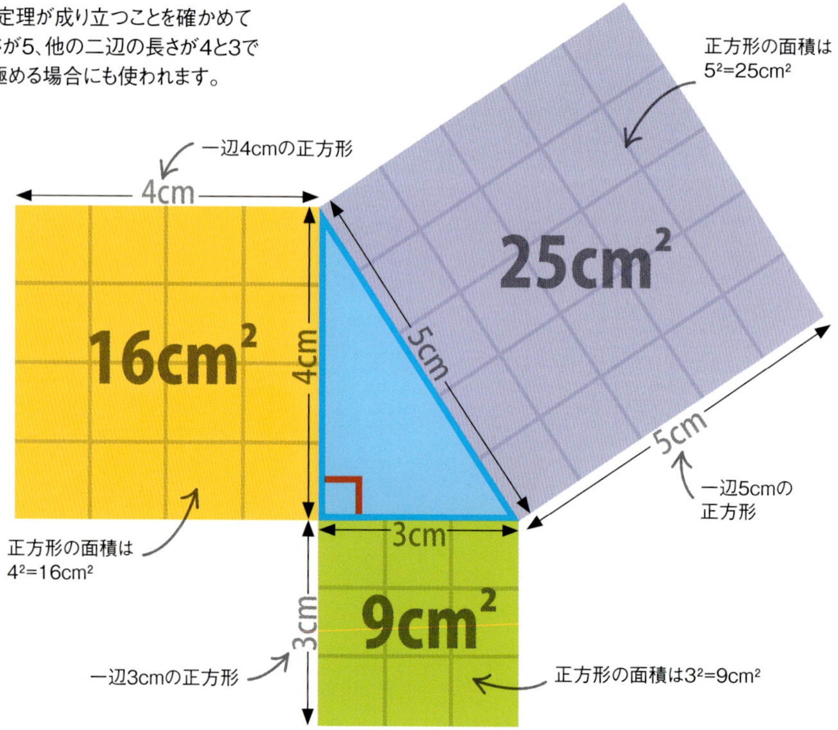

△ピタゴラスの定理の逆
短い二辺の二乗の和は最も長い辺の二乗に等しくなる。ピタゴラスの定理が成り立ち、この三角形が直角三角形だとわかる。

斜辺を求める

ピタゴラスの定理を用いて、直角三角形の斜辺の長さを求めてみましょう。ここでは他の二辺を3.5cmと7.2cmとします。

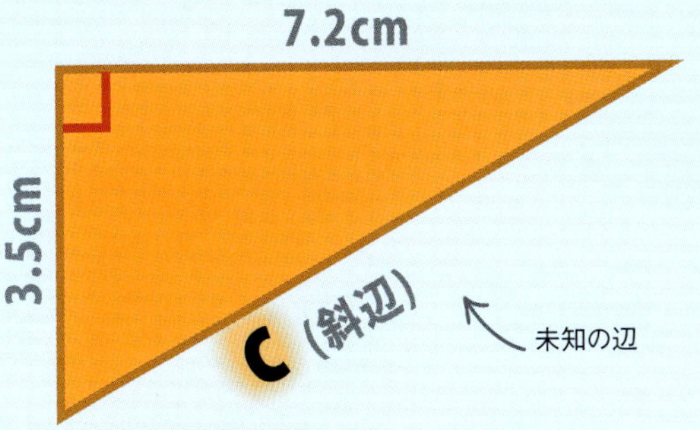

$$a^2 + b^2 = c^2$$

ピタゴラスの定理を書き出してみる。

直角をはさむ二辺　未知の斜辺

$$3.5^2 + 7.2^2 = c^2$$

公式に与えられた数値3.5と7.2を代入する。

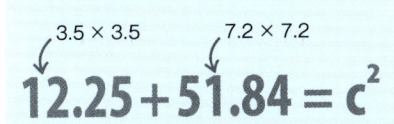

3.5 × 3.5　7.2 × 7.2

$$12.25 + 51.84 = c^2$$

それぞれの辺の二乗を計算する。

12.25 + 51.84

$$64.09 = c^2$$

たし算をして斜辺の二乗の値をだす。

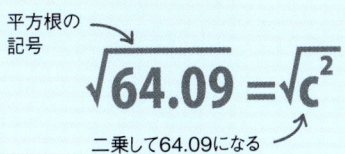

平方根の記号

$$\sqrt{64.09} = \sqrt{c^2}$$

二乗して64.09になる正の数を求める

電卓を使って64.09の平方根をだす。

正の平方根が斜辺の長さである。

答えは四捨五入して小数第二位まで

$$c = 8.01\text{cm}$$

他の辺を求める

公式を変形して、直角をはさむ二辺のどちらかを求めることができます。ここでは斜辺を13cm、残りの一辺を5cmとします。

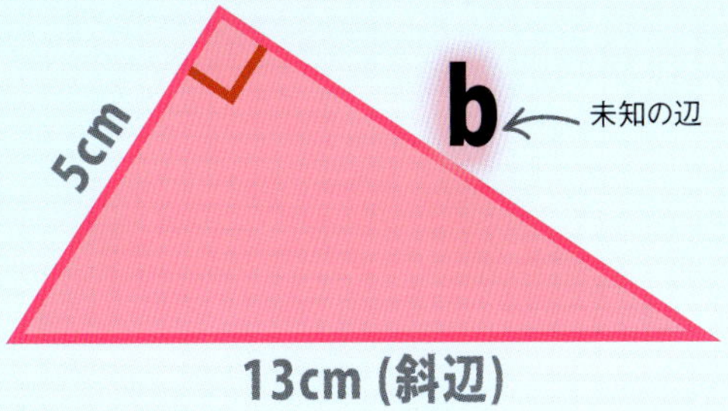

$$a^2 + b^2 = c^2$$

ピタゴラスの定理を書き出してみる。

わかっている辺　斜辺

$$5^2 + b^2 = 13^2$$

未知の辺

公式に与えられた数値5と13を代入する。

$$b^2 = 13^2 - 5^2$$

両辺から 5^2 をひいて「$b^2=$」の形にする。

$$b^2 = 169 - 25$$

13 × 13　5 × 5

それぞれの辺の二乗を計算する。

$$b^2 = 144$$

ひき算をして未知の辺の二乗の値をだす。

$$\sqrt{b^2} = \sqrt{144}$$

二乗して144になる正の数を求める

144の平方根をだす。（bは正）

正の平方根が辺bの長さである。

未知の辺の長さ

$$b = 12\text{cm}$$

四角形

参照ページ
〈76〜77　角
〈78〜79　直線
多角形　126〜129〉

四角形は四つの辺をもつ多角形です。四辺形ともいいます。

四角形とは？

四角形は四つの辺、四つの頂点、四つの内角をもつ平面図形です。四角形の四つの内角の和は 360° です。一つの外角ととなり合う内角の和は直線になるので常に 180° です。四角形にはいくつかの種類があって、それぞれ性質が異なります。

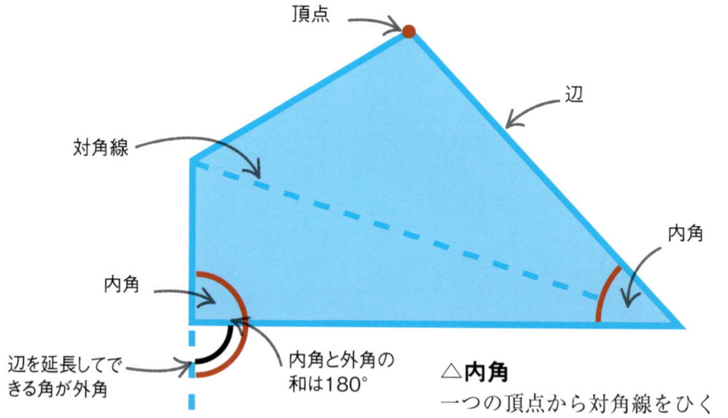

△内角
一つの頂点から対角線をひくと、四角形は二つの三角形にわけられる。三角形の内角の和は 180° だから、四角形の内角の和は 180°×2 になる。

▽四角形の種類
四角形は特徴によっていくつかの種類に分けられ、名前がつけられている。等しい辺や角をもつ四角形と、もたない不等辺四角形に大きく分かれるが、等しい辺や角をもつ四角形はさらに細かく分類されている。

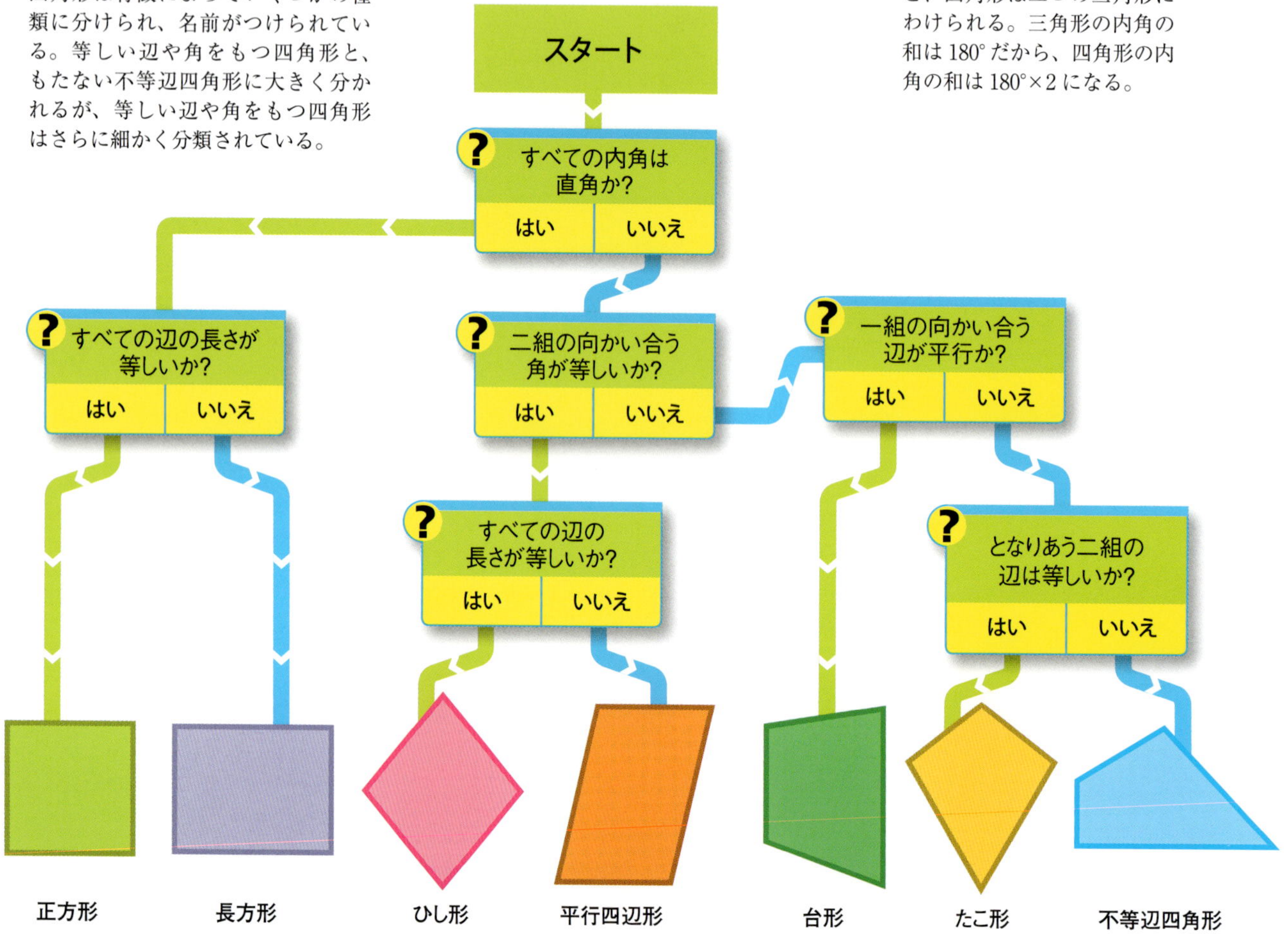

いろいろな四角形

特別の名前と性質をもった四角形が何種類かあります。いくつかの性質を知っておくと、四角形を正しく見分けるのに役立ちます。ここでは六つのタイプのおなじみの四角形の性質をみてみましょう。(四角形の向かい合う辺を対辺、向かい合う角を対角といいます)

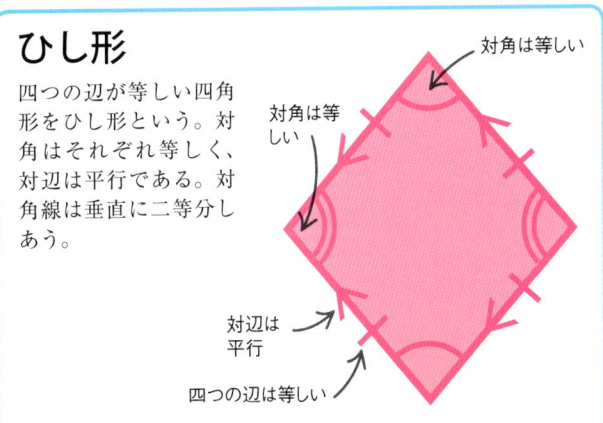

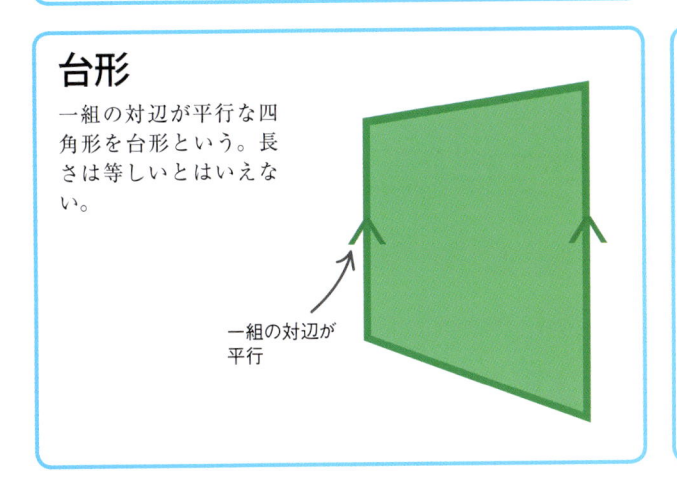

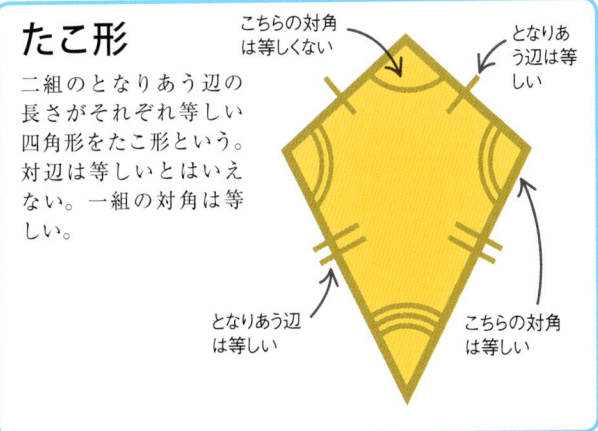

正方形

四つの角が等しくて、四つの辺が等しい四角形を正方形という。対辺は平行で、対角線は長さが等しく、垂直に二等分しあう。

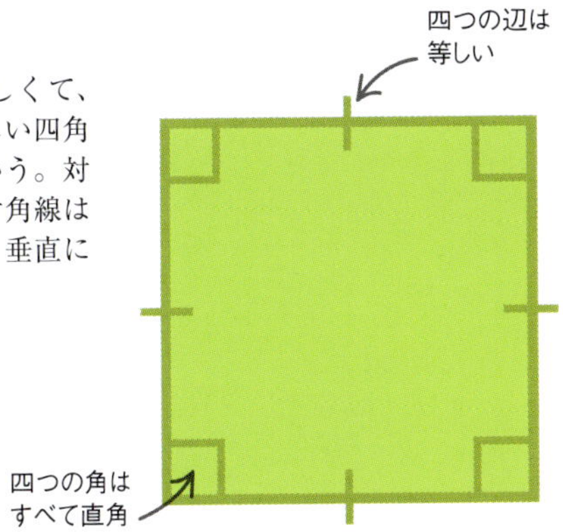

長方形

四つの角が等しい四角形を長方形という。対辺は長さが等しいが、となりあう辺は等しいとはいえない。対辺は平行で、対角線は長さが等しく、二等分しあう。

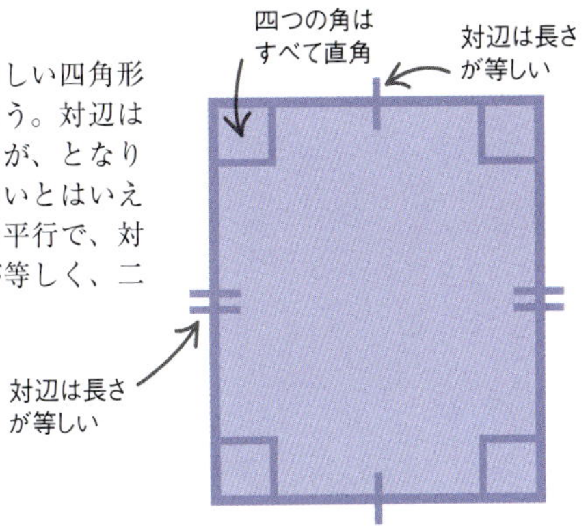

ひし形

四つの辺が等しい四角形をひし形という。対角はそれぞれ等しく、対辺は平行である。対角線は垂直に二等分しあう。

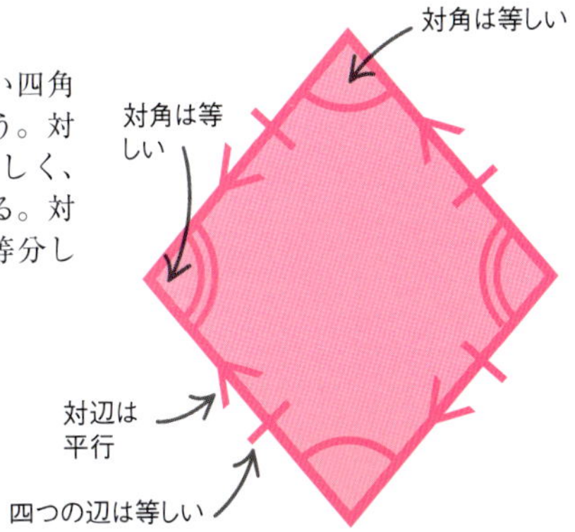

平行四辺形

二組の対辺が平行な四角形を平行四辺形という。対辺、対角はそれぞれ等しく、対角線は二等分しあう。

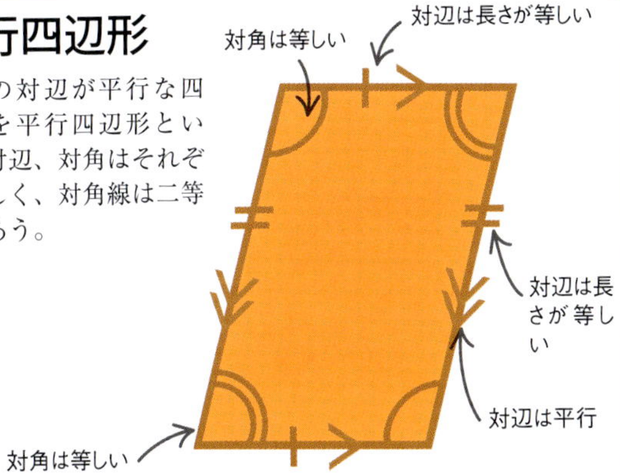

台形

一組の対辺が平行な四角形を台形という。長さは等しいとはいえない。

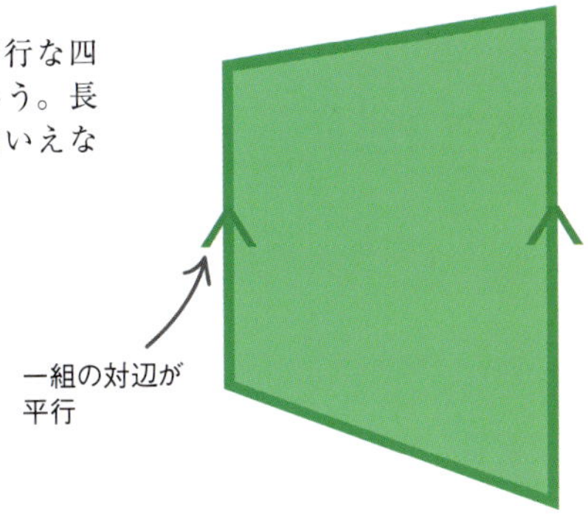

たこ形

二組のとなりあう辺の長さがそれぞれ等しい四角形をたこ形という。対辺は等しいとはいえない。一組の対角は等しい。

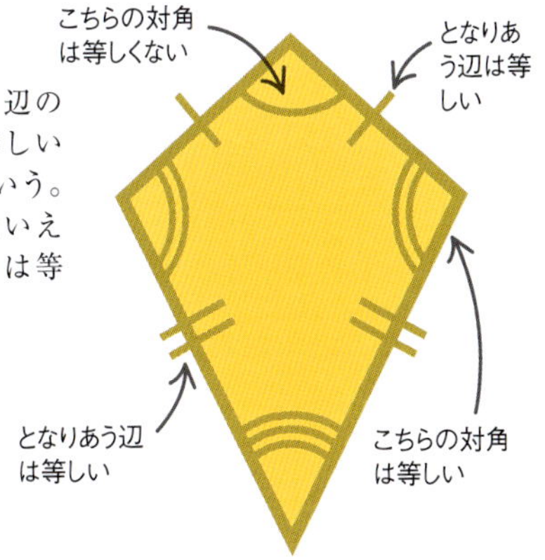

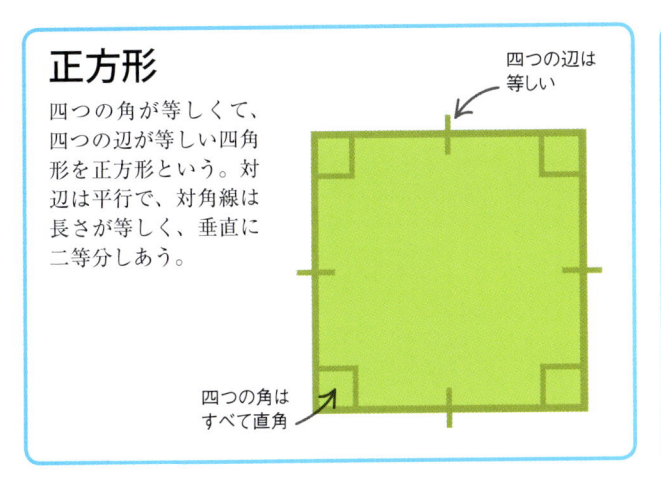

四角形の面積を求める

面積とはある平面図形の広さのことで、cm^2 など「平方」の単位で表されます。図形の種類によっていろいろな面積の公式があり、ここでは四角形の面積の求め方を学びます。

正方形の面積

正方形の面積は次の長方形と同じでたてと横をかけて求めますが、たてと横は同じ長さなので、公式は一辺の二乗ということになります。

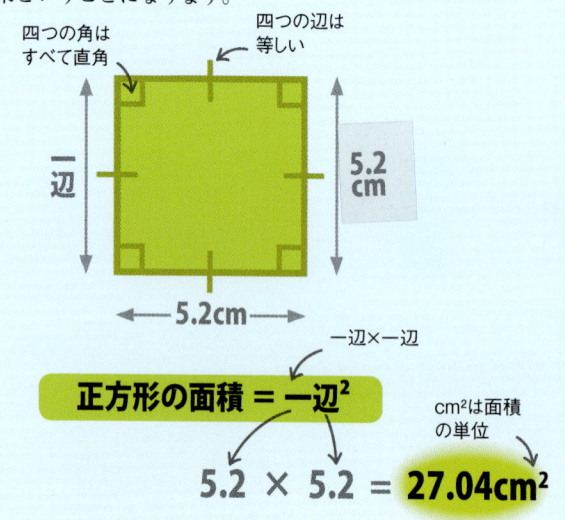

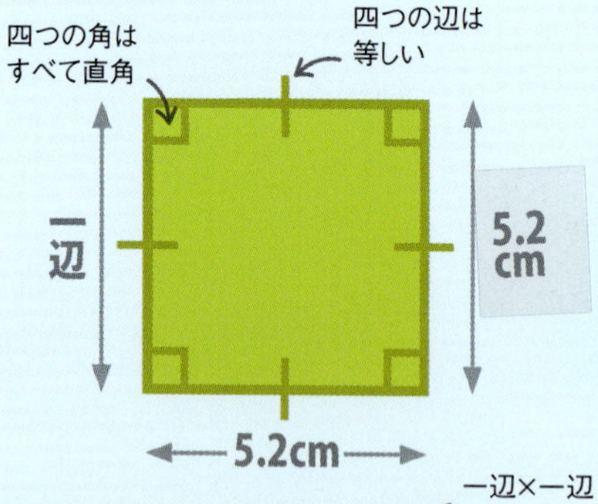

一辺×一辺

正方形の面積 = 一辺^2

cm^2は面積の単位

$5.2 \times 5.2 = 27.04cm^2$

△一辺の平方

この正方形の辺は5.2cmだから、面積を求めるには5.2の二乗を計算すればよい。

長方形の面積

長方形の面積はたてと横をかけて求めます。

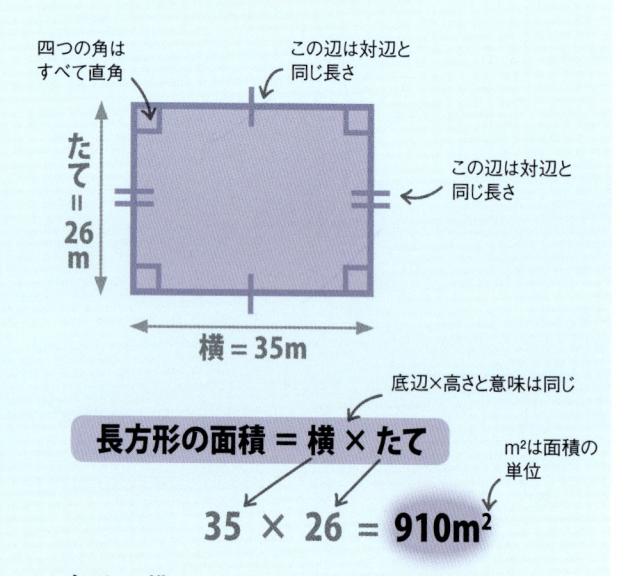

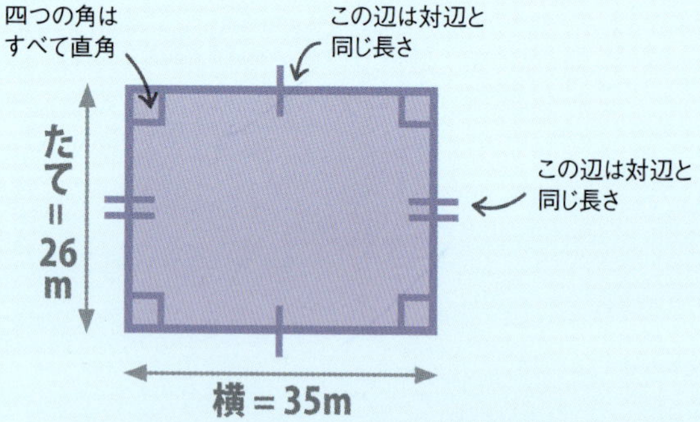

底辺×高さと意味は同じ

長方形の面積 = 横 × たて

m^2は面積の単位

$35 \times 26 = 910m^2$

△たて × 横

この長方形のたては26m、横は35mだから、面積を求めるにはこの二つの長さの積を求めればよい。

ひし形の面積

ひし形の面積は底辺と高さをかければ求められます。高さは上の辺から底辺までの距離で、底辺に対して垂直に測ります。
（※ 訳注・ひし形は平行四辺形の一種なので平行四辺形と同じになる。なお、ひし形の面積を求めるには、対角線×対角線÷2という公式もある。）

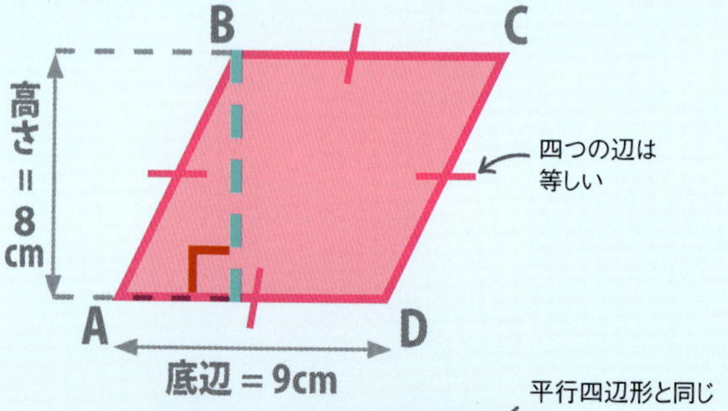

▷高さ

高さは底辺に垂直に測ることがポイント。このひし形は底辺が9cm、高さが8cmだから、その積を求めればよい。

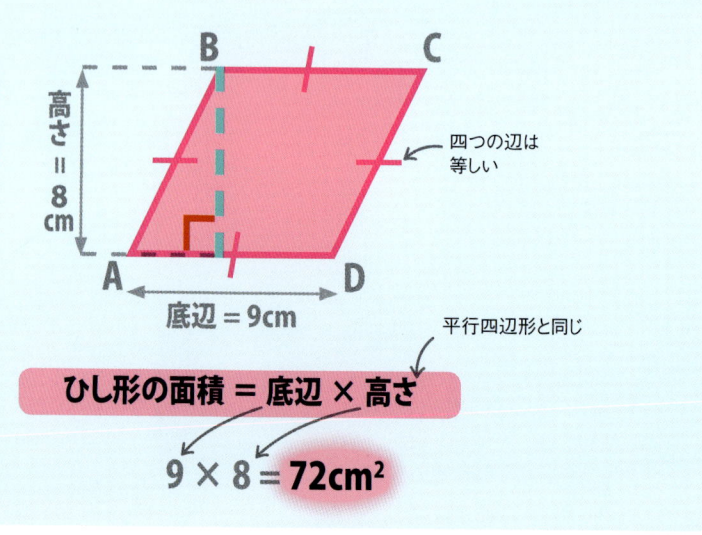

平行四辺形と同じ

ひし形の面積 = 底辺 × 高さ

$9 \times 8 = 72cm^2$

平行四辺形の面積

ひし形の面積と同じで、底辺と高さをかければ求められます。

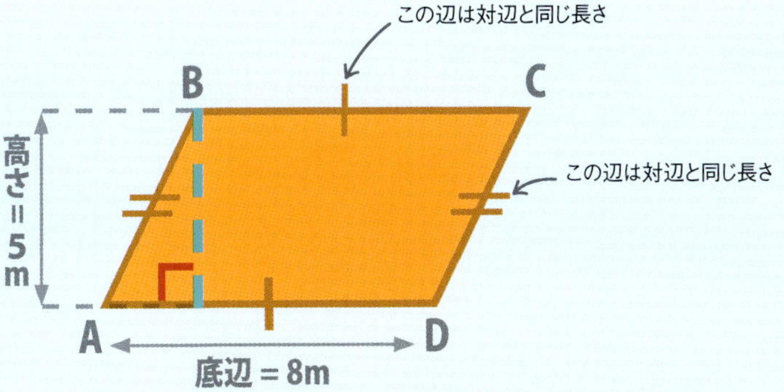

▷**底辺と高さの積**
辺ABは底辺に垂直でないので、高さではないことに注意しよう。高さがわからなければ、この公式は使えない。

平行四辺形の底辺 × 高さ ＝ 面積

8 × 5 ＝ **$40m^2$**

ひし形の対角が等しいことを証明する方法

ひし形を対角線で二通りに切って二等辺三角形を二組作ると、ひし形の対角が等しいことをいいやすくなります。二等辺三角形は二つの辺だけでなく、二つの角も等しいことを使います。（※ 訳注・ここではひし形は平行四辺形の一種という前提にはたたず、あくまでも四辺が等しい四角形という定義のみから証明しようとする場合の方法である。）

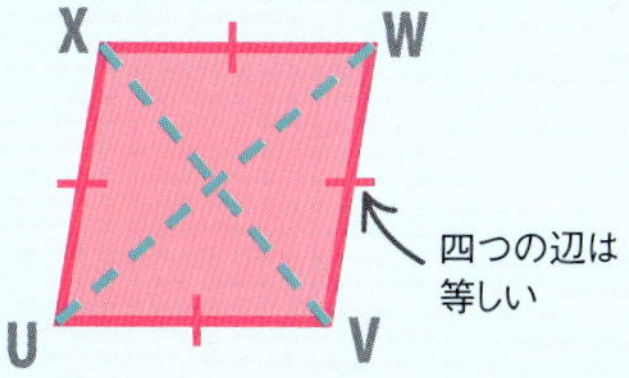

ひし形の四つの辺は等しいことを示す印をかきこむ。

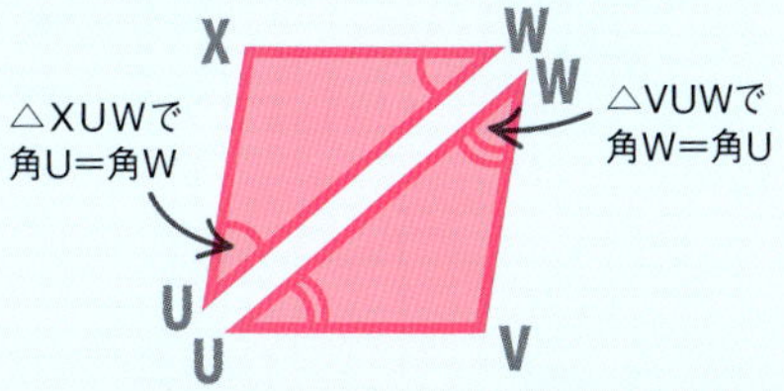

対角線をひくと二つの二等辺三角形ができる。どちらも底角は等しいので、その片方ずつの和であるひし形の対角は等しい。

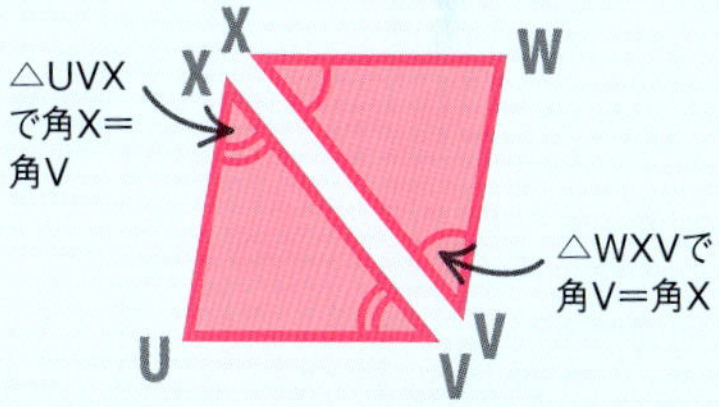

もう一方の対角線をひいても二つの二等辺三角形ができるので、同様のことがいえる。

四角形が平行四辺形であることを証明する

ここでは二組の対辺がそれぞれ等しい四角形は、二組の対辺が平行になることを証明します。三角形の合同を用います。

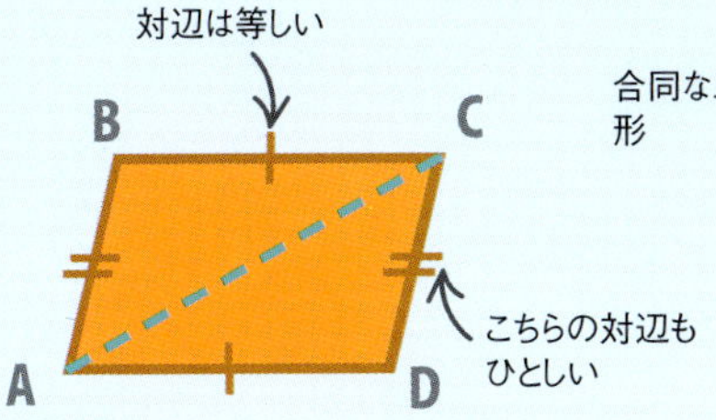

対角線ACをひくと、対辺が等しいことからAB=CD、BC=DAといえ、ACは共通で、△ABCと△CDAは三辺がそれぞれ等しい。

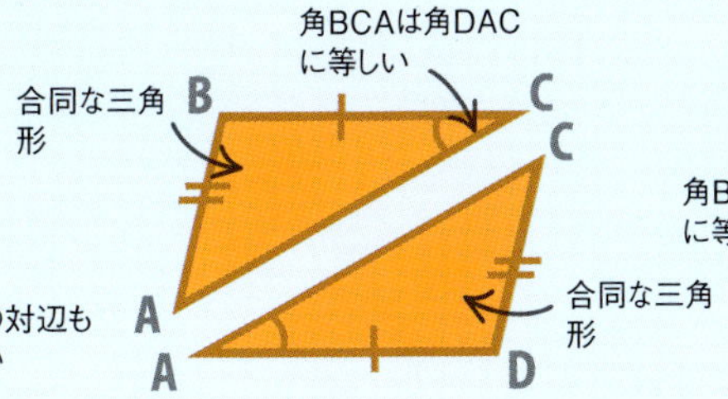

△ABCと△CDAは合同である。ゆえに角BCA＝角DAC、錯角が等しいのでBCとADは平行である。

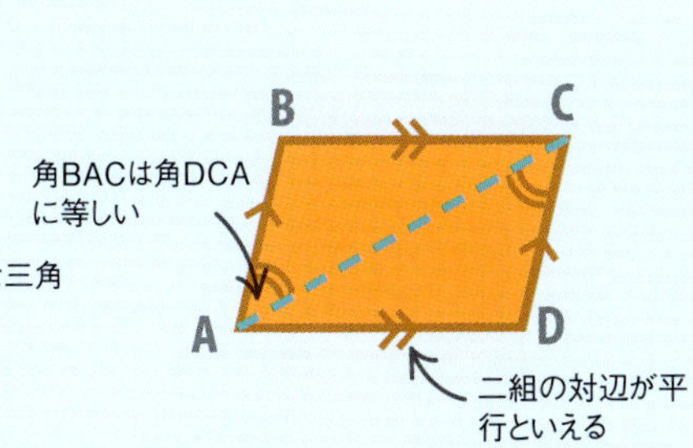

同様に合同より、角BAC＝角DCA、錯角が等しいのでABとDCは平行である。

多角形

三つ以上の辺で囲まれた平面図形

多角形はおなじみの三角形や正方形に始まって、あまり見慣れない不等辺四角形や十二角形など多彩です。多角形は普通角の数で名前がつけられています。

参照ページ
〈76〜77　角
〈108〜109　三角形
〈112〜113　三角形の合同
〈122〜125　四角形

多角形とは？

多角形は三つ以上の辺からなる閉じた平面図形で、辺と辺は頂点で折れ線状につながっています。内角の和は三角形から求めることができ、外角の和は一定ですが、180°より大きい内角が一つでもあれば凹多角形と呼ばれ別のあつかいになります。

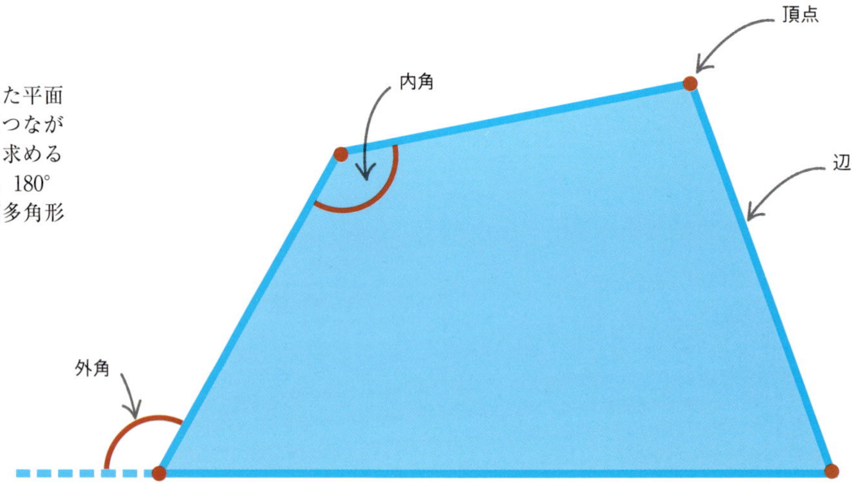

▷**多角形の部分**
どんな形の多角形でも各部分の呼び名は同じで、辺・頂点・内角・外角などはよく用いる。

多角形の特徴

多角形の特徴にはいろいろな説明のし方があります。一つは辺や角が等しいかどうかに注目することです。辺や角がみな等しければ、正多角形といいます。

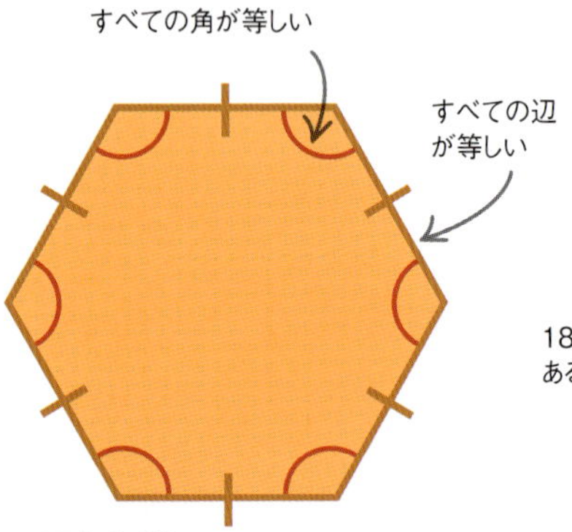

△**正多角形**
すべての辺とすべての角が等しい多角形。この六角形は、六つの辺が等しく六つの角が等しいので、正六角形である。

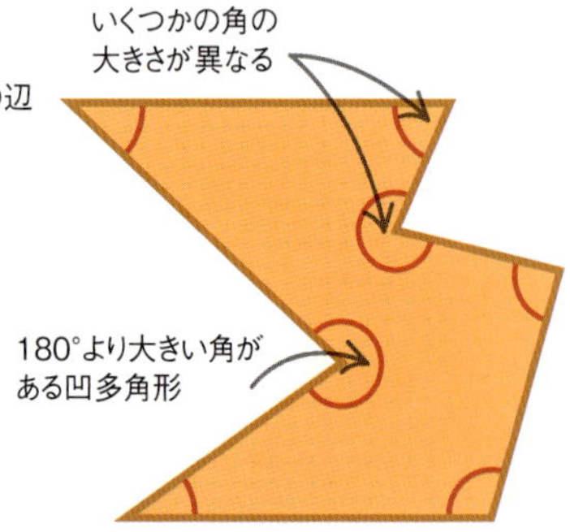

△**不規則な多角形**
すべての辺や角が等しいとはいえない多角形。この七角形は角の大きさや辺の長さが異なっている。

詳しく見ると

等角？等辺？

正多角形はすべての辺とすべての角が等しい等辺等角多角形ですが、角だけが等しい多角形や辺だけが等しい多角形もあります。

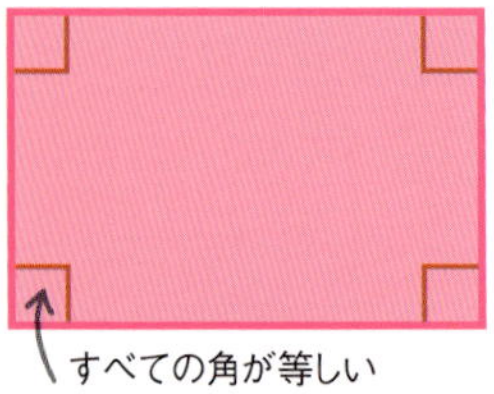

◁**等角**
長方形は角の等しい四角形。角はみな直角だが、辺の長さはすべて等しいわけではない。

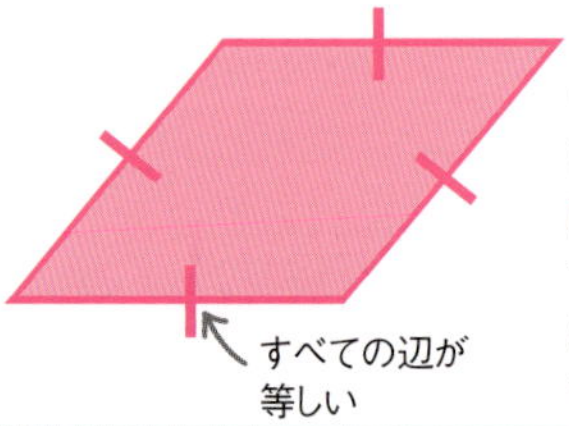

◁**等辺**
ひし形は辺の等しい四角形。辺の長さはすべて等しいが、角はすべて等しいわけではない。

いろいろな多角形

正多角形であるかどうかに関わりなく、辺の数と角の数はつねに一致します。この数を使って多角形を名づけます。例えば、六つの辺と角のある多角形は六角形で、辺と角がみな等しければ正六角形といいます。

三角形

3

三つの辺と角

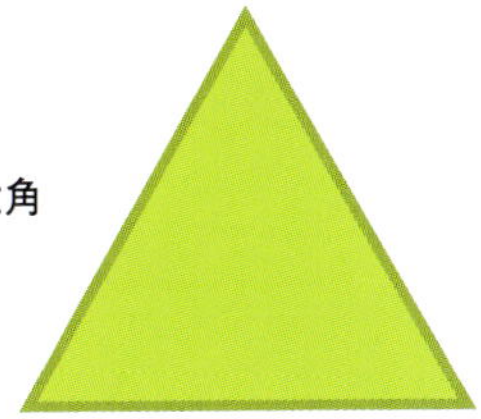

四角形

4

四つの辺と角

五角形

5

五つの辺と角

六角形

6

六つの辺と角

七角形

7

七つの辺と角

八角形

8

八つの辺と角

九角形

9

九つの辺と角

十角形

10

十の辺と角

十一角形

11

十一の辺と角

十二角形

12

十二の辺と角

十五角形

15

十五の辺と角

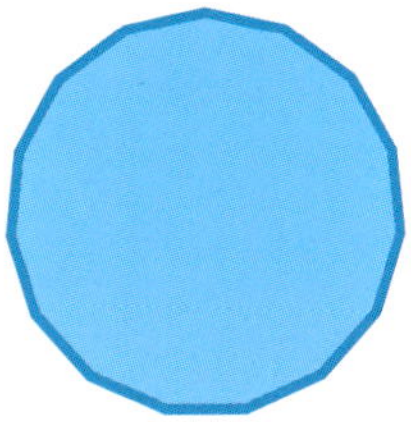

二十角形

20

二十の辺と角

多角形の角

多角形の種類は無数にありますが、角については共通の特徴もあります。

凸多角形と凹多角形

何角形かということとは別に、凸多角形と凹多角形という分類があります。180°より大きい内角があるかどうかで判断します。180°より大きい内角が一つでもあれば凹多角形、なければ凸多角形です。

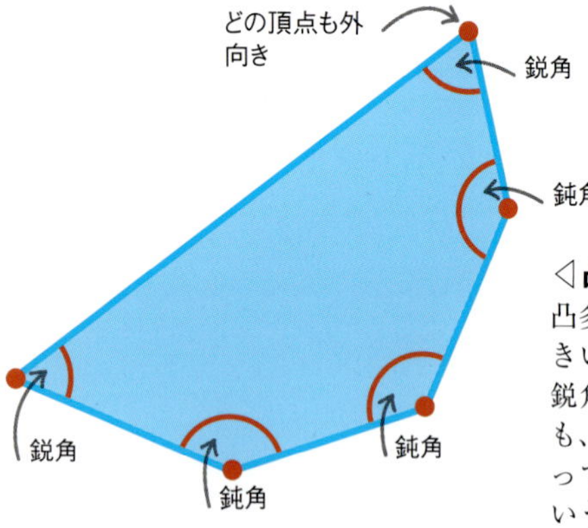

◁凸多角形
凸多角形には180°より大きい内角はない。内角は鋭角・鈍角どちらの場合も、頂点は外側に出っ張っている。単に多角形という場合普通は凸多角形をさす。

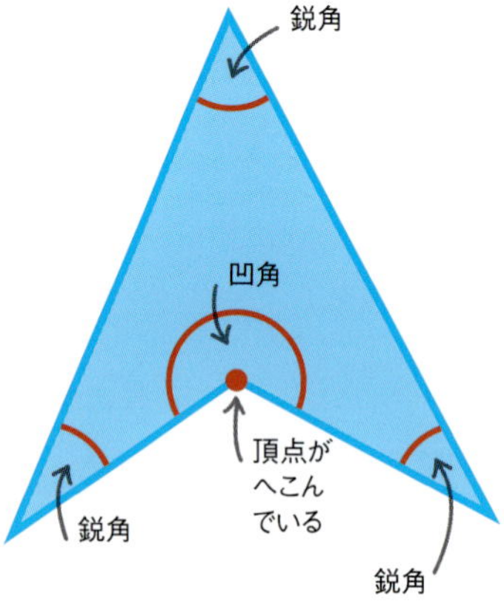

◁凹多角形
180°より大きい内角が一つでもあれば凹多角形といえる。180°より大きい角は凹角（または優角）と呼ばれ、凹角の頂点は図形の内側にへこんでいる。

多角形の内角の和

多角形の内角の和は何角形かによって違いますが、多角形を三角形に分けることによって計算できます。

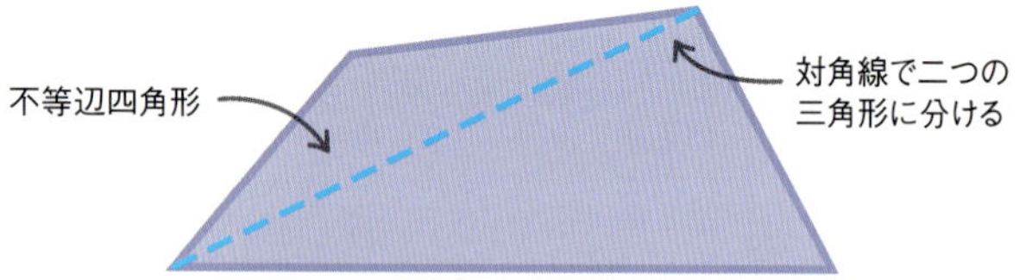

この四角形はどの内角も180°より小さく、凸多角形である。内角の和は三角形に分けると簡単に求められる。一つの頂点から隣り合わない頂点へ対角線をひくと、四角形は二つの三角形に分けられる。

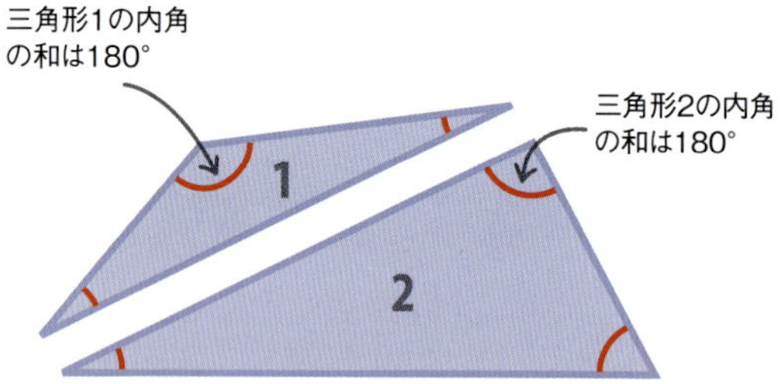

四角形の内角の和は三角形二つ分である。三角形一つの内角の和は180°だから、四角形の内角の和は 180°×2＝360°となる。

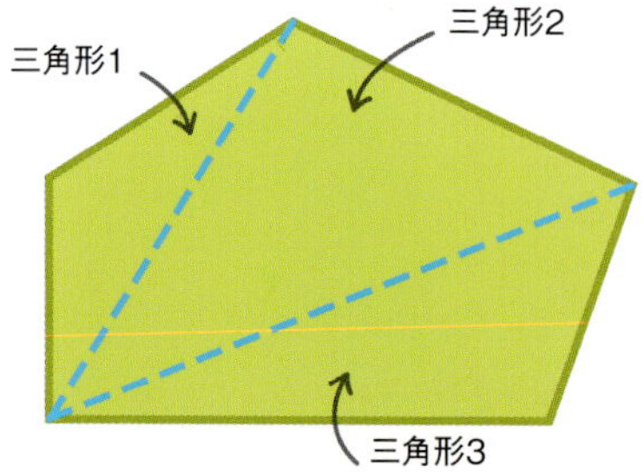

◁五角形
一つの頂点から対角線をひくと、五角形は三つの三角形に分けられるから、五角形の内角の和は三角形三つ分で180°×3 ＝ 540°となる。

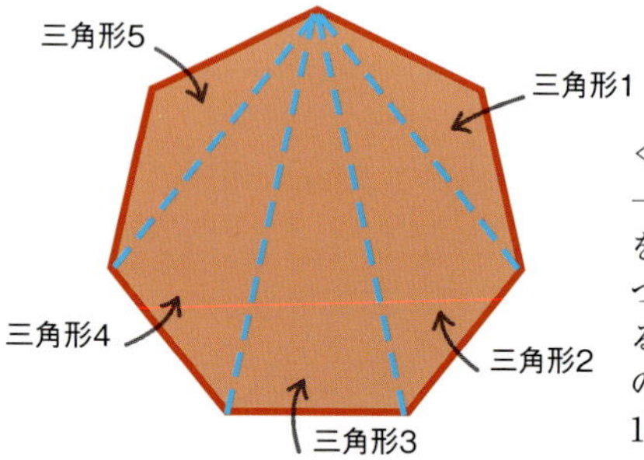

◁七角形
一つの頂点から対角線をひくと、七角形は五つの三角形に分けられるから、七角形の内角の和は三角形五つ分で180°×5 ＝ 900°となる。

内角の和の公式

内角を求めるための三角形の数は、多角形の辺の数より常に２少ない。つまりｎ角形の内角の和は三角形（ｎ－2）個分になるので、内角の和を求める公式は右のようになる。

ｎ角形の内角の和 ＝ 180°×(n － 2)

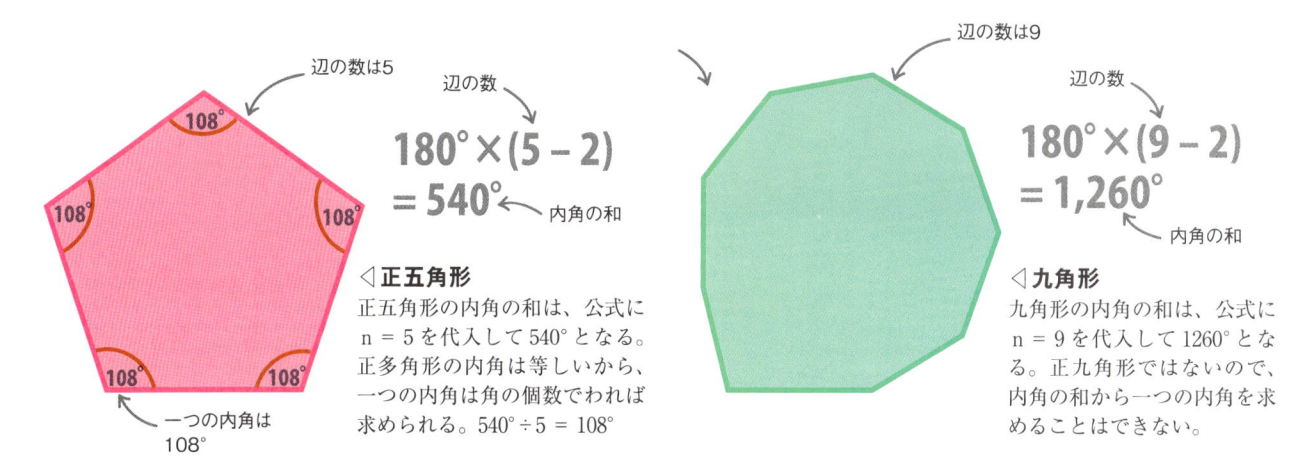

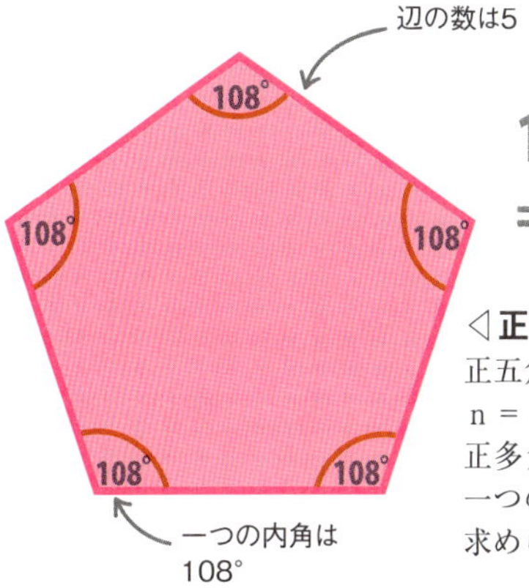

辺の数

$$180^\circ\times(5-2)$$
$$=540^\circ$$

内角の和

◁**正五角形**
正五角形の内角の和は、公式にｎ＝５を代入して540°となる。正多角形の内角は等しいから、一つの内角は角の個数でわれば求められる。540°÷５＝108°

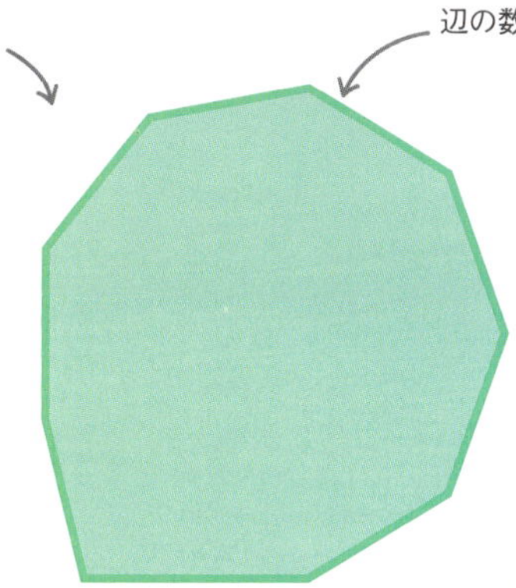

辺の数

$$180^\circ\times(9-2)$$
$$=1{,}260^\circ$$

内角の和

◁**九角形**
九角形の内角の和は、公式にｎ＝９を代入して1260°となる。正九角形ではないので、内角の和から一つの内角を求めることはできない。

多角形の外角の和

多角形の周に沿って一周歩いているところを想像してみましょう。ある頂点を出発し、次の頂点に向かってまっすぐ歩きます。次の頂点で外角の角度の分だけ回転し、また次の頂点に向かってまっすぐ歩きます。これをくり返し、すべての頂点で外角の角度の分だけターンして多角形を一周すると、あなたは360°回転したことになります。多角形の外角の和は、何角形でも常に360°になります。

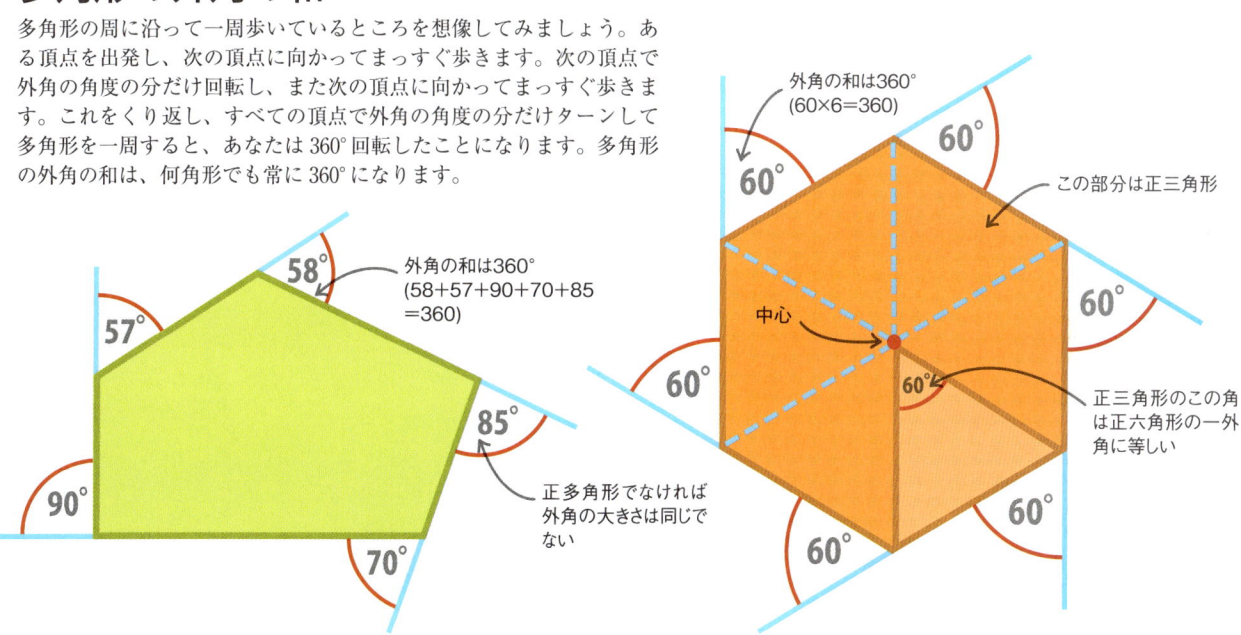

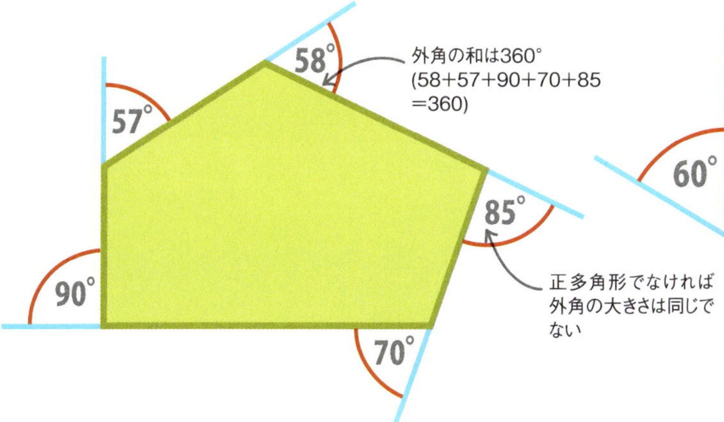

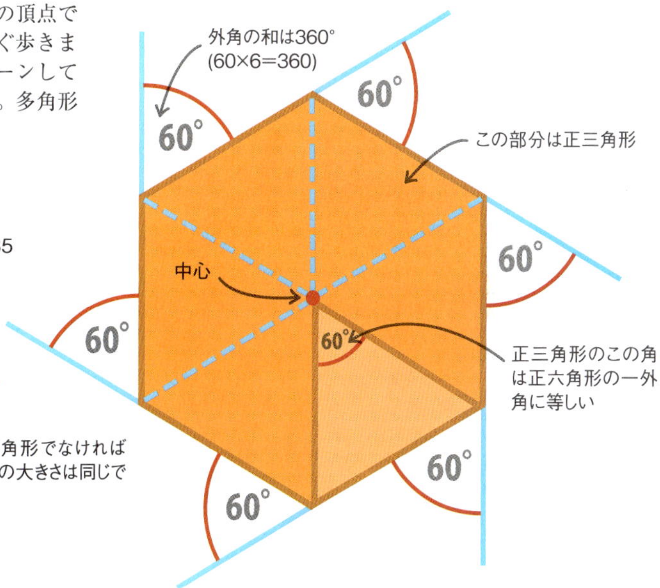

△**五角形**
多角形の外角の和は、正多角形でも不等辺多角形でも、360°になる。外角を一カ所に集めるとちょうど一回転分の角度になる。

△**正六角形**
正多角形の一外角の大きさは、360°を角の数でわれば求められる。図のように、正六角形を六つの正三角形に分けたときの中心の角は、外角に等しい。平行線を利用して、六つの外角を中心に集めることも可能だ。

円

円は中心の点を取り囲む曲線で、曲線上のすべての点は中心から等しい距離にあります。

参照ページ
〈74～75　幾何で使う道具
円周と直径　132～133〉
円の面積　134～135〉

円の特徴

円は半分に折り曲げるとぴったり重なる線対称な図形です(p.80 参照)。この折り目つまり対称の軸は、円の部分の中でも重要な直径と重なります。円は回転しても常にもとのままですから、回転対称な図形でもあります。

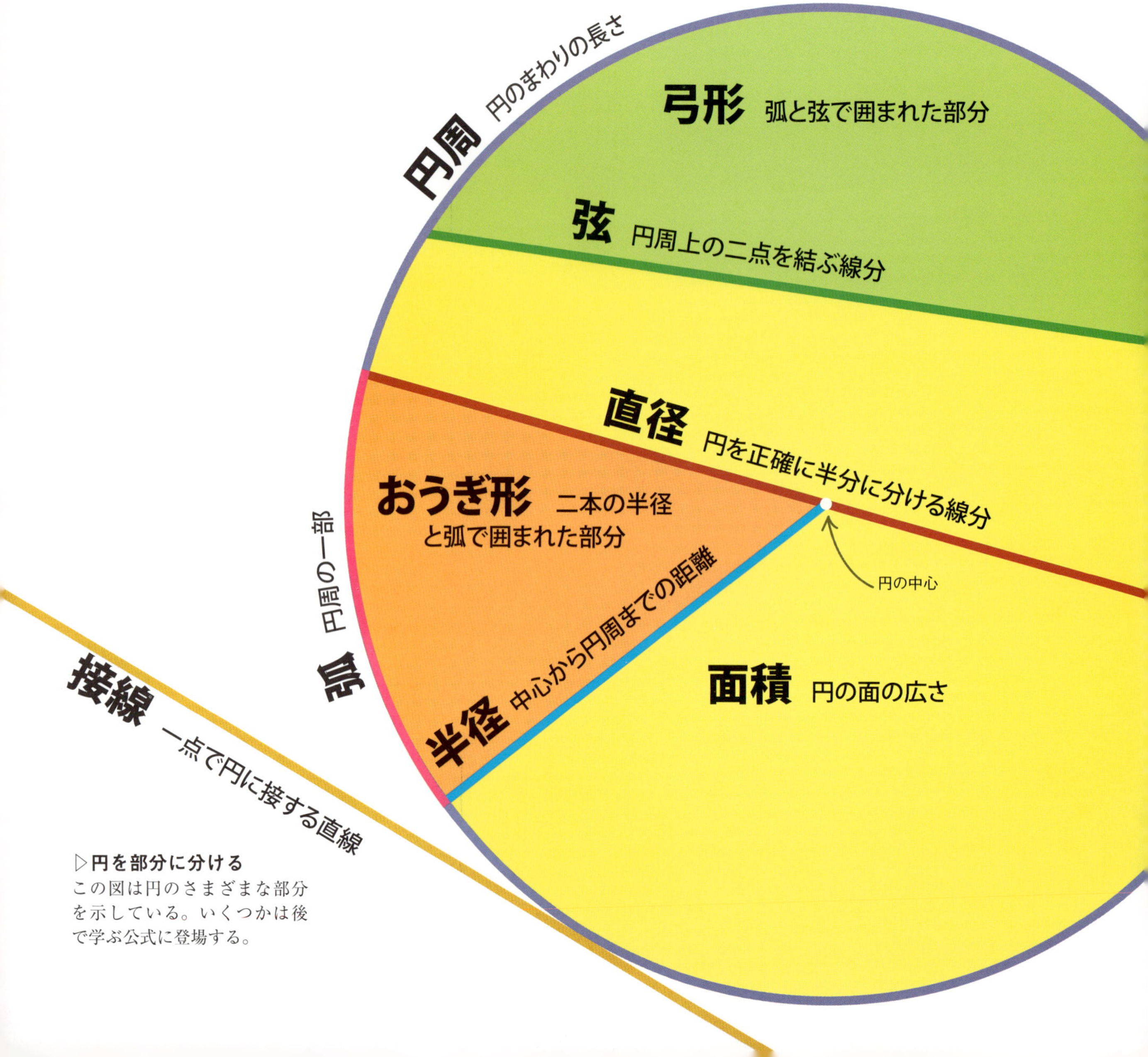

▷円を部分に分ける
この図は円のさまざまな部分を示している。いくつかは後で学ぶ公式に登場する。

円の部分

円はいろいろな方法で測ったり、分割したりします。円の部分にはそれぞれ独特の名前と性質があります。

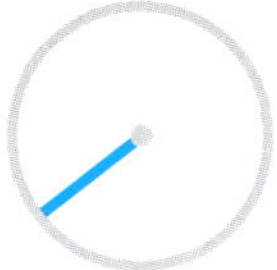

半径
円の中心から円周までの線分、またその長さ

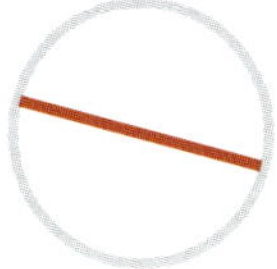

直径
中心を通り円周上に両端をもつ線分、またその長さ

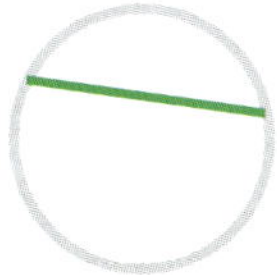

弦
円周上の二点を結ぶ線分

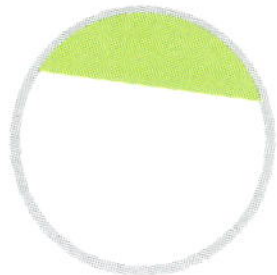

弓形
弦で円を二つに分けたときの小さい方の部分

円周
円のまわり全体の長さ

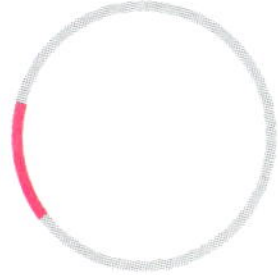

弧
円周の一部分

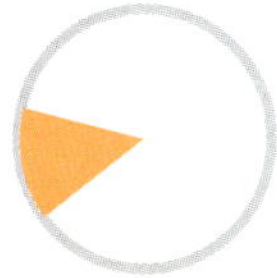

おうぎ形
二本の半径と弧で囲まれた円の一部

面積
円周に囲まれた面の広さ

接線
一点で円に接する直線

円のかき方

円をかくにはコンパスが必要です。コンパスのとがった先が円の中心となり、コンパスの開き方で円の半径が決まります。半径を測るには定規が必要です。

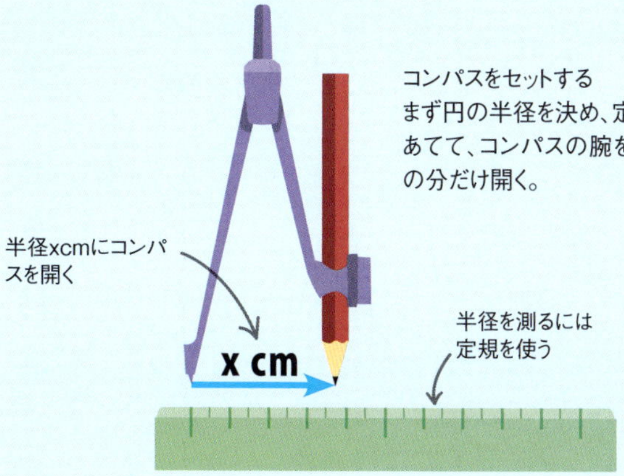

コンパスをセットする
まず円の半径を決め、定規にあてて、コンパスの腕を半径の分だけ開く。

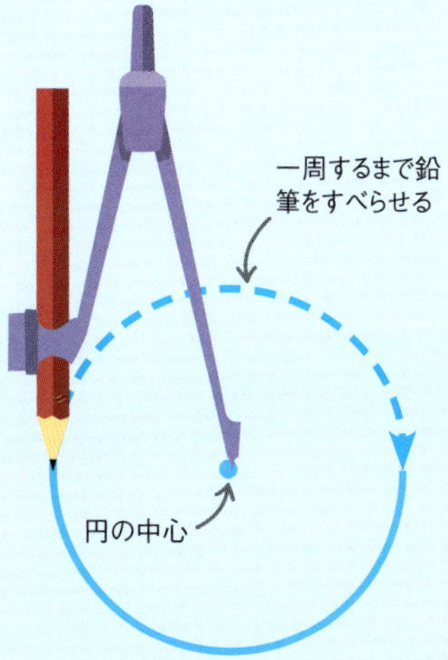

中心の位置を決めたら、コンパスのとがった先端を中心として固定し、鉛筆のついた方を回転させて円をかいていく。

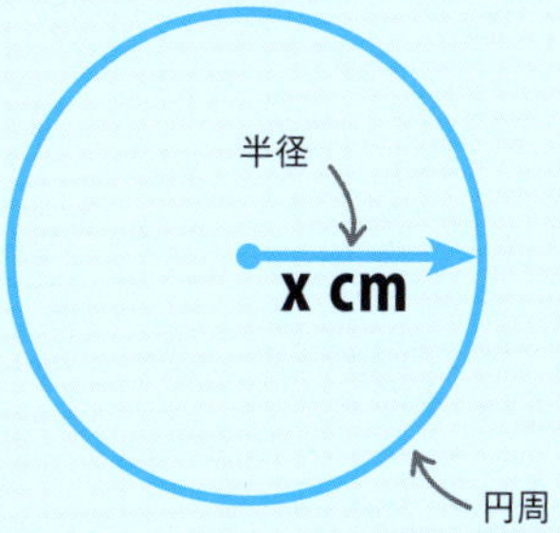

一周すると、スタートの位置にぴったり重なって円周が完成。

円周と直径

円のまわりの長さを円周といい、中心を通り円周上に両端をもつ線分の長さを直径といいます。

形が同じなので、すべての円は相似です。これは円周と直径を始めとして、円のさまざまな部分の比が一定であることを意味します。

参照ページ

〈48〜51 比と比例

〈96〜97 拡大

〈130〜131 円

円の面積 134〜135〉

円周率 π

円周が直径の何倍であるかを表す数を、円周率といい、π（パイ）という文字で表します。この数は、円周と直径の公式を始め、円に関わる公式の多くで使われています。

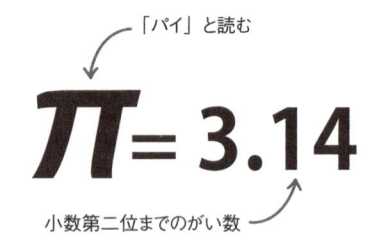

「パイ」と読む

$$\pi = 3.14$$

小数第二位までのがい数

◁ π という数字
円周率 π は不規則にどこまでも続く小数である。3.1415926…と続いていくが、小数第二位までの 3.14 がよく用いられる。

円周（c）

円のまわりの長さは、直径または半径と円周率を使って計算できます。直径は半径の二倍なので、右の二つの公式の意味は同じです。

円周　π は定数　半径

$$c = 2\pi r$$

円周　π は定数　直径

$$c = \pi d$$

◁公式
円周を求める公式。半径 r を用いた式と直径 d を用いた式。

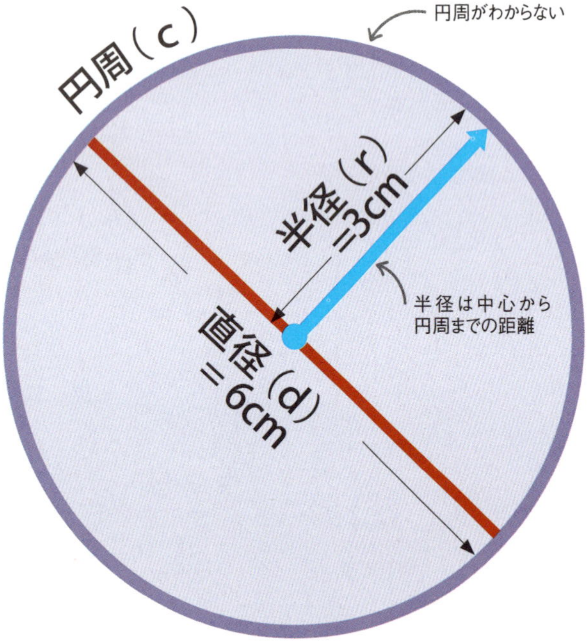

公式は、直径に円周率をかければ円周がでることを示している。

$$c = \pi d$$

直径は半径の二倍つまり d=2×r なので、公式は c =2πr でも同じ

わかっている数値を代入する。ここでは直径は 6cm。

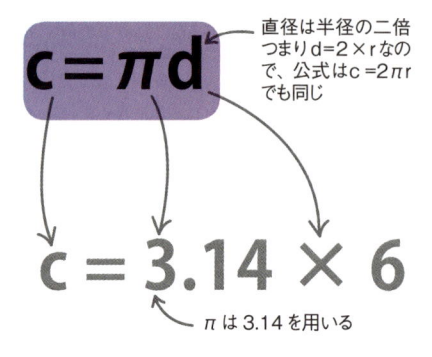

$$c = 3.14 \times 6$$

π は 3.14 を用いる

計算をして円周を求める。必要に応じて、四捨五入する。

$$c = 18.84\text{cm}$$

△円周を求める
円周は直径がわかっていれば求められる。ここでは直径を 6cm とする。

直径（d）

直径は円の端から端までの中心を通る距離で、半径の二倍です。直径は円周と円周率を使って求めることができます。円周を求める公式を変形した式を用います。

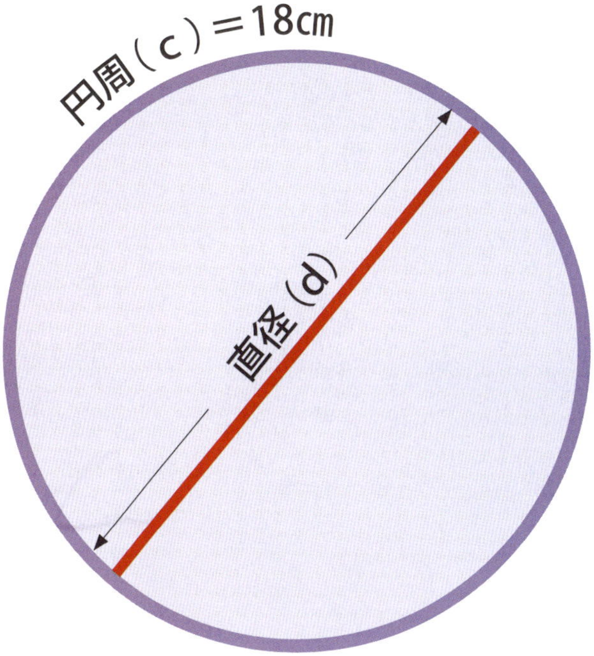

△直径を求める
円周 18cm の円の直径を、公式を使って計算する。

公式は、円周を円周率でわれば直径がでることを示している。

直径　円周　πは定数

$$d = \frac{c}{\pi}$$

わかっている数値を代入する。ここでは円周は 18cm。

$$d = \frac{18}{\pi}$$

円周を 3.14 でわって直径を計算する。

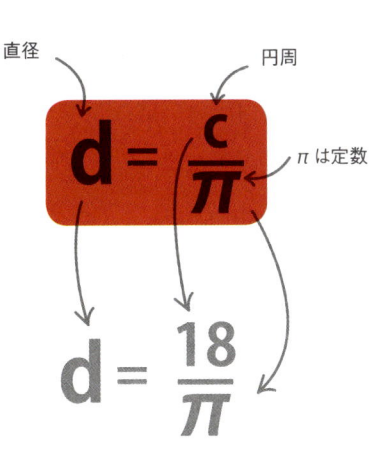

$$d = \frac{18}{3.14}$$

電卓のπキーを使えばより正確に求められる

答えは適当な位で四捨五入する。ここでは小数第二位までの近似値とした。

$$d = 5.73\text{cm}$$

答えは小数第二位まで

詳しく見ると

円周率πの意味

すべての円は相似です。これは、円周と直径のような円の部分の長さの比が一定であることを意味します。（直径が 2 倍、3 倍…になれば、それにつれて円周も 2 倍、3 倍…になる比例の関係といっても同じです。）πは円周を直径でわった数で、円周が直径の何倍かを表す定数です。

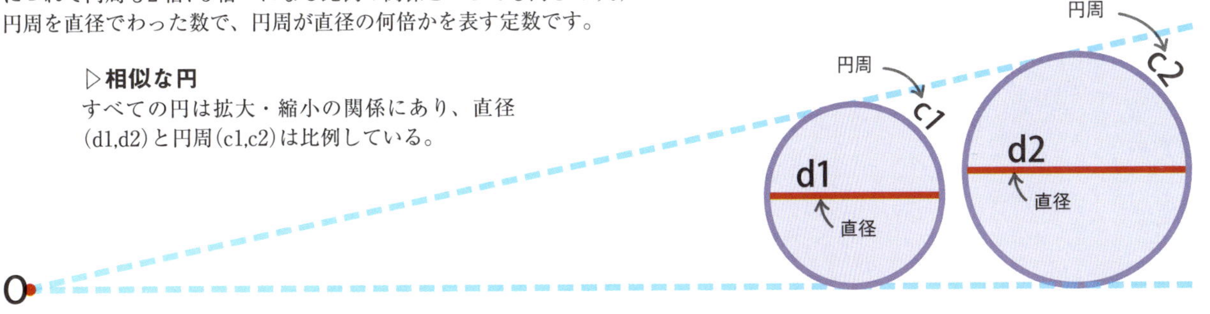

▷相似な円
すべての円は拡大・縮小の関係にあり、直径（d1,d2）と円周（c1,c2）は比例している。

円の面積

参照ページ
〈130〜131 円
〈132〜133 円周と直径
公式 169〜171〉

円の面積は円周で囲まれた面の広さです。

半径がわかれば円の面積を計算することができます。

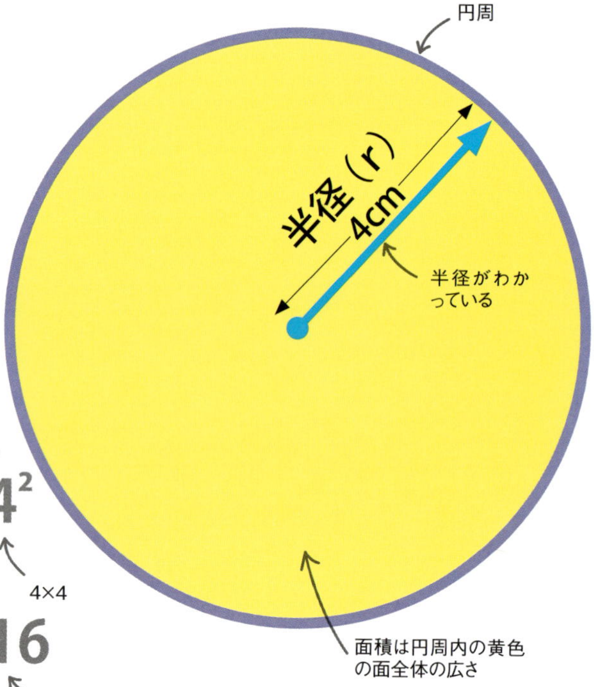

円の面積を求める

円の面積は、半径(r)を次の公式に当てはめて求めます。面積の単位は「平方」がつきます。直径が与えられているときは、2でわって半径にしてから代入してください。

πは定数

半径

面積の公式 πr^2 は 円周率×半径×半径 という意味。

円の面積 = πr^2

わかっている数値を公式に代入する。ここでは半径は4cm。

円の面積 = 3.14×4^2

πは普通3.14で計算（より詳しい値は電卓で）

4×4

半径の二乗を先に計算する方がやりやすい。

円の面積 = 3.14×16

4×4 = 16

必要に応じて四捨五入し、単位を正しくつける。（ここでは cm^2）

円の面積 = $50.24cm^2$

詳しく見ると

円の面積―公式の導き方

円の面積の公式は、細かいおうぎ形に切り分けて並べ替えることで説明できます。細かく切るほど、互い違いに並べ替えたときに、全体の形は長方形に近づきます。長方形の面積は たて × 横 で求められますが、この場合、たてはもとの円の半径、横は円周の半分の長さになります。

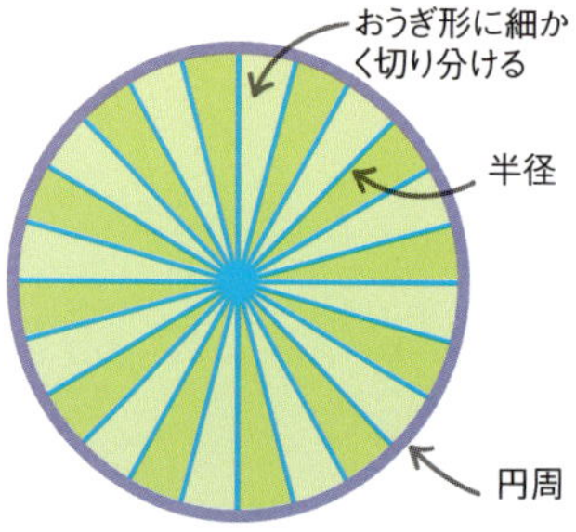

円をできるだけ細かいおうぎ形に切り分ける。

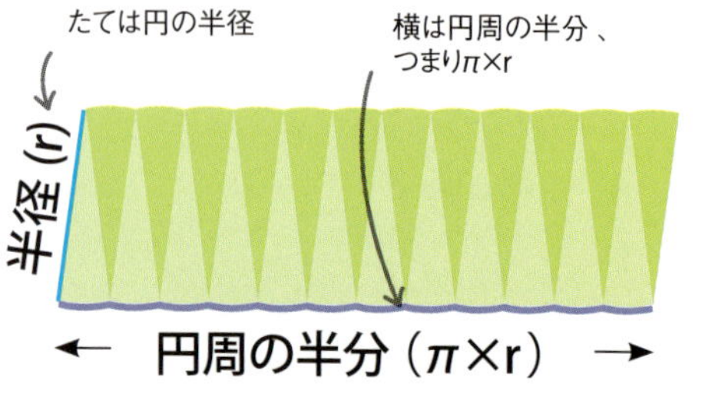

おうぎ形を長方形の形に並べ替える。長方形の面積は たて × 横 ででるが、この場合たては円の半径 r、横は円周の半分 πr になるので、面積は $\pi r \times r$、つまり πr^2 になる。

直径から面積を求める

円の面積の公式は半径を用いるので、直径が与えられているときは、2でわって半径にしてから代入します。

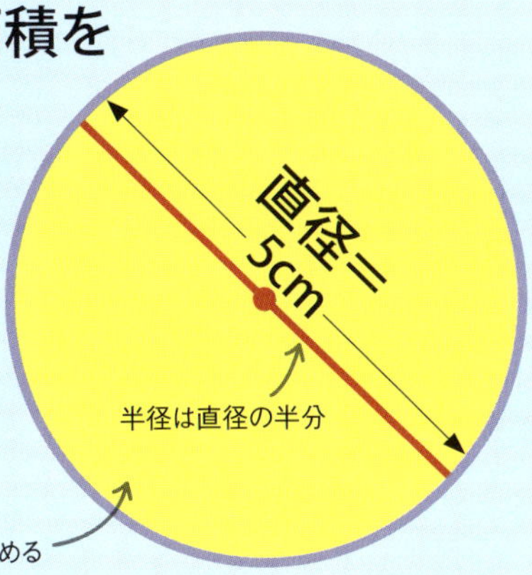

円の面積の公式は、どこの数値が与えられても常にこの形。

円の面積＝πr^2

▼

わかっている数値を公式に代入する。ここでは半径は、直径を2でわって2.5cm。

円の面積＝3.14×2.5^2

半径は直径の半分
5÷2＝2.5

▼

π は3.14を用いる

半径を二乗してから、円周率3.14をかける。

円の面積＝3.14×6.25

2.5×2.5＝6.25

▼

小数第二位まで

適当な位まで求め、単位を正しくつける。（ここではcm^2）

円の面積＝$19.63cm^2$

面積から半径を求める

面積がわかっているときは、公式から半径を計算することができます。

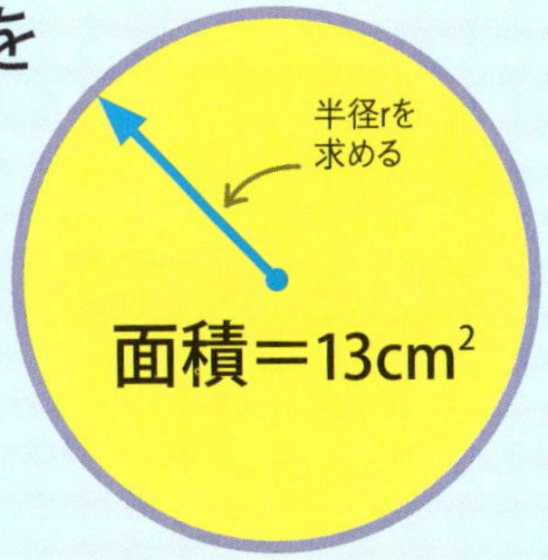

面積がわかっていれば、公式から半径を求めることができる。

円の面積＝πr^2

▼

わかっている数値を公式に代入する。ここでは面積が$13cm^2$。

$13=3.14\times r^2$

両辺を3.14でわる。

3.14でわると3.14は約分で消える。

▼

式を変形してr^2＝の形にするため、両辺を3.14でわる。

$\frac{13}{3.14}=r^2$

r^2を左辺に

▼

商を適当な位まで計算して、r^2＝の形になおす。

$r^2=4.14$

小数第二位まで

▼

この数の正の平方根が求める半径。

$r=\sqrt{4.14}$

▼

小数第二位まで

適当な位で四捨五入して、単位を正しくつける。（ここではcm）

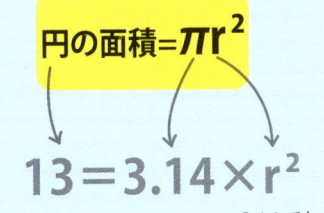

＝2.03cm

詳しく見ると

複雑な図形

二つ以上の図形を組み合わせた複合図形の面積は、各部分の面積を合計すれば求められます。この例は、半円と長方形を組み合わせた図形です。半円の部分の面積は円の半分なので$\frac{1}{2}\pi r^2$より$1414cm^2$、長方形の面積が$5400cm^2$です。この図形全体の面積は、二つをたして$6814cm^2$となります。（πを3.14とすると半円は$1413cm^2$、全体は$6813cm^2$になる。$6814cm^2$はより精密な近似値。）

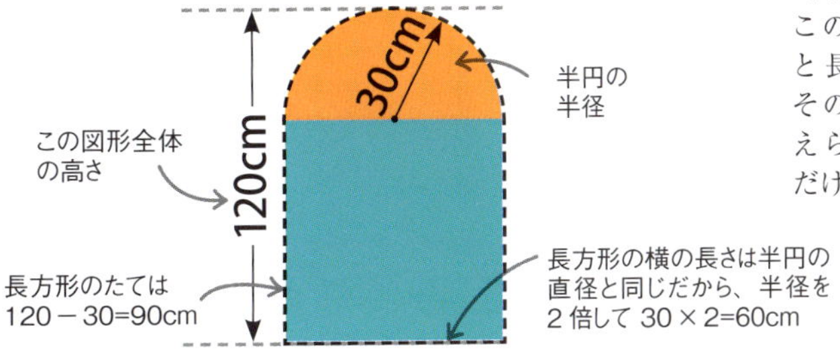

◁**複合図形**
この複合図形は半円と長方形からなる。その面積はここに与えられた二つの長さだけで計算できる。

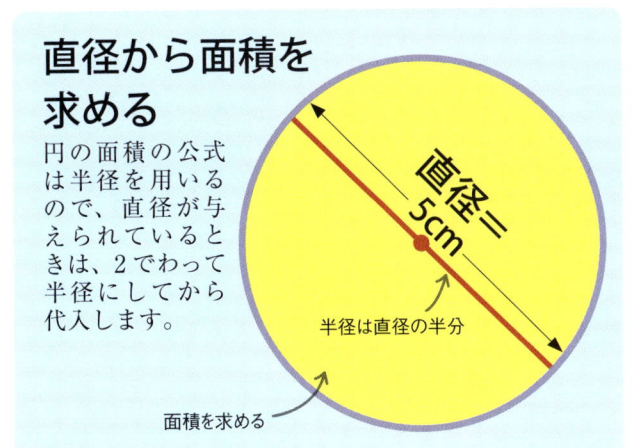

円周角

参照ページ
〈76〜77 角
〈108〜109 三角形
〈130〜131 円

円周角と中心角の関係や性質を学びます。

ある弧の両端と円の中心を結んでできる角を中心角、ある弧の両端と円周上の点を結んでできる角を円周角といいます。同じ弧に対する中心角は円周角の二倍の大きさになります。

弧と円周角

ある弧を決め、この弧以外の円周上の一点と弧の両端を結んでできる角を、その弧に対する円周角といいます。右の図で、円周上の点Rを頂点とする角が、弧PQに対する円周角です。(弧PQは短い方。)

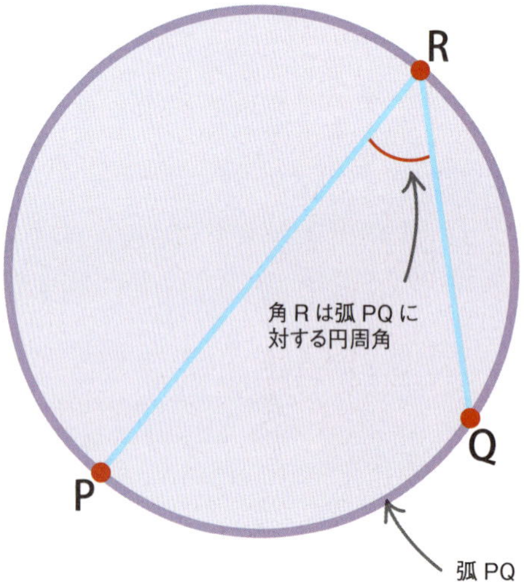

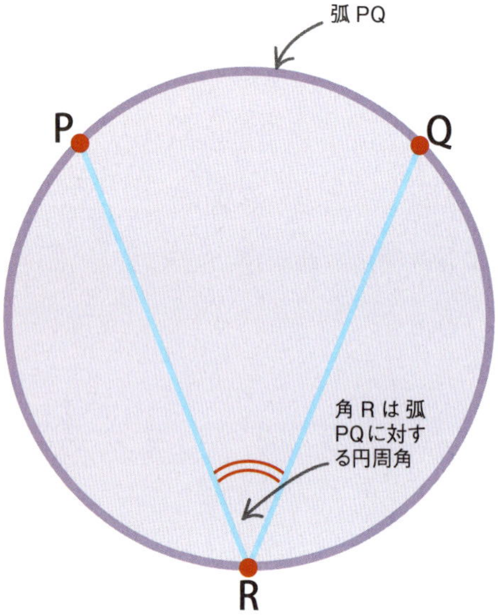

▷弧に対する角
右のどちらの円でも、角PRQは弧PQに対する円周角といえる。弧PQが決まれば、点Rは弧PQを除いた円周上のどこにあっても構わない。

中心角と円周角

一つの弧に対する円周角の大きさは一定で、同じ弧に対する中心角は円周角の二倍になります。右の図で、円周角Rと中心角Oはともに同じ弧PQに対する角です。

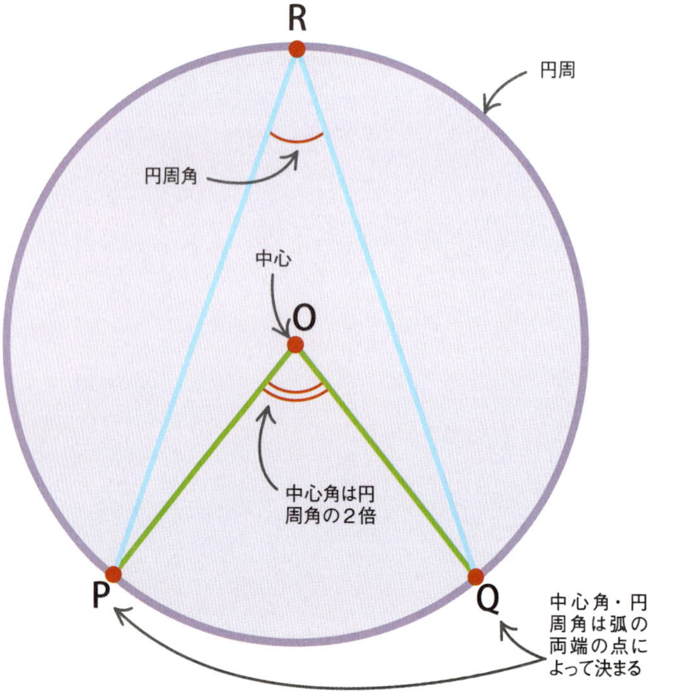

中心角＝2×円周角

▷円周角の定理
一つの弧に対する円周角の大きさは一定で、その弧に対する中心角は円周角の二倍になる。いいかえれば、円周角の大きさは同じ弧に対する中心角の半分である。

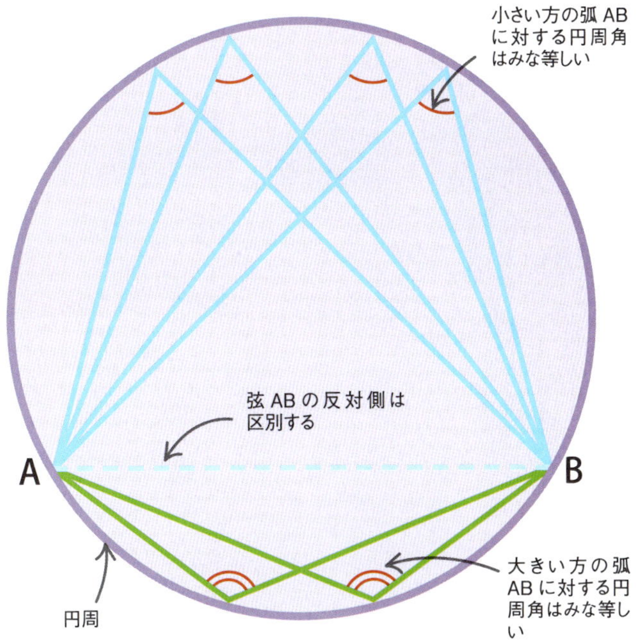

△**同じ弧に対する円周角**

同じ弧に対する円周角は、頂点がこの弧以外の円周上のどこにあっても、等しい。上の図で、小さい方の弧 AB に対する円周角（AB の上方）はすべて等しく、大きい方の弧 AB に対する円周角（AB の下方）はすべて等しい。

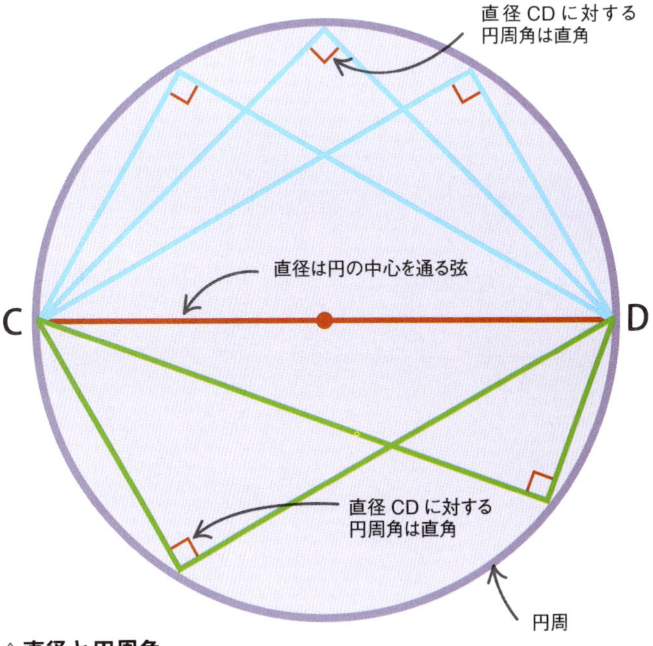

△**直径と円周角**

直径の両端と円周上の点を結んでできる円周角はすべて直角である。半円の中心角は 180° つまり直径になるので、これに対する円周角はその半分の 90° になる。

円周角の定理を導く

同じ弧に対する中心角は円周角の二倍になるという定理は、二等辺三角形の内角と外角の関係から導けます。

O を中心とする円周上に図のように三つの点 P、Q、R をとる。

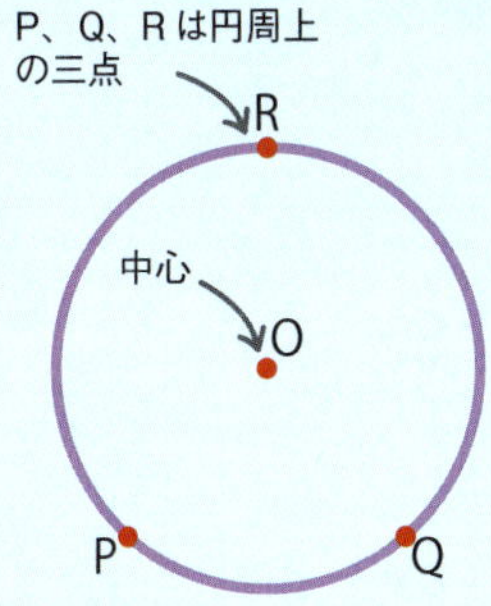

図のように線で結び、弧 PQ に対する中心角 POQ と円周角 PRQ を作る。

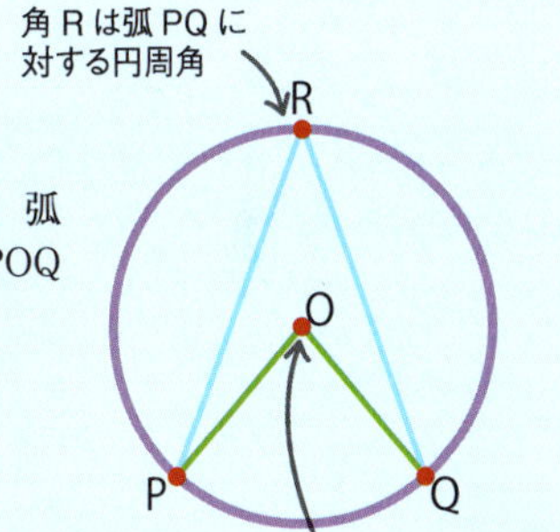

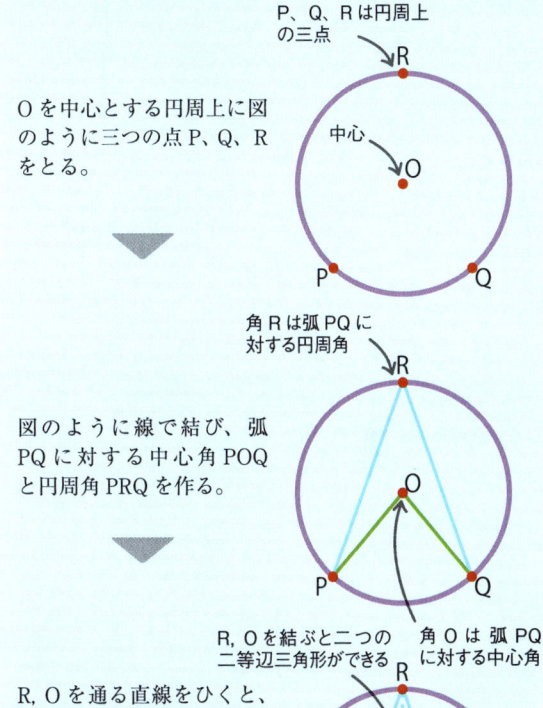

R, O を通る直線をひくと、OP、OQ、OR は半径で等しいので、二つの三角形 OPR と OQR は二等辺三角形になる。二等辺三角形の底角は等しい。

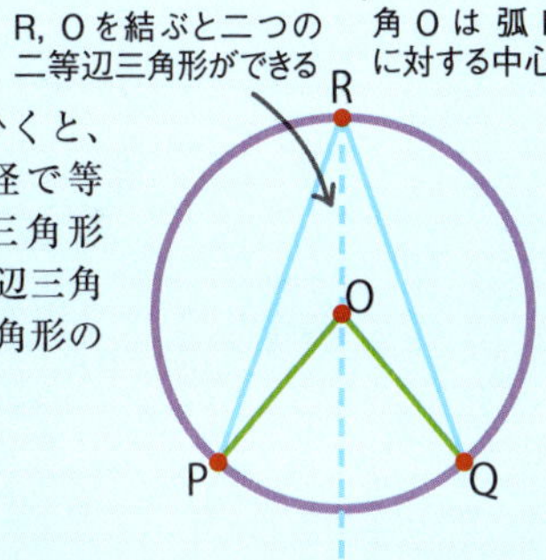

二等辺三角形 OPR の底角を A とすると、二つの内角 A の和は O の外角に等しく 2A と表すことができる。二等辺三角形 OQR でも同様に、底角を B とすると、O の外角は 2B と表せる。弧 PQ に対する円周角 PRQ は A+B、中心角 POQ は 2A+2B となり、中心角は円周角の 2 倍になることがわかる。

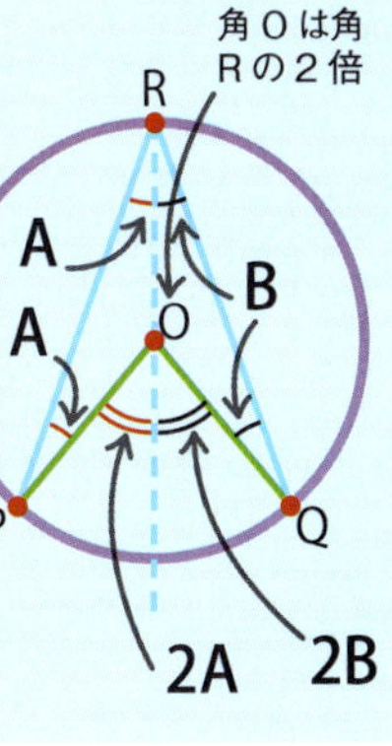

弦と四角形

弦は円周上の二点を結ぶ線分です。四つの弦を四辺とする四角形を円に内接する四角形といいます。

いろいろな長さの弦がありますが、最も長い弦は直径です。同じ長さの弦は円の中心から等距離にあります。円に内接する四角形は四つの頂点が円周上にあります。

参照ページ
〈122〜125 四角形
〈130〜131 円

弦

弦は円周上の二点を結ぶ線分で、直径が最も長い弦です。直径は円の最も幅の広い部分を横切っていることになります。弦の垂直二等分線はすべて円の中心を通り、中心と弦の距離はこの垂直二等分線上で測ります。長さの等しい二つの弦は中心からの距離も等しいです。

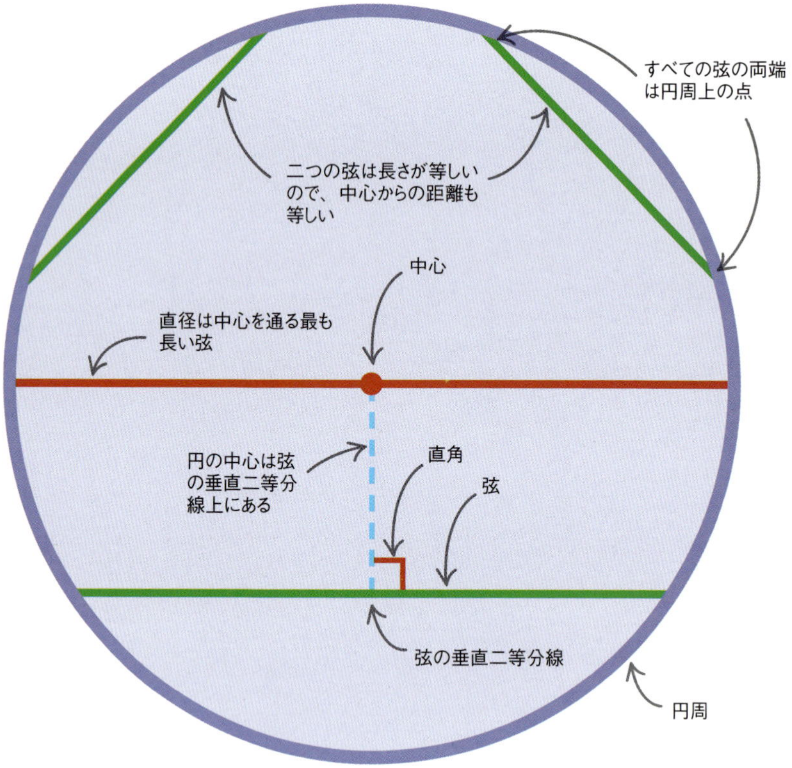

▷弦の特徴
この円には、最も長い弦である直径と長さの等しい二つの弦、そして垂直二等分線をひいた弦の四つの例が示してある。

詳しく見ると

交わる弦

交わる二つの弦には、面白い性質がある。交点でどちらの弦も分割されるが、それぞれの弦の分割された長さの積は等しいという性質で、方べきの定理と呼ばれている。

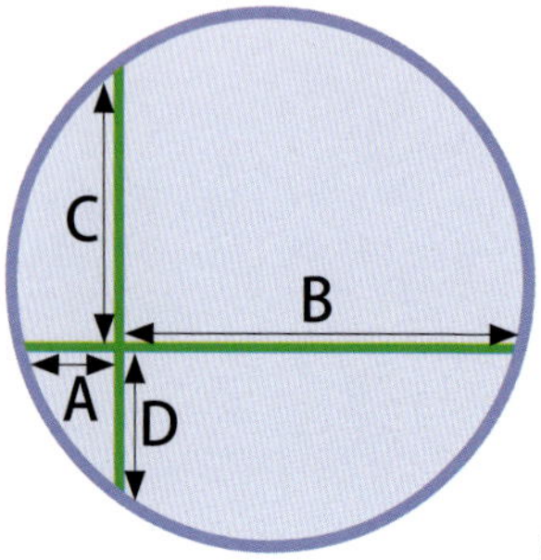

▷弦の分割
2本の弦が交わって、交点によって一方がA、Bの部分に、他方がC、Dの部分に分けられている。

一方の弦の分割された長さの積　　他方の弦の分割された長さの積

$$A \times B = C \times D$$

（訳注——この等式は、それぞれの弦の端の点を結んでできる相似な三角形の比の式、A:C=D:Bなどから導ける。）

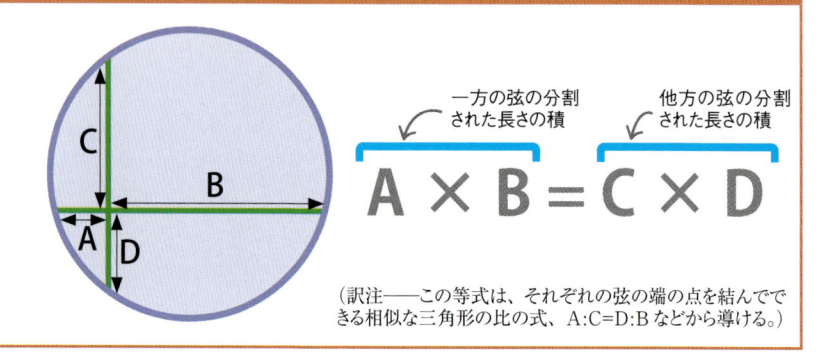

円の中心を見つける

弦を利用して円の中心を見つけることができます。円に二つの弦をひき、それぞれの垂直二等分線を作図します。垂直二等分線の交点が円の中心です。

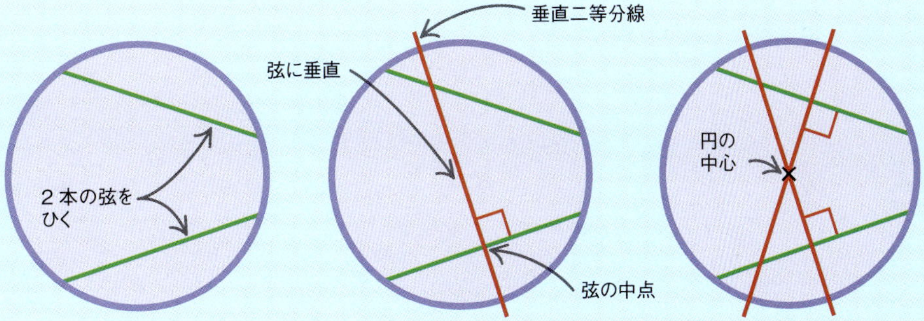

中心を見つけたい円に、まず二つの弦をひく。

一方の弦の垂直二等分線を作図する。

もう一方の弦も垂直二等分線を作図する。二つの垂直二等分線の交点がこの円の中心である。

円に内接する四角形

円に内接する四角形は四つの弦を四辺とする四角形で、四つの頂点が円周上にあります。円に内接する四角形では、対角の和は180°で、一つの内角は対角の外角に等しいという性質があります。（対角は向かい合う角のこと。）

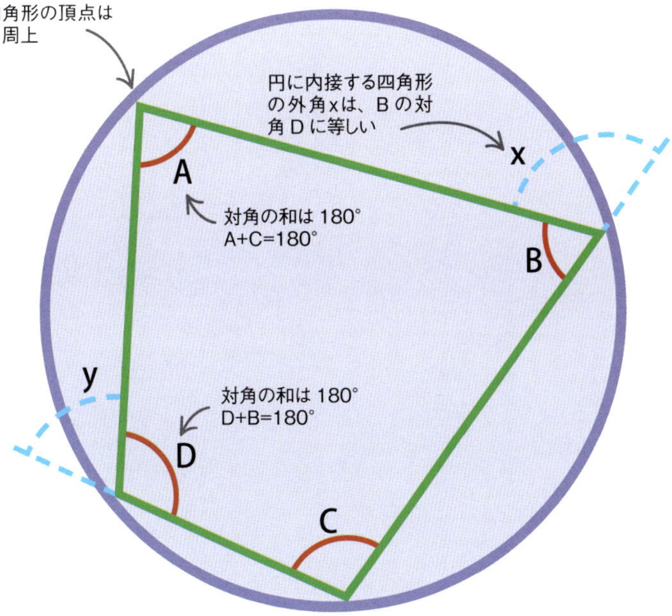

△円に内接する四角形

四つの内角をA、B、C、Dとする。Bの外角をx、Dの外角をyとする。

$$A + B + C + D = 360°$$

△内角の和

四角形の内角の和は常に360°である。

$$A + C = 180°$$

$$B + D = 180°$$

△対角の和は180°

対角A、Cは円周角だが、同じ弧に対する中心角は2倍の2A、2Cとなり、その和は360°になる。2A＋2C=360°よりA+C=180°（B+Dについても同様）

Bの対角の外角

$$y = B$$

Dの対角の外角

$$x = D$$

△外角

円に内接する四角形の外角は、それととなりあう内角の対角に等しいので、y=B、x=Dとなる。

接線

接線は円周に一点で接する直線です。

参照ページ
〈102〜103 作図
〈120〜121 ピタゴラスの定理
〈130〜131 円

接線とは？

円外の点からひいた直線が円周にただ一点で接するとき、この直線を円の接線といい、接する点を接点といいます。接線は、接点と円の中心を結ぶ半径に垂直です。円外の一点から二つの接線を引くことができ、この円外の点から接点までの長さを接線の長さといいます。

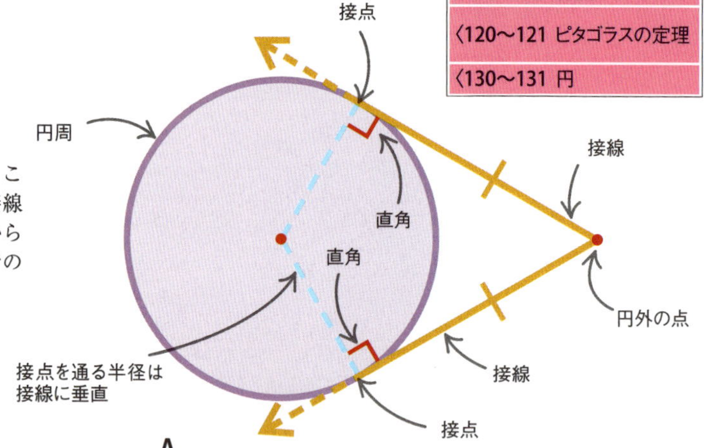

▷接線の性質
円外の一点から接点までの二接線の長さは等しい。

接線の長さを求める

接線は接点を通る半径に垂直なので、接線上の点と円の中心を結ぶと直角三角形ができます。ピタゴラスの定理を用いれば、直角三角形のどの辺でも求められます。

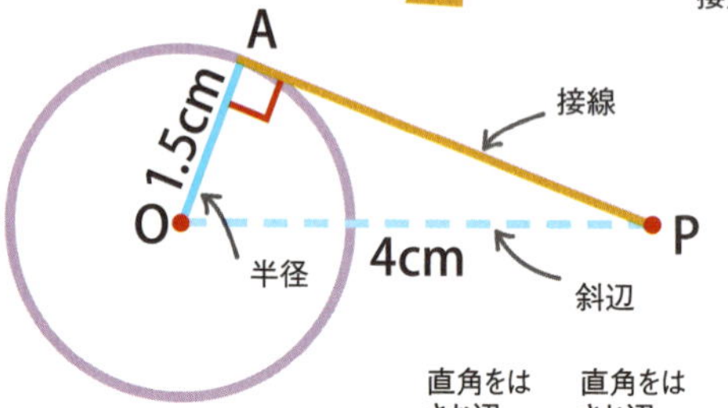

◁接線と直角三角形
接線、円の半径、点 P と中心 O を結ぶ線分を三辺とする直角三角形に注目する。

ピタゴラスの定理は、直角三角形の直角をはさむ二辺の二乗の和は斜辺の二乗に等しいことを示している。

直角をはさむ辺　直角をはさむ辺　斜辺

$$a^2 + b^2 = c^2$$

わかっている数値を公式に代入する。辺 OP が斜辺で 4cm、円の半径は 1.5cm、辺 AP の長さが求める値である。

$$1.5^2 + AP^2 = 4^2$$

二つの数の二乗を計算する。1.5 の二乗は 2.25、4 の二乗は 16 である。

$1.5 \times 1.5 = 2.25$　接線の長さを求める　$4 \times 4 = 16$

$$2.25 + AP^2 = 16$$

式を変形して、左辺を未知数 AP^2 だけにする。両辺から 2.25 をひけばよい。

両辺から 2.25 をひく

両辺から 2.25 をひくと左辺は未知数だけになる

$$AP^2 = 16 - 2.25$$

右辺の計算をすると 13.75 で、これが AP を二乗した値である。

$AP \times AP$　$16 - 2.25 = 13.75$

$$AP^2 = 13.75$$

AP は 13.75 の正の平方根なので、電卓で求める。

AP は正の数　正の平方根

$$AP = \sqrt{13.75}$$

適当な位で四捨五入する。これが接線 AP の長さである。

3.708…を小数第二位までに

$$AP = 3.71\text{cm}$$

接線の作図

接線をひくには、コンパスと定規を使って、接点の位置を正確に求める必要があります。ここでは円外の点 P から O を中心とする円に二つの接線をひく方法を示しています。

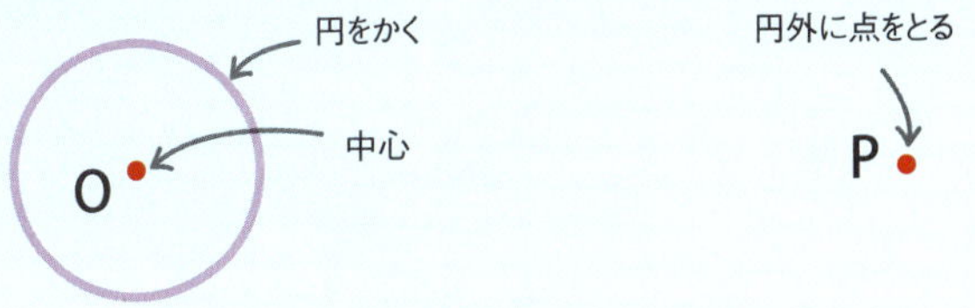

コンパスで円をかき、中心を O とする。円外に点 P をとる。点 P から円に 2 本の接線をひくために、まず OP の中点を見つける必要がある。

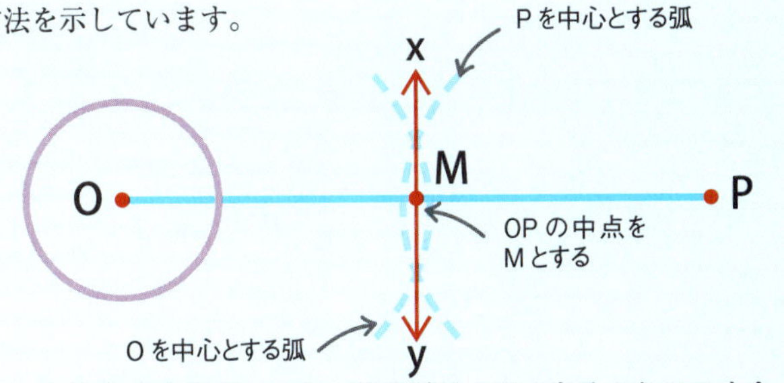

O と P を結ぶ。コンパスを線分 OP の半分よりやや大きめに開き、半径を変えずに O と P を中心にして二つの弧をかく。二つの弧の交点を結んだ直線を x y とすると、x y と OP の交点が OP の中点である。

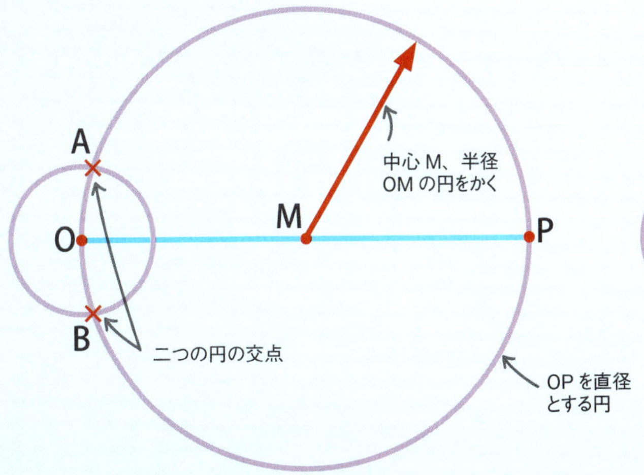

コンパスを OM の長さの半径にセットし、M を中心、OP を直径とする円をかく。この新しい円ともとの円の二つの交点を A、B とする。

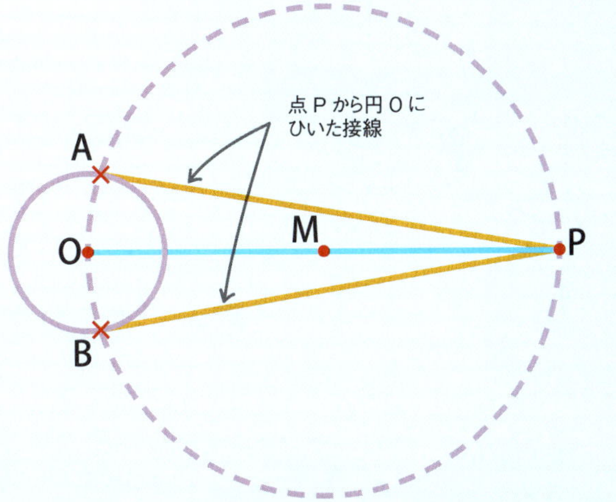

最後に交点 A、B と点 P を結ぶ。この二つの直線が点 P から円 O にひいた接線である。二つの接線の長さは等しい。

接線と弦のつくる角

接線には角についての特別な性質があります。右の図で、B を接点とする接線と弦 BC の間の角 ABC は、その角の内部の弧 BC に対する円周角 BDC に等しいという性質で、接弦定理と呼ばれることもあります。

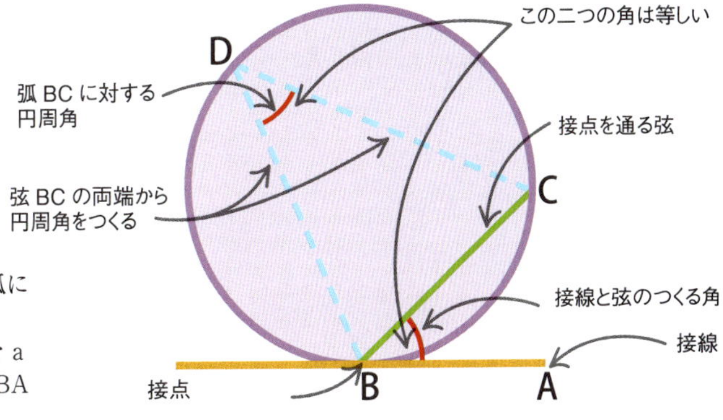

▷接弦定理

接線と接点を通る弦のつくる角は、その角の内部の弧に対する円周角に等しい。

(※ 訳注・中心を O とし二等辺三角形 OBC の底角を a とすると、∠ O=180° −2aより∠ D=90°−a 、一方∠ OBA は直角だから∠ ABC=90° −a)

弧

弧は円周の一部で、中心角を使って長さを求めることができます。

参照ページ
〈48〜51 比と比例
〈130〜131 円
〈132〜133 円周と直径

弧とは？

弧は円周の一部分で、弧の長さは中心角の大きさに比例します。中心角は弧の両端と円の中心を結ぶ二つの半径でできる角です。弧の長さがわからなければ、円周と中心角を使って求めることができます。弧 AB などといったとき、小さい弧と反対側の大きい弧の二つがあります。

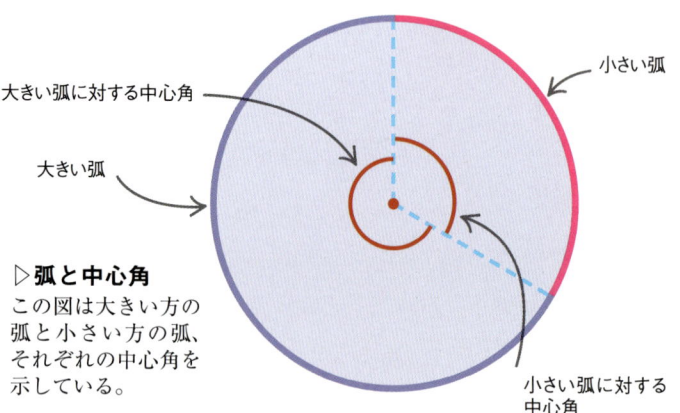

弧の長さを求めるときに使う式

$$\frac{\text{弧の長さ}}{\text{円周}} = \frac{\text{中心角}}{360^\circ}$$

円周全体

1 回転の角度

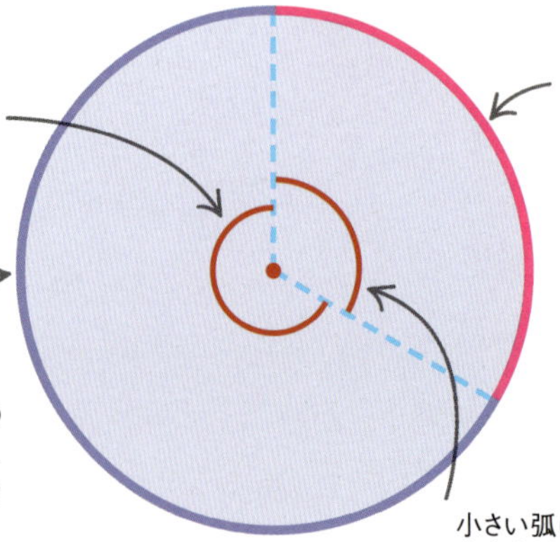

▷**弧と中心角**
この図は大きい方の弧と小さい方の弧、それぞれの中心角を示している。

弧の長さを求める

弧の長さは、円周のうちのどれだけに当たるか、という割合を使って求めます。その割合は 360° に対する中心角の割合に一致します。いいかえると、弧の長さは中心角に比例するということです。

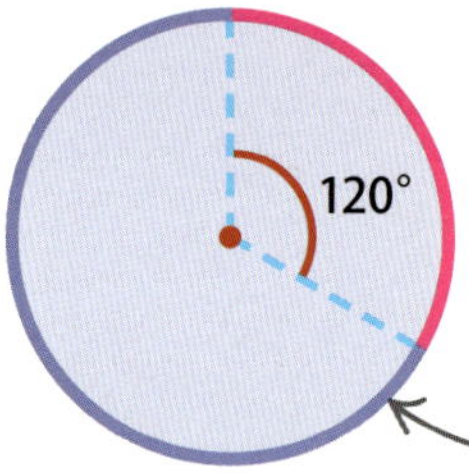

◁**中心角と弧**
この円の円周は 10cm。中心角 120° 分に当たる弧の長さを求めたい。

弧の長さを求めるのに使う式は、弧の長さと円周の比が中心角と 360° の比に等しいことを表している。

$$\frac{\text{弧の長さ}}{\text{円周}} = \frac{\text{中心角}}{360^\circ}$$

わかっている数値を公式に代入する。ここでは円周は 10cm、中心角が 120°

$$\frac{\text{弧の長さ}}{10} = \frac{120}{360}$$

左辺を弧の長さだけにするために、両辺に 10 をかける。

両辺を 10 倍すると、10 は約分で消える

こちらも 10 倍する

$$\text{弧の長さ} = \frac{10 \times 120}{360}$$

右辺を計算して弧の長さを求める。答えは必要に応じて適当な位まで求める。

3.333…は小数第二位までになおすと

$$C = 3.33\text{cm}$$

おうぎ形

参照ページ
〈48〜51 比と比例
〈130〜131 円
〈132〜133 円周と直径

おうぎ形は、二つの半径で円を切り取った図形です。中心角を使って面積を求めることができます。

おうぎ形とは？

おうぎ形は円の一部で、二つの半径と弧で囲まれた図形です。おうぎ形の面積は半径と中心角によって決まります。円から小さいおうぎ形を切り取ると、残りの大きい部分もおうぎ形です。

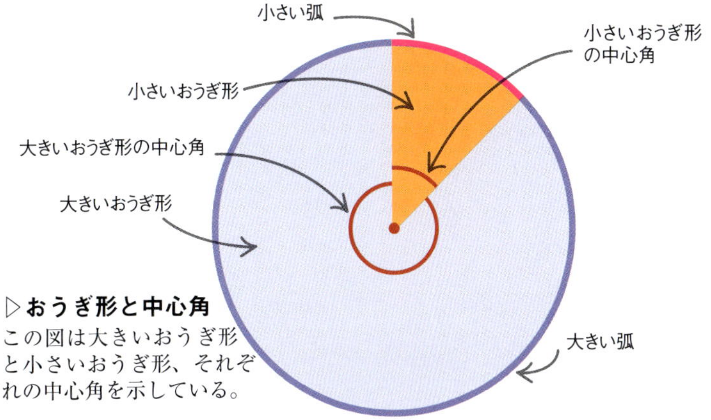

▷おうぎ形と中心角
この図は大きいおうぎ形と小さいおうぎ形、それぞれの中心角を示している。

$$\frac{\text{おうぎ形の面積}}{\text{円の面積}} = \frac{\text{中心角}}{360^\circ}$$

おうぎ形の面積を求めるときに使う式

おうぎ形の面積を求める

おうぎ形の面積は、円全体の面積に対する割合を使って求めます。その割合は360°に対する中心角の割合に一致します。つまり、おうぎ形の面積は中心角に比例するということです。

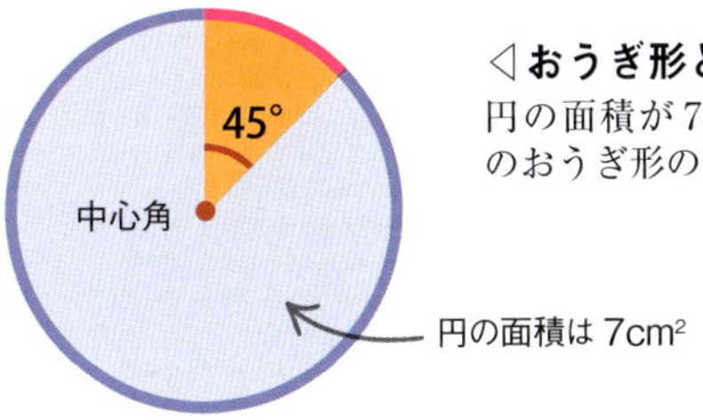

◁おうぎ形と中心角
円の面積が7cm²のとき、中心角45°のおうぎ形の面積を求めたい。

おうぎ形の面積を求めるのに使う式は、おうぎ形の面積と円の面積の比が、中心角と360°の比に等しいことを表している。

$$\frac{\text{おうぎ形の面積}}{\text{円の面積}} = \frac{\text{中心角}}{360^\circ}$$

わかっている数値を公式に代入する。ここでは円の面積は7cm²、中心角が45°

$$\frac{\text{おうぎ形の面積}}{7} = \frac{45}{360}$$

左辺をおうぎ形の面積だけにするために、両辺に7をかける。

両辺を7倍すると、7は約分で消える

こちらも7倍する

$$\text{おうぎ形の面積} = \frac{45 \times 7}{360}$$

右辺を計算しておうぎ形の面積を求める。答えは必要に応じて適当な位まで求める。

0.875は小数第二位までになおすと

$$C = 0.88\text{cm}^2$$

立体

参照ページ
〈126〜129 多角形
体積 146〜147〉
表面積 148〜149〉

立体は三次元の図形です。

立体はたて・横・高さの三次元をもつ空間図形です。体積や表面積も、よく問題になります。

角柱

平面だけで囲まれた立体を多面体といいます。角柱は多面体の一種で、二つの合同で平行な底面とそれをつなぐ側面からなる立体です。右の例は、平行な五角形の底面と長方形の側面をもつ角柱で、普通底面の形から五角柱と呼ばれます。円が底面ならば円柱ですが、円柱は多面体ではありません。直方体は、長方形を底面とする四角柱です。
（訳注――右の図では、三次元立体の紹介として、たて・横・高さをいれてあるが、角柱としてみれば高さは底面間の距離つまり「横」を指すのが普通。）

▷角柱
底面が五角形なので五角柱。ただしここでは、例えばこういう立体の建物とみて、床面のたて・横、建物の高さを示している。

◁体積
立体の占める空間の大きさを体積という。

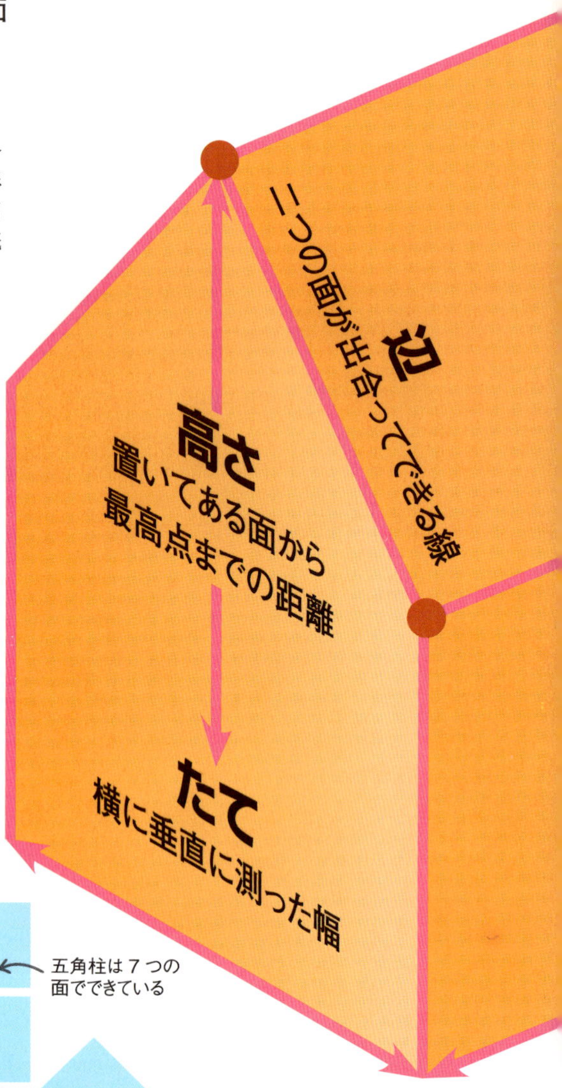

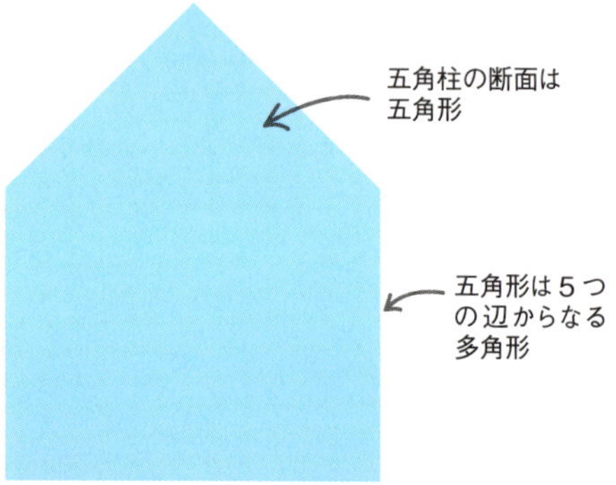

△断面
立体を平面で切ったときの切り口の図形。角柱では底面に平行に切れば、底面と同じになる。

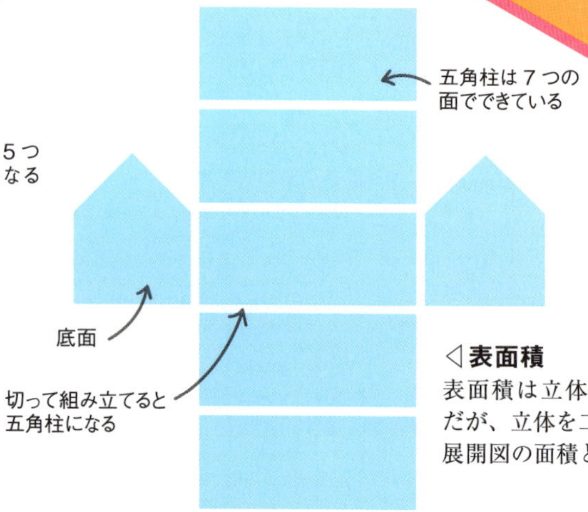

◁表面積
表面積は立体の表面全体の面積だが、立体を二次元に切り開いた展開図の面積として求められる。

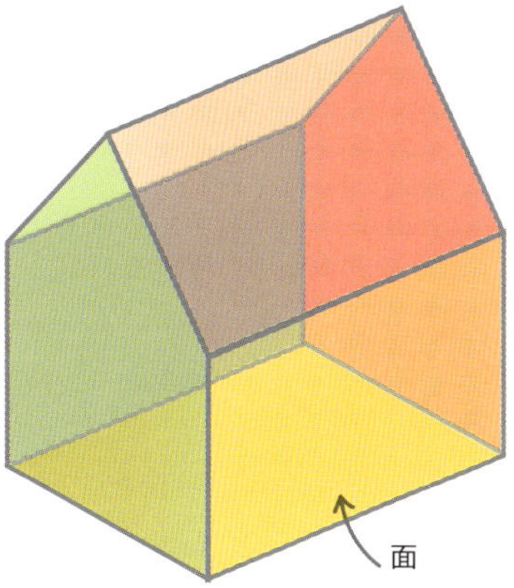

△**面**
面は立体を形づくる表面で、多面体の場合はいくつかの辺に囲まれた多角形。五角柱は 7 つの面でできている。

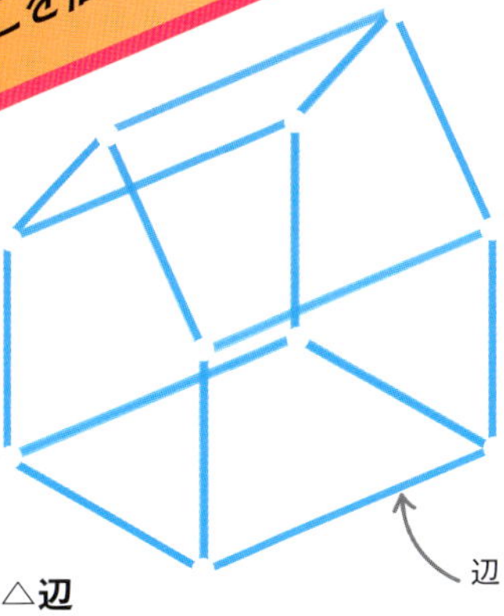

△**辺**
辺は、立体で二つの面が出合ってできる線である。五角柱には 15 本の辺がある 。

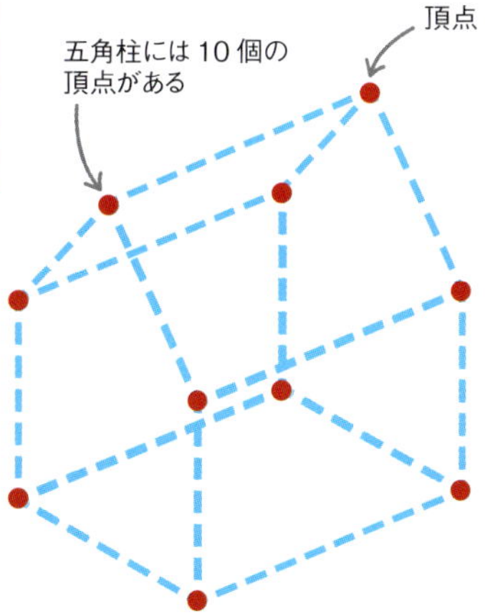

△**頂点**
頂点は辺が出合う点である。多面体では三つ以上の面が交わる点。

いろいろな立体

平面だけで囲まれた多面体の他に、面を回転させてできる回転体も数学でよくあつかわれます。それぞれ名前がついています。

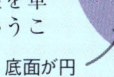

▷円柱
二つの円の底面を曲面でつないだ柱で、長方形を回転させてできる直円柱を単に円柱ということが多い。

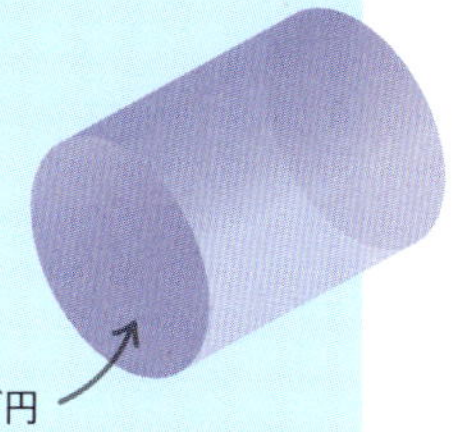

▷直方体
向かい合う面が合同な四角柱。すべての辺が等しければ、立方体になる。

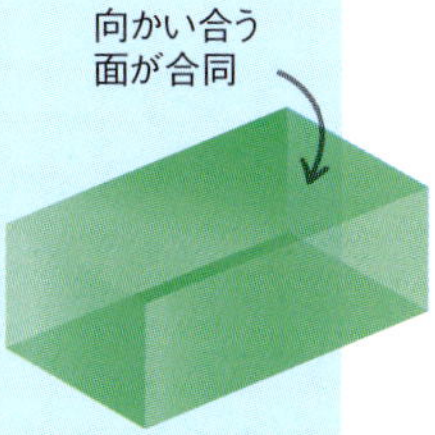

▷球
直径を軸として半円を回転させてできる立体。表面上のすべての点は、中心から等距離にある。

▷角すい
多角形を底面とし、この平面上にない一つの点を頂点とする三角形を側面にもつ立体。

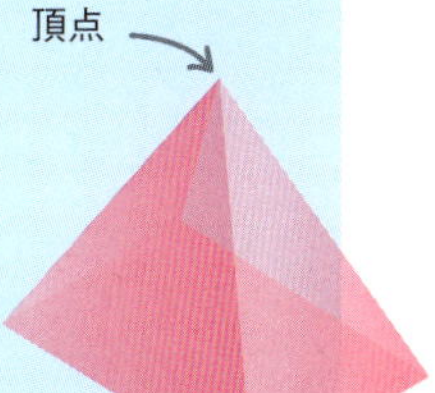

▷円すい
円を底面とし、この平面上にない一頂点と曲面でつないだ立体。（直角三角形を回転させてできる直円すいを単に円すいということが多い。）

体積

立体の占める空間の大きさ。

参照ページ
〈28〜29 計量の単位
〈144〜145 立体
〈148〜149 表面積

立体の大きさ

体積には、cm^3 や m^3 のような「立方」の単位が使われます。直方体のような立体の体積は、単位となる立方体いくつぶんの大きさかを考えますが、他の円柱のような立体では公式を用いて体積を求めます。体積を求めるときには、それぞれの立体の底面の面積が鍵になります。

▷「立方」の単位

単位となる立方体は、例えば一辺が1cmの立方体で $1cm^3$。この立方体がたて・横・高さにいくつ並ぶかを考えて、体積を計算する。この直方体の体積は3×2×2で、$12cm^3$。

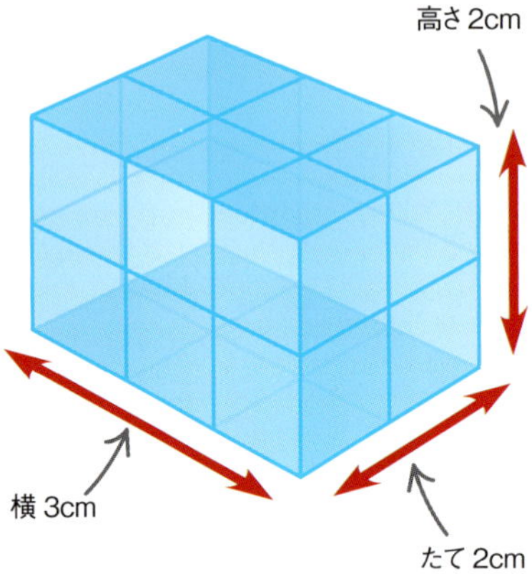

円柱の体積を求める

円柱の体積は、底面の円の面積に高さをかけて求めます。

円柱の体積の公式

$$円柱の体積 = \pi \times r^2 \times 高さ$$

円柱の体積を求める公式は、底面の円の面積に高さをかけたもの。

3.14　r×r　円の面積の公式

$$底面積 = \pi \times r^2$$

小数第二位以下は四捨五入

$$3.14 \times 3.8 \times 3.8 \fallingdotseq 45.3cm^2$$

まず円の面積の公式を使って底面積を求める。底面積と高さを次の公式に当てはめる。(この公式は角柱でも使える。)

$$円柱の体積 = 底面積 \times 高さ$$

$$45.3 \times 12 \fallingdotseq 544cm^3$$

底面積に高さをかけて、体積を求める。答えは四捨五入して整数とした。

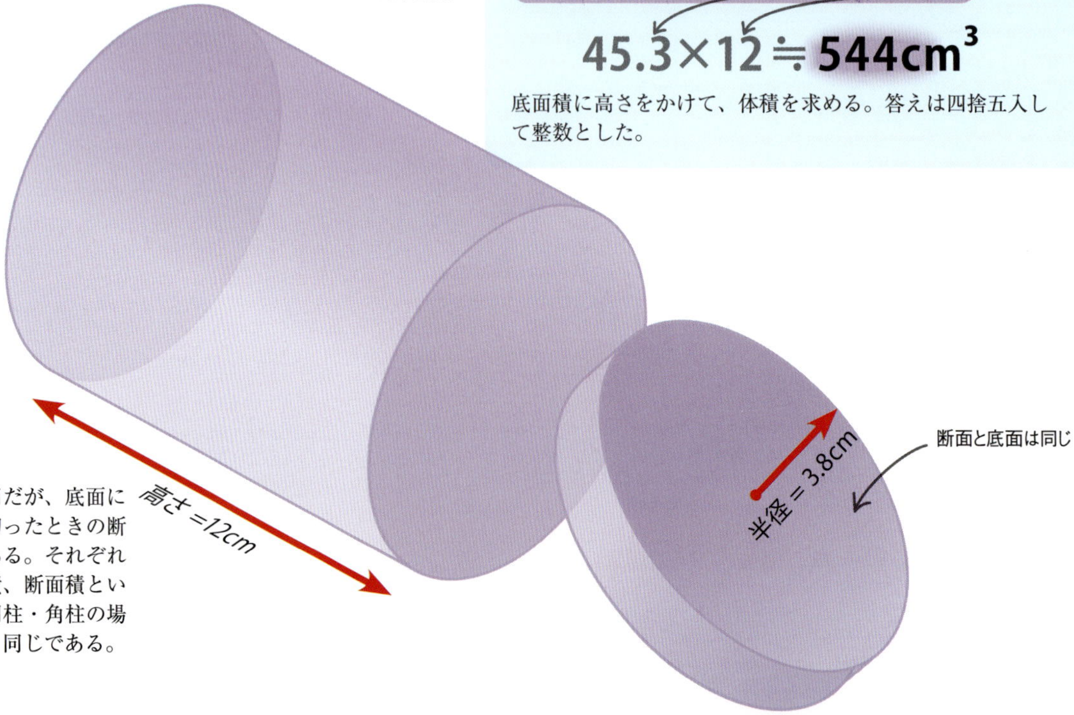

▷断面

円柱の底面は円だが、底面に平行な平面で切ったときの断面も同じ円である。それぞれの面積を底面積、断面積というが、これも円柱・角柱の場合にはまったく同じである。

直方体の体積を求める

直方体は6つの平面でできていますが、どの面も長方形です。たて･横･高さをかけ合わせれば、体積を求めることができます。

直方体は四角柱なので、底面積×高さと考えても同じ

直方体の体積＝横×たて×高さ

$$4.3\times2.2\times1.7 \fallingdotseq 16\text{cm}^3$$

小数点以下四捨五入

▷辺の長さをかけ合わせる

この直方体の横は4.3cm、たては2.2cm、高さは1.7cmである。三つの長さをかければ体積がでる。

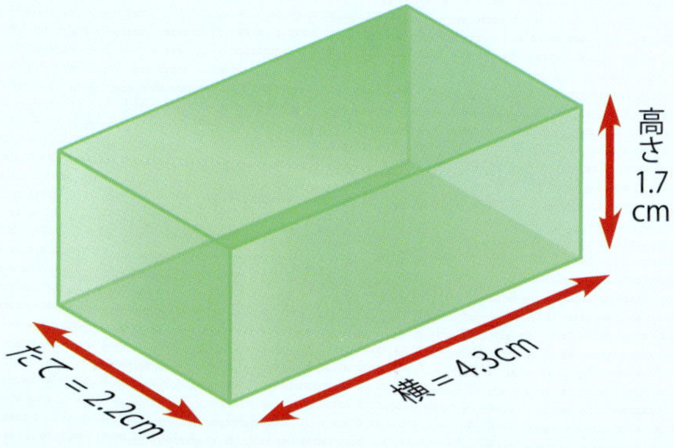

円すいの体積を求める

底面積に高さをかけ、さらに$\frac{1}{3}$をかけます。底面積は円の面積、高さは頂点から底面までの距離で底面に垂直に測ったものです。

底面に垂直に測る

円すいの体積＝$\frac{1}{3}\times\pi\times r^2\times$高さ

$$\frac{1}{3}\times3.14\times2\times2\times4.3 \fallingdotseq 18\text{cm}^3$$

小数点以下四捨五入

▷円すいと角すい

底面積×高さ×$\frac{1}{3}$という公式は、角すいの体積にも使える。円すいの場合の底面積はπr^2、角すいの底面積はそれぞれの多角形の面積になる。

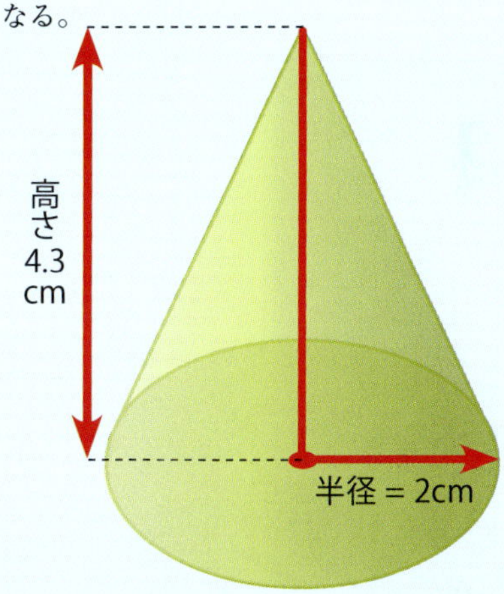

球の体積を求める

半径がわかれば、次の公式に当てはめて、球の体積を求めることができます。この球の半径は2.5cmです。

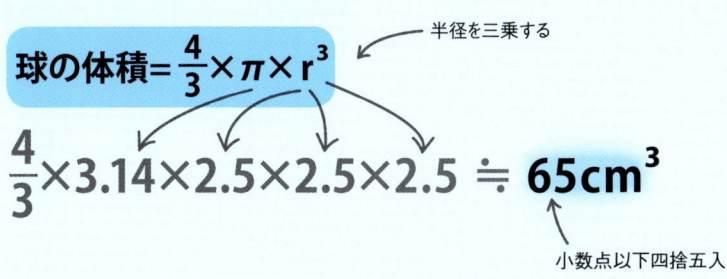

球の体積＝$\frac{4}{3}\times\pi\times r^3$

半径を三乗する

$$\frac{4}{3}\times3.14\times2.5\times2.5\times2.5 \fallingdotseq 65\text{cm}^3$$

小数点以下四捨五入

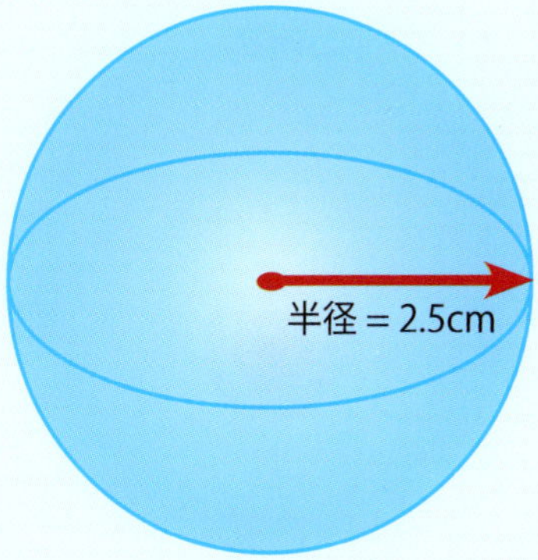

▷球の公式

球の体積を求めるには、$\frac{4}{3}$とπと半径の三乗をかけ合わせる。

表面積

表面積は立体の表面全体の面積です。

参照ページ
〈28〜29 計量の単位
〈144〜145 立体
〈146〜147 体積

多くの立体では展開図を使って各面の面積を出し、合計すれば表面積を求めることができます。球は例外ですが、表面積を求める簡単な公式があります。

立体の表面積

辺のある立体では、各面の面積をすべて出して合計すれば表面積を求めることができます。立体を切り開いて平面上に広げた図を展開図といいますが、展開図を用いると表面積は求めやすくなります

▷円柱
二つの円の底面と曲面の平面からなる円柱も、切り開いて展開図を作ることができる。

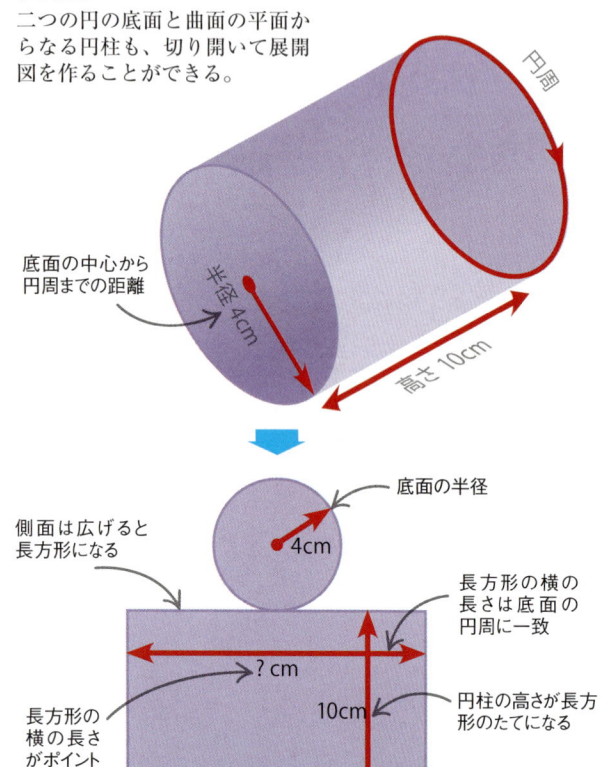

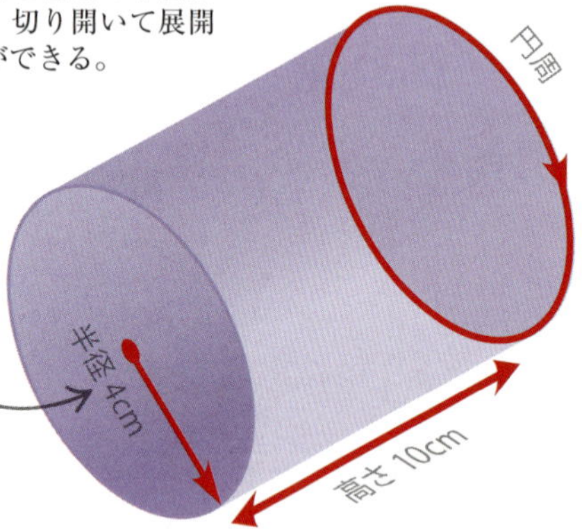

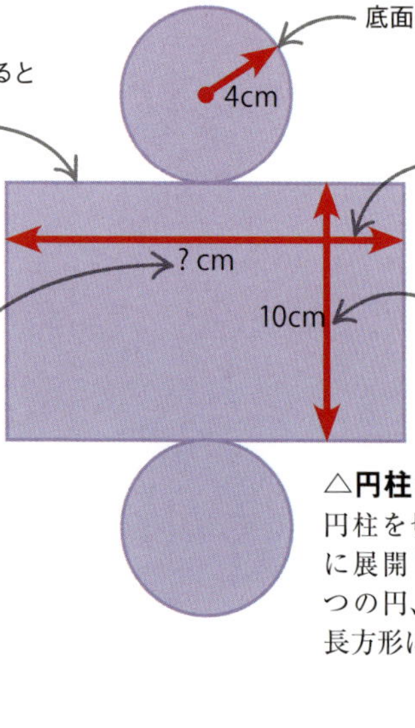

円柱の高さが長方形のたてになる
長方形の横の長さがポイント

△円柱の展開図
円柱を切り開いて平面上に展開した図。底面は二つの円、側面は広げると長方形になる。

円柱の表面積を求める

円柱の表面を各面に分けると、長方形と二つの円になります。それぞれの面積を計算して合計すれば、表面積が得られます。円柱の高さは10cm、底面の半径は4cmです

円の面積 ＝ $\pi \times r^2$（π× 半径×半径）

$3.14 \times 4 \times 4 =$ **$50.24cm^2$**（底面の面積）

円の面積の公式を使って、底面の面積を計算する。π は3.14とする。

円周 ＝ $2 \times \pi \times r$（直径×π）

$2 \times 3.14 \times 4 =$ **25.12cm**（底面の円周）

側面の面積を求めるために、まず長方形の横の長さを計算する必要がある。長方形の横の長さは底面の円周に一致するので、円周の公式を使って計算する。

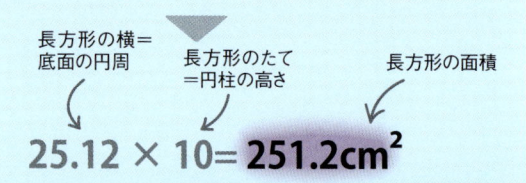

長方形の横＝底面の円周
長方形のたて＝円柱の高さ
長方形の面積

$25.12 \times 10 =$ **$251.2cm^2$**

たて × 横 を計算して、側面の面積を求める。

円柱の表面積

$50.24 + 50.24 + 251.2 =$ **$351.68cm^2$**

展開図に示された三つの図形―二つの円と長方形の面積を合計すれば、円柱の表面積が得られる。

直方体の表面積を求める

直方体は二つ一組の長方形三組でできています。下の図のように三種類の長方形をA、B、Cとします。6つの長方形の面積を合計すれば、直方体の表面積になります。

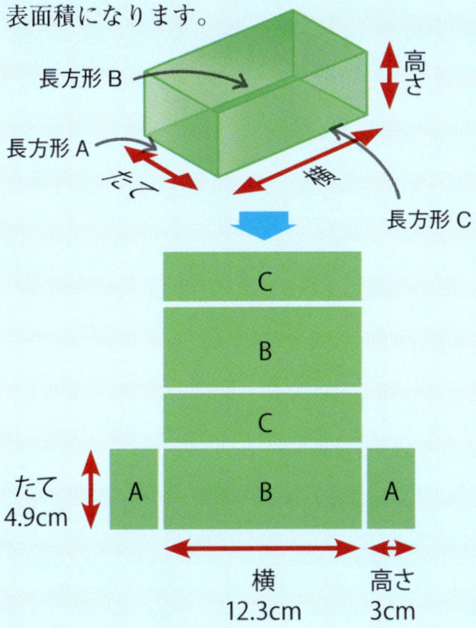

△**直方体の展開図**
直方体の展開図は三組の長方形のペアからなる。

長方形Aの面積をだすには、直方体のたてと高さをかける。

▼

長方形Bの面積をだすには、直方体のたてと横をかける。

▼

長方形Cの面積をだすには、直方体の横と高さをかける。

▼

長方形は二つずつあるので、A、B、Cの面積を二倍して合計すれば、直方体の表面積が得られる。

Aの面積 ＝ 高さ × たて

3 × 4.9 ＝ **14.7cm²**

Bの面積 ＝ 横 × たて

12.3 × 4.9 ＝ **60.27cm²**

Cの面積 ＝ 高さ × 横

3 × 12.3＝ **36.9cm²**

A, B, Cは各2面ずつある

(2×A)＋(2×B)＋(2×C)

(2 × 14.7) ＋ (2 × 60.27) ＋ (2 × 36.9)

＝ **223.74cm²**

円すいの表面積を求める

円すいは底面の円と側面でできています。側面の面積は展開図のおうぎ形をかいて求める方法がありますが、ここでは簡単な公式を使います。(下図のように底面の円周上の点から頂点までの線分を母線という)

母線の長さ

円すいの側面積＝π×r×h

側面の面積

3.14 × 3.9× 9 ≒ **110.21cm²**

円すいの側面の面積は、πと底面の半径と母線の長さをかけ合わせて求める。

▼

底面積を πr^2 で求め、これと側面積を合計すれば、円すいの表面積が得られる。

π × r²

円の面積の公式

底面の面積

3.14 × 3.9 × 3.9 ≒ **47.76cm²**

円すいの表面積

110.21＋47.76＝**157.97cm²**

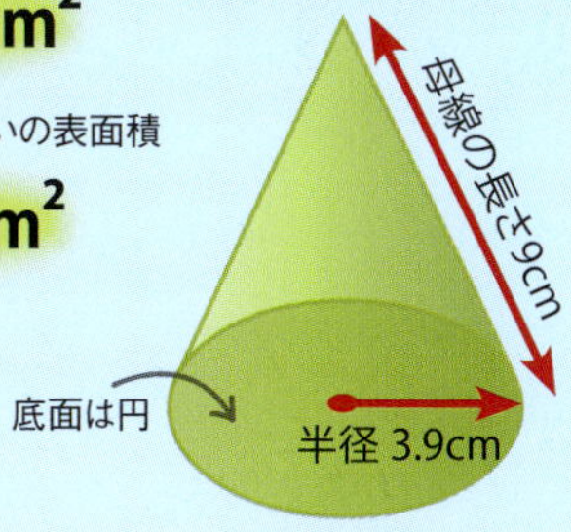

▷**円すいの側面**
母線は展開図ではおうぎ形の半径になる。円すいの側面積の公式は、おうぎ形の面積から導くことができる。

球の表面積を求める

他の多くの立体と異なり、球は展開図をかくことは不可能ですが、公式を用いて表面積を求めることができます。

同じ半径の円4つ分

球の表面積＝4×π×r²

4 × 3.14 × 17 × 17
＝**3,629.84cm²**

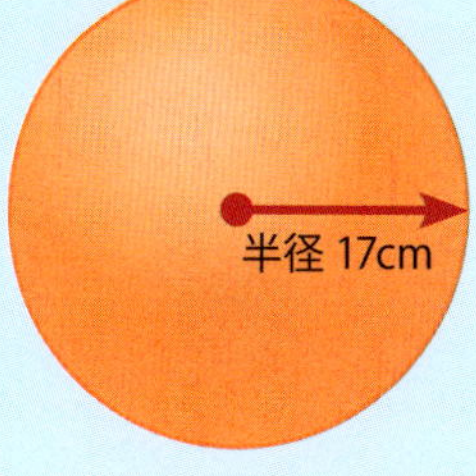

▷**球**
球の表面積の公式は πr^2 の4倍、つまり同じ半径の円の面積を4倍したものであることを示している。

3

三角法

三角法って何？

参照ページ
〈48〜51 比と比例
〈117〜119 三角形の相似

三角法は三角形の角と辺の関係を、三角比を用いてあつかう数学の一分野です。

三角形の辺の比

大きさがちがっても形が同じ図形を相似な図形といいますが、三角法では相似な直角三角形の辺の比を利用して、辺の長さや角度を求めます。この図は、太陽光線が人とビルの影をつくる場合の、二つの相似な三角形を示しています。影の長さと人の身長がわかれば、ビルの高さを求めることができます。

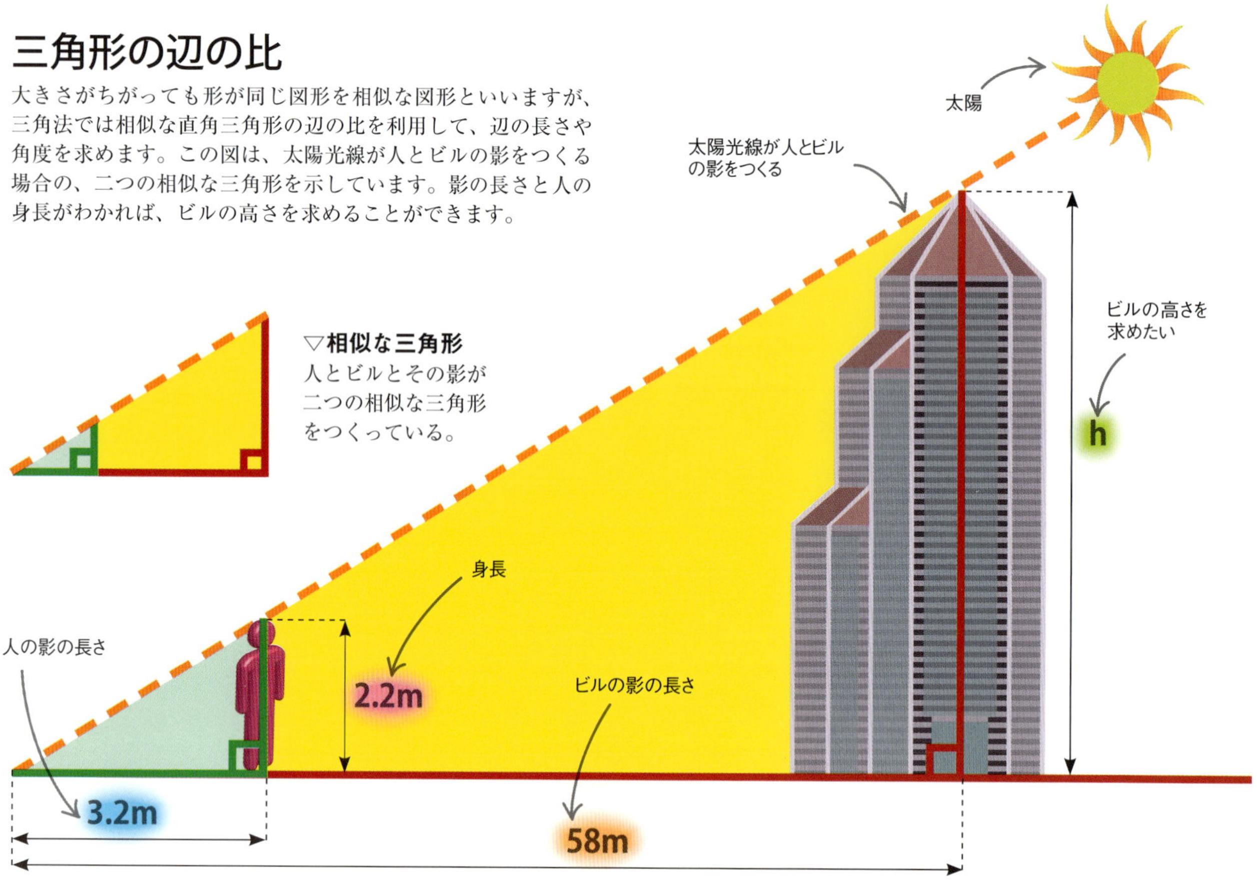

▽相似な三角形
人とビルとその影が二つの相似な三角形をつくっている。

▷相似な三角形の対応する辺の比は等しいので、ビルと人の高さの比と影の長さの比の等式をつくる。

$$\frac{\text{ビルの高さ}}{\text{人の身長}} = \frac{\text{ビルの影の長さ}}{\text{人の影の長さ}}$$

▷図からわかっている数値を代入する。未知数であるビルの高さ（h）を、等式を変形して求める。

ビルの高さ → h

$$\frac{h}{2.2} = \frac{58}{3.2}$$

▷等式を変形して左辺をhだけにする。両辺を 2.2 倍すると、左辺の 2.2 は約分で消え、h＝の形になる。

2.2 をかけると、2.2 は約分で消える

左辺に数をかけたら、右辺にも同じ数をかける

$$h = \frac{58}{3.2} \times 2.2$$

▷右辺を計算して、ビルの高さを求める。

答えは四捨五入して小数第二位までとした

$$h = 39.88\text{m}$$

三角比

三角比は直角三角形の辺の比で、辺の長さや角の大きさを求めるときに使います。

参照ページ
〈48〜51 比と比例
〈117〜119 三角形の相似
辺を求める 154〜155〉
角を求める 156〜157〉

直角三角形

ここでは直角三角形の三つの辺を斜辺、対辺、隣辺と呼びます。斜辺は直角に向かい合う最も長い辺を指します。他の二つの辺は、とりあげる角との位置関係で決まります。

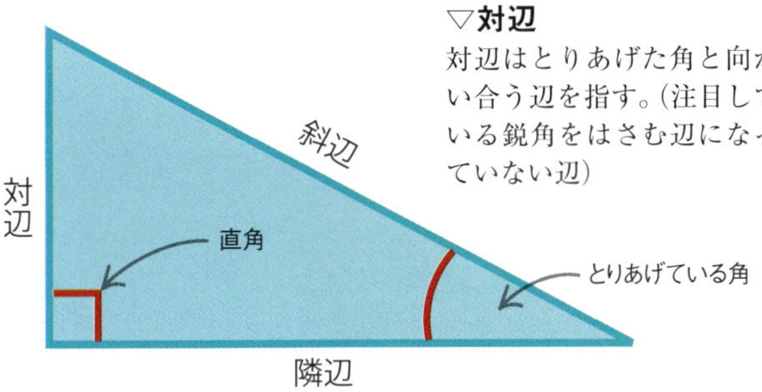

▽**対辺**
対辺はとりあげた角と向かい合う辺を指す。（注目している鋭角をはさむ辺になっていない辺）

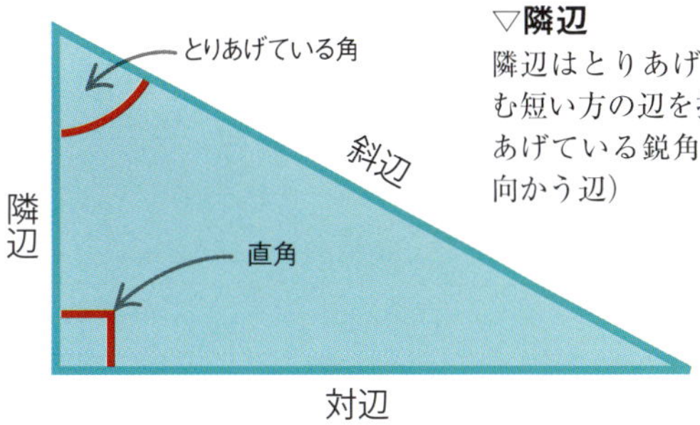

▽**隣辺**
隣辺はとりあげた角をはさむ短い方の辺を指す。（とりあげている鋭角から直角へ向かう辺）

三角比

ここに示したのは三つの基本的な三角比です。A は注目している角の大きさを表し、θ という文字もよく使われます。三つのうちどれを使うかは、三角形のどの辺がわかっているかによります。

$$\sin A = \frac{\text{対辺}}{\text{斜辺}}$$

△**サイン**
この比の値を角 A のサインまたは正弦といい、角 A・対辺・斜辺のうち二つがわかっているときに用いる。

$$\cos A = \frac{\text{隣辺}}{\text{斜辺}}$$

△**コサイン**
この比の値を角 A のコサインまたは余弦といい、角 A・隣辺・斜辺のうち二つがわかっているときに用いる。

$$\tan A = \frac{\text{対辺}}{\text{隣辺}}$$

△**タンジェント**
この比の値を角 A のタンジェントまたは正接といい、角 A・対辺・隣辺のうち二つがわかっているときに用いる。

電卓を使って

サイン、コサイン、タンジェントの値は角度ごとに決まっていて、関数電卓で調べることができます。
電卓を使って、特定の角度の三角比を求めてみよう。
（電卓のキー、操作は機種によって異なる。角度や比の値を先に入力するものも多い。）

sin **cos** **tan**

△**三角比を求める**
サイン、コサイン、タンジェントのキーのどれかを押し、角度を入力するとそれぞれの三角比の値が得られる。

SHIFT → **sin** **cos** **tan**

△**角度を求める**
シフトキーを押してからサイン、コサイン、タンジェントのキーのどれかを押し、三角比の値を入力すると角度を求めることができる。

辺を求める

参照ページ
〈152 三角法って何？
角を求める 156〜157〉
公式 169〜171〉

直角三角形で一つの鋭角と一つの辺の長さがわかれば、残りの辺の長さを求めることができます。

直角三角形で直角以外の一つの角度と一つの辺の長さが与えられれば、三角比を使って残りの辺の長さを求めることができます。三角比の数値は、電卓、インターネット、高校の教科書・参考書などで調べられます。

▽**関数電卓**
サイン、コサイン、タンジェントのキーがある電卓で、三角比の値を調べることができる。

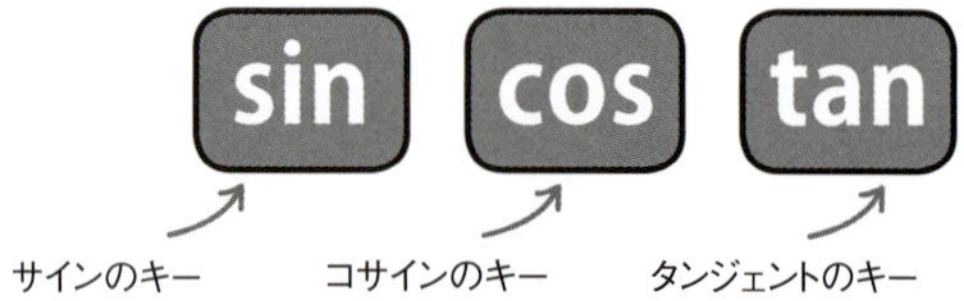

三角比の選び方

三つの三角比のどれを使うかは、どの辺がわかっているかによります。わかっている辺と求めたい辺を含む三角比を選びます。例えば、一つの鋭角の大きさと斜辺の長さが与えられていて、対辺の長さを求めるときは、サインの式を用います。

$$\sin A = \frac{対辺}{斜辺}$$

△**サイン**
一鋭角と、対辺と斜辺の長さのどちらかがわかっていて、残りを求めたいときにはサインの式を用いる。

$$\cos A = \frac{隣辺}{斜辺}$$

△**コサイン**
一鋭角と、隣辺と斜辺の長さのどちらかがわかっていて、残りを求めたいときにはコサインの式を用いる。

$$\tan A = \frac{対辺}{隣辺}$$

△**タンジェント**
一鋭角と、隣辺と対辺の長さのどちらかがわかっていて、残りを求めたいときにはタンジェントの式を用いる。

サインの三角比を使う

この直角三角形では一鋭角と斜辺がわかっています。対辺の長さを求めます。

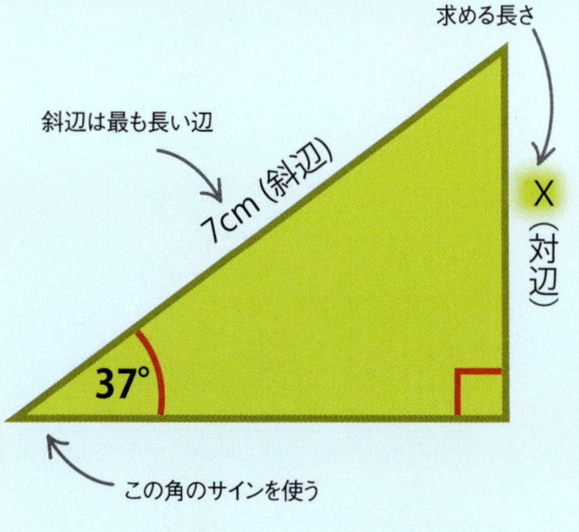

斜辺がわかっていて対辺の長さを求めたいので、サインの式を用いる。

$$\sin A = \frac{対辺}{斜辺}$$

▼

わかっている数値を式に代入する。

$$\sin 37° = \frac{x}{7}$$

▼

x ＝の形にするために、両辺に 7 をかける。

$$x = \sin 37° \times 7$$

xを左辺に
右辺も 7 倍
両辺を 7 倍すると左辺の 7 は消える

▼

電卓で sin 37° の値を調べ、代入する。

$$x = 0.6018 \times 7$$

sin 37° の小数第 4 位までの値

▼

答えは必要に応じて適当な位まで求める。

$$x = 4.21\text{cm}$$

四捨五入して小数第二位まで

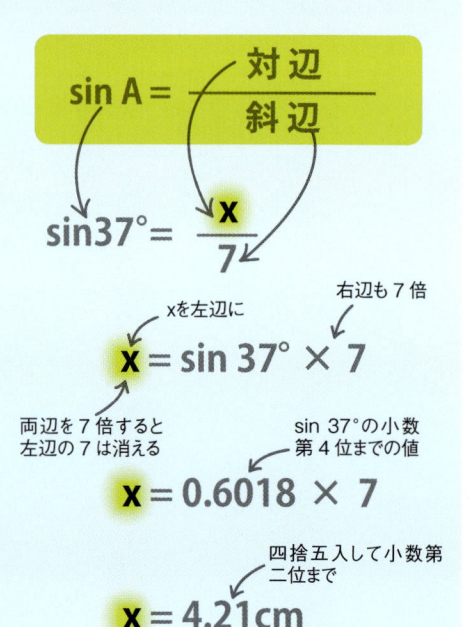

コサインの三角比を使う

この直角三角形では一鋭角と隣辺がわかっています。斜辺の長さを求めます。

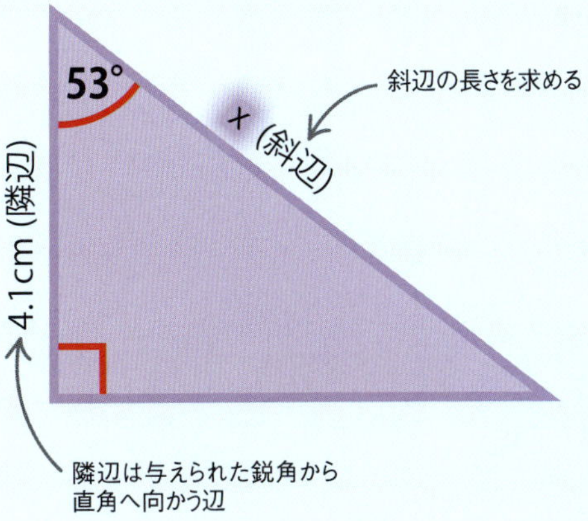

隣辺がわかっていて斜辺の長さを求めたいので、コサインの式を用いる。

$$\cos A = \frac{\text{隣辺}}{\text{斜辺}}$$

わかっている数値を式に代入する。

$$\cos 53° = \frac{4.1}{x}$$

両辺にxをかけて、分母を払う。

$$\cos 53° \times x = 4.1$$

xは左辺に

両辺にxをかけると右辺のxは消える

x＝の形にするために、両辺を cos 53° でわる。

$$x = \frac{4.1}{\cos 53°}$$

左辺の cos 53°は約分で消える

両辺を cos 53°でわる。

電卓で cos 53° の値を調べ、代入する。

$$x = \frac{4.1}{0.6018}$$

cos 53°の小数第4位までの値

答えは必要に応じて適当な位まで求める。

$$x = 6.81\text{cm}$$

四捨五入して小数第二位まで

タンジェントの三角比を使う

この直角三角形では一鋭角と隣辺がわかっています。対辺の長さを求めます。

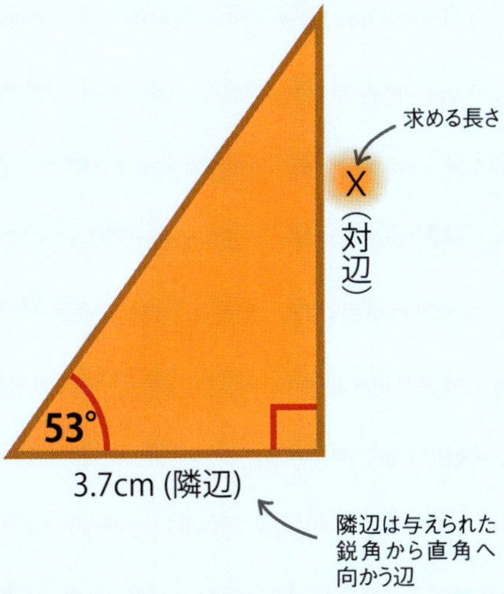

隣辺がわかっていて対辺の長さを求めたいので、タンジェントの式を用いる。

$$\tan A = \frac{\text{対辺}}{\text{隣辺}}$$

わかっている数値を式に代入する。

$$\tan 53° = \frac{x}{3.7}$$

両辺に 3.7 をかける

x＝の形にするために、両辺に 3.7 をかける。

xを左辺に

$$x = \tan 53° \times 3.7$$

両辺を 3.7 倍して分母を払う

電卓で tan 53° の値を調べ、代入する。

tan 53°の小数第4位までの値

$$x = 1.3270 \times 3.7$$

答えは必要に応じて適当な位まで求める。

四捨五入して小数第二位まで

$$x = 4.91\text{cm}$$

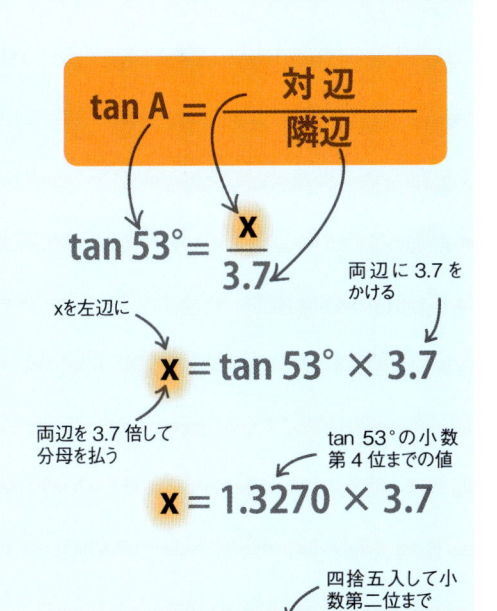

角を求める

参照ページ
〈64〜65 電卓を使う
〈152〜153 三角法って何?
〈154〜155 辺を求める
公式 169〜171〉

直角三角形で二つの辺の長さがわかれば、角の大きさを求めることができます。

直角三角形で直角以外の角度を求めるには、辺を求めるときとは逆の三角比の使い方になりますが、電卓で簡単に呼び出すことができます。

三角比の選び方

わかっている二つの辺を含む三角比を選びます。例えば、斜辺と調べたい角の対辺の長さが与えられているときはサインの式を用い、斜辺と調べたい角の隣辺の長さが与えられているときはコサインの式を用います。
（訳注——右の $\sin^{-1}$ などは以下の例題でもわかるように、三角比から角度をだすときの表し方であって、sin の−1 乗という意味ではない。）

▽関数電卓
角度を求めるには、サイン、コサイン、タンジェントのキーのどれかを押す前にシフトキーを押す。

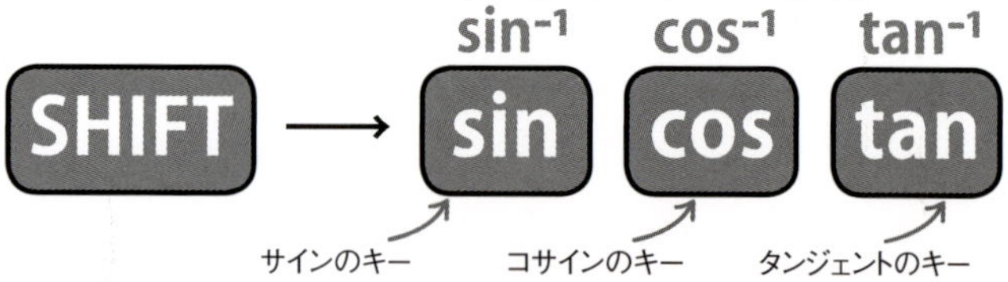

$$\sin A = \frac{対辺}{斜辺}$$

△サイン
斜辺と求めたい角の対辺の長さが与えられているときには、サインの式を用いる。

$$\cos A = \frac{隣辺}{斜辺}$$

△コサイン
斜辺と求めたい角の隣辺の長さが与えられているときには、コサインの式を用いる。

$$\tan A = \frac{対辺}{隣辺}$$

△タンジェント
求めたい角の隣辺と対辺の長さが与えられているときには、タンジェントの式を用いる。

サインの三角比を使う

この直角三角形では斜辺と求める角の対辺の長さがわかっています。角 A の大きさを求めます。

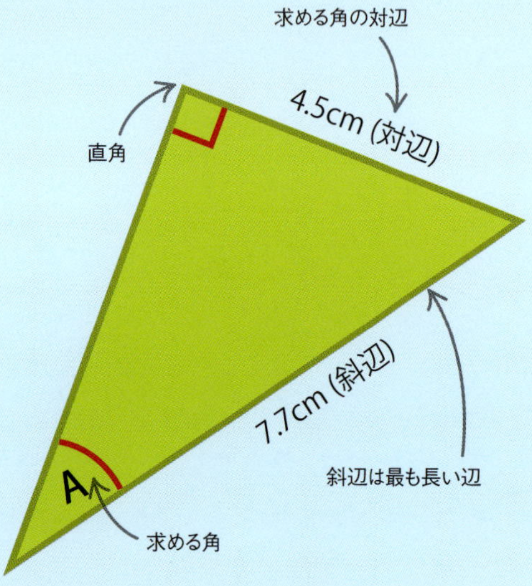

斜辺と求めたい角の対辺の長さが与えられているので、サインの式を用いる。

$$\sin A = \frac{対辺}{斜辺}$$

わかっている数値を式に代入する。

$$\sin A = \frac{4.5}{7.7}$$

対辺の長さを斜辺の長さでわって、sin A の値を計算する。

$$\sin A = 0.5844$$

商は小数第四位まで

電卓で sin A の値から角度を調べる。

$$A = \sin^{-1}(0.5844)$$

三角比の値から角度をだすときの表記（sin の逆関数）

答えは必要に応じて適当な位まで求める。

$$A = 35.76°$$

四捨五入して小数第二位まで

コサインの三角比を使う

この直角三角形では斜辺と求める角の隣辺の長さがわかっています。角 A の大きさを求めます。

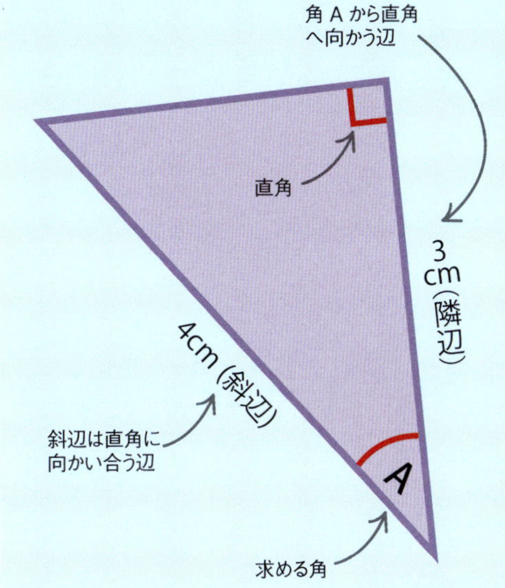

斜辺と求めたい角の隣辺の長さが与えられているので、コサインの式を用いる。

$$\cos A = \frac{\text{隣辺}}{\text{斜辺}}$$

わかっている数値を式に代入する。

$$\cos \mathbf{A} = \frac{3}{4}$$

隣辺の長さを斜辺の長さでわって、cos A の値を計算する。

$$\cos \mathbf{A} = 0.75$$

電卓で cos A の値から角度を調べる。

三角比の値から角度をだすときの表記(cos の逆関数)

$$\mathbf{A} = \cos^{-1}(0.75)$$

答えは必要に応じて適当な位まで求める。

四捨五入して小数第二位まで

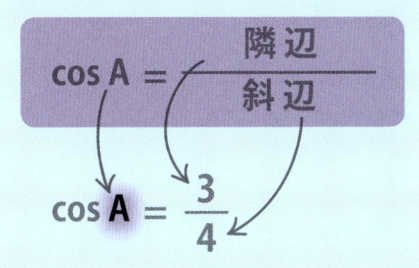

$$\mathbf{A} = \mathbf{41.41°}$$

タンジェントの三角比を使う

この直角三角形では求める角の対辺と隣辺の長さがわかっています。角 A の大きさを求めます。

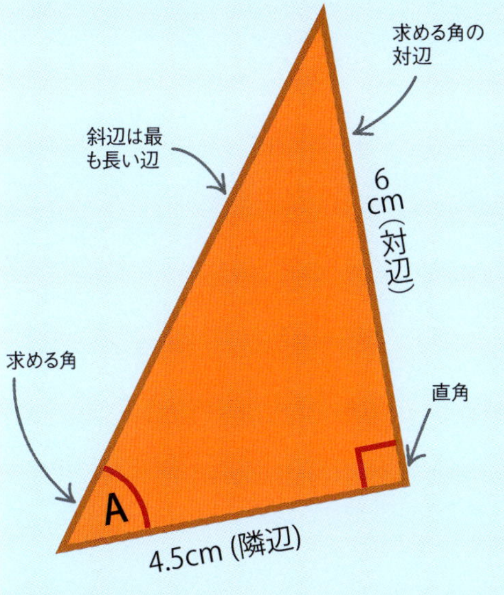

求めたい角の隣辺と対辺の長さが与えられているので、タンジェントの式を用いる。

$$\tan A = \frac{\text{対辺}}{\text{隣辺}}$$

わかっている数値を式に代入する。

$$\tan \mathbf{A} = \frac{6}{4.5}$$

対辺の長さを隣辺の長さでわって、tan A の値を計算する。

商は小数第四位まで

$$\tan \mathbf{A} = 1.3333$$

電卓で tan A の値から角度を調べる。

三角比の値から角度をだすときの表記(tan の逆関数)

$$\mathbf{A} = \tan^{-1}(1.3333)$$

答えは必要に応じて適当な位まで求める。

四捨五入して小数第二位まで

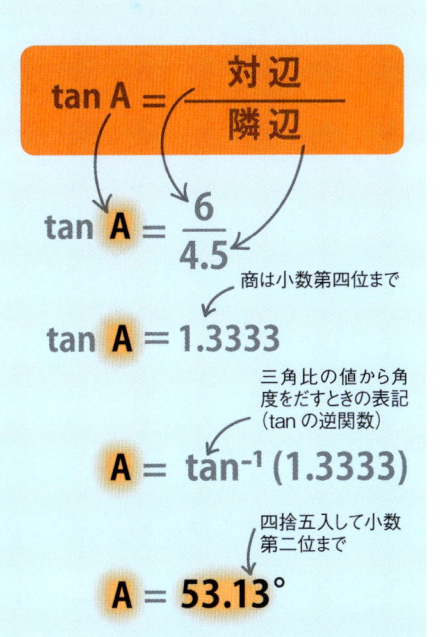

$$\mathbf{A} = \mathbf{53.13°}$$

4

代　数

b=? 代数って何？

代数は、文字や記号を使って数の性質や関係を表し、研究する数学の分野です。

代数は、物理などの自然科学はもちろん、経済などさまざまな分野で広く利用されています。広範囲にわたる問題解決のための公式は、普通代数の形で表されます。

文字や記号を使う

代数では文字や記号が使われます。文字は普通数の代わりをし、記号はたし算やひき算などの演算を表します。こうすることで、数量の関係を一般化した形で簡潔に示すことができ、いちいち実際に数字をだして個別の例ごとに説明する手間が省けるのです。例えば、円柱の体積を $\pi r^2 h$ という式で表すと、あとは半径 r と高さ h さえわかれば、どんな円柱の体積でも求めることができます。

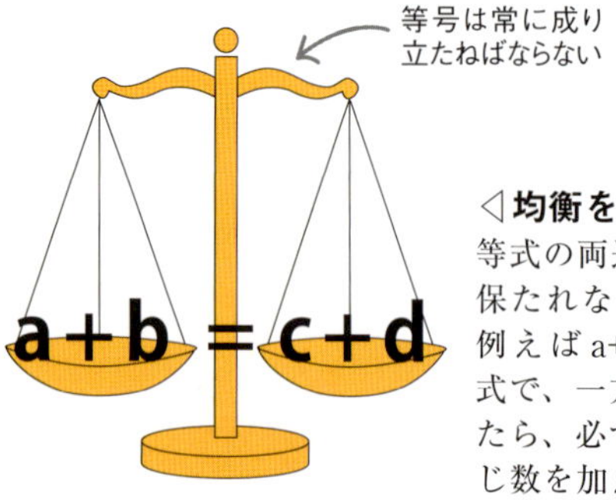

◁均衡を保つ
等式の両辺は、常に均衡が保たれなければならない。例えば a+b=c+d という等式で、一方の辺に数を加えたら、必ず他方の辺にも同じ数を加えて、等号が成り立つようにする必要がある。

項
＋や－の符号で区切られた文字式の各部分を項という。項は数、文字、またはその両方の組み合わさった場合がある。(3x, － 5a など)

演算
たし算（加法）、ひき算（減法）、かけ算（乗法）、わり算（除法）などの計算をすること。

変数
文字で表された未知数、またはいろいろな値をとる文字。

式
式はある関係・意味などを代数の書き方で表したものである。この 2 ＋ b も一つの式だが、数字、文字、記号のどんな組み合わせでも式になり得る。

△等式
ある二つのものが等しいということを数学的に表現したものが等式である。この例では左辺の 2 ＋ b は、右辺の 8 に等しいことを示している。

リアルワールド

日常の中の代数

文字や記号を連ねた式の印象から、代数は抽象的なものだと思われるかもしれませんが、実際には毎日の生活の中に数多く応用されています。例えば、このテニスコートのように、何かの面積をだすときに使われる公式の形で代数が使われます。

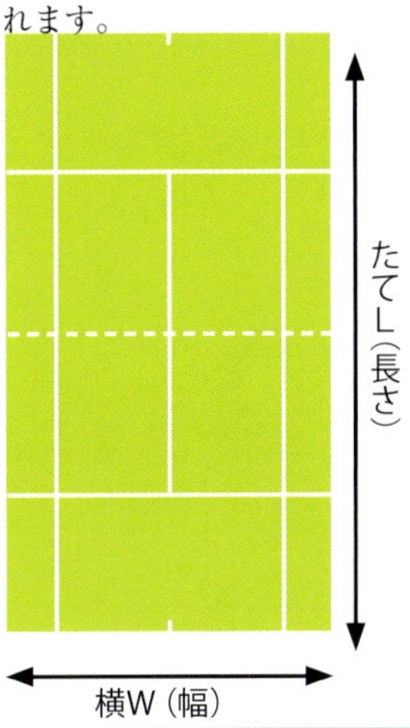

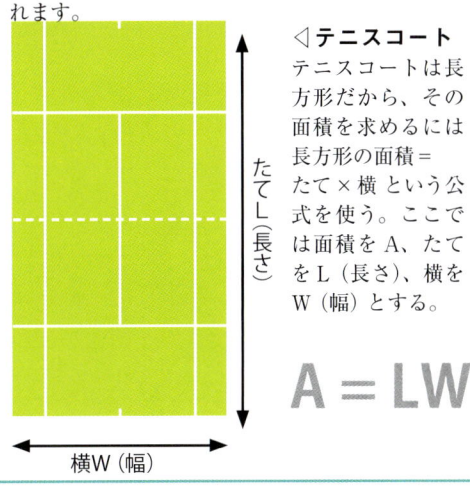

◁**テニスコート**
テニスコートは長方形だから、その面積を求めるには長方形の面積＝たて×横という公式を使う。ここでは面積をA、たてをL（長さ）、横をW（幅）とする。

$$A = LW$$

等号
等号（イコール）は等号の両側（両辺）が等しいことを表す。

定数
常に一定の値をとる数。

$$=8$$

答えは
$$b = 6$$

演算の基本法則

数学の他の分野と同様に、代数にも、正しく計算するために従わなければならないルールがあります。中でも基本的なきまりは、演算の順序に関するルールです。

たし算とひき算

代数の計算で、項を加えるときは順序を変えてもかまいませんが、ひき算の場合は順序を変えてはいけません。

$$a + b = b + a$$

△**加法の交換法則**
二つの項をたす場合、順序を変えても結果は同じだ。

$$(a + b) + c = a + (b + c)$$

△**加法の結合法則**
三つ以上の項をたす場合も、どこから始めてもかまわない。

かけ算とわり算

代数の計算で、項をかけるときは順序を変えてもかまいませんが、わり算の場合は順序を変えてはいけません。

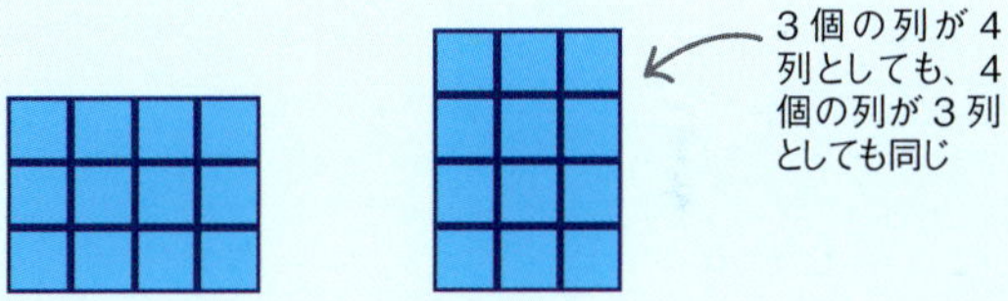

$$a \times b = b \times a$$

△**乗法の交換法則**
二つの項をかける場合、順序を変えても結果は同じだ。

$$a \times (b \times c) = b \times (a \times c) = c \times (a \times b)$$

△**乗法の結合法則**
三つ以上の項をかける場合も、どこから始めても構わない。

数列

参照ページ
〈32～35 累乗とルート
〈160～161 代数って何?
〈164～165 文字式の計算
公式 169～171〉

ある特別のパターン、つまりある「規則」に従って並んでいる数の列を、数列という。

並んでいる一つ一つの数を「項」といい、各数列の規則を用いてどの項の値でも求めることができます。

項

数列の初項を第1項、二番目の項を第2項…といいます。

▷等差数列

この数列では、各項は前の項に2を加えたものになっている。各項に一定の数を加えて次の項が得られる数列を、等差数列という。

各項は前の項に2を加えたもの

+2 +2 +2 +2

初項は2　第5項は10

2, 4, 6, 8, 10 …

第1項　第2項　第3項　第4項　第5項

…は数列がさらに続くことを示す

第n項を求める

数列の規則を表した式を使って計算すれば、何番目の項でも、数列を書き並べずに見つけることができます。

▷規則を表した式

この数列では2nという式がわかれば、何番目の項でも求めることができる。

2n

第n項を求める式—初項はn＝1、第2項はn＝2を代入する

2×n　n＝1を代入

2n＝2×1＝2

第1項

第1項を求めるには、n＝1を代入する。

2n＝2×2＝4

第2項

第2項を求めるには、n＝2を代入する。

2n＝2×41＝82

第41項

第41項を求めるには、n＝41を代入する。

2n＝2×1,000＝2,000

第1000項

第1000項を求めるには、n＝1000を代入する。千番目の項は2000である。

次の数列では、第n項は4n−2という式で表されます。各項は前の項に4を加えたものになっています。

+4 +4 +4 +4

前の項14に4を加える

2, 6, 10, 14, 18, …

第1項　第2項　第3項　第4項　第5項

4n−2

2＋4(n−1)を整理した式と考えてもよい（初項2に(n−1)個の4を加えた式）

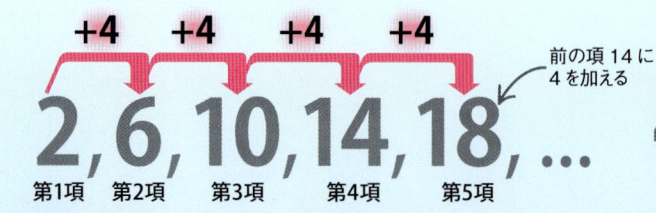

4n−2＝4×1−2＝2

第1項

第1項を求めるには、n＝1を代入する。

4n−2＝4×2−2＝6

第2項

第2項を求めるには、n＝2を代入する。

百万番目の項

4n−2＝(4×1,000,000)−2＝3,999,998

第1000000項

第1000000項を求めるには、n＝1000000を代入する。百万番目の項は3999998である。

重要な数列

もう少しだけ複雑な規則をもつ数列にも重要なものがあります。ここでは平方数とフィボナッチ数列をみてみます。

平方数

平方数は自然数を二乗したものです。正方形の面積として図に表すことができます。一辺の長さがもとの整数で、これを二乗した平方数は正方形の面積になります。

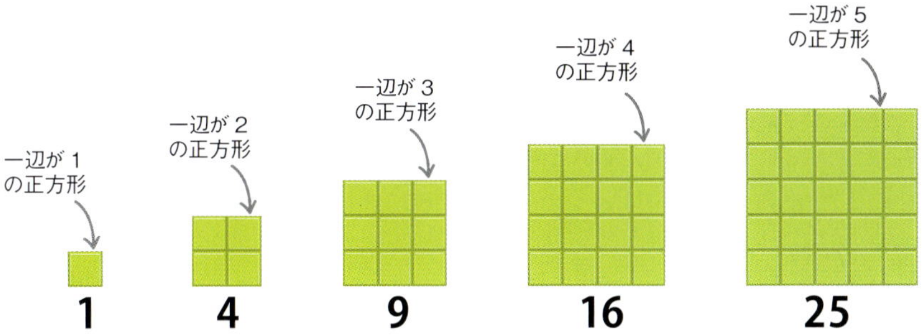

フィボナッチ数列

フィボナッチ数列は広く知られた数列で、自然界や建築などによく見られます。始めの二つの項は1ですが、そのあとの各項は前の二つの項の和になります。

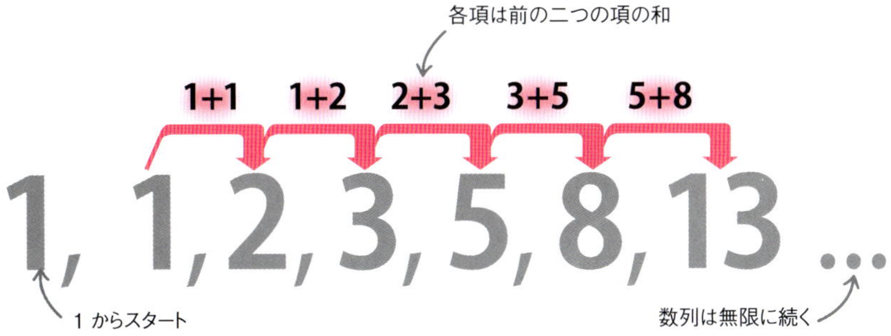

リアルワールド

フィボナッチ数と自然

フィボナッチ数列を連想させる例は、自然界を含めいろいろな所に見られます。下のようにこの数列に基づくらせんは、巻貝の曲線を思わせますし（※）、ひまわりの種の配列にはこの数の模様が現れます。数の名は、イタリアの数学者フィボナッチにちなんで名づけられました。（※訳注——ともに対数らせんと呼ばれる曲線、ただしカーブのし方は貝によって異なる）

フィボナッチ数列によるらせんの書き方

この数列の各項を一辺の長さとする正方形を組み合わせ、この正方形の対角を結ぶなめらかな曲線をひいていくと、らせんが描けます。

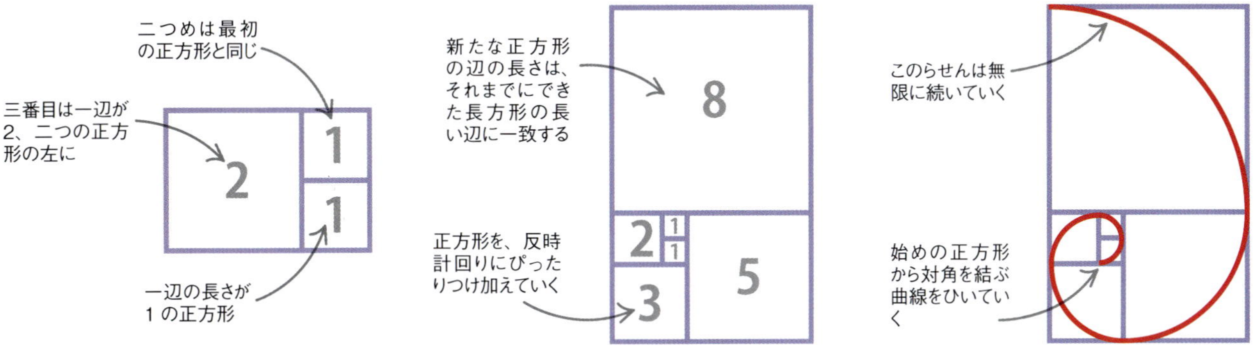

まず一辺の長さが1の正方形をかき、その上に同じ一辺1の正方形をかき、さらにその隣に辺の長さが2の正方形をかく。以下、各正方形の辺の長さがこの数列の各項を表す。

フィボナッチ数列の各項を辺にもつ正方形を、反時計回りに書き加えていく。この図は第6項までを正方形にしたもの。

最後に、各正方形の対角を結ぶなめらかな曲線を、始めの正方形から反時計回りにひいていく。この曲線がフィボナッチ数列によるらせんである。

2ab 文字式の計算

文字式は、X、Yなどの文字、＋、－などの演算記号、そして数字の混ざった式です。

数学ではいたるところに現れる重要な文字式は、普通できるだけ簡単でわかりやすい形になおします。

参照ページ
〈160〜161 代数って何?
公式 169〜171〉

同類項

次の文字式において、2xや−4yなど、数字、文字またはその両方でできた各部分を項といいます。項の中で文字の部分が同じ項を同類項といい、同類項は一つにまとめることができます。また2 xの2、−4 yの−4など各項の数字の部分を係数といいます。

各項の文字に注目

同類項（$+2y$ と $-4y$）

$$2x+2y-4y+3x$$

同類項（$2x$ と $+3x$）

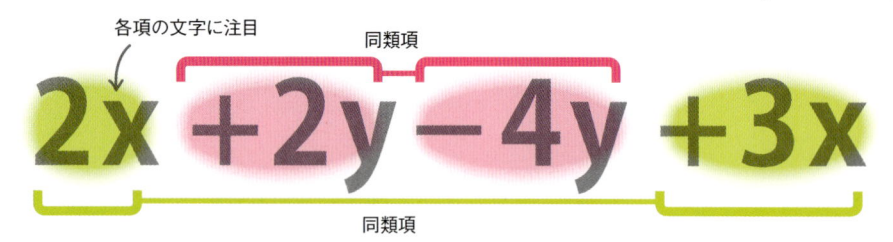

◁同類項をみつける
2xと3xは文字の部分がともにxなので同類項、2yと−4yも文字の部分がともにyなので同類項である。また2 xの2、−4 yの−4など各項の数字の部分を係数という。

文字式のたし算・ひき算

いくつかの項でできている式に、同類項が含まれるときは、段階を踏んで式を簡単にしていきます。

▷式を書く
計算する前に、まず式をきちんと一行に書く。

$$3a-5b+6b-2a+3b-7b$$

▷グループに分ける
同類項ごとにグループ分けする。＋－の記号もつけておく。

$$3a-2a-5b+6b+3b-7b$$

同類項（$3a-2a$）　同類項（$-5b+6b+3b-7b$）

▷計算する
同類項ごとに計算をする。3a−2a=(3−2)a=1aのように係数を計算して、同類項をまとめる。

$3a-2a=1a$ → $$1a-3b$$ ← $-5b+6b+3b-7b=-3b$

▷できるだけ簡単に
答えはできるだけ簡単にする。係数の1は普通は書かない。

1aは単にaと書く → $$a-3b$$

文字式のかけ算

文字式どうしのかけ算は、係数や文字を一旦ばらばらにして書いてみると容易になります。

$$6a \times 2b \rightarrow 6 \times a \times 2 \times b \rightarrow 12 \times ab = 12ab$$

文字式では×の記号は書かない

6a は 6×a、2b は 2×b という意味である。

式に含まれる数字と文字を一つ一つ分けて書き直す。

6 と 2 の積は 12、a と b の積は ab だから、結果は 12ab となる。

文字式のわり算

文字式どうしのわり算のポイントは、係数や文字の約分ができるかどうかです。普通分数の形に書き直しますが、分母と分子に同じ数や文字が入っているかどうかを見極めることが重要になります。

$$6pq^2 \div 2q \rightarrow \frac{6 \times p \times q \times q}{2 \times q} \rightarrow \frac{\overset{3}{\cancel{6}} \times p \times q \times \cancel{q}}{\underset{1}{\cancel{2}} \times \underset{1}{\cancel{q}}} \rightarrow \frac{3pq}{1} = 3pq$$

2q は 2 × q

分数の形に

2 でわると 3

q でわると 1

2 でわると 1

q でわると 1

分母の 1 はとって、答えは 3pq

約分で簡単な式に直せるかどうかを考えながら、進めていく。まず、わり算を分数の形になおし、約分しやすいように分子も分母もそれぞれ × の記号を入れて書く。

この例では、分子も分母も 2 と q でわって約分できる。

約分すると、分子は 3pq が残り、分母は 1 だけになるので、答えは 3pq となる。

代入計算

式の中の文字が数に置き換えられれば、式全体を計算して数値として答えるとができます。式の中の文字を数で置き換えることを「代入する」といい、代入計算をして結果をだすことを「式の値を求める」といいます。
2x−2y −4y +3x という式に、x =1、y =2を代入して、式の値を求めてみます。

$$x = 1 \quad , \quad y = 2$$

◁公式に代入する
長方形の面積の公式は、たて (L) × 横 (W) です。たて (L) に 5cm、横 (W) に 8cm を代入すると面積は
L×W=5cm×8cm
=40cm² と計算できる。

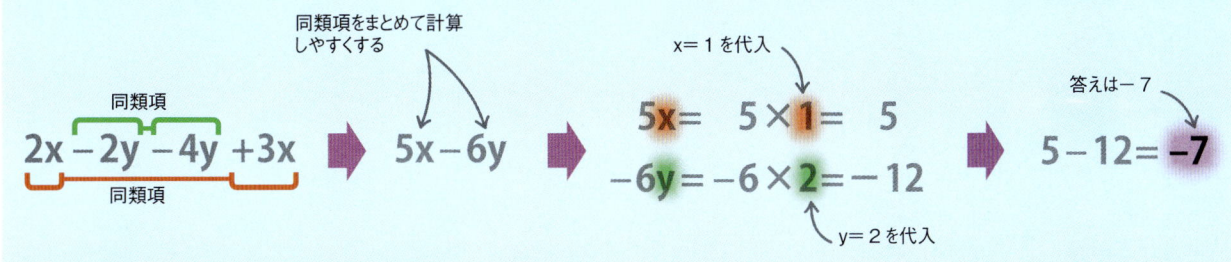

$$2x - 2y - 4y + 3x \rightarrow 5x - 6y \rightarrow \begin{array}{l} 5x = 5 \times 1 = 5 \\ -6y = -6 \times 2 = -12 \end{array} \rightarrow 5 - 12 = -7$$

同類項

同類項

同類項をまとめて計算しやすくする

x= 1 を代入

y= 2 を代入

答えは− 7

式を簡単にするために、同類項をまとめる。

文字式のまま簡単にしてから数を代入する。

x、y に数を代入し、計算する。5x ＝ 5×x なので注意。

この式の値は −7 である。

2(a+2) 展開と共通因数

同じ式でも、かっこをはずして展開した形、逆に共通因数で因数分解した形など、いろいろな表し方があります。

参照ページ
〈164～165 文字式の計算
二次式 168〉

展開

同じ式でも使い方によって、ちがった書き方をする場合があります。かけ算をしてかっこを開き、項の和の形の式になおすことを、展開するといいます。

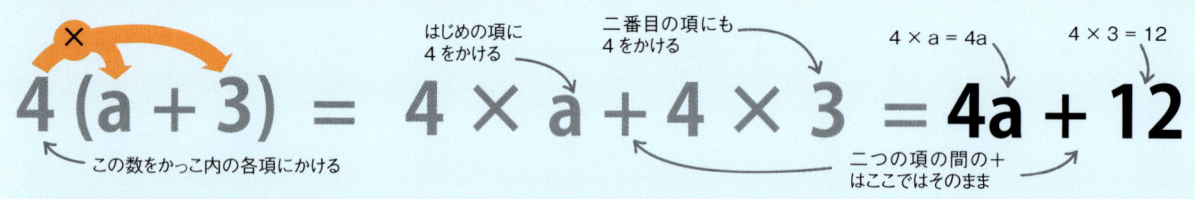

$$4(a+3) = 4 \times a + 4 \times 3 = 4a + 12$$

この数をかっこ内の各項にかける
はじめの項に4をかける
二番目の項にも4をかける
$4 \times a = 4a$
$4 \times 3 = 12$
二つの項の間の＋はここではそのまま

かっこの前に数のある式を展開するには、かっこの中の各項にこの数をかけていく。かっこの前が文字の場合でも同様にする。

a(b+c) =ab+ac というきまりを分配法則という。二つの項の間の＋はここではそのままだが、負の数をかけるときは反対になる。

4×a は 4a、4×3 は 12 と書きかえて、答えはできるだけ簡単にする。

多項式のかけ算

項が一つの式を単項式、項が和の形で二つ以上あれば多項式といいます。かっこが二つある式の展開は多項式どうしのかけ算になりますが、青で示した始めの式を各項に分けて、黄色で示した第二の式の各項にそれぞれかけて展開します。

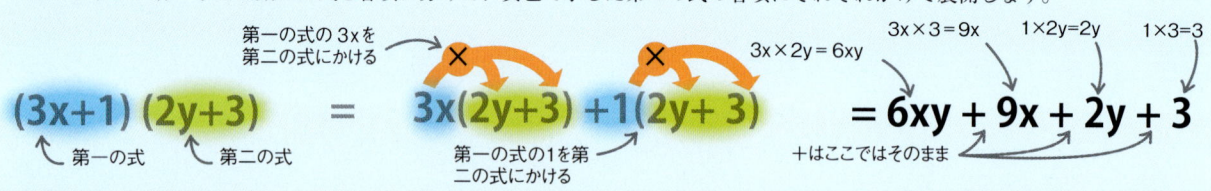

$$(3x+1)(2y+3) = 3x(2y+3) + 1(2y+3) = 6xy + 9x + 2y + 3$$

第一の式
第二の式
第一の式の 3x を第二の式にかける
第一の式の1を第二の式にかける
$3x \times 2y = 6xy$
$3x \times 3 = 9x$
$1 \times 2y = 2y$
$1 \times 3 = 3$
＋はここではそのまま

多項式どうしのかけ算は、第一の式の各項を第二の式の各項にそれぞれかけて進めていきます。

第一の式を項に分けて二番目のかっこの前に書き、それぞれを分配法則で展開する。

それぞれの項の積を書き、できるだけ簡単にする。マイナスの項をかけるときは符号に注意が必要。

多項式の平方

多項式を二乗するには、同じかっこの式を並べて書いて、上に示したように展開すればよい。

$$(x-3)^2 = (x-3)(x-3) = x(x-3) - 3(x-3) = x^2 - 3x - 3x + 9 = x^2 - 6x + 9$$

第一の式のxを第二の式にかける
負の数に注意
第一の式の－３を第二の式にかける
$x \times x = x^2$
$x \times (-3) = -3x$
符号に注意、$-3 \times x = -3x$
マイナスどうしのかけ算なので答えはプラス、$(-3) \times (-3) = 9$

多項式を二乗するには、まず同じかっこの式を並べて書く。

第一の式を項に分けて、第二の式の各項にそれぞれかけていく。

マイナスの項をかけるときは符号に注意が必要。同類項はまとめて、答えはできるだけ簡単な式にする。

共通因数による因数分解

因数分解は展開の逆で、多項式をいくつかの部分(因数)の積として表すことです。ここでは、多項式の各項に共通な数や文字―共通因数をみつけて、かっこの外にくくり出す因数分解をあつかいます。

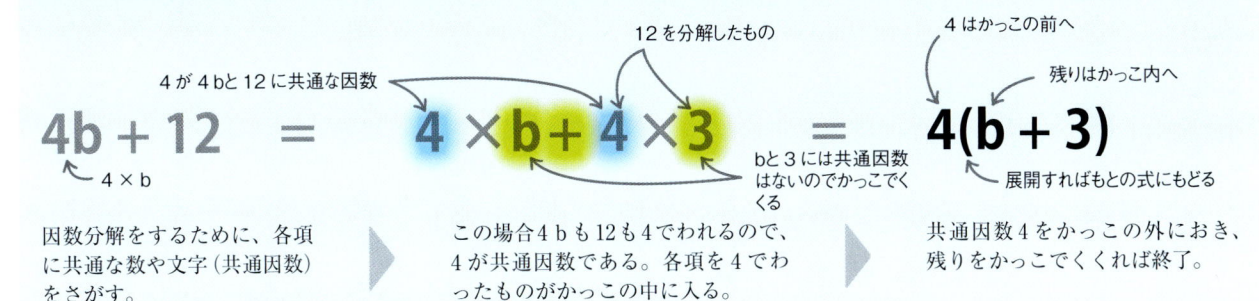

$$4b + 12 = 4 \times b + 4 \times 3 = 4(b + 3)$$

4が4bと12に共通な因数

12を分解したもの

$4 \times b$

bと3には共通因数はないのでかっこでくくる

4はかっこの前へ

残りはかっこ内へ

展開すればもとの式にもどる

因数分解をするために、各項に共通な数や文字(共通因数)をさがす。

この場合4bも12も4でわれるので、4が共通因数である。各項を4でわったものがかっこの中に入る。

共通因数4をかっこの外におき、残りをかっこでくくれば終了。

共通因数を見極める

因数分解によって、項の多い複雑な式が理解しやすくあつかいやすいものになることもあります。共通因数を注意深く、見極めましょう。

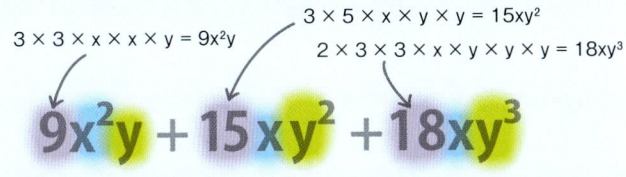

$3 \times 3 \times x \times x \times y = 9x^2y$

$3 \times 5 \times x \times y \times y = 15xy^2$

$2 \times 3 \times 3 \times x \times y \times y \times y = 18xy^3$

$$9x^2y + 15xy^2 + 18xy^3$$

共通因数をみつけやすくするために、y^2 を $y \times y$ というように、各項を分解して書き出してみる。どれにも共通な数や文字を慎重に探し出す。

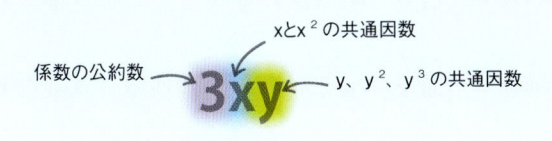

係数の公約数

x と x^2 の共通因数

y、y^2、y^3 の共通因数

$$3xy$$

三つの項すべてにxとyが含まれ、どの係数も3でわれる。これらを組み合わせた3xyが共通因数である。

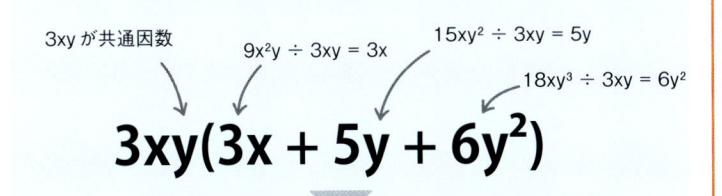

3xyが共通因数

$9x^2y \div 3xy = 3x$

$15xy^2 \div 3xy = 5y$

$18xy^3 \div 3xy = 6y^2$

$$3xy(3x + 5y + 6y^2)$$

共通因数3xyをかっこの外におき、各項を3xyでわったものがかっこの中に入る。

詳しく見ると

公式を書き直す

立体の表面積を求める公式は、展開図の各部分の面積を求める公式を組み合わせたものです。(p.148－149)複雑に見える公式でも、因数分解によってよりシンプルな式になります。

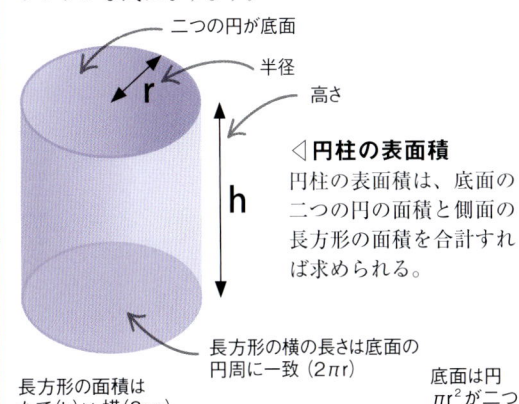

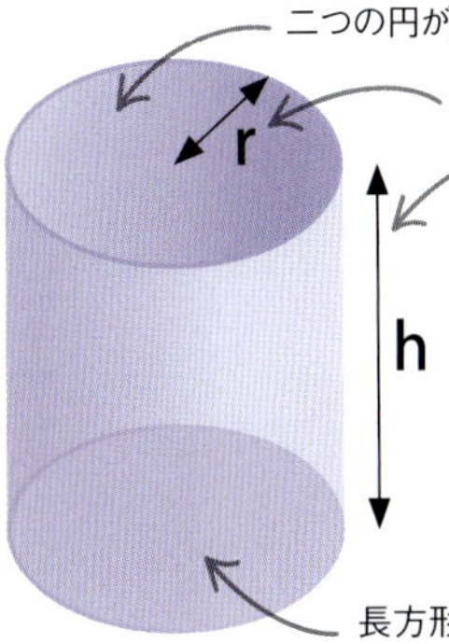

◁**円柱の表面積**

円柱の表面積は、底面の二つの円の面積と側面の長方形の面積を合計すれば求められる。

長方形の面積はたて(h)×横(2πr)

底面は円 πr^2 が二つ

$$2\pi rh + 2\pi r^2$$

円柱の表面積の公式は、展開図の各部分の面積を合計したものである。

2πrが共通因数

hとrは共通ではない部分なのでかっこの中へ

$$2\pi r(h + r)$$

共通因数 $2\pi r$ をみつけて因数分解すると、公式はシンプルで使いやすいものになる。

y^2 二次式

参照ページ
〈166〜167 展開と共通因数
二次方程式と因数分解 182〜183〉

x^2のような変数あるいは未知数の平方を含んだ二次式をとりあげます。

代数式は、x、yなどの文字や+−などの記号を集めた一つの数学的表現といえます。ある変数についての一般的な二次式、つまり変数の二乗の項(x^2)と一次の項(x)と定数項を含む式について考えます。

二次式の形

xについての二次式は、普通ax^2+bx+cという形で表されます。a, b, cは定数($a \neq 0$)で、ax^2を二次の項、bxを一次の項、cを定数項といいます。

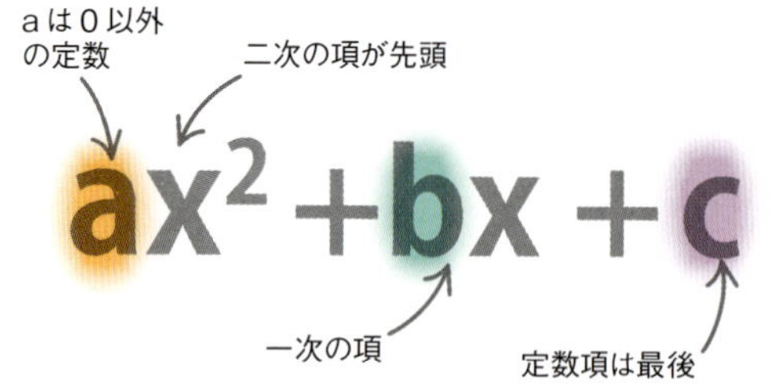

◁**二次式**
xについての二次式の標準形で、a, b, cは定数($a \neq 0$)。多項式では、最も高い次数の項に注目して、「何次式」という呼び方を決める。(ここでいう次数はすべてxについての次数)

展開して二次式の標準形へ

二次式が、一次式の積の形、つまり因数分解された形で表されていることも多いです。展開すれば二次式の標準形になります。

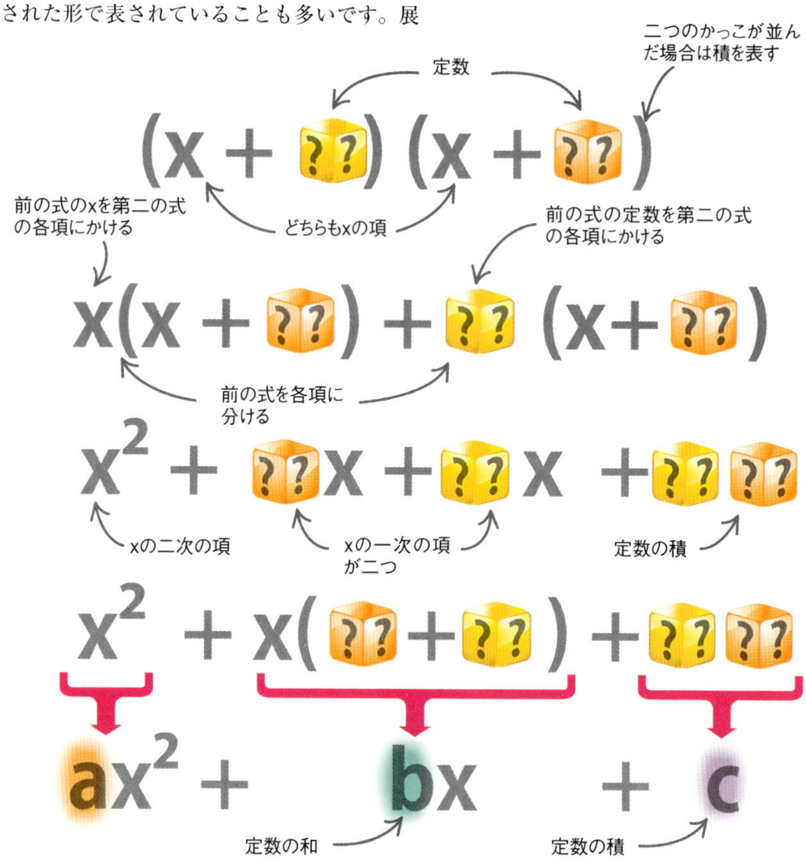

かっこに入った一次式どうしは、前のかっこの各項を二番目のかっこの各項にそれぞれかけて展開する。

▼

前の式を項に分けて二番目のかっこの前に書き、それぞれを分配法則で展開する。

▼

それぞれの項の積を書き並べると、x^2の項、xの一次の項が二つ、定数項となる。

▼

xの一次の項は同類項なので、計算してできるだけ簡単な式にする。

▼

もとの式と比べてみると、bはかっこ内の定数の和、cはかっこ内の定数の積になっていることがわかる。

A= 公式

数学の公式は、基本的にはある未知の値を他のわかっていることから求める方法を示したものといえます。

参照ページ
〈66〜67 個人の収支
〈164〜165 文字式の計算
一次方程式 172〜173〉

公式は通常、あるもの（事柄）とその求め方をしめす文字式を等号で結んだ形をとっています。

公式をつくる文字式には、単純な式も複雑な式もあり、関係や法則を表すものもありますが、ここでは三つの基本部分からなる公式をあつかいます。三つの部分とは、求めるものを示す文字、その求め方を示す文字式、この二つを結ぶ等号です。

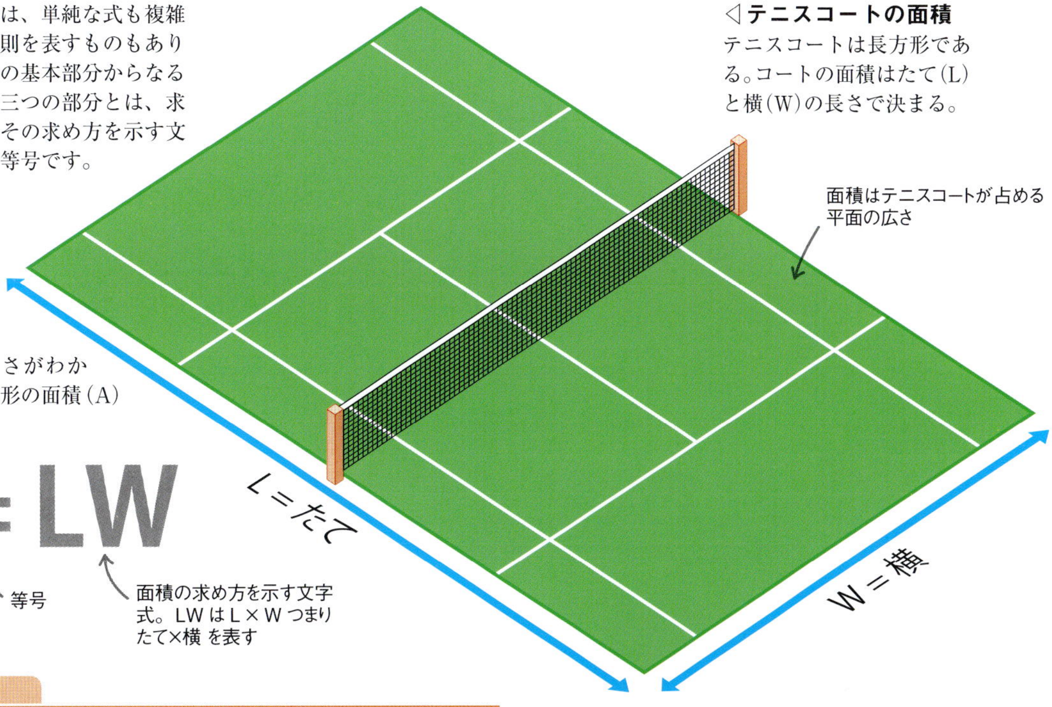

◁テニスコートの面積
テニスコートは長方形である。コートの面積はたて（L）と横（W）の長さで決まる。

たて（L）と横（W）の長さがわかっているときの、長方形の面積（A）を求める公式

A = LW

長方形の面積
等号
面積の求め方を示す文字式。LW は L × W つまり たて×横 を表す

詳しく見ると

公式トライアングル

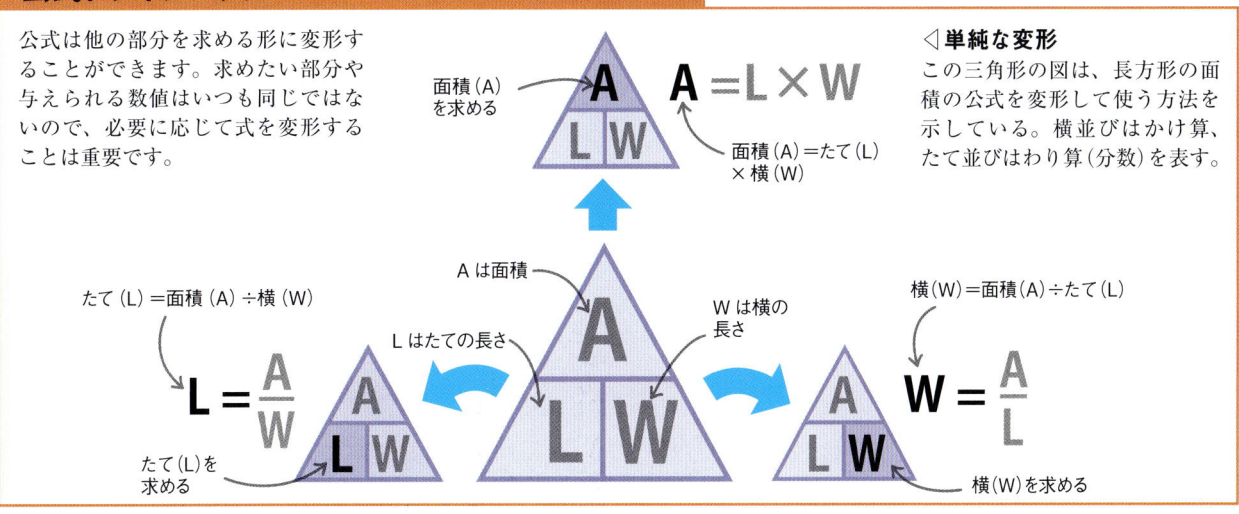

公式は他の部分を求める形に変形することができます。求めたい部分や与えられる数値はいつも同じではないので、必要に応じて式を変形することは重要です。

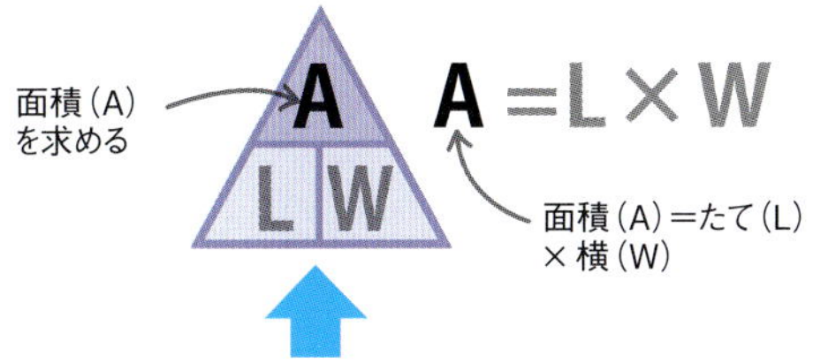

◁単純な変形
この三角形の図は、長方形の面積の公式を変形して使う方法を示している。横並びはかけ算、たて並びはわり算（分数）を表す。

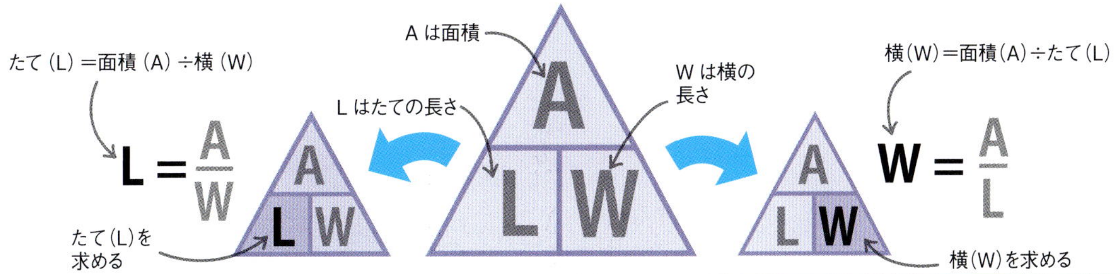

等式変形

公式を始め、あらゆる等式を変形するには、項を一方の辺から他方の辺へ移せなくてはなりません。移し方は、移す数や文字が加えたり(+c)ひいたり(−c)している項なのか、それともかけ算(bc)やわり算(b/c)の一部なのかによってちがいがあります。いずれの場合でも、等式変形においては、必ず両辺に同じことをしなければなりません。以下の例では、すべてbを求める形に変形します。

プラスの項を移す

$$A = b + c$$

bを求める形にするために、+cを右辺から左辺に移す必要がある。

左辺に − c を書き加える

右辺に − c を書き加える

$$A - c = b + c - c$$

両辺に −c を加える。右辺の +c を消すために、両辺から c をひくといっても同じだ。

c − c=0 だから c は消える

$$A - c = b + \cancel{c} - \cancel{c}$$

右辺は +c と −c が消し合って b だけが残る。

b = の形に変形することを「b について解く」という

$$A - c = b$$

左右を入れ替えて、b = A − c とするのが普通。（はじめに左右を入れ替えてもよい。）

マイナスの項を移す

$$A = b - c$$

bを求める形にするために、−cを右辺から左辺に移す必要がある。

左辺に +c を書き加える

右辺に +c を書き加える

$$A + c = b - c + c$$

両辺に +c を加える。右辺の −c を消すために、両辺に c をたす。

− c + c=0 だから c は消える

$$A + c = b - \cancel{c} + \cancel{c}$$

右辺は −c と +c が消し合って b だけが残る。

b = の形に変形することを「b について解く」という

$$A + c = b$$

左右を入れ替えて、b = A + c とするのが普通。（はじめに左右を入れ替えてもよい。）

両辺を同じ数・文字でわる

bc は b × c

$$A = bc$$

右辺を b だけにするために、b にかけてある c を右辺から左辺に移す必要がある。

÷c を分数の形で左辺に書き加える

÷c を分数の形で右辺に書き加える

$$\frac{A}{c} = \frac{bc}{c}$$

両辺を c でわる。右辺の c を約分で消すためには、両辺を c でわらなければならない。

c は約分で消える

$$\frac{A}{c} = \frac{b\cancel{c}}{\cancel{c}}$$

右辺は c/c が約分されて 1 になり、b だけが残る。

b =に変形することを「b について解く」という

$$\frac{A}{c} = b$$

左右を入れ替えて、$b = \frac{A}{c}$ とするのが普通。（はじめに入れ替えておいてもよい。）

両辺に同じ数・文字をかける

b/c は b ÷ c と同じ

$$A = \frac{b}{c}$$

右辺を b だけにするために、b をわっている c を右辺から左辺に移す必要がある。

×c を左辺に書き加える

×c を右辺に書き加える

$$A \times c = \frac{b \times c}{c}$$

両辺に c をかける。右辺の c を約分で消すためには、両辺に c をかけなければならない。

c は約分で消える

$$A \times c = \frac{b\cancel{c}}{\cancel{c}}$$

右辺は c/c が約分されて 1 になり、b だけが残る。

A×c は Ac と書く

b =に変形することを「b について解く」という

$$Ac = b$$

左右を入れ替えて、b = Ac とするのが普通。（はじめに入れ替えておいてもよい。）

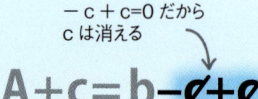

公式で実践

銀行に特定の期間お金を預けておくと、利子はいくらになるかという計算をする公式があります。右に示すように、銀行に預けた元金に、利子の割合である利率と時間をかけたものです。

Pは預けた元金

Rは利率(%)

$$I = \frac{PRT}{100}$$

Tは時間(年数)

Iは銀行が払う利子

1年で単利2%の利子(p.67参照)がつく銀行口座に、500ドル預けてあります。50ドルの利子がつくまでに何年かかるかを計算するのに、上の公式を使ってみます。まず公式を時間Tを求める形に変形してから、数値を代入します。

▷Pでわる

右辺からT以外の文字を一つずつ消していくために、まず両辺をPでわる。

$$I = \frac{PRT}{100} \Rightarrow \frac{I}{P} = \frac{RT}{100}$$

右辺からPを消すために、両辺をPでわる。

右辺は $\frac{PRT}{100P}$ となり、Pは約分で消える

▷Rでわる

さらに右辺からT以外の文字を約分で消すために、両辺をRでわる。

右辺からRを消すために、両辺をRでわる。

$$\frac{I}{P} = \frac{RT}{100} \Rightarrow \frac{I}{PR} = \frac{T}{100}$$

右辺は $\frac{RT}{100R}$ となり、Rは約分で消える

▷100倍する。

右辺の分母を払うために、両辺を100倍する。(はじめに分母を払っておいてもよい。)

右辺から100を取り除くために、両辺に100をかける。

右辺は $\frac{100T}{100}$ となり、100は約分で消え、Tを求める公式ができる

$$\frac{I}{PR} = \frac{T}{100} \Rightarrow \frac{100I}{PR} = T \Rightarrow T = \frac{100I}{PR}$$

▷数値を代入する

利子Iに50(ドル)、元金Pに500(ドル)、利率Rに2(%)を代入し、Tの値を計算する。50ドルの利子が付くには、5年かかることがわかる。

利子Iは50(ドル)

50ドルの利子を産むには5年かかる

$$T = \frac{100I}{PR} \Rightarrow \frac{50 \times 100}{500 \times 2} = 5\text{年}$$

元金Pは500(ドル)

利率Rは2(%)

x=? 一次方程式

参照ページ
〈160〜161 代数って何?
〈164〜165 文字式の計算
〈169〜171 公式
直線と式 174〜177〉

方程式はその中の文字にある値を代入すると成り立つ等式です。

方程式を変形し、等式を成り立たせる x や y などの値を求めることを、方程式を解くといいます。

方程式を解く

方程式を解くためには、両辺に同じ数を加えたり、両辺から同じ数をひいたりして項を移動します。また同じ数をかけたり、同じ数でわったりすることもあります。

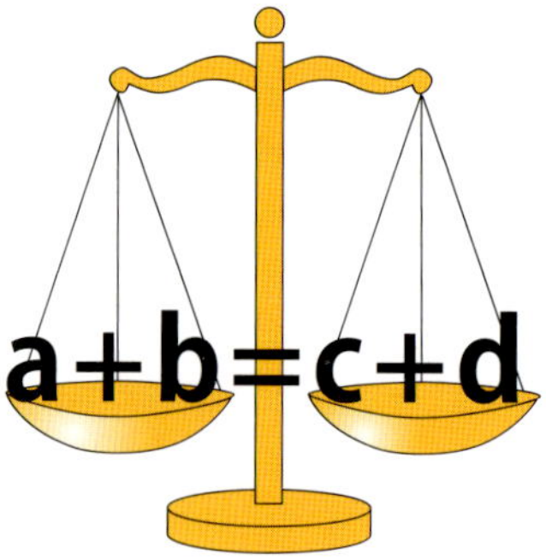

◁均衡を保つ
両辺には同じ操作をして、常に等号の関係を維持しなければならない。

方程式を解くということは、x= の形に等式を変形することである。

$$2 + x = 8$$

この2を取り除くために両辺から2をひく

未知数

xの一次の項と定数項でできているので一次方程式

左辺をxだけにするために、両辺から2をひく。

$$2 + x - 2 = 8 - 2$$

左辺から2をひく

右辺からも2をひく

左辺の +2 と −2 は消し合って、x= の形ができる。

$$\cancel{2} + x \cancel{-2} = 8 - 2$$

+2と−2は消し合って0になる

右辺を計算すれば、この方程式を成り立たせる x の値6が得られる。これを方程式の解という。

$$x = 6$$

方程式の解

この値をもとの式に代入して検算するのがよい

詳しく見ると

方程式を立てる

日常生活の中でもいろいろな式が使われます。例えば英国のあるタクシー会社が、客を乗せたら基本料金3ポンド、1km の距離を走るごとに2ポンド、という料金設定をしたとします。これを等式に表してみます。

$$c = 3 + 2d$$

タクシーに乗った時点でかかる基本料金

走った距離(キロ数)

タクシー料金の合計

「ある客がタクシーに乗って 18 ポンド払った場合、タクシーは何 km 走ったか」という問題を、方程式を立てて解いてみます。

タクシー料金 c =18(ポンド)を等式に代入する。

$$18 = 3 + 2d$$

タクシー料金の合計

1km あたりの料金に距離をかけたもの

基本料金

方程式を解いていく。両辺から3をひく。

$$15 = 2d$$

左辺からも3をひいた

両辺から3をひいた

両辺を2でわると、距離dの値が得られる。

$$7\frac{1}{2}\text{km} = d$$

こちらも2でわった

2を消すために両辺を2でわった

やや複雑な方程式

もう少し複雑な方程式でも同じやり方で解いていきます。大原則は、等号を維持するために両辺に同じ操作をする、ということです。等式変形はどこから始めても、正しく進めれば同じ結果が得られます。

例 1

この方程式は、未知数 a を含んだ項と定数項が両辺にあるので、段階を踏んで変形を進めていく必要がある。

定数項　a を含む項　定数項が両辺にある

$$3 + 2a = 5a - 9$$

▼

まず定数項を処理する。−9 を右辺から取り除くために、両辺に 9 を加える。

3 に 9 を加えた　9 を加えたので − 9 は消えた

$$12 + 2a = 5a$$

▼

a を含む項が定数項と反対の辺にくるように、両辺から 2a をひく。

2a - 2a = 0　5a -2a = 3a

$$12 = 3a$$

▼

右辺を a だけにするために、両辺を 3 でわる。

右辺を 3 でわるときは、左辺も 3 でわって等号を保つ　3 を取り除くために 3 でわる

$$\frac{12}{3} = \frac{3a}{3}$$

▼

右辺の 3 は約分で消え、左辺は 4 になる。

12÷3=4 より a の値は 4　約分で 1a となる

$$4 = a$$

▼

a = の形にするために、左右を入れ替える。

a = の形にする　方程式の解

$$a = 4$$

例 2

この方程式も、未知数 a を含んだ項と定数項が両辺にあるので、段階を踏んで変形を進めていく必要がある。

定数項が両辺にある　a を含む項も両辺にある

$$6a + 4 = 5 - 2a$$

▼

まず定数項を処理する。4 を左辺から取り除くために、両辺から 4 をひく。

4 - 4 = 0　5 から 4 をひいた

$$6a = 1 - 2a$$

▼

a を含む項が左辺にくるように、両辺に 2a を加える。

6a + 2a = 8a　-2a + 2a = 0

$$8a = 1$$

▼

最後に両辺を 8 でわると、a = の形になり、方程式の解が得られる。

8 でわると約分で 1a となる　左辺を 8 でわるときは、右辺も 8 でわる

$$a = \frac{1}{8}$$

直線と式

参照ページ
〈82〜85 座標
〈172〜173 一次方程式
二次関数のグラフ 186〜189〉

グラフは方程式を図に表したものといえます。一次方程式のグラフは常に直線になります。

一次関数のグラフ

変数yが変数xの一次式で表されるとき、yはxの一次関数であるといいます。(x^2 を含めば二次式で二次関数になる 。)一次関数のグラフは、その式を満たす座標の点を通る直線となります。例えば $x=1$、$y=6$ は $y=x+5$ を満たすので、$y=x+5$ のグラフは点 (1, 6) を通る直線です。

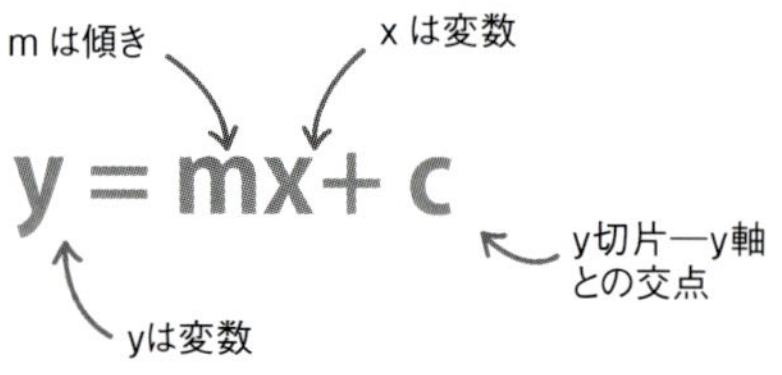

△**直線の式**
直線を表す式は、このような一次関数の形になる。mとcは定数で、mは傾き、cはy切片といいy軸との交点を表している。

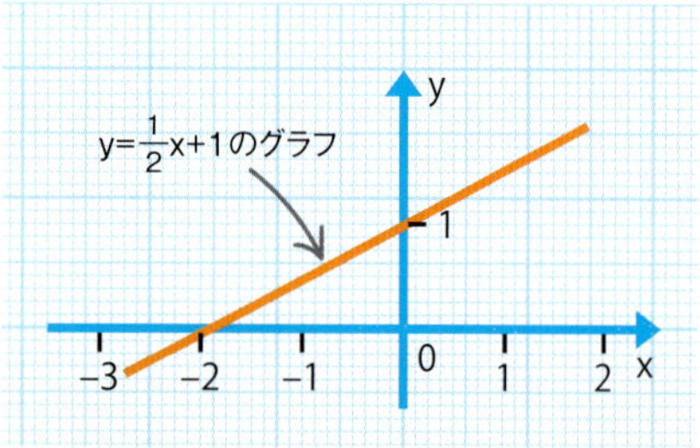

△**一次関数のグラフ**
一次関数のグラフは、その式を満たす座標の点の集合である。

直線の式を読み取る

グラフから直線の傾きmとy切片cを読み取って、$y=mx+c$ のmとcをその数値におきかえます。

傾き(m)は、グラフ上の二点間の垂直距離を水平距離でわった値である 。(右上がりの直線の場合)(※ 訳注・正負を考慮に入れた yの増加量／xの増加量 とは、グラフ上の破線の入れ方も含め、説明がやや異なるので注意。)

$$\text{傾き} \rightarrow \frac{\text{垂直距離}}{\text{水平距離}} \qquad \frac{4}{4} = +1 \leftarrow \text{傾き}$$

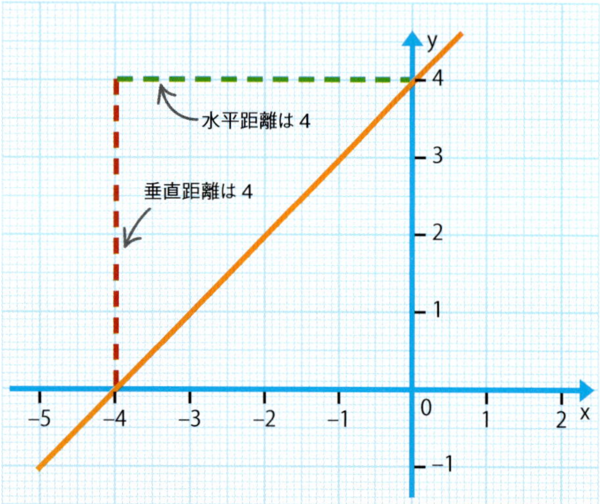

y切片は、直線とy軸との交点を読み取ればよい。交点のy座標がcの値である。

y切片=+4

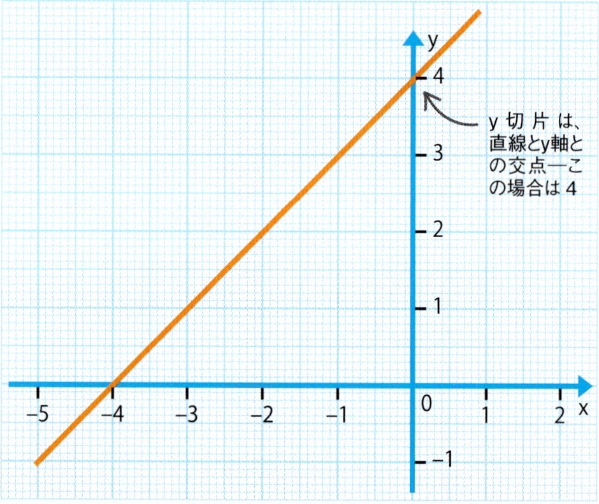

読み取った傾きとy切片の数値を、$y=mx+c$ のmとcに当てはめる。

傾きは +1　y切片は 4　1xはxと書く

$$y = mx + c \quad \Rightarrow \quad y = x + 4$$

傾きがプラスのとき

右上がりの直線は傾きが正の数である。右上がりの直線の場合、次に示すようにして、グラフから直線の式を読み取ることができる。

傾きを読み取るには、直線上の二点を選び、その二点間の水平距離と垂直距離を図のように書き出して（緑と赤の点線）、それぞれの長さを数える。垂直距離を水平距離でわった値が傾きである。

$$\text{傾き} \rightarrow \frac{\text{垂直距離}}{\text{水平距離}} = \frac{6}{3} = +2$$

右上がりの直線の傾きは正

ｙ切片は、直線とｙ軸との交点のｙ座標を読み取ればよい。

$$y\text{切片} = +1$$

読み取った傾きとｙ切片の数値を、ｙ＝ｍｘ＋ｃのｍとｃに当てはめれば、直線の式となる。

傾きは +2　y切片は 1　傾き　y切片

$$y = mx + c \Rightarrow y = 2x + 1$$

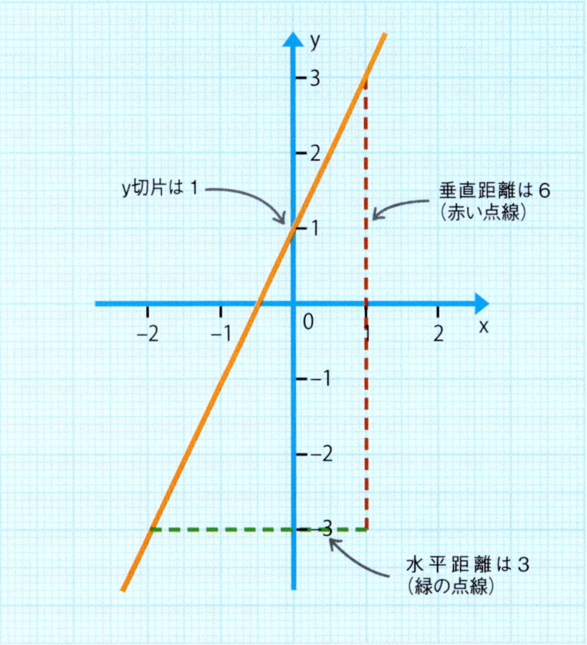

傾きがマイナスのとき

右下がりの直線は傾きが負の数である。右下がりの直線の場合も、同様にして、グラフから直線の式を読み取ることができる。

傾きを読み取るには、直線上の二点間の水平距離と垂直距離を書き出して（緑と赤の点線）、長さを数える。垂直距離を水平距離でわった値にマイナスをつければ、傾きとなる。（※ 訳注・ｙの増加量／ｘの増加量 の場合、増加量の段階でどちらかがマイナスになる）

$$\text{傾き} \rightarrow \frac{\text{垂直距離}}{\text{水平距離}} = \frac{4}{1} = 4 \Rightarrow -4$$

右下がりの直線の傾きはマイナス

ｙ切片は、直線とｙ軸との交点のｙ座標を読み取ればよい。

$$y\text{切片} = -4$$

読み取った傾きとｙ切片の数値を、ｙ＝ｍｘ＋ｃのｍとｃに当てはめれば、直線の式となる。

傾きはー 4　y切片はー 4　傾き　y切片

$$y = mx + c \Rightarrow y = -4x - 4$$

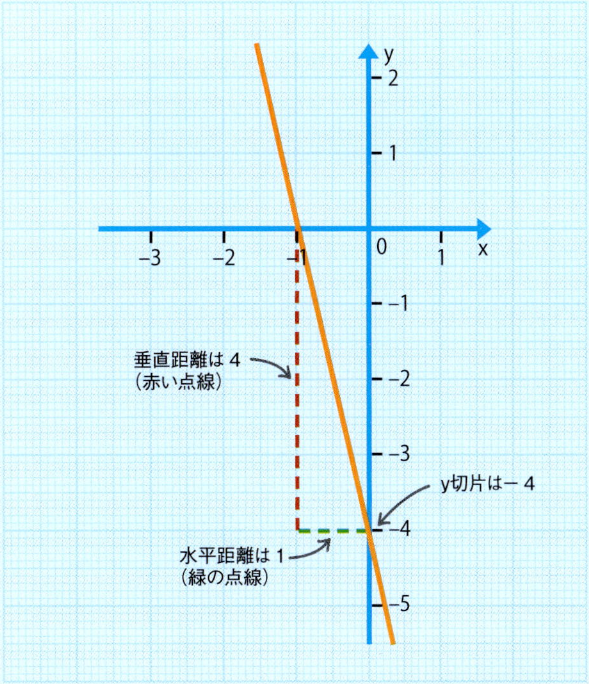

一次関数のグラフの書き方

ｘとｙの値を何組か計算し、座標平面に点をとっていけば、一次関数のグラフをかくことができます。ｘの値は横軸にそって数え、ｙの値はたて軸にそって数えます。

▷一次関数

この式は、ｙの値はすべてｘの値を２倍したものであることを示しています。

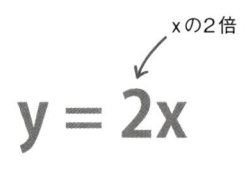

xの2倍

$$y = 2x$$

まずxの値をいくつか選ぶ

x	y =2x
1	2
2	4
3	6
4	8

次にxの値を２倍して対応するyの値をだす

まず一けたの計算しやすいｘの値をいくつか選び、ｘの値をそれぞれ２倍したｙの値を書き込んで表にしてみる。

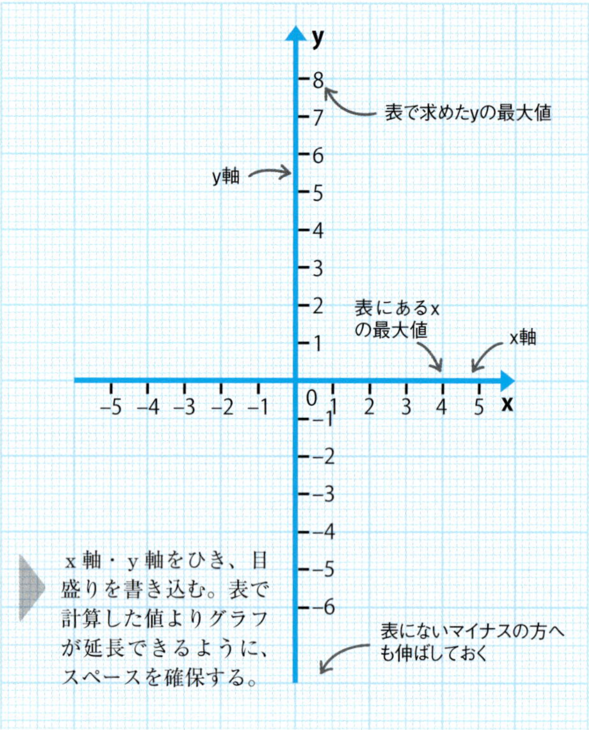

ｘ軸・ｙ軸をひき、目盛りを書き込む。表で計算した値よりグラフが延長できるように、スペースを確保する。

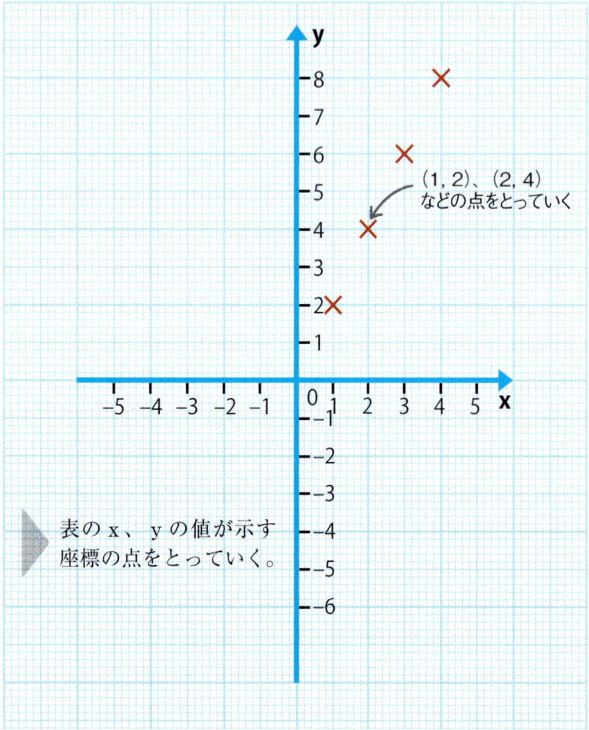

表のｘ、ｙの値が示す座標の点をとっていく。

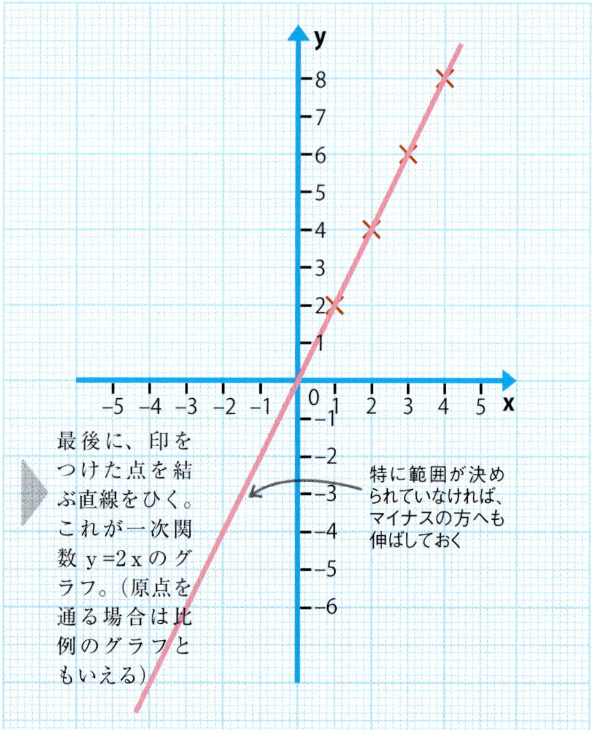

最後に、印をつけた点を結ぶ直線をひく。これが一次関数 ｙ=2ｘのグラフ。(原点を通る場合は比例のグラフともいえる)

右下がりのグラフ

一次関数のグラフは、傾きがマイナスならば右下がりの直線、傾きがプラスならば右上がりの直線になります。

この一次関数は−2xという項があり、xが1増えるとyは2減るので、グラフは右下がりに減少していく。

傾きは−2

$$y = -2x + 1$$

この関数の式は左の例よりやや複雑なので、表に−2xと+1の列を加えて、yの値を計算していく。マイナスの符号に注意しよう。

x	−2x	+1	y=−2x+1
1	−2	+1	−1
2	−4	+1	−3
3	−6	+1	−5
4	−8	+1	−7

左の二数を加えてyの値を計算する

xの値をいくつか選ぶ

xの値を−2倍する

1を加える

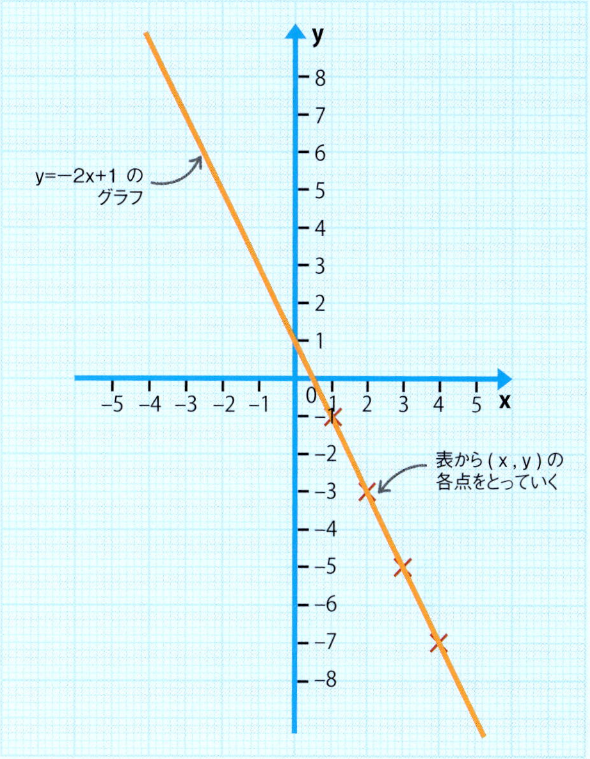

リアルワールド

温度変換のグラフ

一次関数のグラフは、温度測定の二つの方式—セ氏とカ氏を変換するときにも使えます。カ氏からセ氏に変換するには、y軸上のカ氏の温度から横にたどっていき、直線に出合ったら下に降りてx軸上のセ氏の温度を読み取ります。

°F	°C
32.0	0
50.0	10

△温度変換

セ氏(C)とカ氏(F)の温度が二組わかれば、グラフをかくことができる。セ氏をx°カ氏をy°とすると、変換の式は $y = \frac{9}{5}x + 32$ となる。

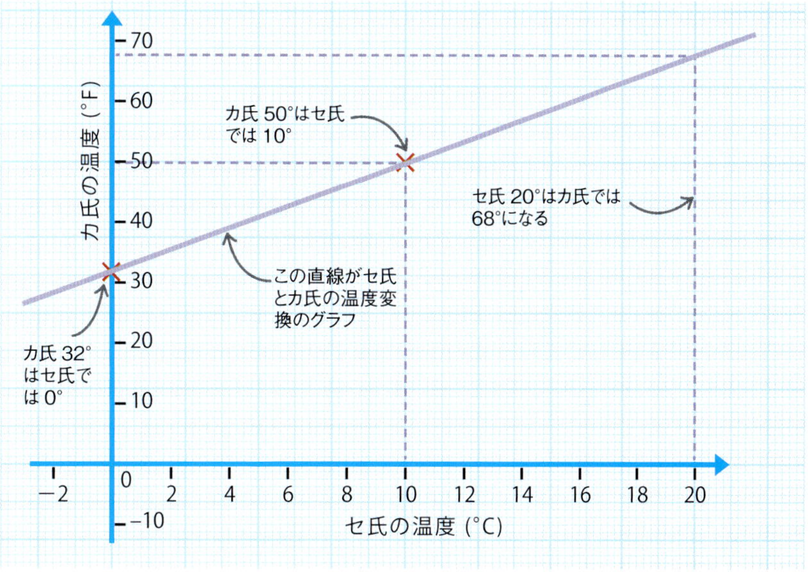

連立方程式

$x+y=1$
$x-y=0$

参照ページ
〈164～165 文字式の計算
〈169～171 公式

同じ未知数を含む二つ以上の方程式を組み合わせたものを連立方程式といいます。

連立方程式を解く

二つの未知数を含む方程式の組み合わせを、連立二元方程式といいます。連立方程式の解き方として、加減法、代入法、グラフによる解法の三つがあります。

両方の式に未知数xがある
両方の式に未知数yがある

$$3x-5y=4$$
$$4x+5y=17$$

◁**連立方程式**
どちらの式も成り立たせるようなx、yの値の組を求めることを、連立方程式を解くという。

加減法で解く

連立方程式を解くには、どちらか一方の文字を消去する必要があります。消去したい文字の係数をそろえ、二つの式を加えたりひいたりして、一つの文字だけの方程式をつくります。これを解き、その結果を使ってもう一方の解も求めます。

▷**例 1**
この連立方程式を加減法で解いてみよう。ここではxを消去するが、yを消去しても解ける。

$$10x+3y=2$$
$$2x+2y=6$$

一つの式または両方の式を何倍かして、消去したい文字の係数をそろえる。(±は違っていてもよい。)ここでは第二の式を5倍して、xの項を10xにそろえる。

$$10x+3y=2$$
← 第一の式はそのまま

第二の式の両辺を5倍する（×5）

$$2x+2y=6 \quad \xrightarrow{\times 5} \quad 10x+10y=30$$
第二の式
xの項が第一の式と同じ
← 両辺を5倍すると10xがそろい、ひき算すれば消去できる

次に、二つの式どうしのたし算かひき算をして、そろえた項を消去する。ここでは、第一の式から第二の式を5倍したものをひくとxが消去され、yだけの方程式になる。これを解いてyの値を求める。

10xは消える
xの項、yの項と同様、右辺の定数もひき算する

$$10x-10x+3y-10y=2-30$$

xが消えたのでyの一次方程式 →

$$-7y=-28$$

両辺を－7でわる →

$$y=\frac{-28}{-7}$$
← (－)÷(－)=(+)

$$y=4$$
← この値を使ってxを求める

始めの方程式のどちらかを選んで、今求めたyの値を代入する。代入すればxだけの方程式になり、整理し変形して解くことができる。

$$2x+2y=6$$
← 第二の式にy＝4を代入する

$$2x+(2\times 4)=6$$
← 2yはy＝4を代入すると2×4

$$2x+8=6$$
← 2×4＝8

両辺から8をひくと左辺は2x →

$$2x=-2$$
← 右辺からも8をひく

両辺を2でわる →

$$\frac{2x}{2}=\frac{-2}{2}$$
← 符号に注意して約分

$$x=-1$$
← もとの式に代入して検算してみよう

xとyの値をもう一回そろえて書く。これが連立方程式の解である。

$$x=-1 \qquad y=4$$

代入法で解く

この方法を用いるには、連立方程式の一方の式を、ｘ＝ またはｙ＝の形に変形する必要があります。この変形した式を他方の式に代入すると、一つの文字だけの方程式になり、解くことができます。解いた結果を使ってもう一方の解も求めます。

▷例２
この連立方程式を代入法で解いてみよう。

$$x + 2y = 7$$
$$4x - 3y = 6$$

どちらかの式を選び、一つの文字について解いて、代入できる形に変形する。ここでは第一の式の両辺から２ｙをひいて、ｘ＝ の形になおす。

x= に変形しやすいので、第一の式を選ぶ

$$x + 2y = 7$$

両辺から２yをひいてx= の形にする

$$x = 7 - 2y$$

２yを左辺から右辺に移項する、ともいう

（※ 訳注・同じ項を両辺にたしたり、両辺からひいたりすることを、「移項」で表すことができる。例えば、x+2y=7 をｘ＝７−2y と変形したとき、左辺の +2y が右辺に移動して −2y になったとみる。ある項を符号を変えて反対の辺に移すことを移項という。）

変形してつくったこの式（ｘ＝７−２ｙ）を第二の式に代入すると、ｘが消去されて、ｙを未知数とする方程式になる。これを整理し簡単な形になおして、ｙの値を求める。

x＝7−２yを代入するときは、かっこをつける

$$4x - 3y = 6$$

第二の式

$$4(7 - 2y) - 3y = 6$$

未知数が一つの方程式なので解くことができる

$$28 - 8y - 3y = 6$$

分配法則でかっこを開く４×７＝28,
4×(−2y)=− 8y

$$28 - 11y = 6$$

同類項をまとめる
− 8y − 3y= −11y

$$-11y = -22$$

両辺から 28 をひくと

右辺からも 28 をひく
6 − 28= − 22

$$\frac{-11y}{-11} = \frac{-22}{-11}$$

両辺を− 11 でわる

−の符号に注意して、右辺も−11でわる

$$y = 2$$

この値を使ってxを求める

始めの方程式のどちらかに、今求めたｙの値を代入する。ｘだけの方程式になるので、これを解いてｘの値を求める。

第一の式にy =2を代入する

$$x + 2y = 7$$
$$x + (2 \times 2) = 7$$

２yはy =2 を代入すると
2×2

$$x + 4 = 7$$

両辺から4をひく

$$x = 3$$

４を左辺から右辺に移項すると、符号が変わって− ４となる
7−4=3

４を移項する、ともいう

ｘとｙの値をもう一回そろえて書く。これが連立方程式の解である。

$$x = 3 \quad y = 2$$

連立方程式をグラフで解く

連立方程式を、二つのグラフの交点を読み取ることで、解くことができます。それぞれの方程式を変形し、座標をとってグラフをかきます。二直線の交点のｘ座標とｙ座標が連立方程式の解になります。

▷例３

この連立方程式を、グラフを使って解いてみよう。どちらのグラフも直線になる。

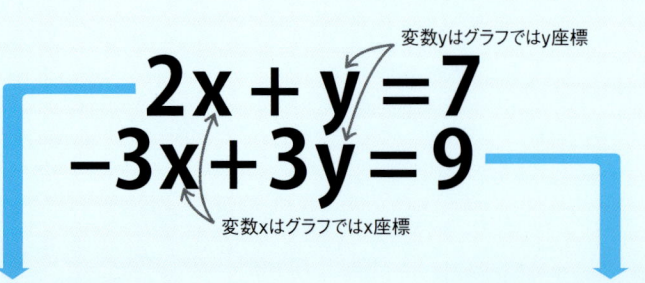

$$2x+y=7$$
$$-3x+3y=9$$

変数yはグラフではy座標

変数xはグラフではx座標

グラフをかきやすくするために、第一の式をｙ＝の形に変形する。ここでは両辺から２ｘをひく。（２ｘを移項する）

グラフをかきやすくするために、第二の式をｙ＝の形に変形する。ここでは両辺に３ｘを加え（－３ｘを移項し）、両辺を３でわればよい。

第一の式をy＝の形になおす

$$2x+y=7$$

２ｘを左辺から右辺に移項する

等号を越えて移項したときは符号が反対になる

$$y=7-2x$$

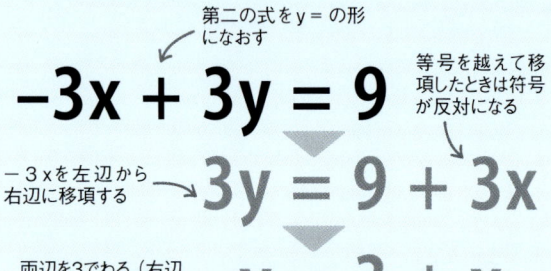

第二の式をy＝の形になおす

$$-3x+3y=9$$

－３ｘを左辺から右辺に移項する

等号を越えて移項したときは符号が反対になる

$$3y=9+3x$$

両辺を3でわる（右辺は各項を3でわる）

$$y=3+x$$

$3y \div 3 = y$

$9 \div 3 = 3$

$3x \div 3 = x$

変形した式を使って、ｘ、ｙの対応する値を求めていく。下のような表をつくって、ｘに簡単な数を当てはめ、ｙの値を計算していくとよい。

変形した式を使って、ｘ、ｙの対応する値を求めていく。下のような表をつくって、ｘに左の表と同じ数を当てはめ、ｙの値を計算していく。

xは計算しやすい数を選ぶ

７は定数

x	1	2	3	4
7	7	7	7	7
−2x	−2	−4	−6	−8
y (7−2x)	5	3	1	−1

－２xの値を書き込んでいく

yの値は７と－２xの合計

$7-6=1$

xは左の表と同じ数を選ぶ

３は定数

x	1	2	3	4
3	3	3	3	3
+x	1	2	3	4
y (3+x)	4	5	6	7

＋xの値を書き込んでいく

yの値は３とxの和

$3+3=6$

ｘ軸ｙ軸を設定し、それぞれの表から各座標の点をとって、直線で結ぶ。二直線の交点をみつけ、座標を読み取る。

詳しく見ると

解けない「連立方程式」

解くことのできない連立方程式があります。例えば、二つの方程式 $x+y=1$ と $x+y=2$ のグラフは、平行な二直線となってしまい、交点がありません。このような連立方程式には解がありません。

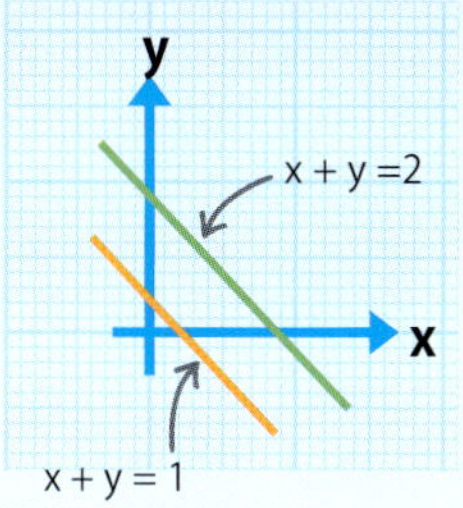

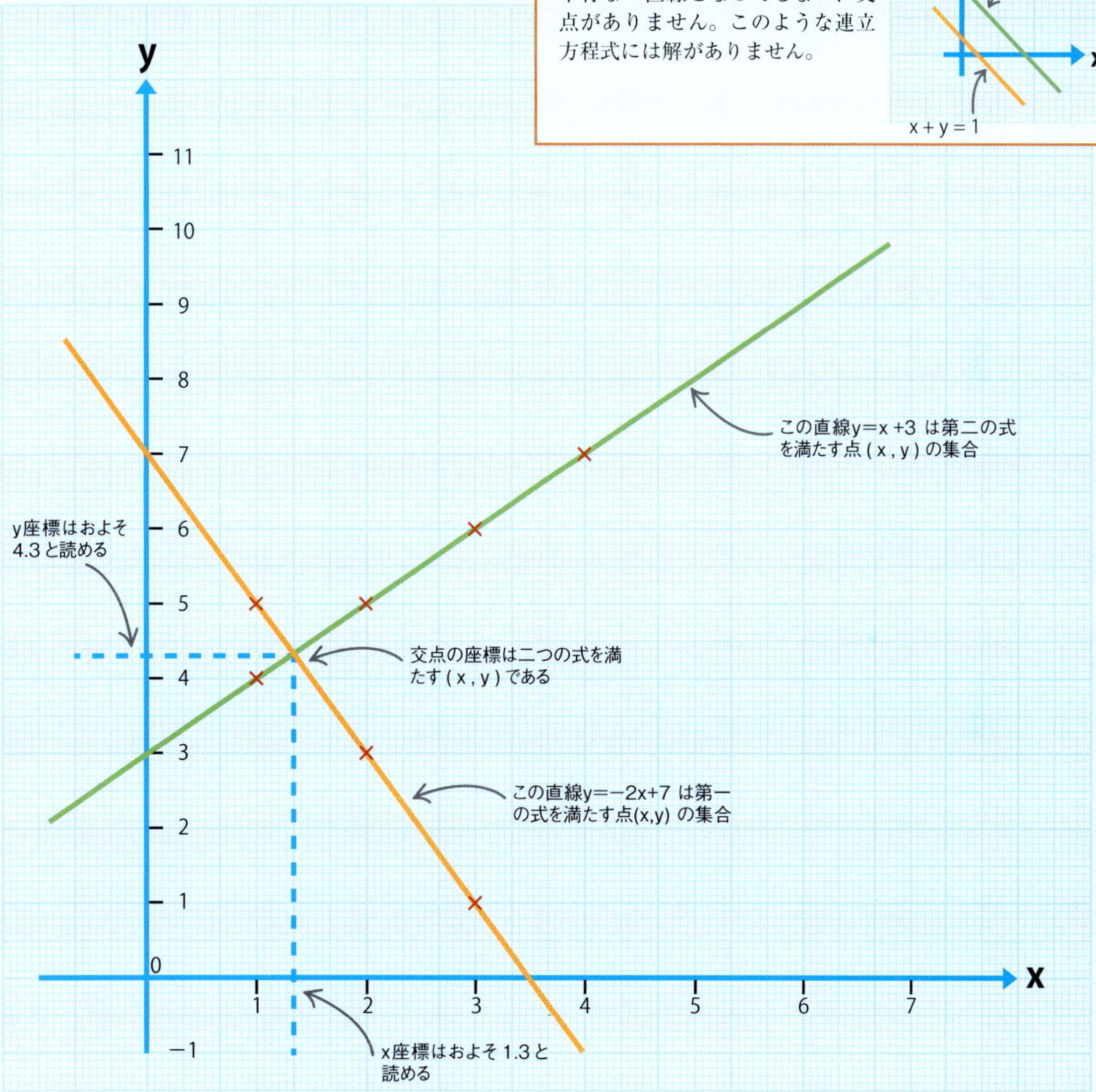

交点のｘ座標とｙ座標が連立方程式の解である。（訳注――グラフで読みとれる1.3と4.3はおよその数値。計算で正確な値を求めると、$x=\frac{4}{3}$，$y=\frac{13}{3}$となる）

$$x=\frac{4}{3} \qquad y=\frac{13}{3}$$

x^2 二次方程式と因数分解

二次方程式 $ax^2+bx+c=0$ の中には、因数分解によって解けるものがあります。

参照ページ

〈168 二次式

二次方程式と解の公式 184～185〉

二次式の因数分解

多項式をいくつかの因数(式)の積の形になおすことを、因数分解といいます。二次式を因数分解すると、二つの一次式の積の形になります。因数分解のヒントは、$(x+m)(x+n)=x^2+(m+n)x+mn$ という展開の式（P.168）にあります。これと ax^2+bx+c を比べると、b は m と n の和、c は m と n の積であることがわかります。

$$ax^2+bx+c=0 \rightarrow (x+??)(x+??)=0$$

両辺を a でわると 1 になる

b は一次の項の係数

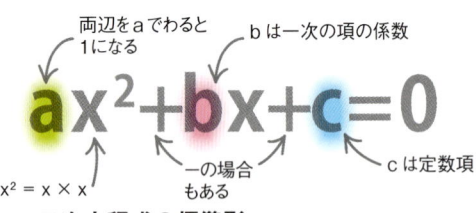

$x^2=x\times x$

ーの場合もある

c は定数項

かっこを並べた場合は積を意味する

この二つの数をたすともとの式の b、かけるともとの式の c になる。

△二次方程式の標準形

a、b、c は定数で、a≠0 だが、ここでは a=1 の形をあつかう。和が b、積が c になるような二つの数がみつかれば、因数分解できる。

△一次式の積

かっこ内は x と定数項からなる一次式。展開すればもとの標準形にもどる。

二次方程式を解く（例 1）

二次方程式を解くためには、まず右辺を 0 にして、因数分解するための二つの数をみつけます。因数分解できれば、かっこ内のどちらかが 0 に等しいことから、解を求めることができます。

標準形の b と c に当たる数に注目する。この例では、和が 6、積が 8 になるような二つの数を、表をつくってさがしてみる。

$$x^2+6x+8=0 \rightarrow (x+??)(x+??)=0$$

c は 8

b は 6

右辺は必ず 0 にする

この二つの数はかけると 8、たすと 6 になる

▼

まず積が 8 になる二数の組み合わせを書き、次にその二数をたして和が 6 になる組み合わせを選ぶ。4 と 2 が求める二つの数だ。

かけて 8 になる組をあげる

和が 6 になるかをチェック

積が c (8)となる二数	二数の和	
8と1	8 + 1 = 9	✗
4と2	4 + 2 = 6	✔

ここでは正ばかりだが負の数が入ることもある

和が b (6) になる組み合わせは一つしかない

和が 6 になるので 4 と 2 が求める二数だ

▼

もとの式は因数分解されて $(x+4)(x+2)=0$ となる。二つの式の積が 0 のときは、そのどちらかが必ず 0 であることに注目しよう。

$$(x+??)(x+??)=0 \rightarrow (x+4)(x+2)=0$$

みつけた数を入れる

みつけた数を入れる

▼

かっこ内の式を 0 と置いて、それぞれを解く。この二つの値が二次方程式の解である。

前のかっこが 0

4 を移項すると－4

$$x+4=0 \rightarrow x=-4$$

解の一つ

後のかっこが 0

2 を移項すると－2

$$x+2=0 \rightarrow x=-2$$

もう一つの解

二次方程式を解く（例 2）

二次方程式は常に $ax^2+bx+c=0$ という形に整理されている訳ではないので、両辺に項があるときは右辺を 0 にし、整理してから、因数分解を試みます。

この二次方程式は右辺に項があるので、移項して右辺を 0 にし、$ax^2+bx+c=0$ という形に整理する必要がある。

右辺の項は左辺に移項する

$$x^2+11x+13=2x-7$$

まず右辺の定数項 − 7 を左辺に移項する 。（両辺に 7 を加えるのと同じ意味）

− 7 は移項すると +7 になる（13+7＝20）

次に 2 x を移項する

$$x^2+11x+20=2x$$

次に右辺の項 2 x を左辺に移項する 。（両辺から 2 x をひくのと同じ意味）

2 x は移項すると− 2 x になる（11x − 2x ＝ 9x）

右辺は必ず 0 にする

$$x^2+9x+20=0$$

標準形に整理されたので、因数分解するために、和が 9、積が 20 になるような二つの数を、表をつくってさがしてみる。積が 20 になる二数を書き、次にその和が 9 になる組み合わせを選ぶ。

かけて 20 になる組をあげる

和が 9 になるかをチェック

積が+20となる二数	二数の和	
20, 1	21	✗
2, 10	12	✗
5, 4	9	✓

和が 9 になるので 5 と 4 が求める二数

ここでは正ばかりだが負の数が入ることもある

5 と 4 が求める二つの数なので、二次方程式は因数分解されて $(x+5)(x+4)=0$ となる。二つの式の積が 0 のときは、そのどちらかが必ず 0 になる。

かっこが並んだ場合は積を意味する

積が 0 のときは、どちらかが 0

$$(x+5)(x+4)=0$$

かっこ内の式を 0 と置いて、それぞれを解く。この二つの値が二次方程式の解である。

前のかっこが 0

5 を移項すると− 5

$$x+5=0 \Rightarrow x=-5$$

解の一つ

後のかっこが 0

4 を移項すると− 4

$$x+4=0 \Rightarrow x=-4$$

もう一つの解

詳しく見ると

因数分解できない二次方程式

二次方程式の中には、因数分解できないものもあります。定数項（ c ）をかけ算に分解してみても、その和が x の係数（ b ）にならなければ、因数分解できません。このような二次方程式は、解の公式を使って解きます 。（P.184−185 参照）

x の係数 (b) は 3

定数項 (c) は 1

$$x^2+3x+1=0$$

この方程式は普通の二次方程式だが、因数分解で解くことはできない。

どちらの組もかけると 1

和は 3 でないとダメ

積が+1となる二数	二数の和	
1, 1	2	✗
−1, −1	−2	✗

積が 1、和が 3 となるような二つの数はないので、この式は因数分解できない。

x^2 二次方程式と解の公式

二次方程式には解を求めるための公式があります。

参照ページ
〈169〜171 公式
〈182〜183 二次方程式と因数分解
二次関数のグラフ 186〜189〉

解の公式

この公式を使えば、どんな二次方程式でも解けます。二次方程式は $ax^2+bx+c=0$ という形に整理する必要があります。

▷二次方程式
解の公式を使うためには標準形にする必要がある。a、b、c はできるだけ簡単な整数にする。

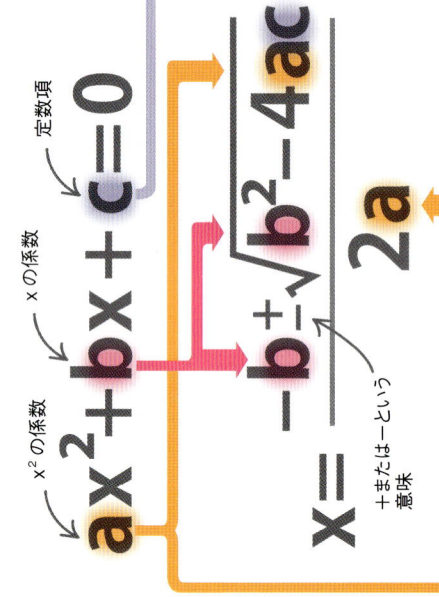

x^2 の係数　x の係数　定数項

$$ax^2+bx+c=0$$

▷解の公式
この公式のa、b、cにそれぞれの値を代入すれば、どんな二次方程式でも解ける。√の中が0にならない限り、± により解は二つになる。

$$x=\frac{-b\pm\sqrt{b^2-4ac}}{2a}$$

＋または－という意味

詳しく見ると
公式を使う前に

公式を使うためには右辺は必ず 0 にします。下の例では 8 を移項して、$4x^2+x-11=0$ と整理し、a=4、b=1、c=−11 を公式に代入することになります。

右辺が 0 でないのでcは－３ではない　右辺は必ず０にする

$$4x^2+x-3=8$$

x の係数は 1

公式を使って解く

標準形の二次方程式の a、b、cにあたる数を、解の公式に代入して計算します。＋－の符号には特に注意し、できるだけ簡単な形になおします。

a の値は 1　b の値は 3　c の値は－２

$$x^2+3x-2=0$$

まず二次方程式の a、b、c にあたる数を見極める。a、b、c の値がわかったら、符号を間違えないように解の公式に代入する。この例では、a=1、b=3、c=−2 を代入。

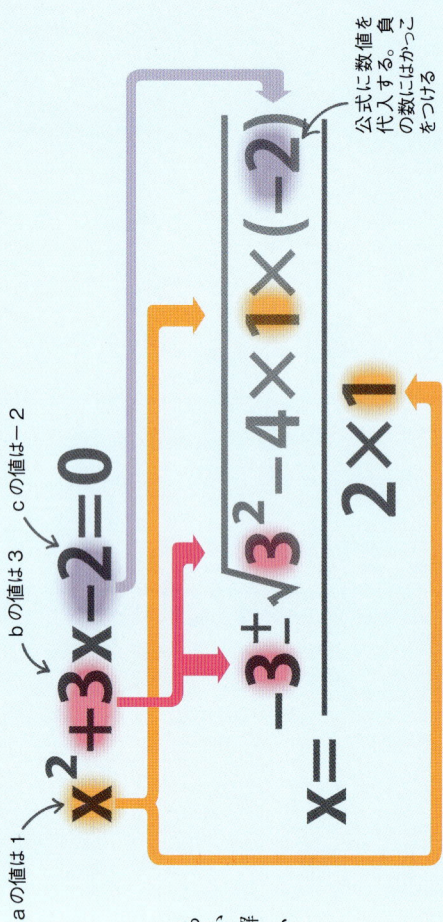

$$x=\frac{-3\pm\sqrt{3^2-4\times1\times(-2)}}{2\times1}$$

公式に数値を代入する。負の数にはかっこをつける

順を追って計算を進める。√の中は、3の二乗が9、4×1×(−2)は−8になる。

$$x=\frac{-3\pm\sqrt{9-(-8)}}{2}$$

3×3＝9

4×1×(-2)＝-8

マイナス二つでプラスになるから9−(−8)=9＋8

√の中は9−(−8)=9+8より17となり、これ以上簡単にならないので、これが二次方程式の解である。（※訳注・以下は近似値計算で、必要な場合以外は普通行わない。ただし√16など√がはずれるときは、以下のような計算を続けることになるので注意したい。）

$$x=\frac{-3\pm\sqrt{17}}{2}$$

9＋8＝17

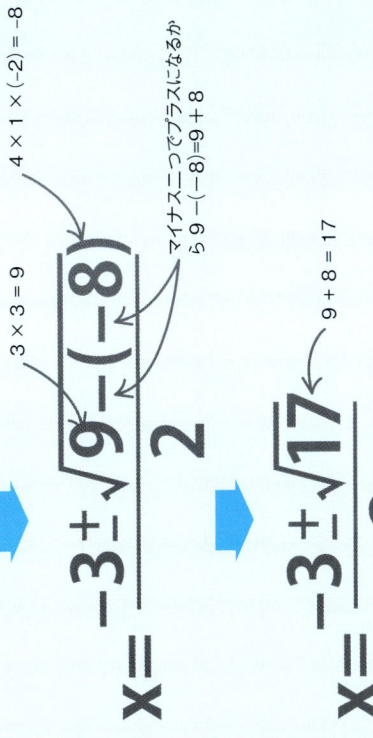

ここからは近似値の計算だが、±によって式を二つに分ける必要がある。

$$x=\frac{-3\pm4.12}{2}$$

17の平方根（小数第二位までの近似値）

＋

分子の−3と4.12をたす。

$$x=\frac{-3+4.12}{2}$$

分子の1.12を分母の2でわる。

$$x=\frac{1.12}{2}$$

−3＋4.12＝1.12

この二つの値が二次方程式の解の近似値。±の後が0にならない限り、解は二つある。

$$x=0.56$$

−

分子の−3と−4.12を加える。

$$x=\frac{-3-4.12}{2}$$

分子の−7.12を分母の2でわる。

$$x=\frac{-7.12}{2}$$

−3−4.12＝−7.12

$$x=-3.56$$

二つの解の近似値。√内が0にならない限り、解は二つ

二次関数のグラフ

参照ページ
〈30〜31 正負の数
〈168 二次式
〈174〜177 直線と式
〈182〜183 二次方程式と因数分解
〈184〜185 二次方程式と解の公式

二次関数のグラフは、放物線と呼ばれる曲線になります。

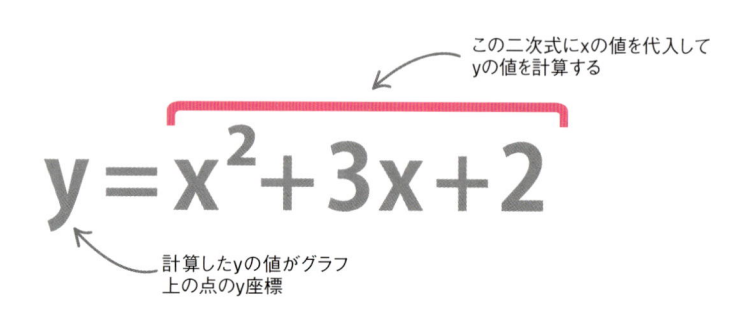

yがxの二次式で表されるとき、yはxの二次関数であるといいます。グラフの位置や形は、$y=ax^2+bx+c$ の定数 a、b、c の値によって決まります。

二次関数は、$y=ax^2+bx+c$（a, b, c は定数、$a \neq 0$）という式で表されます。表をつくってx，yの値を計算し、(x，y)の表す点を座標平面にとってなめらかな曲線で結べば、二次関数のグラフをかくことができます。

二次関数のグラフをかくには、対応するx、yの値を計算して、グラフ上の点の座標を得る必要がある。右の例で、xにいくつかの値を代入してyの値を計算してみよう。

この二次関数の式は、三つの項 x^2、3x、2 の和なので、ここではまずそれぞれの項の値を計算し、最後に合計してy座標をだす。

$$y=x^2+3x+2$$

この二次式にxの値を代入してyの値を計算する

計算したyの値がグラフ上の点のy座標

0に近いxの整数値を選ぶ

直接yの値を書くには式がやや複雑

x	y
−3	
−2	
−1	
0	
1	
2	
3	

x^2 の値を計算　3xの値を計算　ここは定数

x	x^2	3x	+2	y
−3	9	−9	2	
−2	4	−6	2	
−1	1	−3	2	
0	0	0	2	
1	1	3	2	
2	4	6	2	
3	9	9	2	

三つの項の和

x	x^2	3x	+2	y
−3	9	−9	2	2
−2	4	−6	2	0
−1	1	−3	2	0
0	0	0	2	2
1	1	3	2	6
2	4	6	2	12
3	9	9	2	20

三つの数を合計する　＋　＋　＝

△xの値
まず計算しやすい正負の整数値を、xの値として選ぶ。このxの値を使ってyの値を計算していく。

△各項の値
yは三つの項 x^2、3x、2 の和なので、xの値を代入してそれぞれの項の値を計算し、書き込んでいく。負の数を代入した場合、x^2 は常に＋、3x は－になる。

△対応するyの値
三つの数値を合計して、それぞれのyの値を書き込んでいく。正負の数が混じっている所は慎重に確認しよう。

二次関数のグラフは、二次関数の式を満たす（x，y）の値を座標として点に表したものの集合である。x＝1のときy＝6であることが、グラフ上では点(1, 6)となって表される。

▷座標軸をかき、点をとる

表で求めた座標を書き入れられるような座標軸を設定する。座標軸は長めにしておくと、さらに追加して点をとる場合に便利だ。次に表で求めた座標の表す点をとっていく。

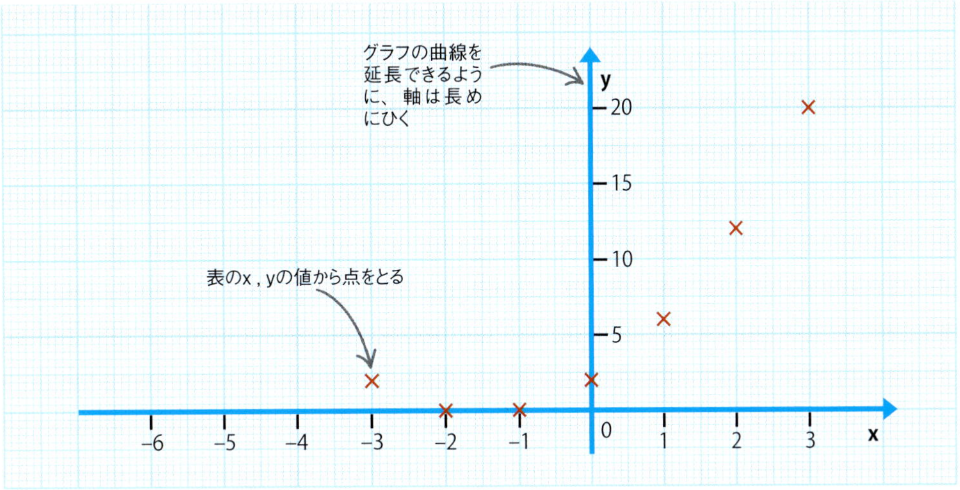

▷点を結ぶ

印をつけた点をなめらかな曲線で結ぶ。これが二次関数 $y=x^2+3x+2$ のグラフで放物線と呼ばれる。ここでとった範囲以外の点もとれるので、グラフはさらに延びていく。

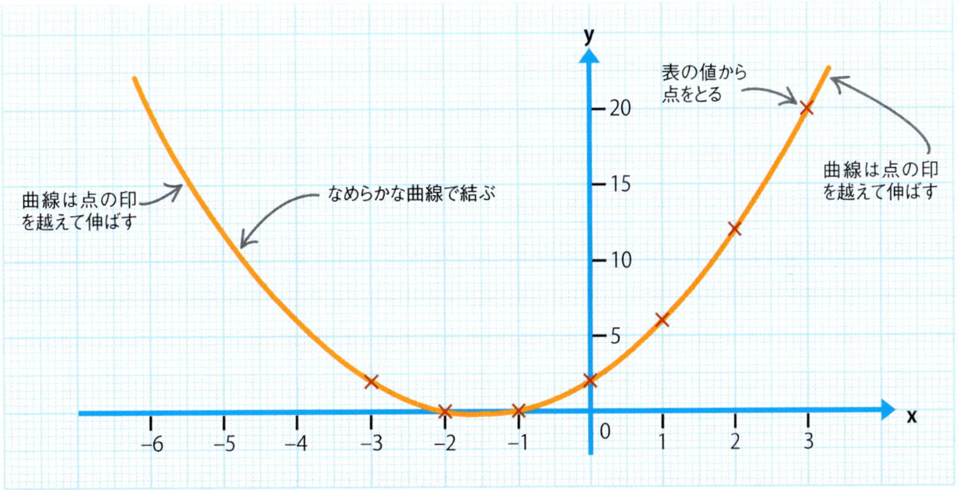

詳しく見ると

放物線の形

二次関数のグラフは線対称で、頂点を境に増加・減少が変わります。グラフの形は、x^2の係数がプラスの場合（谷形）とマイナスの場合（山形）で大きく異なります。

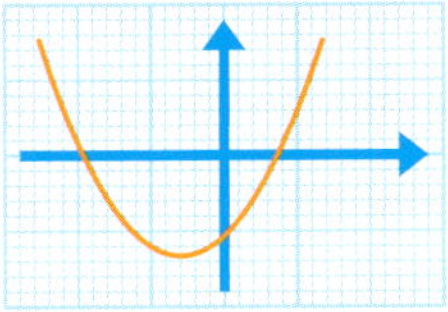

◁ $y=ax^2+bx+c$

a＞0の場合、グラフは上に開いた形（谷形）

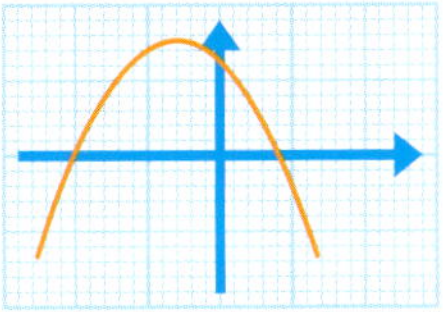

◁ $y=ax^2+bx+c$

a＜0の場合、グラフは下に開いた形（山形）

グラフを使って二次方程式を解く

二次方程式はグラフをかいて解くことができます。ここでは放物線と y= 定数という直線をかいて二次方程式を解いてみます。交点の x 座標が方程式の解になります。（右辺が 0 の形の場合は、放物線と x 軸との交点が解になる）

左辺の二次式と右辺の定数をともに y =として、同じ座標平面にグラフをかく。y = 定数 というグラフは x 軸に平行な直線になる。

$$-x^2-2x+3 = -5$$

放物線になる部分

直線になる部分

二次式にxの値を代入してyの値を計算する

$$y=-x^2-2x+3$$

yはxに関わりなく常に－５

$$y=-5$$

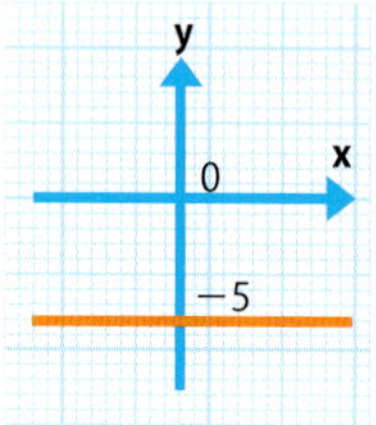

◁ **y= － 5**
これは、x がどんな値をとっても y は常に－ 5 という意味で、グラフは、y 軸上の −5 の点を通り x 軸に平行な直線になる。

二次式の方は、三つの項 $-x^2$、$-2x$、$+3$ の和なので、まず x に簡単な正負の整数値を代入し、それぞれの項の値を計算して表をつくる。最後に合計して y の値を求める。

０に近いxの整数値を選ぶ

直接yの値を書くには式がやや複雑

x	y
−4	
−3	
−2	
−1	
0	
1	
2	

△ x の値
まず計算しやすい正負の整数値を、x の値として選ぶ。この x の値を使って y の値を計算していく。

x^2 の値を計算し－をつける

－２xの値を計算

ここは定数

x	$-x^2$	$-2x$	3	y
−4	−16	+8	+3	
−3	−9	+6	+3	
−2	−4	+4	+3	
−1	−1	+2	+3	
0	0	0	+3	
1	−1	−2	+3	
2	−4	−4	+3	

△各項の値
y は三つの項 $-x^2$、$-2x$、$+3$ の和なので、x の値を代入してそれぞれの項の値を計算し、書き込んでいく。負の数を代入する場合、特に符号に注意しよう。

三つの項の和

x	$-x^2$	$-2x$	3	y
−4	−16	+8	+3	−5
−3	−9	+6	+3	0
−2	−4	+4	+3	3
−1	−1	+2	+3	4
0	0	0	+3	3
1	−1	−2	+3	0
2	−4	−4	+3	−5

三つの数を合計する　＋　＋　＝

△対応する y の値
三つの数値を合計して、それぞれの y の値を書き込んでいく。正負の数が混じっているので慎重に計算しよう。

放物線をかく

座標軸を設定し、表で求めたx、yの値から点をとっていく。例えば$x=-2$のとき$y=3$なので、グラフ上に点$(-2, 3)$をとる。点がとれたら、なめらかな曲線で結ぶ。

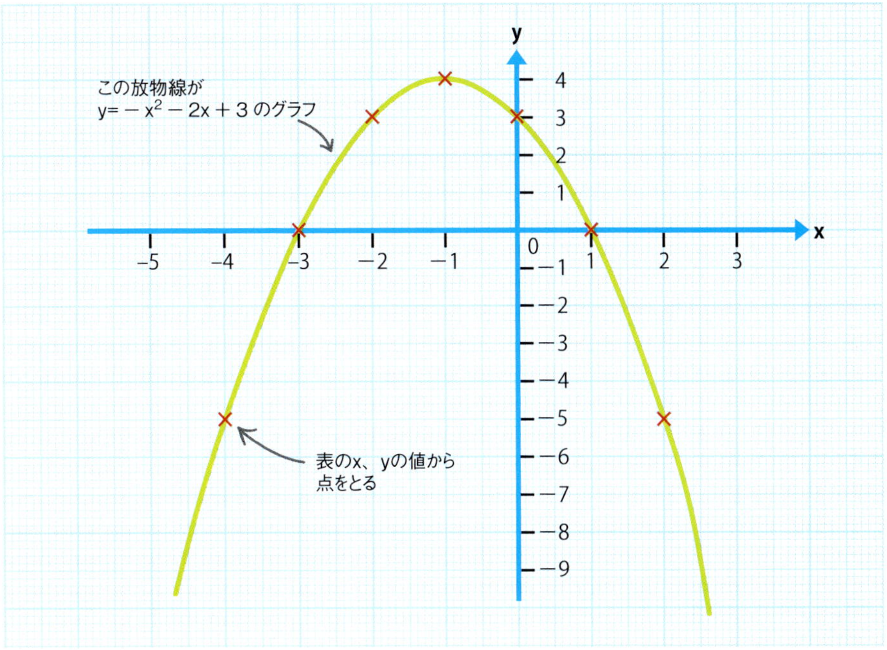

次に直線$y=-5$をかき込む。このグラフはy軸上の−5の点を通り、x軸に平行な直線になる。二つのグラフがかけたら、交点のx座標を読み取る。

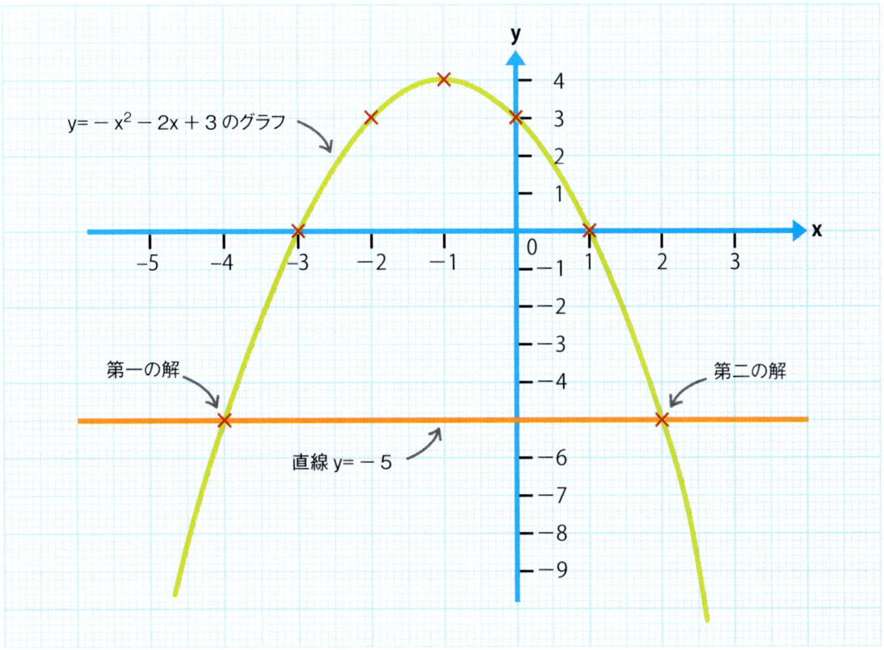

放物線と直線の交点のx座標は、−4と2。これが二次方程式$-x^2-2x+3=-5$の解である。

第一の交点の座標　第二の交点の座標　第一の解　第二の解

(−4,−5) と (2,−5) ➡ x=−4　x=2

≠ 不等式

ある量が他の量と等しくないときには不等式を用いて関係を表します。

参照ページ
〈30〜31 正負の数
〈164〜165 文字式の計算
〈172〜173 一次方程式

不等号

不等号は二つの量が等しくないことや大小関係を表します。単に等しくないことを示す右の記号の他に、大小関係を表す四種類の不等号があります。

$$x \neq y$$

◁「等しくない」
xがyに等しくないことを示す(3 ≠ 4)

$$x > y$$

△「より大きい」
xがyより大きいことを示す(7 > 5)

$$x \geqq y$$

△「以上」
xがyより大きいか、または等しいことを示す。

$$x < y$$

△「より小さい」(未満)
xがyより小さいことを示す(−2 < 1)

$$x \leqq y$$

◁「以下」
xがyより小さいか、または等しいことを示す。

▽数直線で範囲を表す
数の範囲を数直線で表すことができる。このとき境界の数を含むかどうかに注意し、>や<は境界の数を含まないので ○印を、≧や≦は含むので●印を用いる。

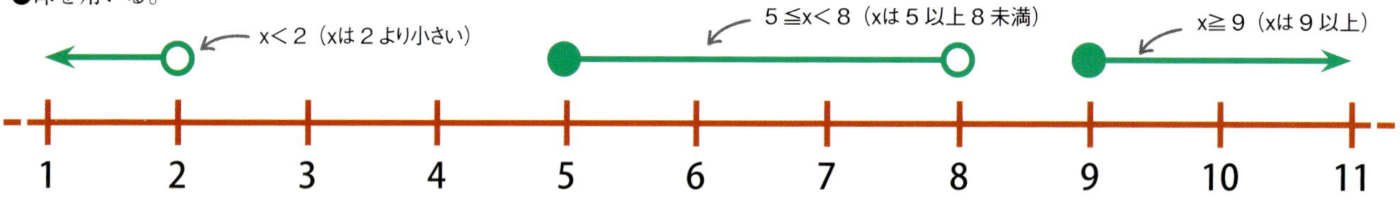

詳しく見ると

不等式の性質

不等式は、両辺に同じ演算を加えて、変形することができる。ただし負の数をかけたり、負の数でわったりするときは、不等号の向きが変わる。

▷正の数をかける・正の数でわる
不等式の両辺に同じ正の数をかけても、同じ正の数でわっても、不等号の向きは変わらない。

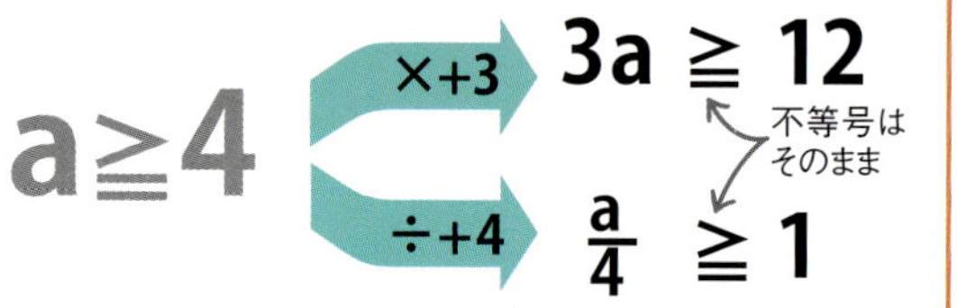

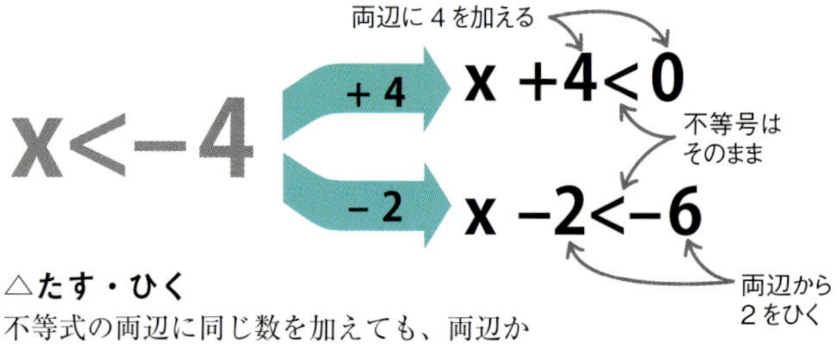

△たす・ひく
不等式の両辺に同じ数を加えても、両辺から同じ数をひいても、不等号の向きは変わらない。(移項も可能)

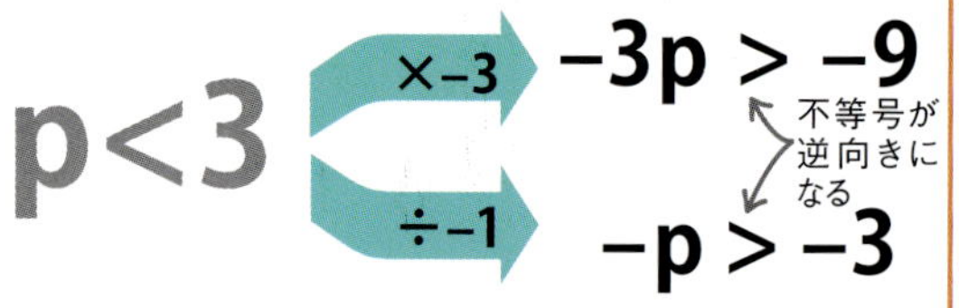

△負の数をかける・負の数でわる
不等式の両辺に同じ負の数をかけたり、同じ負の数でわったりすると、不等号の向きが変わる。この例では、< が > に変わる。

不等式を解く

不等式を満たすxの値の範囲を不等式の解といい、不等式の性質に従って両辺を変形することによって、求めることができます。方程式のように移項することもできます。ただし負の数で割ったり、負の数をかけたりするときは、不等号の向きが反対になります。

移項したり、両辺を同じ数でわったりして、左辺がbだけになるように変形する。

$$3b-2 \geqq 10$$

両辺に2を加える、つまり−2を移項すると、右辺は10+2になる。

両辺に2を加える　10 + 2 = 12

$$3b \geqq 12$$

両辺を3でわる。正の数で割るので不等号の向きはそのまま。これがこの不等式の解である。

両辺を3でわる　12 ÷ 3 = 4

$$b \geqq 4$$

この不等式では、移項の後、負の数で両辺をわることになるので、不等号の向きが変わる。

$$-3a+3<12$$

両辺から3をひく、つまり3を移項すると、右辺は12−3になる。

両辺から3をひく　12 − 3 = 9

$$-3a<9$$

両辺を−3でわる。負の数で割るので不等号は逆向きになる。解の符号にも注意しよう。

両辺を−3でわる　9÷(−3)=−3

$$a>-3$$

連立不等式を解く

この形は連立不等式の一種です。右側と左側を別々に解き、最後にxの範囲の共通部分を解とします。

A＜B＜Cの形の不等式は、二つの不等式A＜BとB＜Cに分けてそれぞれを解き、解の集合の共通部分を求める。

$$-1 \leqq 3x+5<11$$

二つの不等式に分けて書く。それぞれの式を満たすxの範囲を求める。

$$-1 \leqq 3x+5 \qquad 3x+5<11$$

それぞれの式の両辺から5をひく。

−1から5をひく　5を移項する

$$-6 \leqq 3x$$

5を移項する　11から5をひく

$$3x<6$$

それぞれの式の両辺を3でわる。正の数で割るので不等号の向きはそのまま。

-6 ÷ 3 = -2　3x ÷ 3 = x

$$-2 \leqq x$$

3x ÷ 3 = x　6 ÷ 3 = 2

$$x<2$$

最後にxの範囲の共通部分を解とする。これが始めの連立不等式を満たすxの値の範囲である。

$$-2 \leqq x<2$$

5

統 計

統計って何？

統計とは、ある集団の性質・傾向などを明らかにするために、データの収集・整理・処理をすることです。

大量の情報も、データを整理し分析すれば、わかりやすくなります。グラフや図などは、統計を目で見て理解をうながす方法です。

グループ	人数
女性教員	10
男性教員	5
女子生徒	66
男子生徒	19
合計	100

△データの収集
データを集めたら、効果的に分析するためには、分類する必要がある。普通は表に整理する。この表は、ある学校の構成人員を示したものである。

データを処理する

データとは情報のことで、いたるところに大量に存在します。例えば何らかのアンケートを実施してデータを集めても、結果をただ羅列してあるだけでは傾向や意味がよくわかりません。そのデータを整理して表にすれば、理解しやすくなりますし、さらにその表をグラフや図に表せば、いっそう読み取りやすくなるはずです。グラフや図によって傾向がはっきりし、データの分析も容易になります。円グラフは、各グループの相対的な大きさがすぐ見て取れるわかりやすい示し方の一例です。

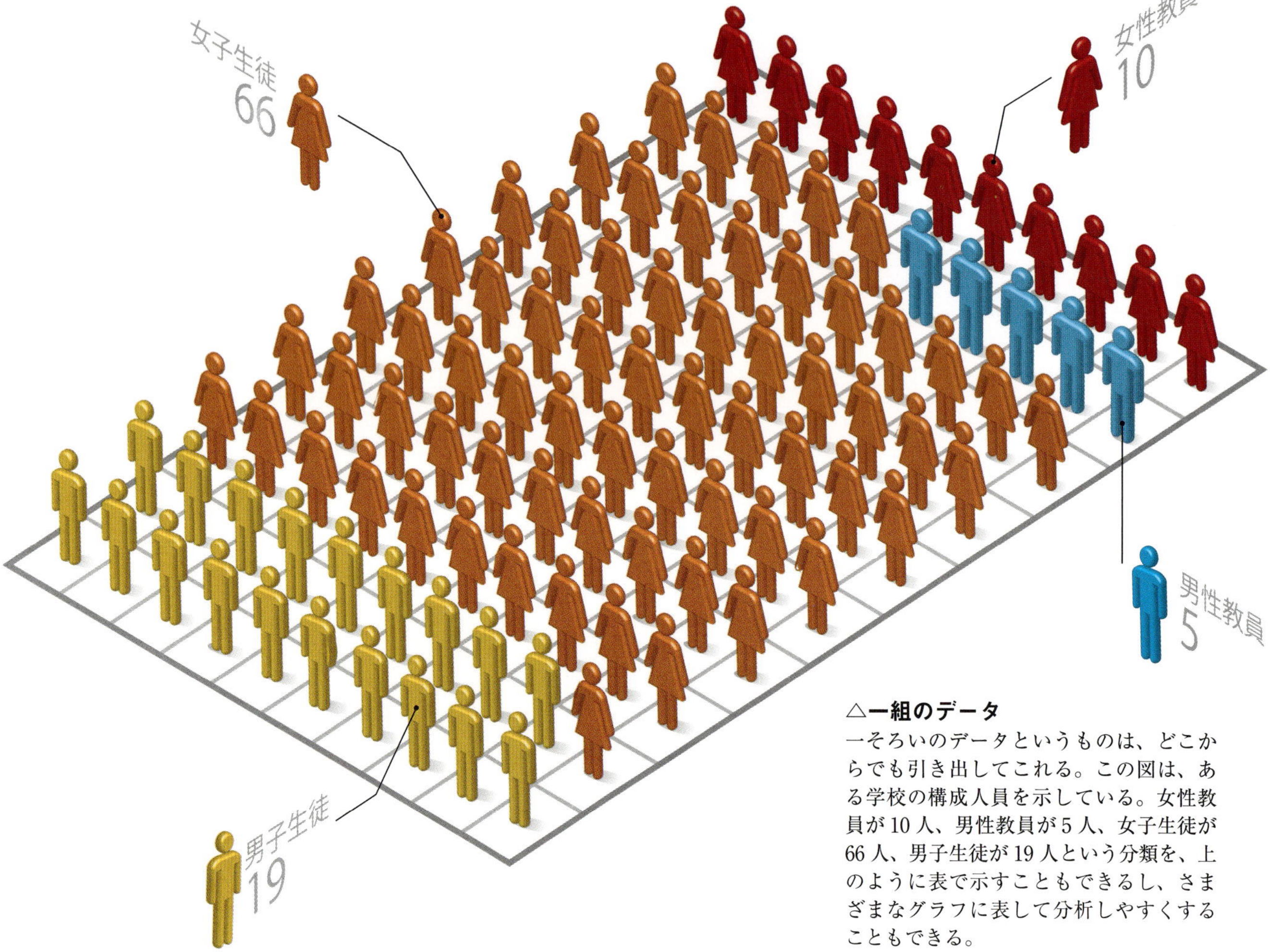

△一組のデータ
一そろいのデータというものは、どこからでも引き出してこれる。この図は、ある学校の構成人員を示している。女性教員が10人、男性教員が5人、女子生徒が66人、男子生徒が19人という分類を、上のように表で示すこともできるし、さまざまなグラフに表して分析しやすくすることもできる。

データの表し方

統計データを示す方法はいろいろあります。単に表にまとめることもあれば、それをもとにグラフや図など見やすい形に表すなど方法もさまざまです。棒グラフ、絵文字、折れ線、円グラフ、ヒストグラムなどが、データを見やすく表示するのによく用いられます。

グループに入るデータの個数・頻度

データの分類	度数
グループ1	4
グループ2	8
グループ3	6
グループ4	4
グループ5	5

△データの表
情報を区分・分類し、表に整理すると、データがどんな傾向を示しているか把握しやすくなる。この表を使って、以下のようなグラフや図がつくられる。

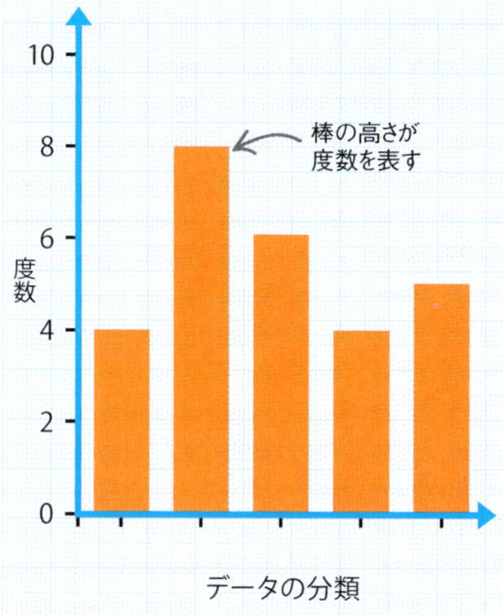

△棒グラフ
棒グラフはｘ軸でデータを分類し、ｙ軸に度数をとって、それぞれの棒の高さが各グループの頻度を表すようにしたグラフである。

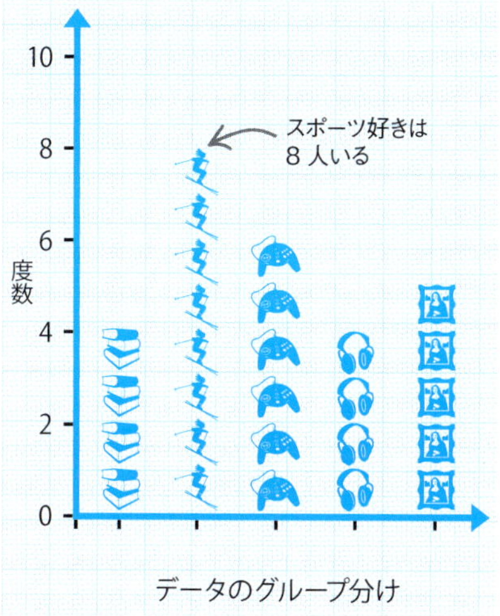

△絵文字
絵文字によるグラフは棒グラフを親しみやすくしたもの。各絵文字がデータの数と内容を表している。例えば、音楽ファンと読書家は４人ずついるとわかる。

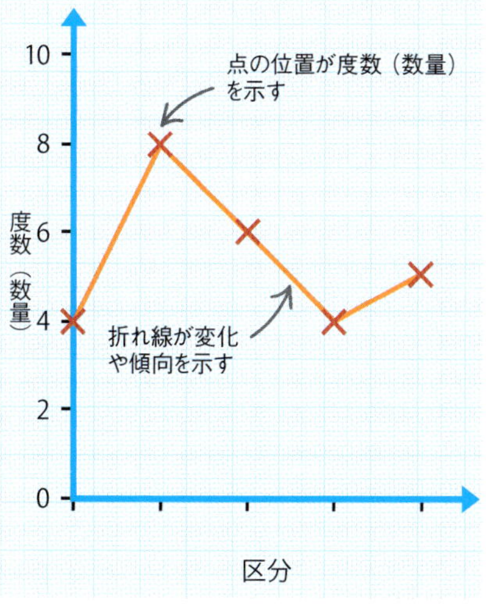

△折れ線グラフ
折れ線グラフは度数折れ線の他、時間による数の変化を表す場合によく用いられる。点の位置が度数（ある時点での数量）を示し、線分の傾きで傾向がわかる。

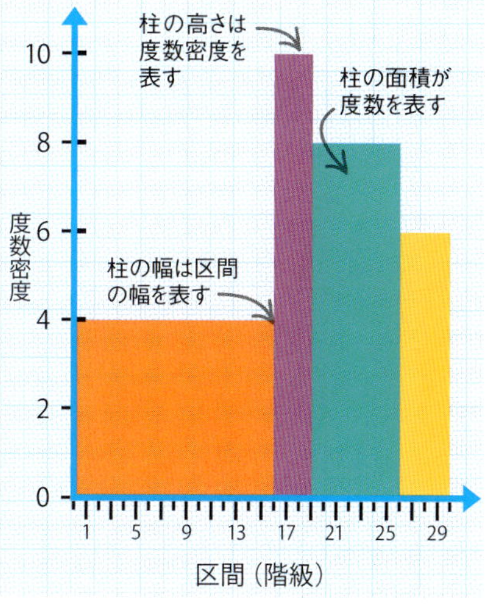

△ヒストグラム（柱状グラフ）
ヒストグラムは長方形の柱の面積が、その区間（階級）の度数を示す。異なる区間（階級の幅）に分けられたデータを示すのに役立つ。

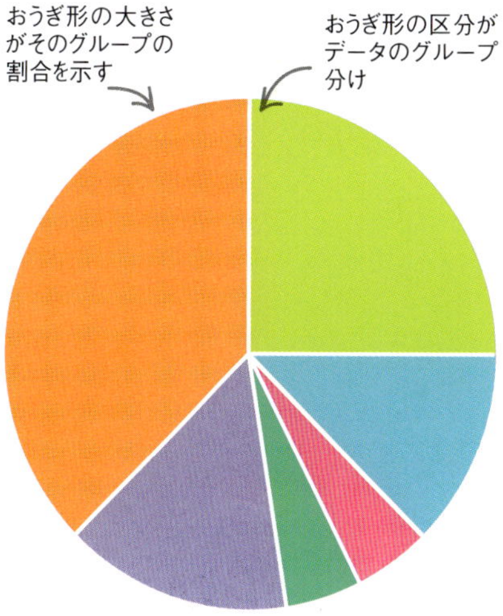

△円グラフ
円グラフはデータのグループを、円を分割したおうぎ形で示す。おうぎ形が大きいほど、そのグループのデータの割合が大きいことを表す。

資料の収集と整理

情報を提示し分析する前に、まずデータを注意深く集め、整理しなければなりません。

参照ページ
棒グラフ 198〜201〉
円グラフ 202〜203〉
折れ線グラフ 204〜205〉

データとは？

統計において、調査結果の羅列という形で集められた資料が、データとしてあつかわれます。このリストを意味のあるものにするために、データは分類し、読みやすい形で提示する必要があります。整理する前の資料は、生のデータと呼ばれます。

好きなドリンクを選ぶ

コーラ、オレンジジュース、
パイナップルジュース、ミルク、
アップルジュース、その他

◁**質問**
データを得るためにはアンケートの質問作りから始める。ここでは、子供がどんな飲み物を好むかを調査したい。

データの収集

何らかの調査によって資料を集めるのが一般的です。適当な集団を選び、人々の好み、習慣、意見などを、アンケートという形で調査します。回収した回答は生のデータで、これを整理して表や図にまとめます。

飲み物についてのアンケート

このアンケートは、みなさんがどんな飲み物が好きかを調べるために実施されています。当てはまる枠の中に✓印を入れてください。

1) あなたの性別は？

- [x] 男
- [ ] 女

2) あなたの好きな飲み物は何ですか？

- [ ] パイナップルジュース
- [ ] オレンジジュース
- [x] アップルジュース
- [ ] ミルク
- [ ] コーラ
- [ ] その他

この答えをデータのリストとして集計する

3) 週に何回ぐらいそれを飲みますか？

- [ ] 週１回以下
- [x] 週2－3回
- [ ] 週4－5回
- [ ] 週5回以上

4) 好きな飲み物を普通どこで買いますか？

- [ ] スーパーマーケット
- [x] コンビニエンスストア
- [ ] その他

▷**アンケート**
アンケートでよく用いられる選択肢形式の質問である。この形式だと、質問に対する答えをグループに分類しやすい。この例では、データはドリンクの好みによって、グループ分けされる。

集計

調査の結果を集計します。アンケートによるデータの分類項目を並べ、回答ごとに印を入れて数えていくのが、簡単な方法です。5つごとに右のような印を書き入れて、集計していきましょう。

正を使って5つごとのまとまりにすると数えやすい

飲み物	集計
コーラ	正一
オレンジジュース	正正一
アップルジュース	丅
パイナップルジュース	一
ミルク	丅
その他	一

△**集計表**
集計表は調査の結果を印をつけてまとめたもの。

飲み物	集計	度数
コーラ	正一	6
オレンジジュース	正正一	11
アップルジュース	丅	2
パイナップルジュース	一	1
ミルク	丅	2
その他	一	1

△**度数表**
各グループの印を数えて、度数を書き入れる。度数とは各グループのデータの個数のことだが、ここでは子供の人数を指す。

表による整理

各グループの度数を記録した表は度数分布表ともいわれ、データを提示する方法としてよく使われます。度数の傾向が分析されたり，図やグラフをつくるのに使われたりします。度数の表はより詳細な情報を示すため、分類を細かくすることもあります。

飲み物	度数
コーラ	6
オレンジジュース	11
アップルジュース	2
パイナップルジュース	1
ミルク	2
その他	1

△**度数分布表**
データを示す基本的な表。この表で、それぞれの飲み物を選んだ子供の人数がわかる。

飲み物	男	女	合計
コーラ	4	2	6
オレンジジュース	5	6	11
アップルジュース	0	2	2
パイナップルジュース	1	0	1
ミルク	1	1	2
その他	1	0	1

△**男女別の度数表**
こちらの表は欄を増やして、情報をより詳細に示している。この表なら男女の好みのちがいもわかる。

偏《かたよ》り

調査結果から確かな状況をつかむためには、調査対象を広い範囲の人々から選ぶことが重要です。調査対象が狭く限定されると、その調査結果は多数を代表するものではなく、特殊な偏向を示すものとなりかねません。

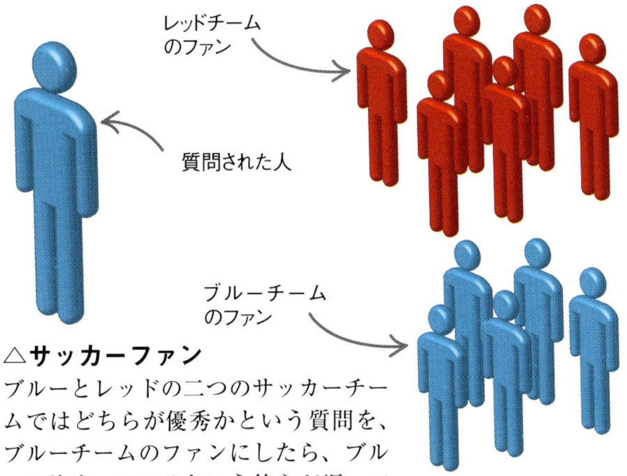

△**サッカーファン**
ブルーとレッドの二つのサッカーチームではどちらが優秀かという質問を、ブルーチームのファンにしたら、ブルーに決まっているという答えが返ってきそうだ。レッドの方がよい成績を残していても、そんなことは関係がない。

詳しく見ると

記録データ

天候、交通状況、インターネット利用などに関する多くのデータは、機械によって記録されています。そういう情報も表･図･グラフなどに整理され私たちに提供されて、理解や分析が可能となるのです。

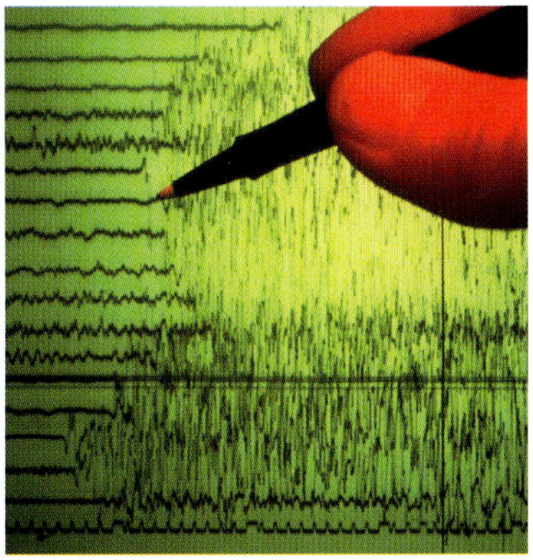

◁**地震計**
地震計は地震や地面の微細な動きを記録している。データを集め、分析が進めば、将来の地震予知につながるパターンを発見できるかもしれない。

棒グラフ

参照ページ
〈196〜197 資料の収集と整理
円グラフ 202〜203〉
折れ線グラフ 204〜205〉
ヒストグラム 216〜217〉

棒グラフは資料を図として提示するのによく使われる方法です。

棒グラフはデータの集まりを視覚的にわかりやすく示します。それぞれの棒の長さが、資料を分類した各グループの大きさ（度数）を表すように描かれます。

棒グラフを使う

資料は図やグラフにすることで、単なる一覧や表よりわかりやすいものになります。棒グラフでは、それぞれの棒が資料内の各グループを表し、棒の高さがグループの大きさつまり度数を示します。棒の高さから情報の特徴をすばやく明確に視覚に訴えることができ、細かい数値はグラフの目盛りで読み取れます。表に整理されたデータがあれば、鉛筆と定規でグラフ用紙に棒グラフをかくことは容易です。

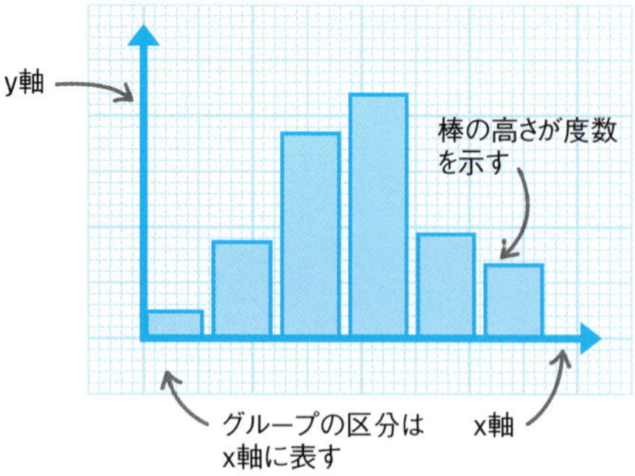

◁**棒グラフ**
棒グラフでは、それぞれの棒が特定の資料内の各グループを表し、グループのサイズつまり度数は棒の高さによって示される。

この度数分布表は、あるスポーツジムを訪れた人数を年齢別に集計したものである。

棒グラフをかくための第一歩は、扱っているデータに合う目盛りと大きさの用紙を選ぶことだ。次にｘ軸とｙ軸を設定して、表の分類や数値に応じて目盛りや区分を書き入れていく。

年齢	度数（人数）
15未満	3
15–19	12
20–24	26
25–29	31
30–34	13
35以上	6

度数の目盛りはy軸に入れる

年齢の区分（階級）はx軸にとる

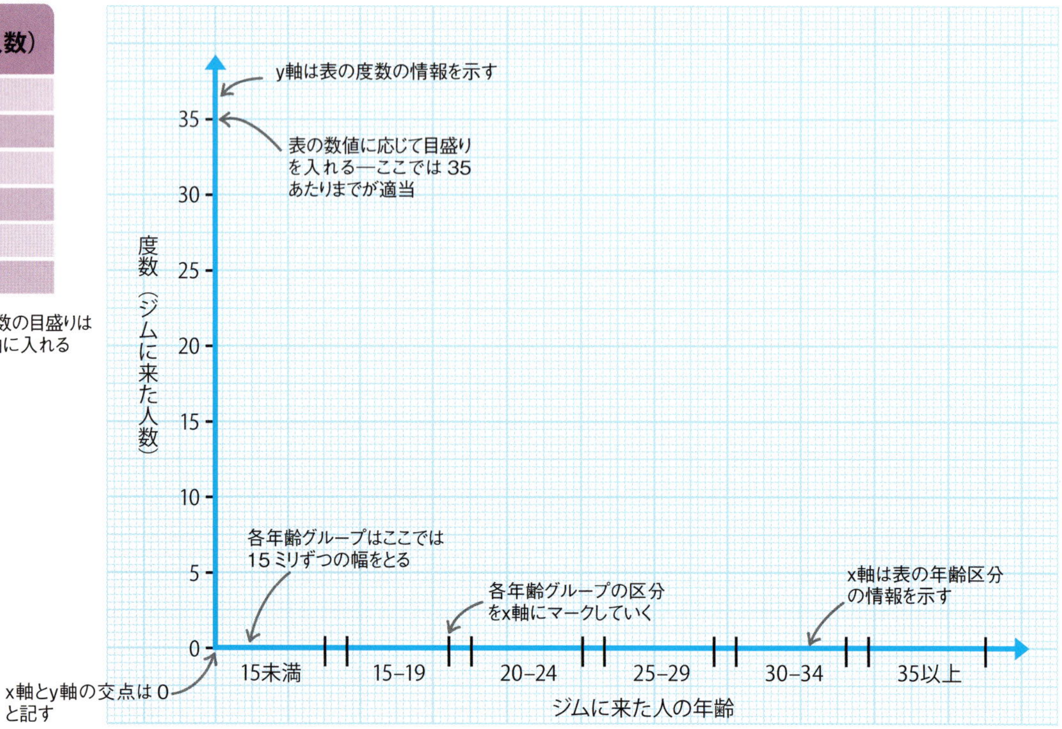

まず表の最初の年齢区分（15歳未満）の度数3をグラフに書き入れる。y軸の3の目盛りの位置に、一番左の年齢区間の幅の分だけ、水平線をひく。次に、二番目の年齢区分の度数12のラインを、やはり年齢区間の幅の分だけ水平にひく。以下同様に、残りの度数のラインを入れていく。

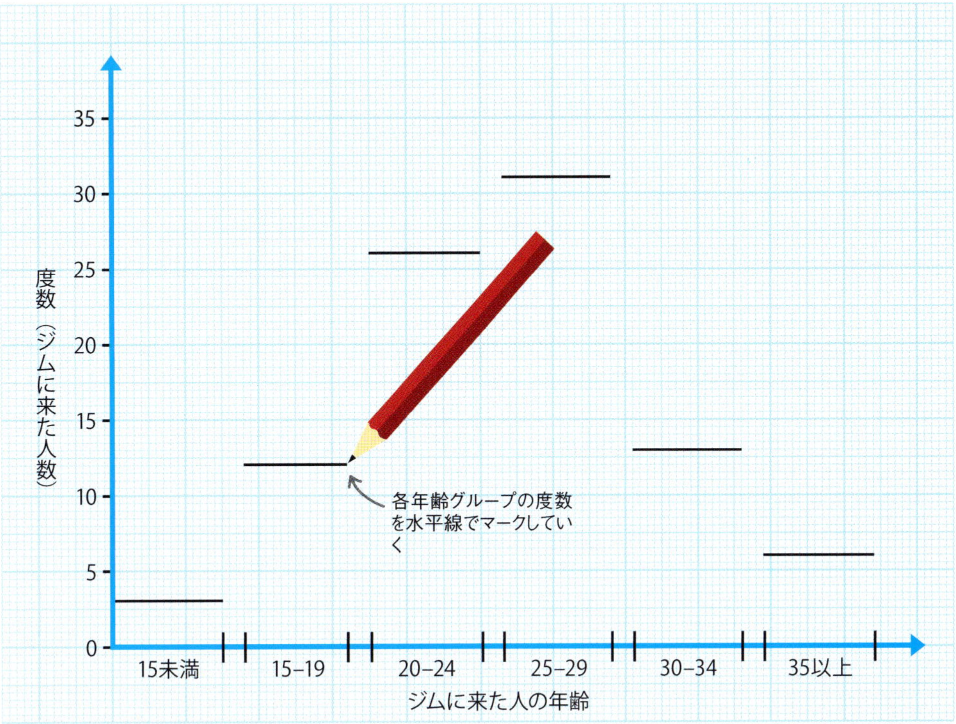

x軸上の区切りと今かいた度数の線分の両端を結んで、棒のたての線をひくと、棒グラフとなる。色をつけて見やすくすれば、完成だ。

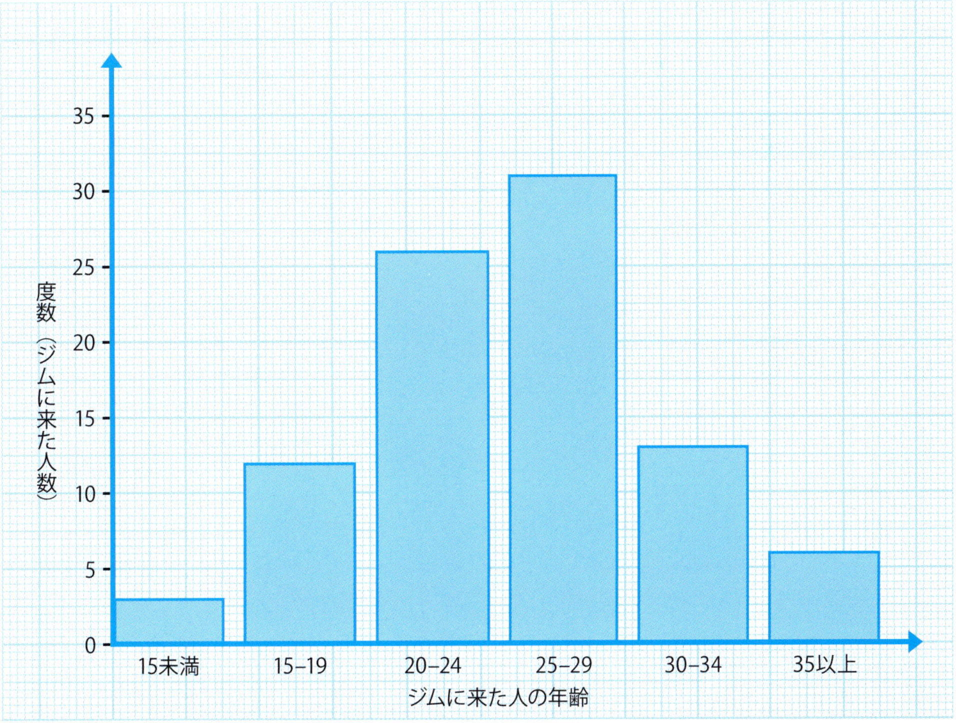

棒グラフの種類

たて棒グラフの他に、いくつか表し方のバリエーションがあります。グラフは横棒でもいいし、立体的に描かれることもあり、二つの棒を合わせることもあります。どのタイプでも、棒の大きさが各グループのデータの大きさ(度数)を表しています。

趣味	度数(子供の人数)
読書	25
スポーツ	45
コンピューターゲーム	30
音楽	19
収集	15

◁データ表
この表は、子供の趣味について調査した結果を集計したものである。

▷横棒グラフ
横棒グラフでは、棒は横向きに描かれる。この例では、度数つまり各グループの子供の人数は横軸で読み取る。

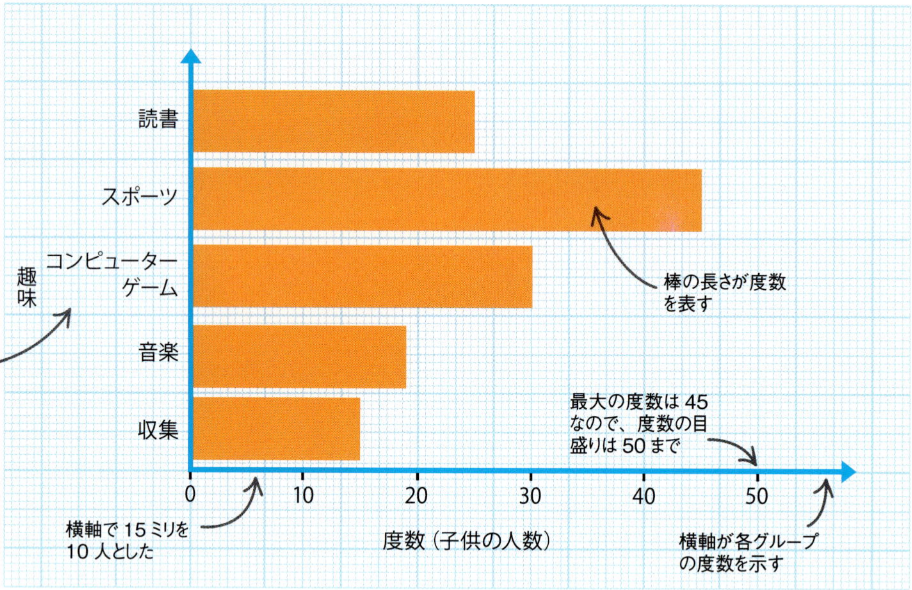

▷3D棒グラフ
このタイプの棒グラフでは、四角柱など立体的な棒を描いて、視覚的な印象を強めている。ただ見取り図を用いるため、棒の頂上を読み間違える恐れがあるので注意が必要である。この四角柱では、上面の手前の辺が正しい数値を指している。

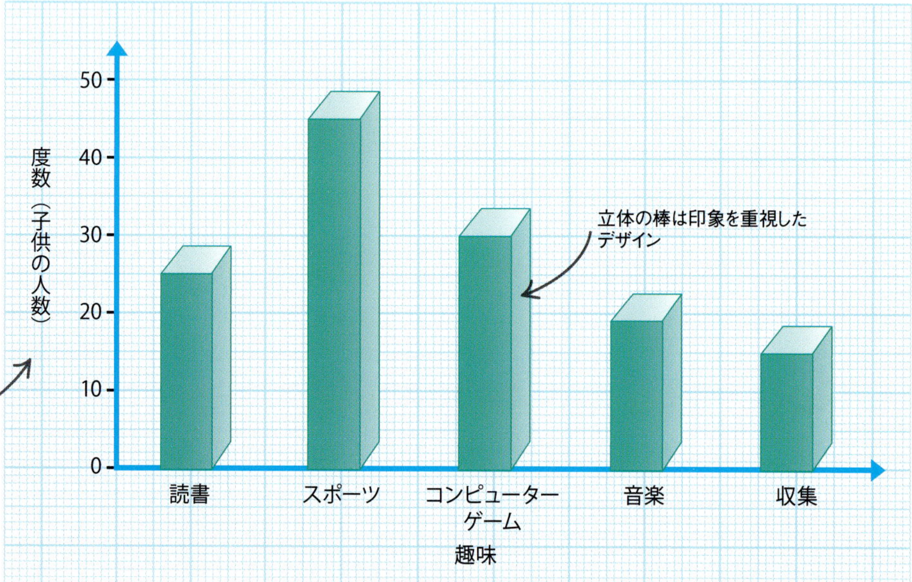

集合棒グラフと積み上げ棒グラフ

サブグループに分かれるデータをグラフにするときに、集合棒グラフや積み上げ棒グラフが使われます。集合棒グラフではサブグループごとの棒が横並びに示され、積み上げ棒グラフではサブグループの棒が一本につながります。

年齢	男	女	合計
読書	10	15	25
スポーツ	25	20	45
コンピューターゲーム	20	10	30
音楽	10	9	19
収集	5	10	15

◁**データ表**
この表は、子供の趣味について調査した結果を、男女別に集計したものである。

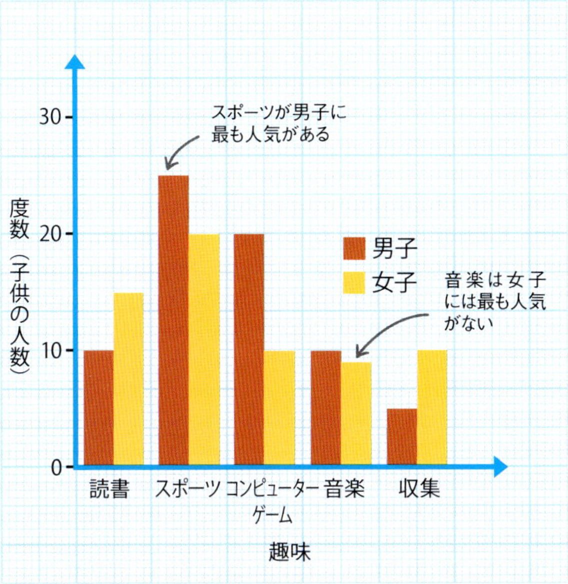

△**集合棒グラフ**
集合棒グラフでは各グループのデータが、二本以上のサブグループのデータを示す棒で色分けして表され、どの色がどんなグループを指すのかが明示される。

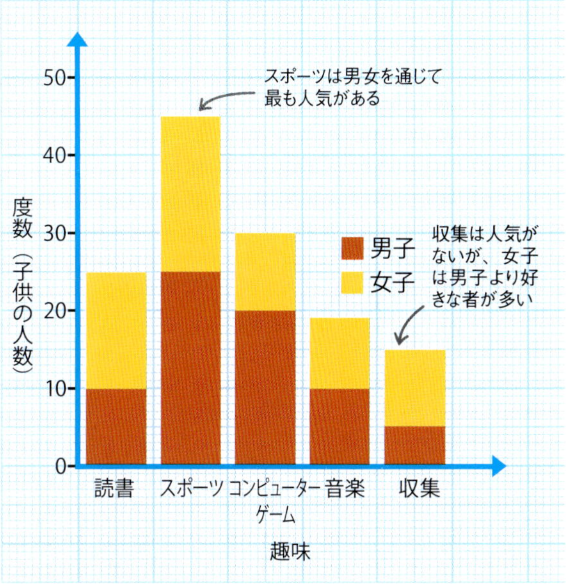

△**積み上げ棒グラフ**
積み上げ棒グラフでは、二つ以上のサブグループのデータが積み上げられて、一本の棒として表示される。各グループデータごとの合計も読み取りやすいという特徴がある。

度数折れ線

棒グラフと同じ情報を、棒の代わりに折れ線を用いて表す方法もあり、度数折れ線または度数多角形と呼ばれます。棒グラフまたはヒストグラムで、各グループの長方形の上辺の中点を結んで描かれます。

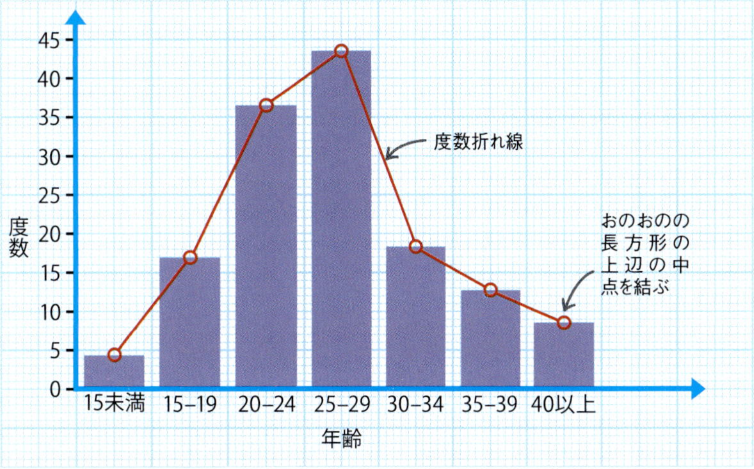

▷**度数折れ線をかく**
この場合は、各グループデータを表す長方形の上辺の中点を結んで、折れ線をかいていく。度数（分布）多角形では、両脇に度数0の点をとって折れ線を閉じるのが普通。

円グラフ

参照ページ
〈76〜77 角
〈142〜143 弧とおうぎ形
〈196〜197 資料の収集と整理
〈198〜201 棒グラフ

円グラフはデータの割合を視覚的に提示する便利な方法です。

円グラフでは、円を分割してできるおうぎ形が、データの各部分を表します。

なぜ円グラフなのか？

データの提示のし方として多用される円グラフには、視覚に直接訴えるという特徴があります。円を切り分けた各部分の大きさが、データの各グループの割合を目に見える形で表し、一目でデータの比較ができるのです。

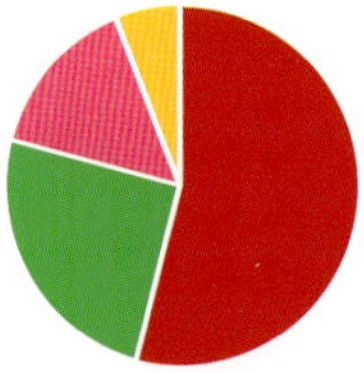

◁円グラフを読む
円を切り分けると、全体の中での大きさを比較しやすい。この例では、赤い部分が最大で、半分を少し超えていることがすぐわかる。

データを確認する

度数分布表を作って資料を整理し、円グラフを作成するのに必要な情報を確認します。円グラフの各部分の角度を計算するために、分類した各グループの度数と全グループの度数の合計を、度数分布表から取り出す必要があります。

アクセスのあった国	度数
英国	375
アメリカ	250
オーストラリア	125
カナダ	50
中国	50
その他・不明	150
度数の合計	1,000

度数は国別に集計されている

各国の度数は割合の計算に使われる

度数の合計は各国からのアクセスの全件数

◁度数分布表
この表は英国のあるウェブサイトにアクセスしてきた件数を、国別に分類・整理したものである。

▽角度の計算
円グラフのおうぎ形の中心角を求めるには、表から求めたい区分の度数を選び、合計とともに次の公式に代入すればよい。

$$\text{中心角} = 360^\circ \times \frac{\text{求めたい区分の度数}}{\text{度数の合計}}$$

例えば

$$\text{「英国」の部分の中心角} = 360^\circ \times \frac{375}{1{,}000} = 135^\circ$$

英国からのアクセス数

「英国」の割合

おうぎ形の中心角

全アクセス数

残りの部分の角度も同様に、表の度数を公式に代入して計算していく。全部の中心角を合計すると 360° になり、円が完成する。

$$\text{カナダ} = 360^\circ \times \frac{50}{1{,}000} = 18^\circ$$

$$\text{アメリカ} = 360^\circ \times \frac{250}{1{,}000} = 90^\circ$$

$$\text{中国} = 360^\circ \times \frac{50}{1{,}000} = 18^\circ$$

$$\text{オーストラリア} = 360^\circ \times \frac{125}{1{,}000} = 45^\circ$$

$$\text{その他・不明} = 360^\circ \times \frac{150}{1{,}000} = 54^\circ$$

円グラフをかく

円グラフをかくには、円をかくためのコンパス、角度を測るための分度器、円を分割するための定規が必要です。

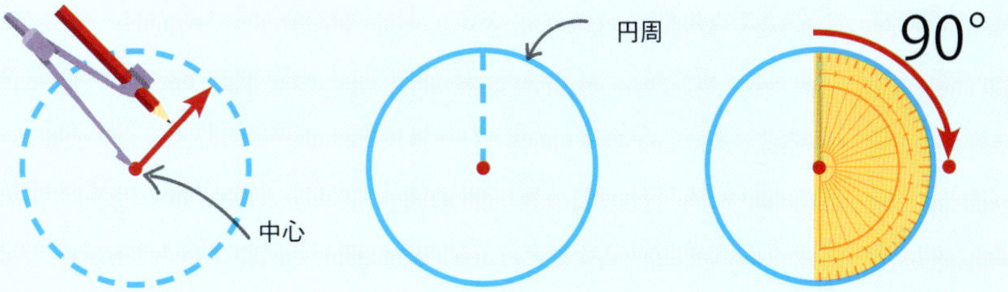

まずコンパスを使って円をかく ▶ 中心から真上に半径をかく ▶ 始めの半径から中心角を分度器で測り、円周上に印をつける。この印と中心を結んで円を分割する。

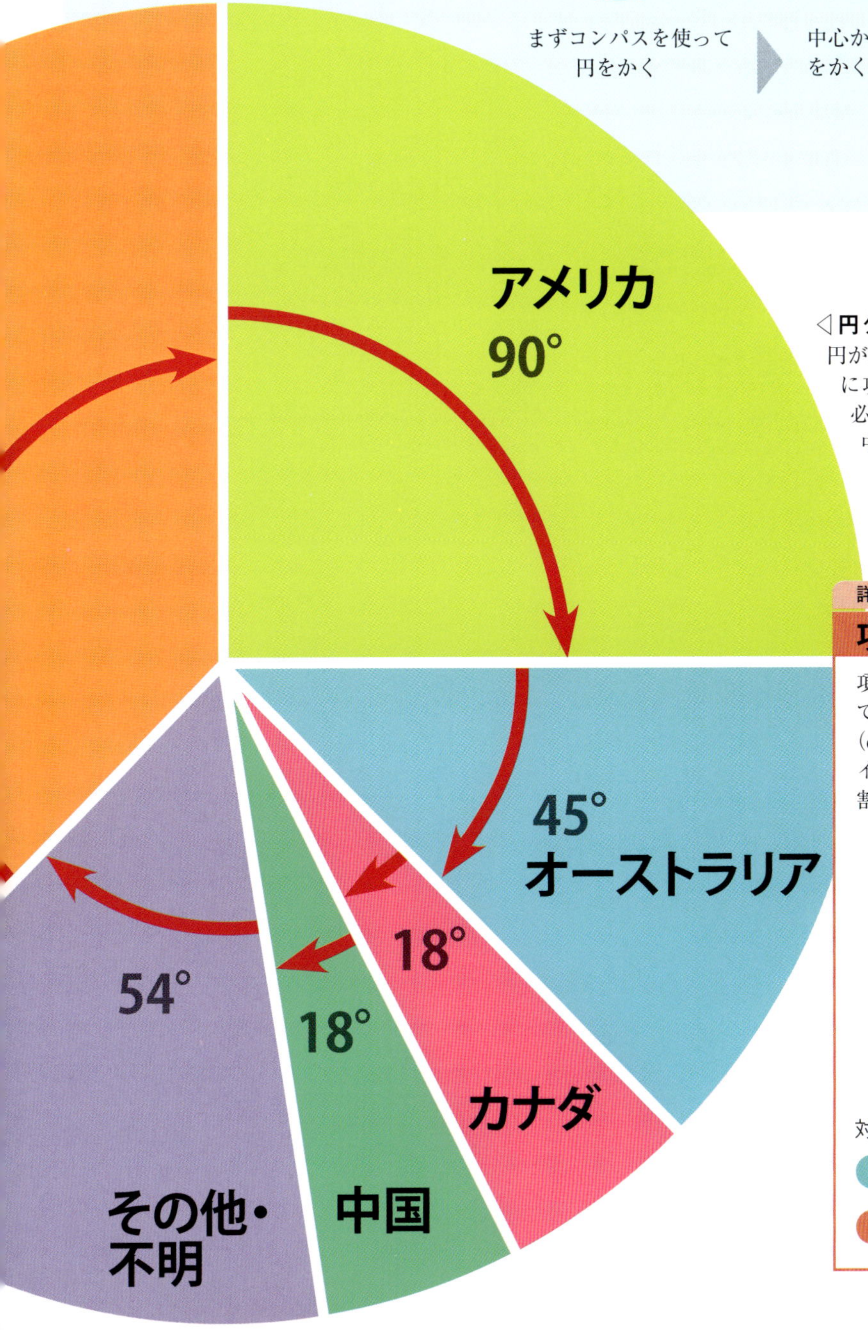

◁**円グラフの完成**
円が分割できたら、それぞれに項目名などを書き入れ、必要に応じて色分けする。中心角の合計は 360° になり、おうぎ形の組み合わせは円となる。

詳しく見ると

項目名の書き入れ方

項目名などの書き入れ方は三通りあります。線で引き出す注釈型(a,b)、直接書き入れるタイプ(c,d)、そして色分けなどして対照表をつけるタイプ(e,f)の三種類です。注釈型や対照表は、分割が細かくなった場合に便利です。

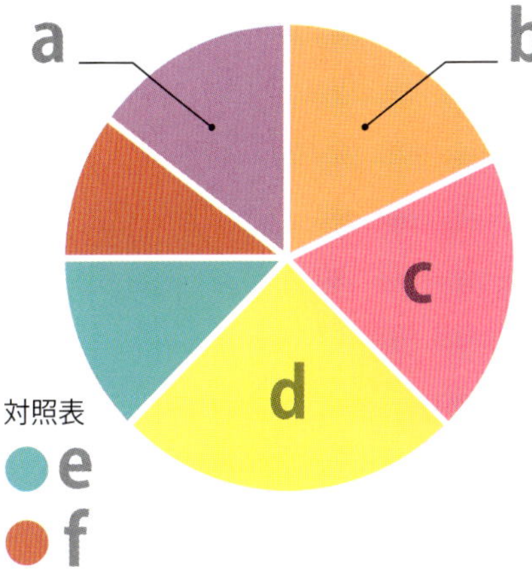

折れ線グラフ

参照ページ
〈174〜177 直線と式
〈196〜197 資料の収集と整理

折れ線グラフは折れ線によってデータの変化などを示します。

折れ線グラフは読みやすい形で情報を正確に提示する方法ですが、特に時間の経過によるデータの変化を示すのに有効です。

折れ線グラフをかく

鉛筆と定規とグラフ用紙があれば、折れ線グラフをかくことができます。表のデータをグラフ用紙に点としてとり、その点を結べば折れ線グラフになります。

曜日	日照時間（時）
月	12
火	9
水	10
木	4
金	5
土	8
日	11

この表はある週の日照時間を曜日順に示したもの。この情報をグラフで表す。

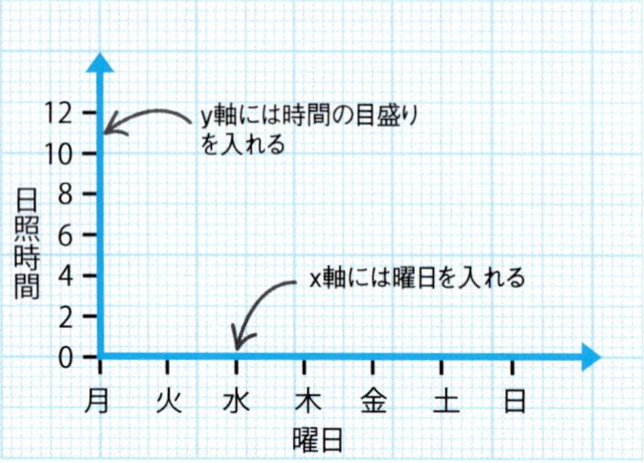

軸を設定する。表に従って、x軸には曜日を書き入れ、y軸には日照時間を示すための目盛りをつける。

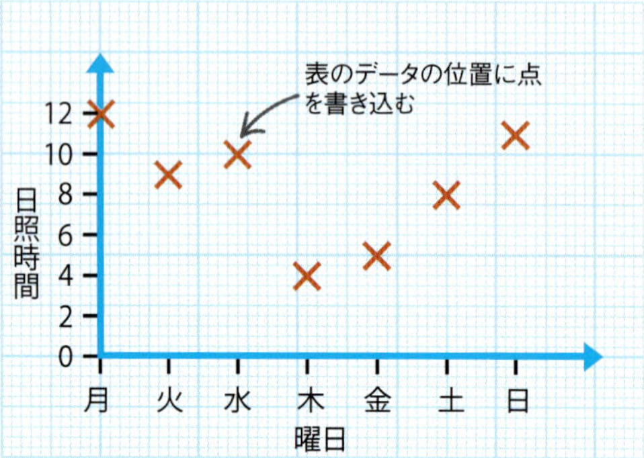

まずx軸で月曜の位置からy軸にそって表の最初の数値の位置に点をとる。火曜以下も同様にして、表の数値の位置に点をとっていく。

すべてのデータがグラフ上の点として印されたら、定規を使って点を結び、折れ線グラフを完成させる。折れ線グラフは二つのデータの関係を明確に示す。

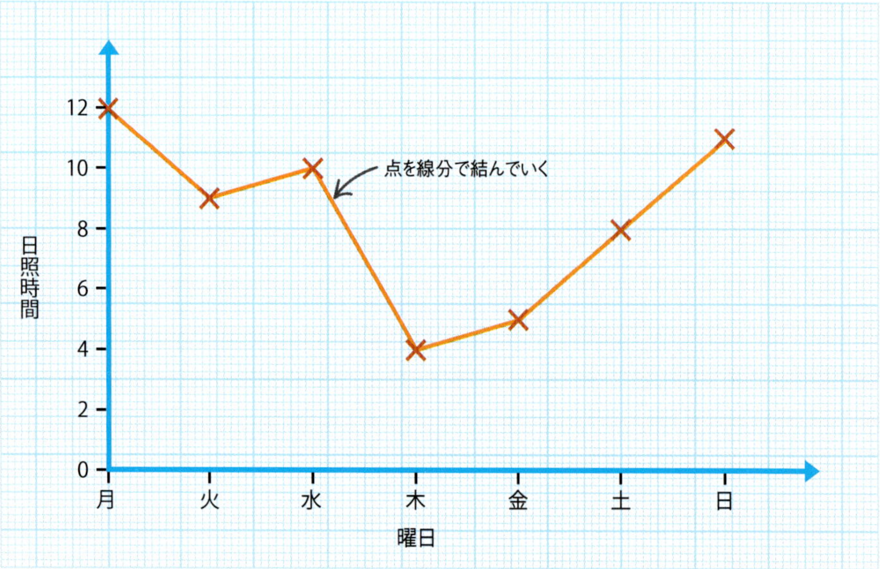

折れ線グラフの解読

このグラフは24時間の気温の変化を表しています。この日のどの時刻の気温でも予想することが可能です。x軸の時刻から上向きにたどり、グラフに出合ったら横にたどってy軸の気温を読めばいいのです。

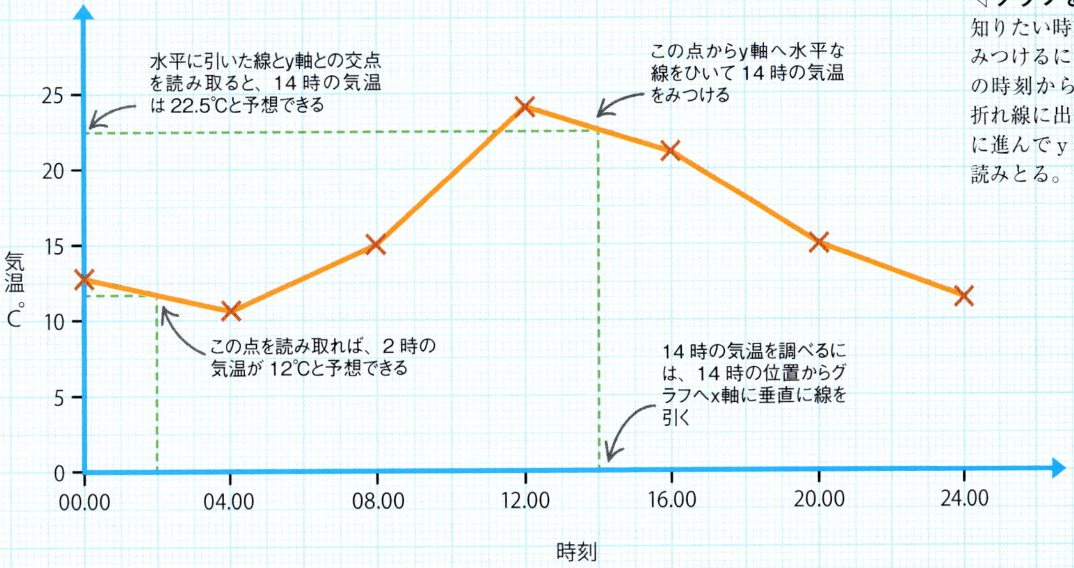

◁グラフを読む
知りたい時刻の気温をみつけるには、x軸上の時刻から上に進み、折れ線に出合ったら横に進んでy軸の気温を読みとる。

累積度数のグラフ

度数分布表で、ある区間（階級）以下の度数を加え合わせたものを累積度数といいます。累積度数の点を結んだ折れ線グラフは、一般にS字型の曲線を描くといわれ、どの部分で度数が急上昇するかが見て取れます。

体重による区分（階級）　度数は各階級に属する人数　その階級以下の度数の合計

体重 (kg)	度数	累積度数
40未満	3	3
40–50	7	10 (3+7)
50–60	12	22 (3+7+12)
60–70	17	39 (3+7+12+17)
70–80	6	45 (3+7+12+17+6)
80–90	4	49 (3+7+12+17+6+4)
90以上	1	50 (3+7+12+17+6+4+1)

累積度数をグラフで表す

◁累積度数
累積とは積み重ねるという意味で、それまでの度数に各度数を加えていけば、累積度数が得られる。

▽累積度数折れ線
常にy軸に累積度数の目盛りをとり、x軸に階級（この例では体重区分による階級）を入れる。

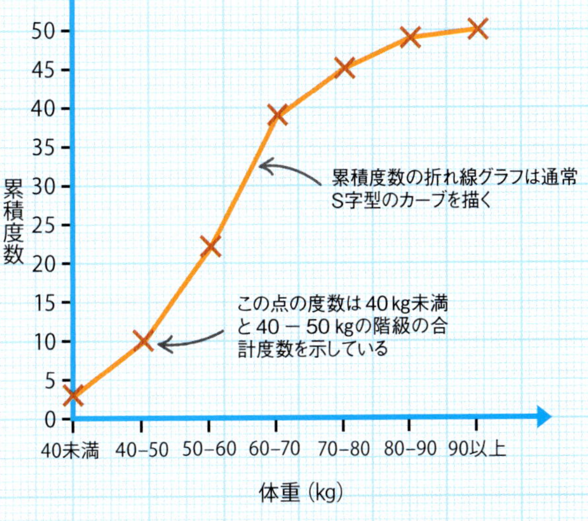

4,5,6 代表値

代表値はある資料の集まりを代表する「平均的な」値のことをいいます。

参照ページ
〈196～197 資料の収集と整理
移動平均 210～211〉
分布の表し方 212～215〉

代表値のいろいろ

代表値にはいくつかの種類がありますが、主なものとして平均値、中央値、最頻値（モード）があり、それぞれ少しずつちがった情報を示しています。平均値は日常生活でもよく使われ、単に平均ということも多いです。

150, 160, 170, 180, 180

代表値を求めるには、多くの場合データを大きさの順に並べる必要がある

モード（最頻値）

ある資料の中で最も頻繁に現れる値のことをモードといいます。データを数値の小さい順にリスト化すると、同じ値が並んでみつけやすくなります。二つ以上の値が同数で並ぶ場合があるので、モードが二つ以上になることもあり得ます。

最も頻繁に現れるこの色がモード

◁ **モードの色**
モードには流行という意味もある。この色分けされた人物のデータではピンクが最も多く現れるので、ピンクがモードということになる。

150, 160, 170, 180, 180

このリストでは、他の数値が1つずつなのに対して180が2つあるので、180がモード

▷ **身長の代表値**
このグループの5人の身長をデータのリストとして整理します。リストから、異なる三つの代表値—モードと平均値と中央値を求めてみます。

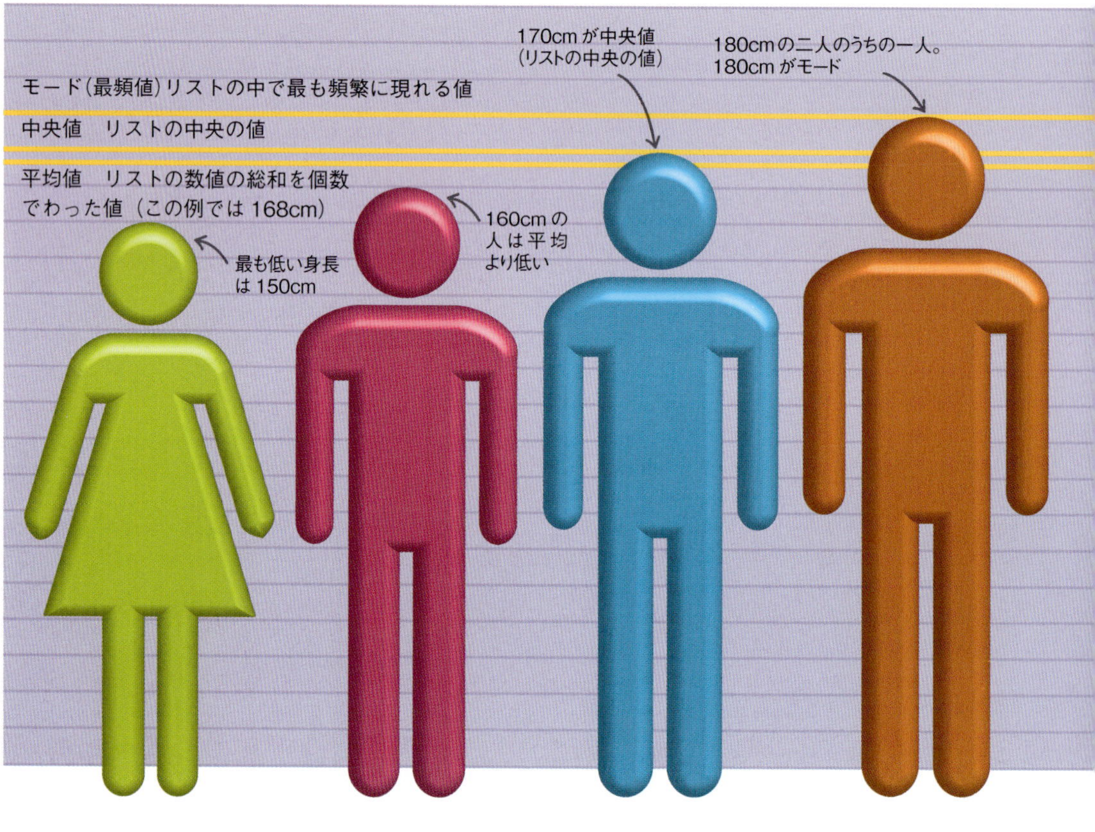
170cmが中央値
（リストの中央の値）
180cmの二人のうちの一人。
180cmがモード
モード（最頻値）リストの中で最も頻繁に現れる値
中央値　リストの中央の値
平均値　リストの数値の総和を個数でわった値（この例では168cm）
160cmの人は平均より低い
最も低い身長は150cm

平均値

平均値はリストの数値の総和を数値の個数(度数)でわった値です。単に平均ということもあり、簡単な公式で求められます。

$$\text{平均値} = \frac{\text{数値の総和}}{\text{数値の個数}}$$

平均を求める公式

まずリストのデータの個数(度数)を数える。この例では5個の数値がある。

150, 160, 170, 180, 180

リストには5個の値がある

リストの数値をすべて加えて合計を出す。この場合の総和は840。

すべての値を加える　数値の総和

$$150+160+170+180+180=840$$

数値の総和840を度数5でわると168。この値がリストの平均値で、この5人の平均身長は168cmである。

数値の総和　個数　平均値は168

$$\frac{840}{5}=168$$

中央値(メディアン)

中央値はデータを大きさの順に並べたときの中央の値である。5個のリストでは3番目、7個のリストでは4番目が中央値になる。

中央値はメディアンともいわれる。ここではオレンジの人物。

まず右のデータを小さい順に並べる。

170, 180, 180, 160, 150

データの個数が奇数のときは、中央値はちょうど真ん中の値である。

このデータ5個のリストでは3番目が中央値

150, 160, **170**, 180, 180

詳しく見ると

データの個数が偶数のときの中央値

数値が偶数個あるリストでは、中央の値が二つあるので、その二つをたして2でわって中央値とします。6個の値のリストでは、3番目と4番目が中央の二つになります。

▷中央値を求める

中央の二つの値をたして2でわった値が中央値になる。

3番目　4番目

150, 160, **170**, **180**, 180, 190

中央の二つの値　中央値

$$\frac{170+180}{2}=\frac{350}{2}=175$$

度数分布表の活用

代表値を求めようとするとき、データが度数分布表で提供されることがよくあります。度数分布表は、資料の中である数値が現れる頻度を示す表です。

度数分布表を使って中央値を求める

度数分布表から中央値を求める手順は、度数の合計が奇数か偶数かで多少違いがあります。

第一回のテストの結果を次のように表にまとめた。

20,20,18,20,18,19,20,20,20

点数	度数
18	2
19	1（2+1=3）
20	6（3+6=9）
	9

その点数が現れる回数

中央の５番目はここに含まれる

度数の合計

真ん中の順位の点数

度数の合計が９で奇数なので、何番目が中央かをみつけるために、９に１をたして２でわると５となる。５番目が中央値とわかる。度数の欄を加えながら数えると、５番目の数値は 20 点に当たるので、中央値は 20 点である。

第二回のテストの結果を次のように表にまとめた。

18,17,20,19,19,18,19,18

点数	度数
17	1
18	3（1+3=4）
19	3（4+3=7）
20	1（7+1=8）
	8

４番目はここに含まれる

５番目はここに含まれる

度数の合計

度数の合計が８で偶数なので、４番目と５番目が中央の値になる。度数の欄を加えながら数えて、点数を確認する。

▽度数が偶数

度数が偶数のときは、中央の値が二つあるのでたして２でわる。

$$中央値 = \frac{中央の第一の値+中央の第二の値}{2}$$

$$\frac{18+19}{2}=18.5$$

中央の第一の値

中央の第二の値

中央値

４番目と５番目の点数は 18 点と 19 点で、中央値はこの二つの点数の平均になる。二つの値をたして２でわると、中央値は 18.5 となる。

度数分布表を使って平均値を求める

度数分布表から平均値を求めるためには、度数の合計とデータの数値の総和を計算する必要があります。次のテストの結果から、平均点を求めてみましょう。

16, 18, 20, 19, 17, 19, 18, 17, 18, 19, 16, 19

点数	度数
16	2
17	2
18	3
19	4
20	1

数値の範囲

度数はその点数が現れる頻度

得られたデータを表に記入する。

点数	度数	点数ごとの和（点数×度数）
16	2	16×2=32
17	2	17×2=34
18	3	18×3=54
19	4	19×4=76
20	1	20×1=20
	12	216

度数の合計

点数の総和

それぞれの点数に度数をかけて点数ごとの和を書き入れていく。さらに点数ごとの和を合計して、総和を計算する。

$$平均値 = \frac{資料の値の総和}{度数の合計}$$

すべての点数の合計

データの個数

$$216 \div 12 = 18$$

点数の総和

度数の合計

平均点

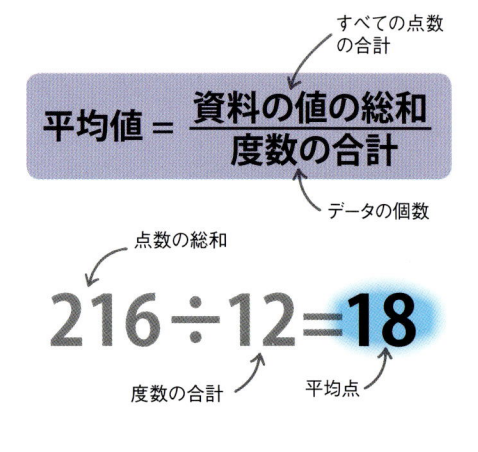

平均値は数値の総和を数値の個数でわれば求められる。ここではすべての点数の合計を、テストを受けた人数でわって平均点を求めたということ。

区間ごとの分布から平均値を求める

度数分布表では、特定の値ではなく幅のある区間ごとに度数を示すことが多く、この区間のことを階級といいます。この場合、データの総和を求めるための個々の値はわかりませんが、見積もりとして階級の中央の値を用いて平均値の計算などを行います。

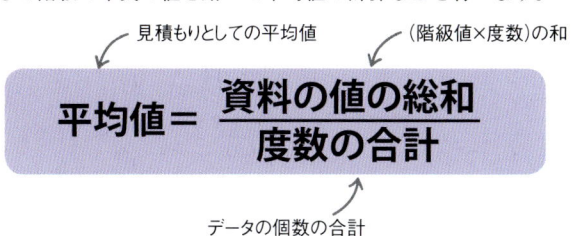

見積もりとしての平均値
(階級値×度数)の和

$$平均値 = \frac{資料の値の総和}{度数の合計}$$

データの個数の合計

各階級の中央の値を階級値といいます。階級値に各度数をかけた値を合計して、資料の値の総和とし、これを度数の合計でわって平均値を求めます。次の例はあるテストの結果をまとめた度数分布表です。

点数	度数
49以下	2
50–59	1
60–69	8
70–79	5
80–89	3
90–99	1

階級値を求めるには、その階級の最大値と最小値をたして2でわる。例えば90 − 99の階級値は94.5。

点数	度数	階級値	階級値×度数
49以下	2	24.5	24.5×2＝49
50–59	1	54.5	54.5×1＝54.5
60–69	8	64.5	64.5×8＝516
70–79	5	74.5	74.5×5＝372.5
80–89	3	84.5	84.5×3＝253.5
90–99	1	94.5	94.5×1＝94.5
	20		1340

度数の合計　点数の総和

階級値に各度数をかけ、その値を右の欄に書き入れていく。この値をすべてたし合わせれば、階級値を用いた総和が得られる。

(階級値×度数)の和

$$\frac{1340}{20} = 67.0$$

度数の合計　見積もりとしての平均点

(階級値 × 度数)の和を度数の合計でわれば、想定される平均点が得られる。実際の個々の点数が与えられていないので、これは見積もりの数値である。

詳しく見ると

加重平均

データの集まりの中で、個々の数値によって平均値の算出に関わる程度に違いがあるときは、加重平均という計算法が用いられます。

グループの生徒数	15	20	22
各グループ内の平均点	18	17	13

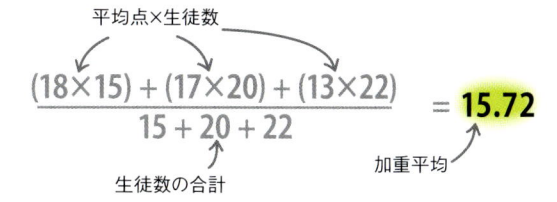

平均点×生徒数

$$\frac{(18\times15)+(17\times20)+(13\times22)}{15+20+22} = 15.72$$

生徒数の合計　加重平均

△加重平均を求める

各グループ内の平均点にそれぞれの生徒数をかけ、その和を計算する。これを生徒数の合計でわれば、加重平均が得られる。

詳しく見ると

モードの階級

階級による度数分布表では、モード(最頻値)を特定することはできませんが、最も度数の多い階級をみつけるのは容易です。データの数が最も多いグループということです。

▷二つの階級

度数の最も多い階級が複数あれば、モードの階級が複数あることになる。

点数	0–25	26–50	51–75	76–100
度数	2	6	8	8

最も多い階級

移動平均

移動平均はある期間の全般的な傾向を示すことができます。

移動平均とは？

データをある期間に渡って集めたとき、数値が変動し、目立って上下することがあります。移動平均は、期間をずらしながら算出していく複数の平均ことで、変動するデータの高低をならし、全体としての変化の傾向を示してくれます。

折れ線グラフに移動平均を重ねる

表のデータを使い、個々の数値を時間の経過にそって折れ線グラフに表すことができます。同じ表から移動平均を計算し、そのグラフをかき入れてみましょう。

下の表は、ある店での二年に渡るアイスクリームの売り上げを、各年を四期に分けて示したものです。各四半期の数字は千を単位とする、アイスクリームの売り上げ個数です。

	一年目				二年目			
四半期	1期	2期	3期	4期	5期	6期	7期	8期
売り上げ（単位:千個）	1.25	3.75	4.25	2.5	1.5	4.75	5.0	2.75

△データ表
売り上げ個数を y 軸に、期間を x 軸にとって、この表の数値を折れ線グラフに表す。

▷売り上げのグラフ
ピンクの線で示した売り上げのグラフは、四半期ごとに上下に変動している。一方、緑のラインの移動平均は二年間に渡る傾向を示している。

リアルワールド

季節性

季節性というのは、季節ごとのパターンに従う規則的な変化を指す言葉です。季節による変動は天候による他、欧米ではクリスマスや復活祭などの休暇にも影響されます。例えば多くの場合、小売店の売り上げはクリスマスの時期に毎年ピークを迎え、夏の休暇には落ち込みます。

▷アイスクリームの売り上げ
アイスクリームの売り上げは、予測可能な季節ごとのパターンに従う傾向がある。

移動平均を計算する

表の数値から、四期ごとの平均を計算し、グラフに移動平均として表してみます。

1 期－4 期の平均
一年目の始めの四期の平均を計算する。その結果をグラフ上の四期の中央にかき入れる。

$$1.25+3.75+4.25+2.5=11.75$$

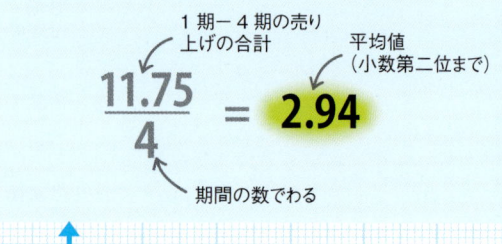

1 期－4 期の売り上げの合計

平均値（小数第二位まで）

$$\frac{11.75}{4} = 2.94$$

期間の数でわる

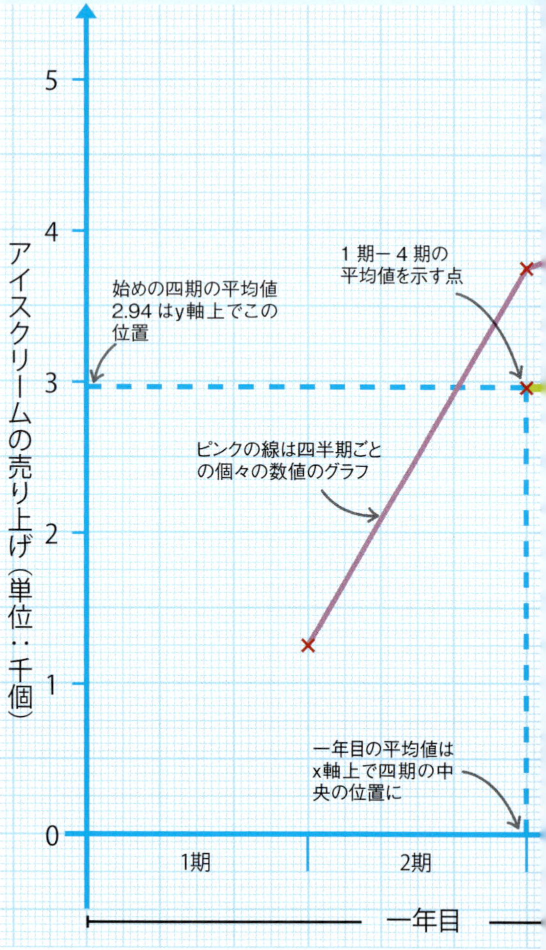

$$平均値＝\frac{数値の総和}{数値の個数}$$

◁平均値の計算
公式を使って四期ごとの平均値を、時期をずらしながら計算していく。

２期－５期の平均

２期－５期の平均を計算する。その結果をグラフ上のこの四期の中央にかき入れる。

3.75+4.25+2.5+1.5=12

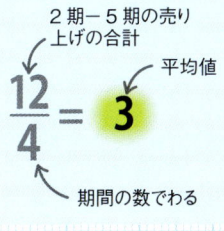

２期－５期の売り上げの合計

$$\frac{12}{4}=3$$

平均値

期間の数でわる

３期－６期の平均

３期－６期の平均を計算する。その結果をグラフ上のこの四期の中央にかき入れる。

4.25+2.5+1.5+4.75= 13

３期－６期の売り上げの合計

$$\frac{13}{4}=3.25$$

平均値

期間の数でわる

４期－７期の平均

４期－７期の平均を計算する。その結果をグラフ上のこの四期の中央にかき入れる。

2.5+1.5+4.75+5=13.75

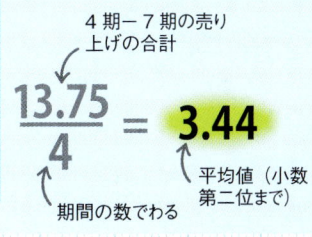

４期－７期の売り上げの合計

$$\frac{13.75}{4}=3.44$$

平均値（小数第二位まで）

期間の数でわる

５期－８期の平均

５期－８期の平均を計算する。その結果をグラフ上のこの四期の中央にかき入れる。

1.5+4.75+5+2.75=14

５期－８期の売り上げの合計

$$\frac{14}{4}=3.5$$

平均値

期間の数でわる

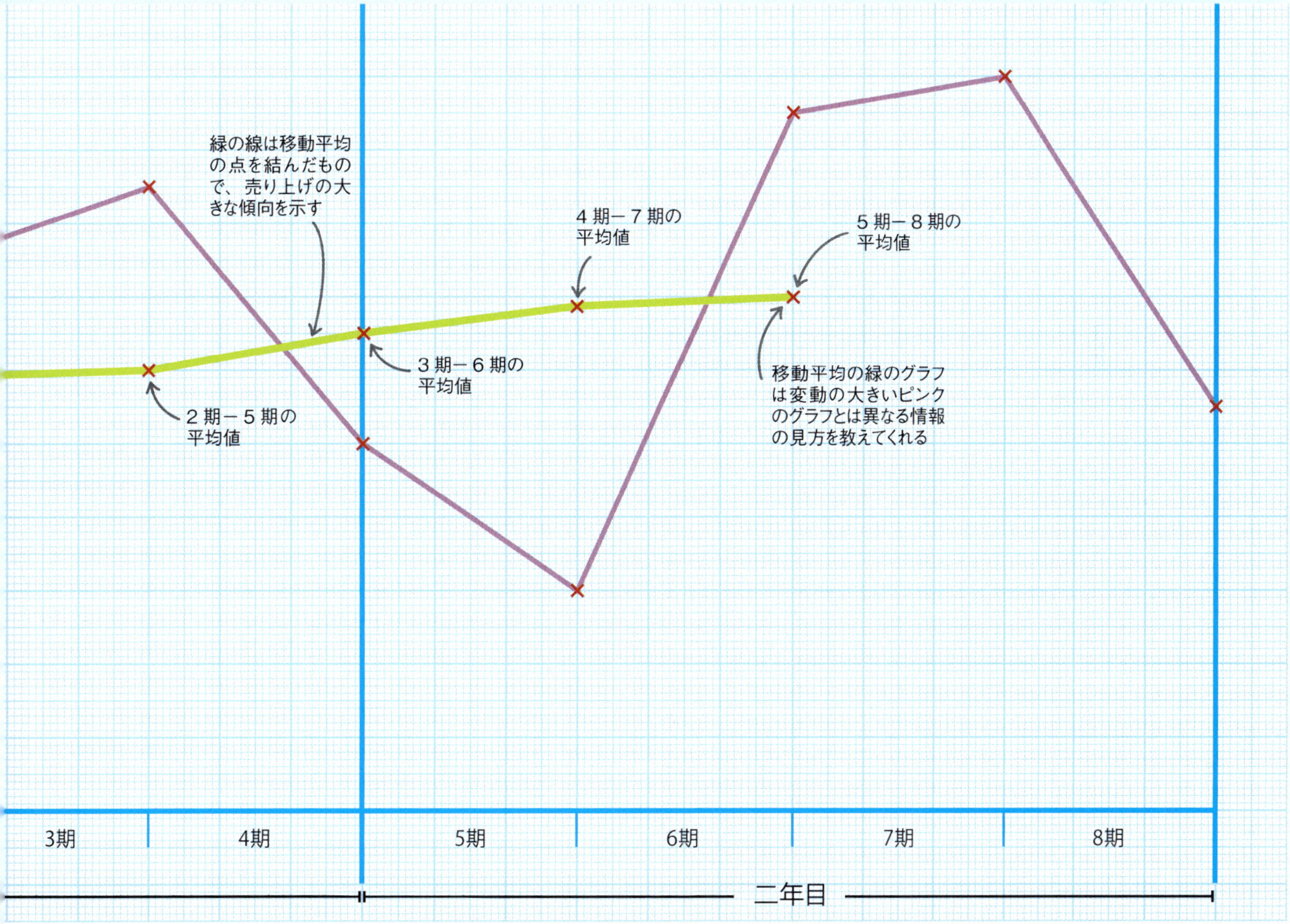
緑の線は移動平均の点を結んだもので、売り上げの大きな傾向を示す
４期－７期の平均値
５期－８期の平均値
３期－６期の平均値
２期－５期の平均値
移動平均の緑のグラフは変動の大きいピンクのグラフとは異なる情報の見方を教えてくれる
3期
4期
5期
6期
7期
8期
二年目

H 分布の表し方

参照ページ
〈196〜197 資料の収集と整理
ヒストグラム 216〜217〉

分布はデータの範囲を示したり、代表値だけではわからない資料についての情報を与えてくれます。

分布の度合いを図表化すれば、資料の最大値と最小値から範囲がわかり、データの散らばり方が見えてきます。

範囲と分布

データの表から、複数の資料の範囲を比較できる図をつくることができます。こうすることで、データの範囲が広いか狭いかという分布をわかりやすく示せます。

教科	エドの成績	ベラの成績
数学	47	64
英語	95	68
フランス語	10	72
地理	65	61
歴史	90	70
物理	60	65
化学	81	60
生物	77	65

この表は二人の生徒の成績を示したものです。平均点を計算するとどちらも 65.625 点で同じですが、点数の範囲はかなり違っています。

リアルワールド

ブロードバンドの情報量

インターネットの回線は、高速大容量のブロードバンド接続を提供してくれます。しかしながらこの情報は誤解を招く可能性もあります。毎秒何十メガバイトという平均通信速度も期待をふくらませるものですが、実は情報量の集中やばらつきを知ることが、ネット通信全体の理解に必要なことなのです。

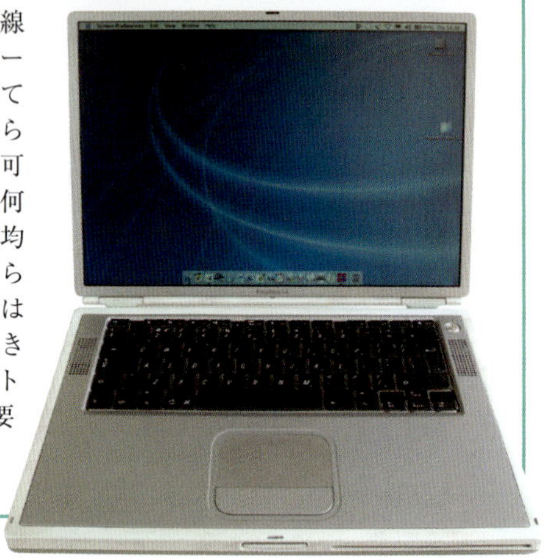

最低点 最高点

エド: **10**, 47, 60, 65, 77, 81, 90, **95**

ベラ: **60**, 61, 64, 65, 65, 68, 70, **72**

◁ **範囲**
各生徒の点数の範囲を求めるには、それぞれの最高点から最低点をひけばよい。エドの最低点は 10 点、最高点は 95 点だから、範囲は 85 点になり、ベラの場合は最低点が 60 点、最高点が 72 点だから、範囲は 12 点になる。

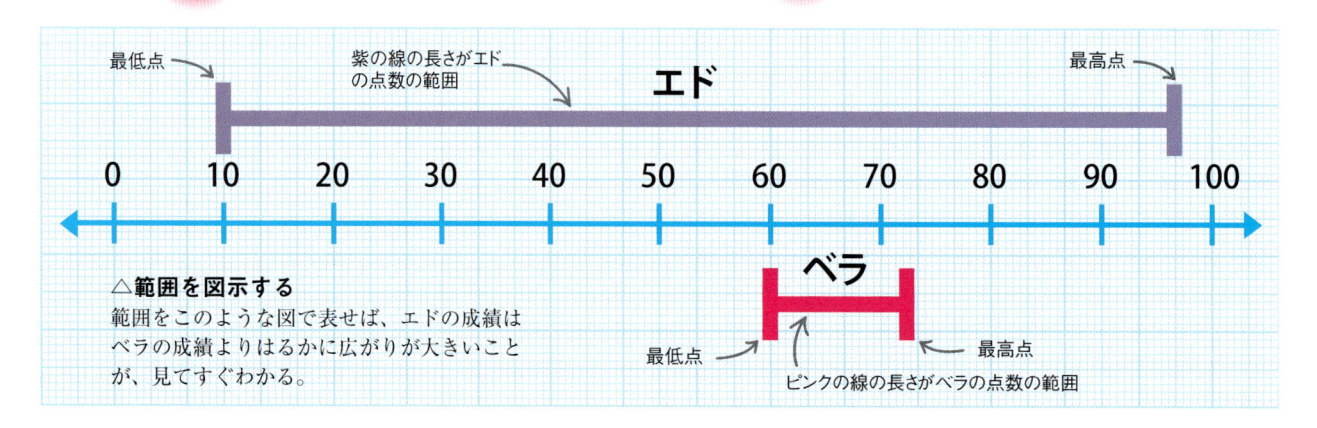

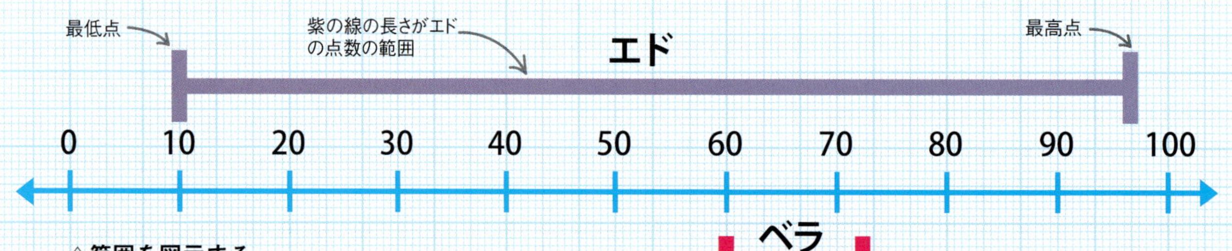

△**範囲を図示する**
範囲をこのような図で表せば、エドの成績はベラの成績よりはるかに広がりが大きいことが、見てすぐわかる。

幹葉表示

データの示し方として、幹葉表示という方法があります。この表示のし方は単に範囲を図示するのに比べ、範囲内のデータの分布をより明確に伝えられます。

これは整理する前のデータの状態である。

34, 48, 7, 15, 27, 18, 21, 14, 24, 57, 25, 12, 30, 37, 42, 35, 3, 43, 22, 34, 5, 43, 45, 22, 49, 50, 34, 12, 33, 39, 55

データのリストを数の小さい順に並べ替え、一けたの数には十の位に0をつける。

03, 05, 07, 12, 12, 14, 15, 18, 21, 22, 22, 24, 25, 27, 30, 33, 34, 34, 34, 35, 37, 39, 42, 43, 43, 45, 48, 49, 50, 55, 57

幹葉表示で表すには、まず図のように十字に線を引き左側を幹の欄、右側の広い方を葉の欄とする。データを書き入れるが、各数値の十の位が左の欄、一の位が右の欄に入る。十の位は一つ幹に書き入れたら、あとは繰り返さず、一の位だけを葉に書き加えていく。

幹は十の位。1と書けば10を、2なら20を表す

葉は一の位。幹と合わせればもとの二けたの数になる

1 | 5 = 15

幹	葉
0	3 5 7
1	2 2 4 5 **8**
2	1 2 2 4 5 7
3	0 3 **4** **4** **4** 5 7 9
4	2 3 3 5 8 9
5	0 5 7

十の位が1の五つのデータはこの段に並ぶ

18は1回現れる

34は3回現れる

60以上のデータはない

30台のデータが最も多い

範囲の両端近くは中央より分布が少ない

四分位数

四分位数は資料を大きさの順に並べたときに四分の一ずつに分ける点にある値のことで、四分位値ともいわれ、分布の状態を表す数値です。三つの四分位数のうち中央の値は中央値(メディアン)で、中央値より小さい下半分のグループの中央値を第１四分位数、中央値より大きい上半分のグループの中央値を第３四分位数といいます。四分位数はグラフから読み取ることもできますが、正確には公式を用いて位置を計算して求めます。

四分位数を読み取る

四分位数は累積度数のグラフ(P.205)から、近似値を読み取ることができます。

度数分布表をつくり、累積度数を計算していく。このデータを用い、横軸に区間(階級)、たて軸に累積度数をとって、累積度数の折れ線グラフをかく。

階級	度数	累積度数
30–39	2	2
40–49	3	5 (2+3)
50–59	4	9 (2+3+4)
60–69	6	15 (2+3+4+6)
70–79	5	20 (2+3+4+6+5)
80–89	4	24 (2+3+4+6+5+4)
≧90	3	27 (2+3+4+6+5+4+3)

90 以上という意味

度数を次々に加えて、累積度数を計算する

度数の合計(表の最下段の累積度数)を４でわり、その値を使って、たて軸に４分割する点をとる。

度数の合計

たて軸にこの間隔ごとに印を入れる

$$\frac{27}{4} = 6.75$$

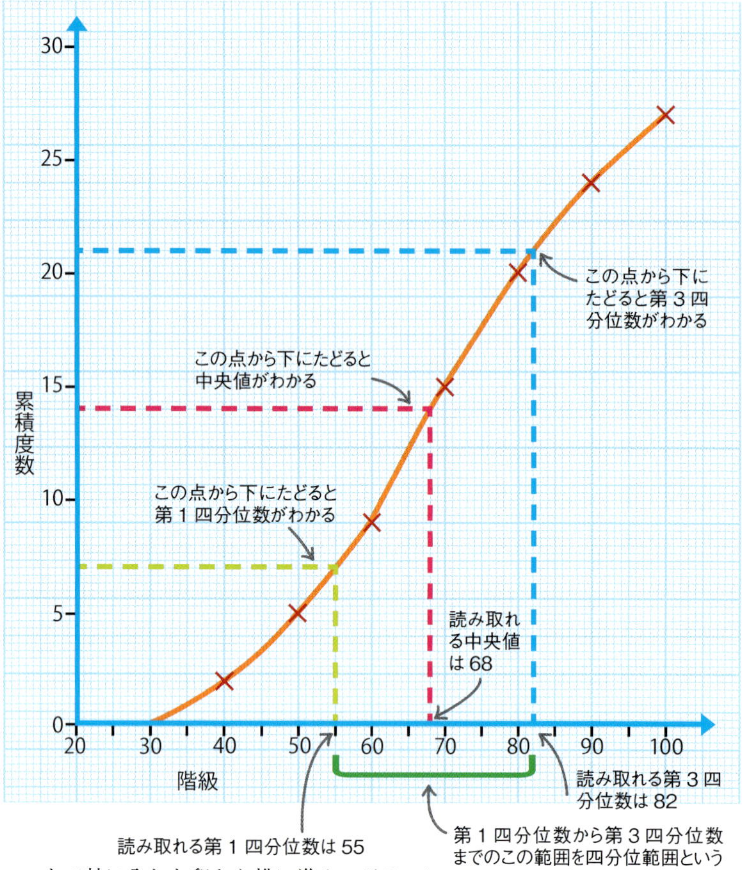
30
25
20
15
10
5
0
累積度数
20 30 40 50 60 70 80 90 100
階級
この点から下にたどると第３四分位数がわかる
この点から下にたどると中央値がわかる
この点から下にたどると第１四分位数がわかる
読み取れる中央値は 68
読み取れる第３四分位数は 82
読み取れる第１四分位数は 55
第１四分位数から第３四分位数までのこの範囲を四分位範囲という

たて軸に入れた印から横に進み、グラフに出合ったら下にさがって、四分位数を読み取る。この表とグラフから得られる四分位数は、想定される近似値である。

四分位数の順位 （訳注：第１・第３四分位数には多様な定義があり、計算法もそれぞれ異なる）

正確な四分位数はデータのリストからみつけます。ここに並んでいる公式を使えば、小さい順に並べた n 個のデータの中で、中央値や四分位数が何番目の値であるかがわかります。

nはリストに並ぶ数値の個数

$$\frac{(n+1)}{4}$$

△第１四分位数

n 個のデータの中での第１四分位数の位置を示す。

$$\frac{(n+1)}{2}$$

△中央値（メディアン）

n 個のデータの中での中央値の位置を示す。

$$\frac{3(n+1)}{4}$$

△第３四分位数

n 個のデータの中での第３四分位数の位置を示す。

四分位数の順位を計算する

データのリストから四分位数をみつけるためには、まず数値を小さい順に並べる必要がある。

37,38,45,47,48,51,54,54,58,60,62,63,63,65,69,71,74,75,78,78,80,84,86,89,92,94,96

公式を使って、このリストの中で中央値や四分位数が何番目にあるのかを計算する。答えは各数値の順位である。

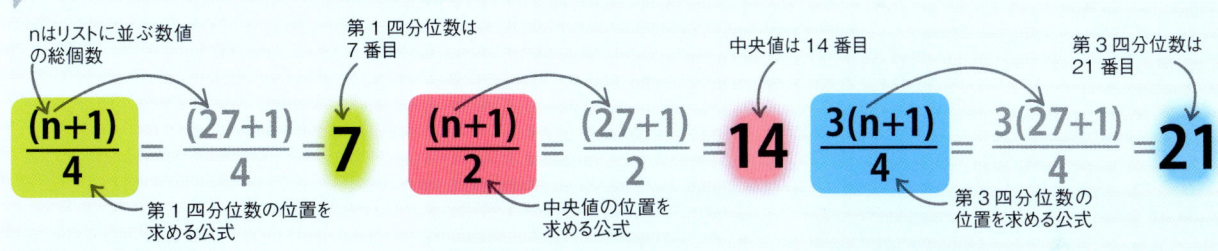

nはリストに並ぶ数値の総個数

$$\frac{(n+1)}{4}=\frac{(27+1)}{4}=7$$

第１四分位数は７番目

第１四分位数の位置を求める公式

$$\frac{(n+1)}{2}=\frac{(27+1)}{2}=14$$

中央値は 14 番目

中央値の位置を求める公式

$$\frac{3(n+1)}{4}=\frac{3(27+1)}{4}=21$$

第３四分位数は21 番目

第３四分位数の位置を求める公式

△第１四分位数
これを計算すると７となり、第一四分位数はリストの７番目の値だとわかる。

△中央値（メディアン）
これを計算すると 14 となるので、中央値はリストの 14 番目の値である。

△第３四分位数
これを計算すると 21 となり、第３四分位数はリストの 21 番目の値だとわかる。

リストで今計算したそれぞれの順位まで数えれば、四分位数と中央値を特定できる。

第１四分位数　中央値　第３四分位数

1	2	3	4	5	6	7	8	9	10	11	12	13	14	15	16	17	18	19	20	21	22	23	24	25	26	27
37	38	45	47	48	51	**54**	54	58	60	62	63	63	**65**	69	71	74	75	78	78	**80**	84	86	89	92	94	96

詳しく見ると

箱ひげ図

資料の範囲の広がりと分布を図示する方法として、箱ひげ図と呼ばれる表し方があります。資料の範囲を数直線上に線分（ひげ）として表し、二つの四分位数の間の四分位範囲を箱として表した図です。

▽箱ひげ図を読む
この箱ひげ図は、最小値１から最大値９までの範囲の資料を表している。中央値が４、二つの四分位数が３と６という情報も伝えている。

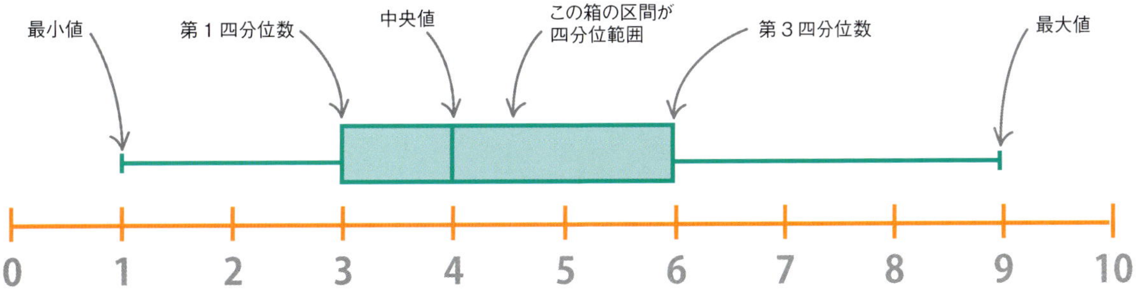

ヒストグラム

参照ページ
〈196～197 資料の収集と整理
〈198～201 棒グラフ
〈212～215 分布の表し方

ヒストグラムは棒グラフの一種ともいえますが、棒の長さではなく棒の面積がデータの量を表します。

ヒストグラムとは？

ヒストグラムは長方形のブロックで表されたグラフで、異なる大きさの区分に分類されたデータを表示するのに有効です。この例では、ある音楽ファイルが一か月にダウンロードされた回数を、異なる年齢層ごとに集計してあります。年齢の区切り方が一定でないので、年齢による各グループの大きさは同じではありません。この年齢区間をしめす長方形の横の長さは階級の幅にあたります。長方形の高さは度数密度を表しています。度数密度とは、単位区間あたりの度数のことで、度数を階級の幅でわった値です。この例では一年齢あたりのダウンロードの回数を意味します。（訳注――階級の幅を同一にすれば、この幅を単位として度数密度を度数とすることができるので、ヒストグラムは実質的に棒グラフと同じになる。）

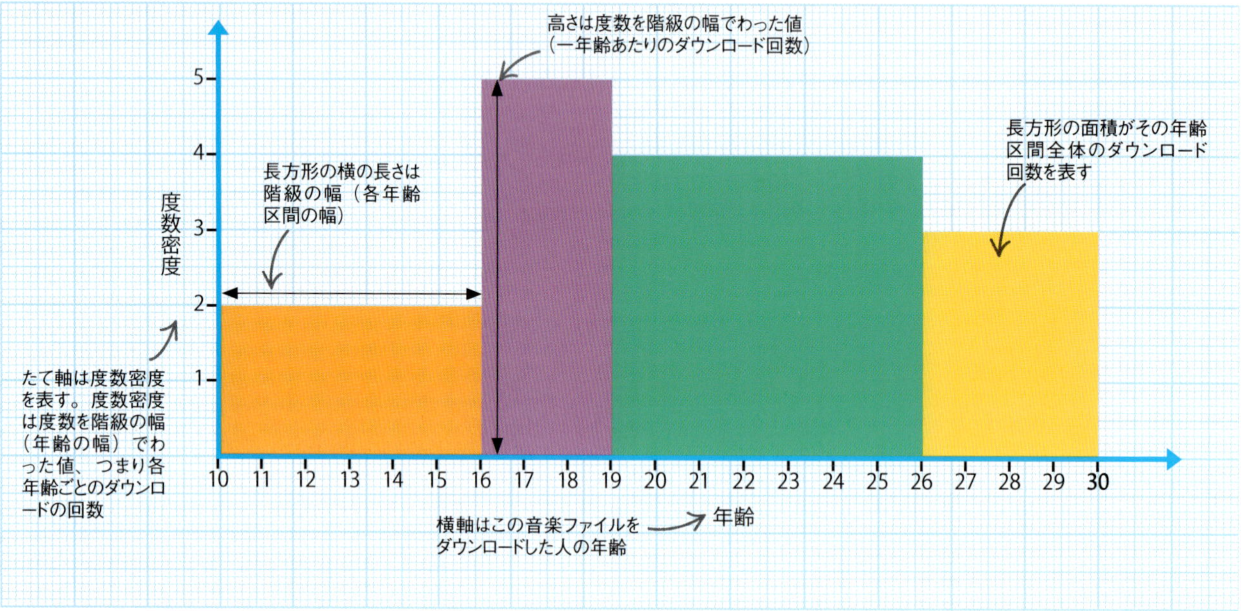
高さは度数を階級の幅でわった値
（一年齢あたりのダウンロード回数）
5
4
3
2
1
度数密度
長方形の横の長さは
階級の幅（各年齢
区間の幅）
長方形の面積がその年齢
区間全体のダウンロード
回数を表す
たて軸は度数密度
を表す。度数密度
は度数を階級の幅
（年齢の幅）でわ
った値、つまり各
年齢ごとのダウンロ
ードの回数
10 11 12 13 14 15 16 17 18 19 20 21 22 23 24 25 26 27 28 29 30
横軸はこの音楽ファイルを
ダウンロードした人の年齢
年齢

詳しく見ると

ヒストグラムと棒グラフ

棒グラフは一見ヒストグラムと似ていますが、データの表し方は異なります。棒グラフでは棒の幅はすべて同じで、棒の高さは各区間の総度数を示しています。これに対し、ヒストグラムでは各区間の総度数は長方形の面積によって示されます。

▷棒グラフ
この棒グラフは上のヒストグラムと同じデータを表している。階級の幅が違っていても、棒の幅はみな同じになっている。

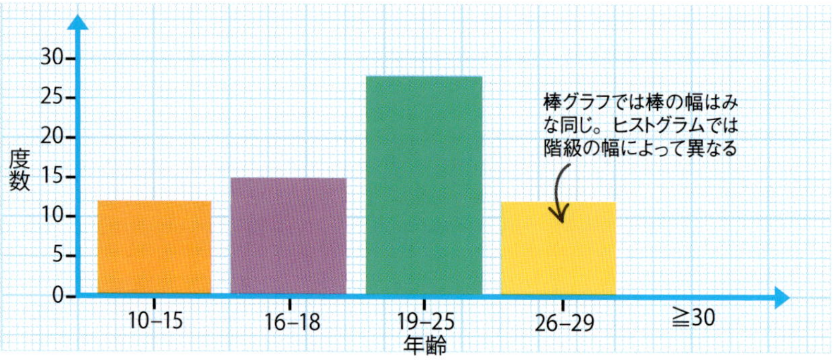
30
25
20
15
10
5
0
度数
棒グラフでは棒の幅はみ
な同じ。ヒストグラムでは
階級の幅によって異なる
10–15
16–18
19–25
26–29
≧30
年齢

ヒストグラムのかき方

ヒストグラムをかくには、まず度数分布表をつくり、階級の幅を求めます。次に度数を階級の幅でわって、度数密度(単位区間あたりの度数)を計算します。

年齢の区間は体重などとは異なり、幅をだすとき注意が必要

年齢(以上・以下)	度数(1ヶ月のダウンロード回数)
10–15	12
16–18	15
19–25	28
26–29	12
≧30	0

10－15は10歳以上15歳以下という意味

区間の上限の年齢と下限の年齢の差に1を加える 15－10＋1＝6

ダウンロード回数

一年齢あたりのダウンロード回数

年齢	階級の幅	度数	度数密度
10–15	6	12	2
16–18	3	15	5
19–25	7	28	4
26–29	4	12	3
≧30	–	0	–

この階級に入るデータはない

ヒストグラムの作成に必要なものは、各階級の区間と度数のデータ。この情報から階級の幅と度数密度を求める。

階級の幅を求めるには、年齢の場合、区間の上限の年齢から下限の1つ下の年齢をひく。例えば10才から15才までの年齢の幅は、9才までの年齢を除くから、15−9＝6で6才となる。(上限と下限の差に1を加えても同じ 15−10＋1＝6)

度数密度を求めるには、度数を階級の幅でわればよい。度数密度は単位区間あたりの度数、ここでは一年齢あたりのダウンロード回数を表す。

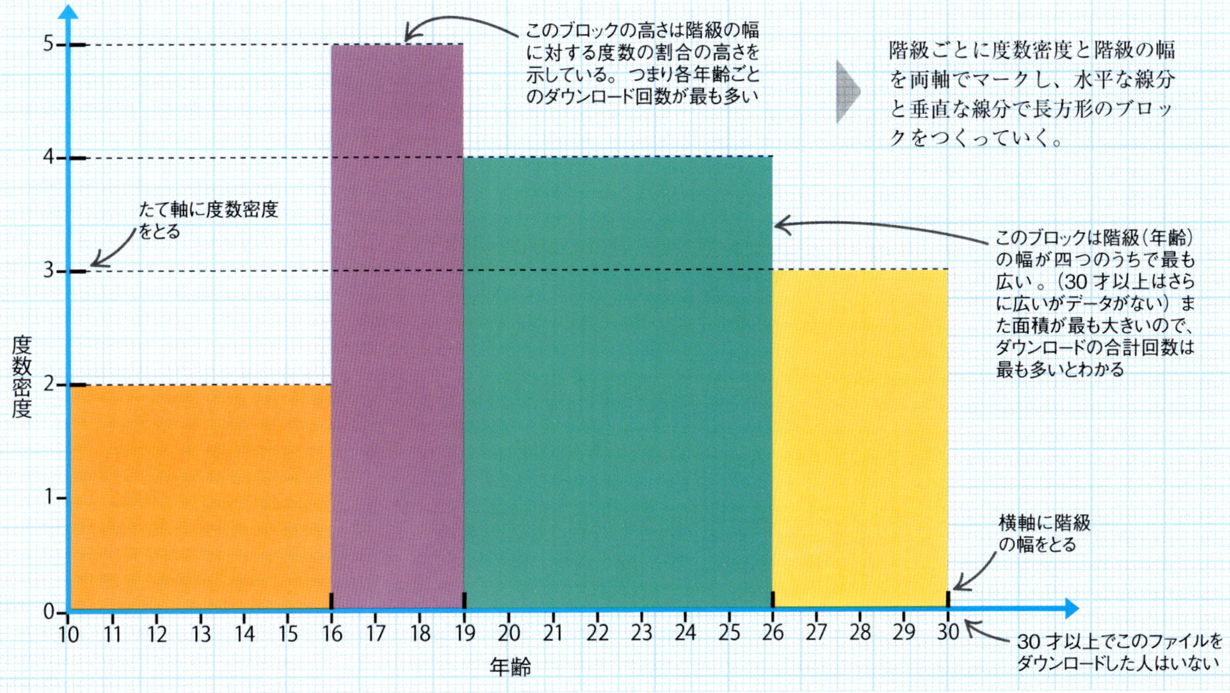
このブロックの高さは階級の幅に対する度数の割合の高さを示している。つまり各年齢ごとのダウンロード回数が最も多い
たて軸に度数密度をとる
このブロックは階級(年齢)の幅が四つのうちで最も広い。(30才以上はさらに広いがデータがない)また面積が最も大きいので、ダウンロードの合計回数は最も多いとわかる
横軸に階級の幅をとる
30才以上でこのファイルをダウンロードした人はいない
度数密度
0
1
2
3
4
5
10 11 12 13 14 15 16 17 18 19 20 21 22 23 24 25 26 27 28 29 30
年齢

階級ごとに度数密度と階級の幅を両軸でマークし、水平な線分と垂直な線分で長方形のブロックをつくっていく。

相関図

参照ページ
〈196～197 資料の収集と整理
〈204～205 折れ線グラフ

相関図は二種類のデータの情報を点の位置で示し、その関係を明らかにします。

相関図とは？

相関図は二種類のデータの情報を点の分布で表したグラフで、散布図ともいわれます。たて軸と横軸に二種類のデータの目盛りをとり、データの組を座標として点でかき入れていきます。点の分布のパターンをみると、二種類のデータの間に相関関係があるかどうかがわかります。

▽データ表
この表は13人の身長と体重という二つのデータを記録したもの。各人の身長と体重をたてに並べてある。

身長（cm）	173	171	189	167	183	181	179	160	177	180	188	186	176
体重（kg）	69	68	90	65	77	76	74	55	70	75	86	81	68

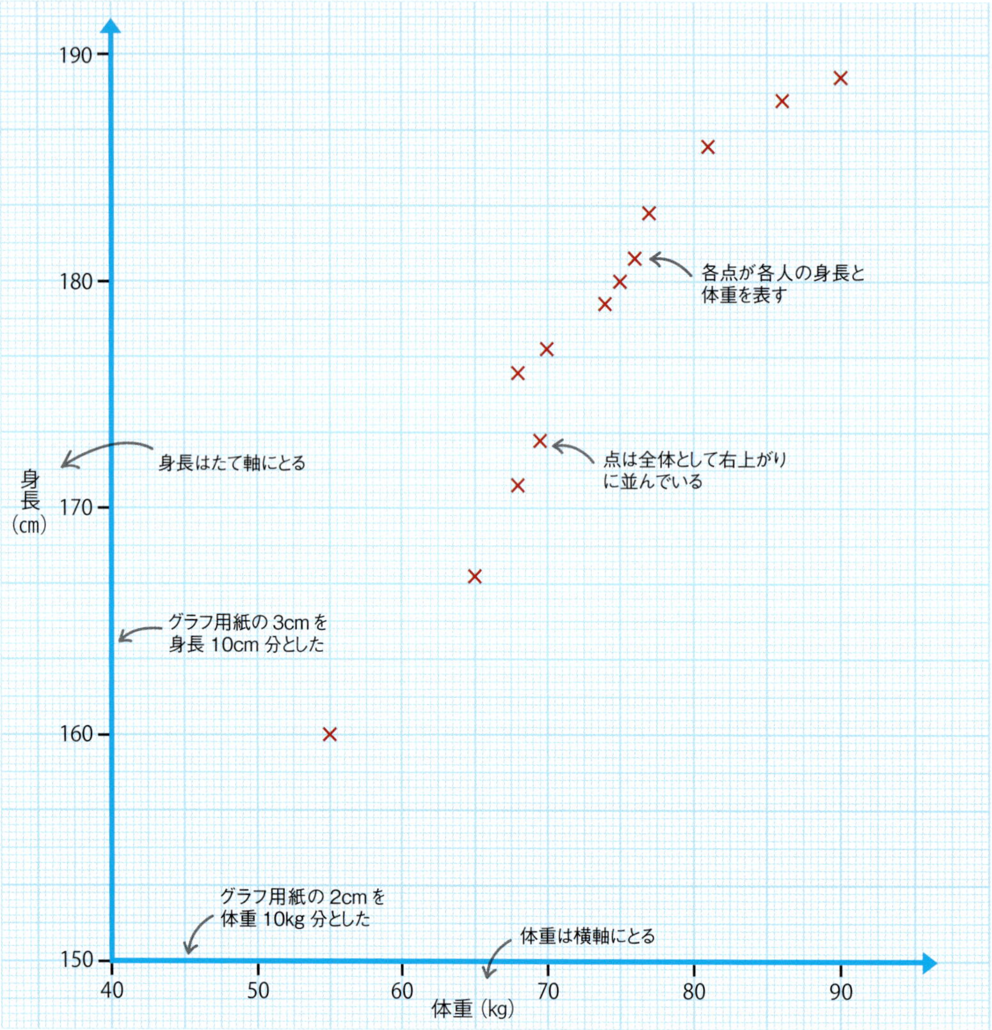
190
180
170
160
150
身長（cm）
40
50
60
70
80
90
体重（kg）
各点が各人の身長と体重を表す
点は全体として右上がりに並んでいる
身長はたて軸にとる
グラフ用紙の3cmを身長10cm分とした
グラフ用紙の2cmを体重10kg分とした
体重は横軸にとる

◁相関図をかく
グラフ用紙にたて軸と横軸をひき、二つのデータの目盛りを入れる。各人の身長と体重を両軸でとり、そこから水平方向と垂直方向に進んで出合った点に印をかき入れる。点は線で結ばない。

◁正の相関
とられた点は全体の傾向として、右上がりに並んでいるのがわかる。このように一方の量が増加すれば他方も増加する傾向があるとき、正の相関（関係）があるという。この例では、身長が高ければ体重も重いという傾向である。

負の相関と相関がない場合

相関図の点の分布にはいろいろなパターンがあり、二つのデータの関係もさまざまです。正の相関の他に、負の相関、相関がない場合があり、二つのデータに相関関係があるときでも、強い相関と弱い相関に分けられます。

消費エネルギー(kwh)	1,000	1,200	1,300	1,400	1,450	1,550	1,650	1,700
温度(℃)	55	50	45	40	35	30	25	20

知能指数(IQ)	141	127	117	150	143	111	106	135
靴のサイズ	8	10	11	6	11	10	9	7

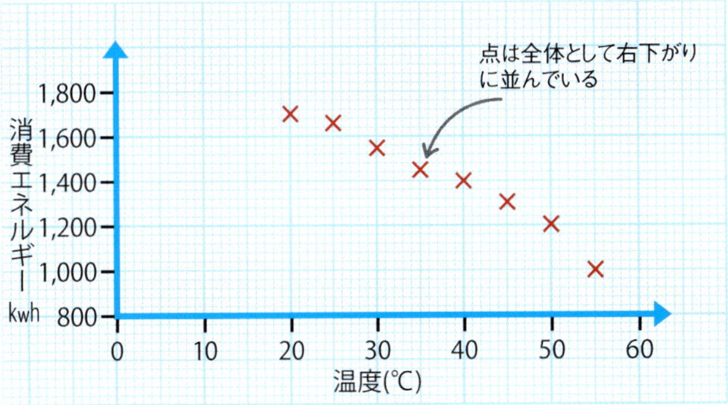

△負の相関

ある工場設備内の消費エネルギーと温度を示したこのグラフでは、点は全体として、右下がりに並んでいる。温度が上昇すると、消費エネルギーが減少するという傾向がこのデータにはあり、負の相関と呼ばれている。

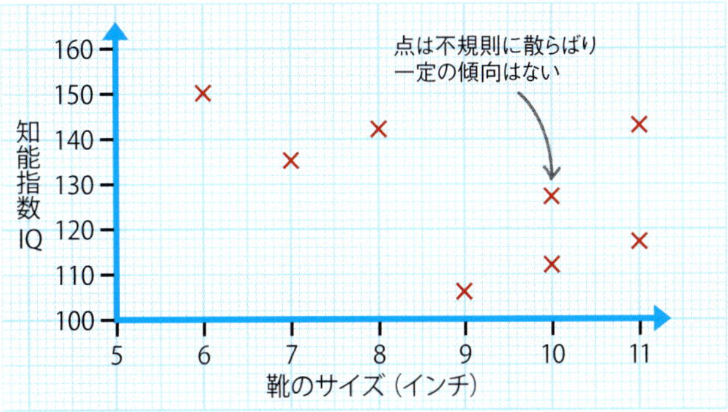

△相関関係がない場合

このグラフでは点は広く不規則に散らばり、どんな傾向も示していない。人のIQと靴のサイズには何のつながりもなく、このような場合、二つのデータには相関関係がないという。

傾向を示す直線

相関図をより明快で読みやすくするために、点の分布の傾向を表す直線をかき入れることができます。厳密な計算による方法もありますが、ここでは両側にある点の数が同じになるようにひかれる、分布の傾向にそった線を引きます。

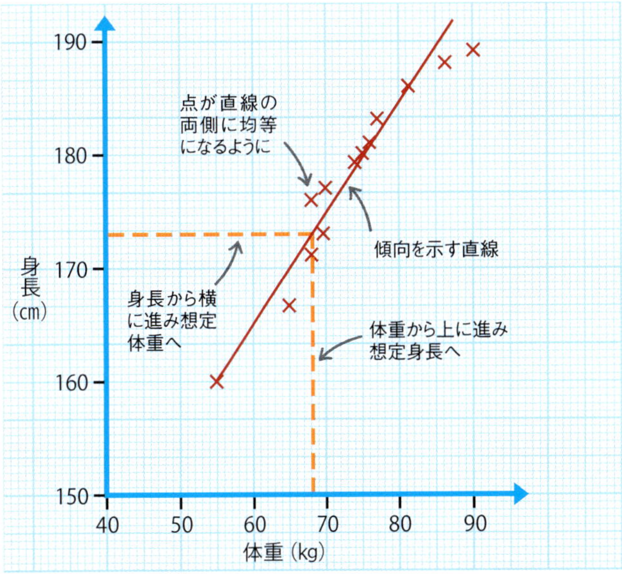

◁想定される数値を読み取る

傾向を示す直線をかき入れると、この身長ならこの位の体重だというような想定の数値を読み取ることができる。

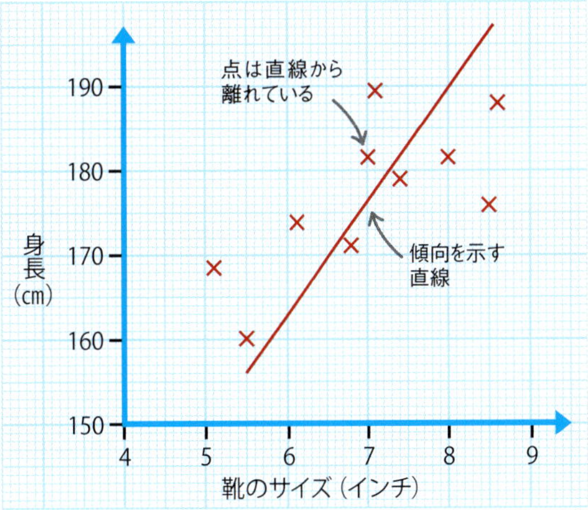

△弱い相関

この図では、点が傾向を示す直線からやや離れてまばらになっている。このような場合、身長と靴のサイズには弱い相関関係があるという。点が直線から離れるほど、相関は弱くなる。

6

確 率

? 確率って何？

確率はあることの起こりやすさを数値で表したものです。

あることが起こる確からしさ、あるいは起こる可能性の程度を数学的に表すことができます。

参照ページ
〈40〜47 分数
〈56〜57 分数・小数・パーセントの変換
期待と現実 224〜225〉
確率を組み合わせる 226〜227〉

確率の表し方

確率は、ことがらが決して起こらない場合の0から必ず起こる場合の1までの数値で表され、普通は分数が用いられます。次のように順を追って、全体の場合の数とあることがらの起こる場合の数を求め、それを分数で表します。

$$\frac{1}{8}$$

あることの起こるのは何通りか

全部で何通りの場合があるか

◁確率を分数で表す
分母は起こり得るすべての場合の数、分子はあることがらの起こる場合の数を示している。

▷全部で何通り？
起こり得るすべての場合の数を求める。5個のあめから1個のあめを選ぶ場合の選び方は全部で5通りである。

5個のあめのうち、4個が赤、1個が黄色

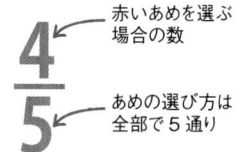

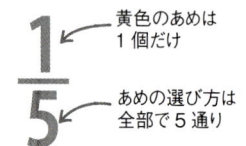

▷赤いあめを選ぶ確率
5個のうち4個が赤なので、赤いあめの選び方は4通りある。赤いあめを選ぶ確率は$\frac{4}{5}$となる。

$$\frac{4}{5}$$

赤いあめを選ぶ場合の数

あめの選び方は全部で5通り

▷黄色のあめを選ぶ確率
5個のうち黄色のあめは1個なので、黄色のあめの選び方は1通り。黄色を選ぶ確率は$\frac{1}{5}$となる。

$$\frac{1}{5}$$

黄色のあめは1個だけ

あめの選び方は全部で5通り

△雪の結晶
すべての雪の結晶は異なっていて、完全に同じ雪の結晶が見つかる確率は0だといわれている。

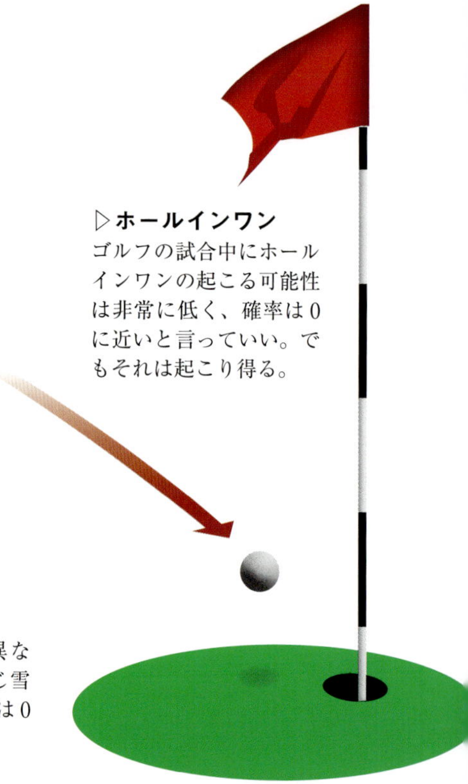

▷ホールインワン
ゴルフの試合中にホールインワンの起こる可能性は非常に低く、確率は0に近いと言っていい。でもそれは起こり得る。

0

あり得ない

可能性が低い

▷確率の等級
いろいろなことがらの確率を並べて比較するのも興味深い。この等級の物差しでは起こる可能性が高いほど右に位置し、1に近づく。

確率を求める

この例は、10 個のあめから 1 個の赤いあめを取り出す確率の求め方を示しています。分母には全部のあめの取り出し方の数、分子には赤いあめの取り出し方の数が入ります。

取り出せる赤いあめの数

$$\frac{\text{3個の赤いあめ}}{\text{10個のあめ}}$$

取り出せるすべてのあめの数

確率は分数で表すことが多い

$$\frac{3}{10} \text{ または } 0.3$$

30%とする場合もある

△あめを取り出す
10 個のあめのうち、3 個が赤い。1 個取り出したとき、そのあめが赤である確率を求めてみる。

△無作為に選ぶ
意図的に選ぶのではなく、偶然に任せて 10 個のあめから 1 個取り出す。そのあめが 3 個の赤のうちのどれかであればよい。

△分数で表す
あめの選び方は全部で 10 通りだから分母は 10、赤いあめの選び方は 3 通りだから分子は 3 となる。

△確率は？
赤いあめを取り出す確率は 10 通りのうち 3 通り。分数で表せば$\frac{3}{10}$、小数で表せば 0.3 である。

◁表か裏か
コイントスの場合、表か裏のどちらかの出る確率は二つに一つ、五分五分である。この確率の等級では 0.5 つまりちょうど半分の位置になる。

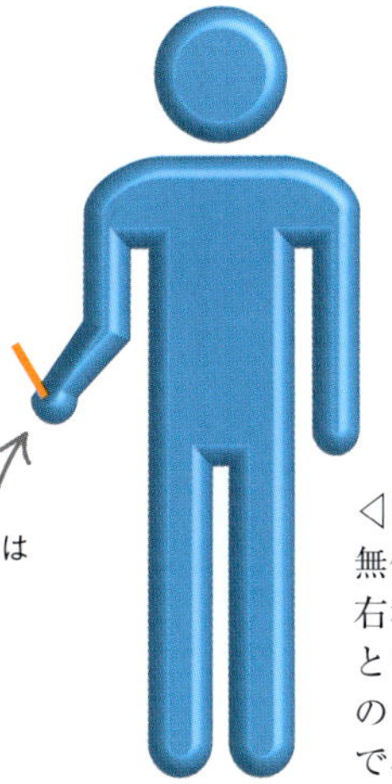

◁右利き
無作為に選んだ人が右利きである確率はとても高い。大部分の人が右利きなので、かなり 1 に近い。

▷地球は回る
地球が明日も回り続けるのは確実で、この物差しでは 1 の位置になる。

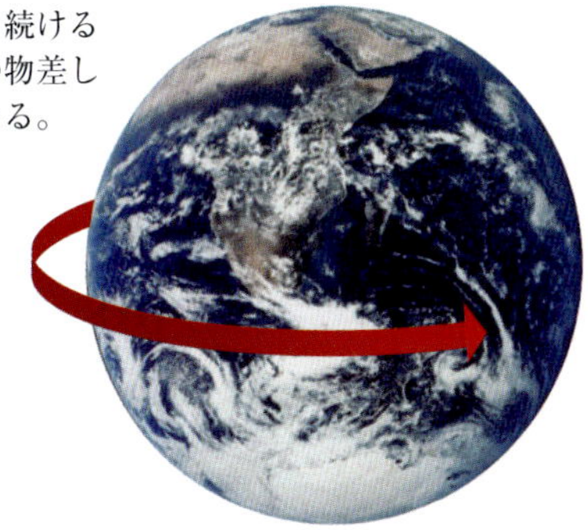

0.5
五分五分

可能性が高い

1
絶対確実

⑥ 期待と現実

参照ページ
〈40〜47 分数
〈222〜223 確率って何?
確率を組み合わせる 226〜227〉

起こると予測されることが期待であり、実際に起こった結果が現実です。

起こると期待されることと実際に起こることの間には、かなりの開きがある場合も少なくありません。

「期待」ということ

さいころを振って六つの目が出る確率はどれも同じです。だから六回振れば、どの目も一回（振った数の$\frac{1}{6}$の回数）出ることが期待されます。同様にコインを二回投げれば、表と裏が一回ずつ出ることが期待されます。しかし実際にいつもそうなるわけではありません。

確率はどのくらい?（統計的確率・推定含む）

二つの電話番号の末尾の数字が同じ	10分の1
左利きの人	12分の1
妊娠した女性に双子が生まれる	33分の1
大人が100才まで生きる	50分の1
四つ葉のクローバー	1万分の1
一年の間に雷に打たれる	250万分の1
ある家に隕石が落ちる	182兆分の1

それぞれの目が出る確率は $\frac{1}{6}$

△さいころを振る
さいころを6回投げれば、どの目も1回ずつ出そうに思われる。

期待と現実

数学的確率では、さいころを6回投げれば1から6までの目が1回ずつ出ると期待されますが、実際には結果はそうならないことの方が多そうです。しかしさいころを振る回数を増やしていき、例えば千回ほどの回数に達すると、1から6までの目が出る回数が均等になっていくのがわかります。

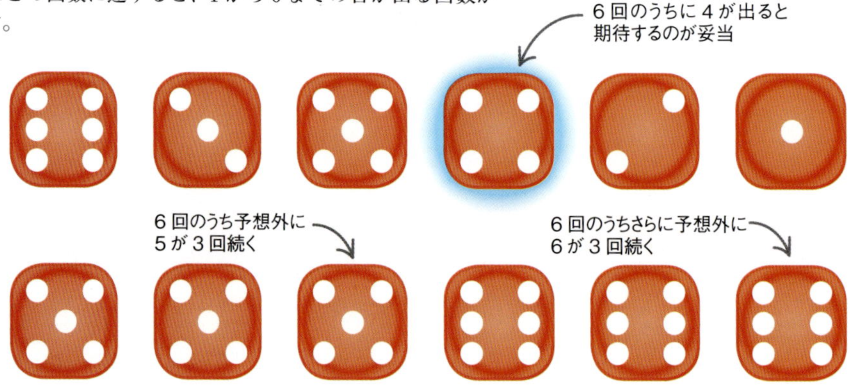

▷期待
数学的確率では、さいころを6回投げれば4の目は1回出ると期待される。

▷現実
さいころを6回投げれば、目の出方はどんな予想外の組み合わせにもなり得る。

期待される数値

期待される数値を計算で求めることができます。次の例では、あることの起こる確率にそれが起こり得る試みの回数をかけて、期待できる数値（当たる回数・賞品の個数）を求めます。この例は、番号のついた玉を容器から取り出し、番号が5の倍数なら当たりで、1回あたると賞品が1個もらえるというゲームです。

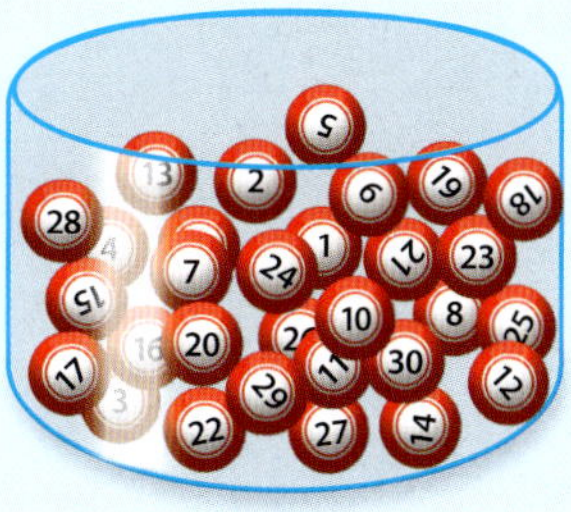

◁番号のついた玉
1から30までの番号のついた玉が30個あり、ここから1個取り出して、玉の番号が5の倍数なら当たり、それ以外ははずれとする。玉は番号をチェックしたら1回ごとに戻し、これを5回繰り返す。

30個のうち5の倍数の玉は6個ある。1回ごとに戻すので、1つの当たり玉が何回も取り出されることもあり得る。

当たりの玉の数

6

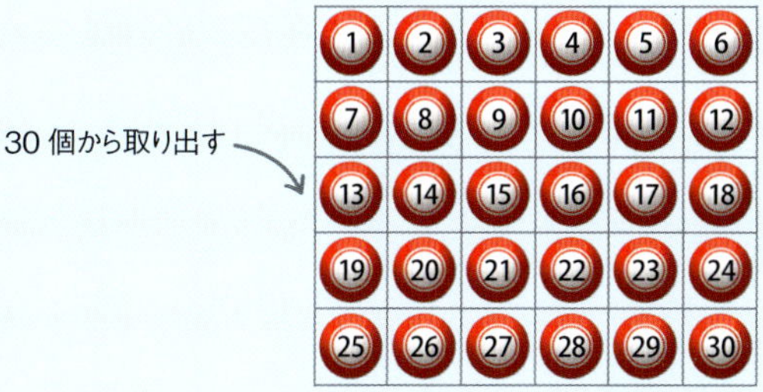

取り出した玉は1回ごとに容器に戻すので、玉の総数はいつも30個である。

玉の総数

30

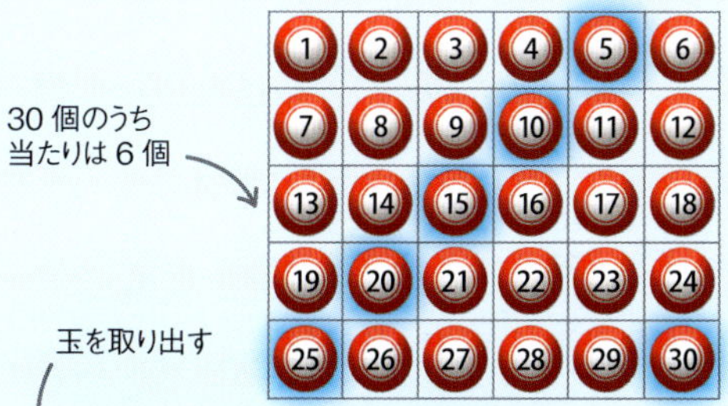

当たりの玉を取り出す確率は30（個）のうちの6（個）。これを分数で表すと$\frac{6}{30}$、約分して$\frac{1}{5}$である。当たりの玉を取り出すチャンスは5回に1回、つまり5回に1回は賞品がもらえる。

ともに6でわって約分

当たりの玉を取り出す確率

$6 \div 6 = 1$

$$\frac{6}{30} = \frac{1}{5}$$

$30 \div 6 = 5$

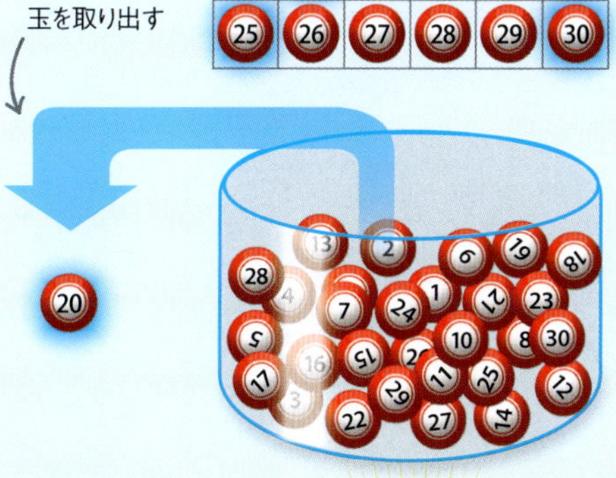

5回に1回は当たりと期待され、その試みを5回行うのだから、賞品1個は手に入ると期待される。

期待される当たりの回数

$$\frac{1}{5} \times 5 = 1$$

当たりの玉を取り出す確率

玉を取り出す回数

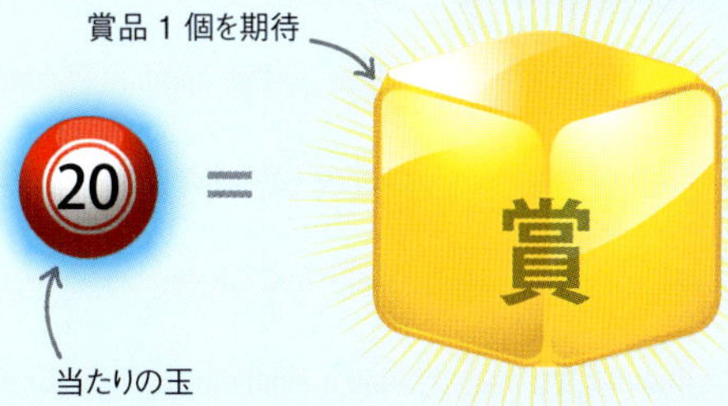

5回玉を取り出せば、賞品は1個もらえるというのは妥当な期待である。しかし現実にそうなるとは限らず、1個ももらえないこともあるし5個獲得することもあり得る。

賞品1個獲得？

確率を組み合わせる

参照ページ
〈222〜223 確率って何?
〈224〜225 期待と現実

複数のできごとが同時に起きたり続いたりしたとき、ある結果が生じる確率をどう求めるか考えてみます。

同時に二つのできごとが起こるとき、そこから生じる結果の確率を計算することはそれほど複雑ではありません。

確率を組み合わせるには？

複数のできごとから起こり得る結果の確率を考えるには、まず起こり得るすべての場合の数を求める必要があります。例えば、1枚の硬貨と1個のさいころを同時に投げるとき、硬貨が裏になりサイコロの目が4になる確率はどれだけになるでしょうか。

硬貨とさいころ
硬貨には表と裏の２面があり、さいころには1の目から6の目までの6つの面がある。

▷硬貨を投げる
硬貨には表と裏の２面があって、どちらの面が出ることも同様に確からしい。この場合硬貨が裏になる確率は2回のうち1回、分数で表せば$\frac{1}{2}$である。

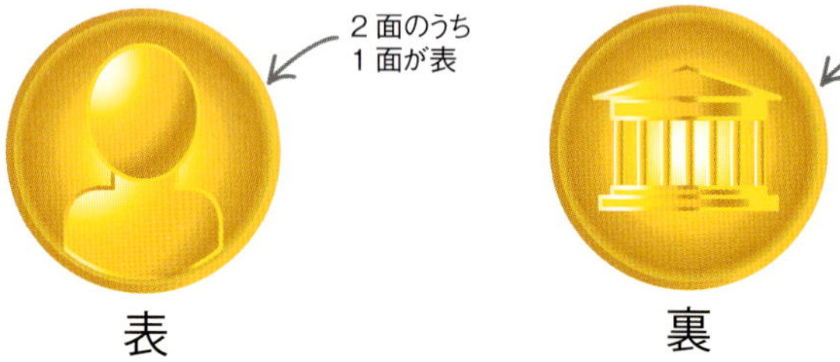

$$\frac{1}{2}$$

あることが起こる（裏が出る）場合の数

硬貨を投げたときのすべての場合の数

▷さいころを投げる
さいころには1から6までの6つの目があって、どの目が出ることも同様に確からしい。この場合4の目が出る確率は6回のうち1回、分数で表せば$\frac{1}{6}$である。

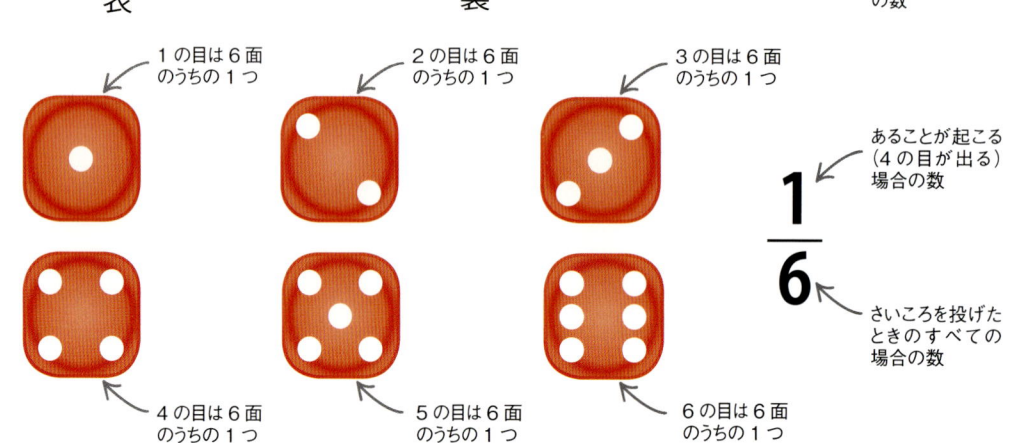

$$\frac{1}{6}$$

あることが起こる（４の目が出る）場合の数

さいころを投げたときのすべての場合の数

▷両方のできごと
硬貨が裏になり同時にサイコロの目が4になる確率を求めるには、それぞれの確率をかけ合わせればよい。$\frac{1}{2}$の可能性のことがらが起こった中でさらにその$\frac{1}{6}$の可能性を求めることになるので、答えは$\frac{1}{12}$になる。

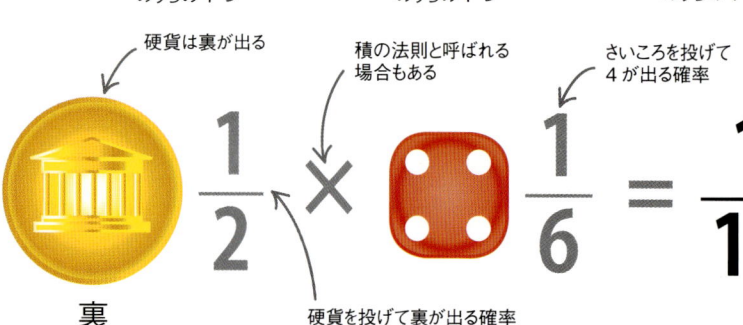

硬貨は裏が出る

$$\frac{1}{2} \times \frac{1}{6} = \frac{1}{12}$$

積の法則と呼ばれる場合もある

さいころを投げて４が出る確率

硬貨を投げて裏が出る確率

（裏・４の目）という１通り

硬貨が裏でさいころが４の目になる確率

表で１から６、裏で１から６という計12通り

すべての場合の数を書いてみる

二つできごとを組み合わせたとき、起こり得るすべての場合の数を表に書き表すことができます。例えば二つのさいころを投げると、出た目の和は2から12までになりますが、目の出方は全部で36通りあります。下の表は目の出方とその和を示したもので、赤いさいころは上から下へ、青いさいころは左から右へたどって出合ったところの数が和を表しています。

青いさいころの目

赤いさいころの目

赤／青	⚀	⚁	⚂	⚃	⚄	⚅
⚀	2	3	4	5	6	7
⚁	3	4	5	6	7	8
⚂	4	5	6	7	8	9
⚃	5	6	7	8	9	10
⚄	6	7	8	9	10	11
⚅	7	8	9	10	11	12

36通りのうち、和が7になるのは6通り―（青1,赤6）など

36通りのうち、和が8になるのは5通り―（青2,赤6）など

36通りのうち、和が9になるのは4通り―（青3,赤6）など

36通りのうち、和が10になるのは3通り―（青4,赤6）など

36通りのうち、和が11になるのは2通り―（青5,赤6）など

36通りのうち、和が12になるのは1通り―（青6,赤6）だけ

注解

最も少ない
二つのさいころを投げたとき、和が2と12になる場合が最も少なく、両方とも1、あるいは両方とも6が出る場合の1通りずつしかない。どちらの確率も$\frac{1}{36}$。

最も多い
二つのさいころを投げたとき、和が7になるのが最も多いケースで、オレンジ色で示した6通りある。その確率は$\frac{6}{36}$、すなわち$\frac{1}{6}$である。

従属するできごと

参照ページ
〈224～225 期待と現実

あることの起こる確率がその前に起こったことの結果によって変わるとき、そのことは前の結果に従属しているといいます。

この例では、40枚のカードから4枚ある緑のカードのどれかを最初にひく確率は$\frac{4}{40}$です。これは他から影響を受けることのない独立したできごと（独立事象）です。一方、カードを一回ごとに返さない場合、二回目に緑のカードをひく確率は、一回目にひいたカードの色によって変わります。これを従属するできごと（従属事象）といいます。

▷色分けしたカード
40枚のカードが4枚ずつ10グループに分けられ、グループごとに色分けされている。

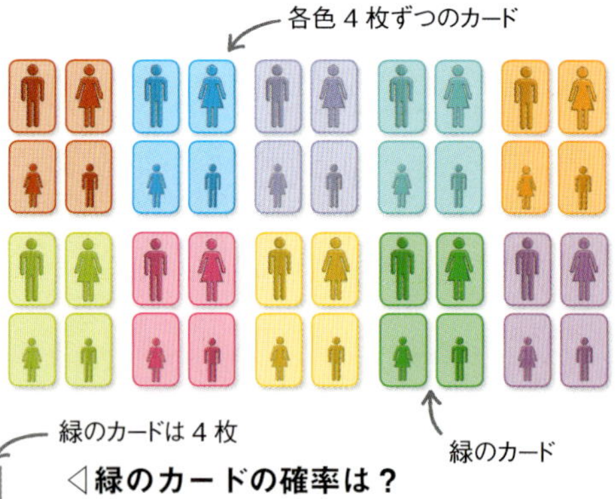

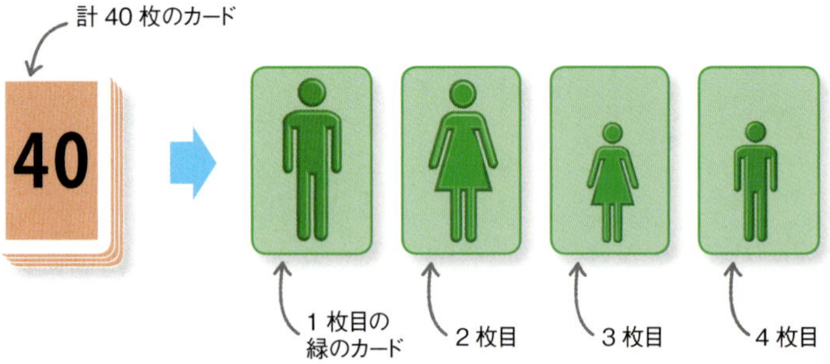

$$\frac{4}{40}$$

緑のカードは4枚

カードは全部で40枚

◁緑のカードの確率は？
最初にひくカードが緑である確率は$\frac{4}{40}$。最初にカードをひく行為は、他から影響を受けない独立したできごとである。

従属するできごとと減っていく確率

もし最初に選んだカードが緑だったとすると、二枚目のカードが緑である確率は39枚中3枚、つまり$\frac{3}{39}$になります。次の例は、緑のカードが選ばれる可能性が次々に減っていって、0になってしまう場合を示しています。

最初に選んだカードが緑だったとする。次のカードは残りの39枚から選ぶ。

$$\frac{3}{39}$$

次のカードが緑である可能性

残りのカード

4枚あった緑のカードのうち1枚が抜かれているので、次のカードが緑である確率は39枚中3枚、つまり$\frac{3}{39}$になる。

最初に選んだ3枚のカードがすべて緑だったとする。次のカードは残りの37枚から選ぶ。

$$\frac{1}{37}$$

次のカードが緑である可能性

残りのカード

4枚あった緑のカードのうち3枚が抜かれているので、次のカードが緑である確率は37枚中1枚、つまり$\frac{1}{37}$になる。

最初に選んだ4枚のカードがすべて緑だったとする。次のカードは残りの36枚から選ぶ。

$$\frac{0}{36} = 0$$

次のカードが緑である可能性

残りのカード

4枚あった緑のカードがすべて抜かれてしまったので、次のカードが緑である確率は36枚中0枚、つまり0である。

従属するできごとと増えていく確率

今度は4枚あるピンクのカードの1枚を取り出す確率を考えます。もし最初に選んだカードがピンクでなかったとすると、二枚目がピンクである確率は39枚中4枚、つまり$\frac{4}{39}$に増えます。次の例は、ピンクのカードが選ばれる可能性が次々に増えて、確実になっていく場合を示しています。

最初に選んだカードがピンクでなかったとする。次のカードは残りの39枚から選ぶ。

残りは39枚

次のカードがピンクである可能性

$\frac{4}{39}$

残りのカード

ピンクのカードは4枚とも残っているので、次のカードがピンクである確率は39枚中4枚、つまり$\frac{4}{39}$になる。

12枚カードを取り出したが、ピンクは1枚もなかったとする。次のカードは残りの28枚から選ぶ。

12枚抜かれたので残りは28枚

次のカードがピンクである可能性

$\frac{4}{28}$

残りのカード

ピンクのカードは4枚とも残っているので、次のカードがピンクである確率は28枚中4枚、つまり$\frac{4}{28}$になる。

24枚カードを取り出したが、まだピンクは1枚も出ない。次のカードは残りの16枚から選ぶ。

次のカードがピンクである可能性

$\frac{4}{16}$

残りのカード

ピンクのカードは4枚とも残っているので、次のカードがピンクである確率は16枚中4枚、つまり$\frac{4}{16}$になる。

36枚カードを取り出したが、まだピンクは1枚も出ない！残ったカードは4枚だけ！

次のカードがピンクである可能性

$\frac{4}{4}$

残りのカード

ピンクのカードは4枚とも残っているので、次のカードがピンクである確率は4枚中4枚($\frac{4}{4}$)、つまり100%ピンクということである。

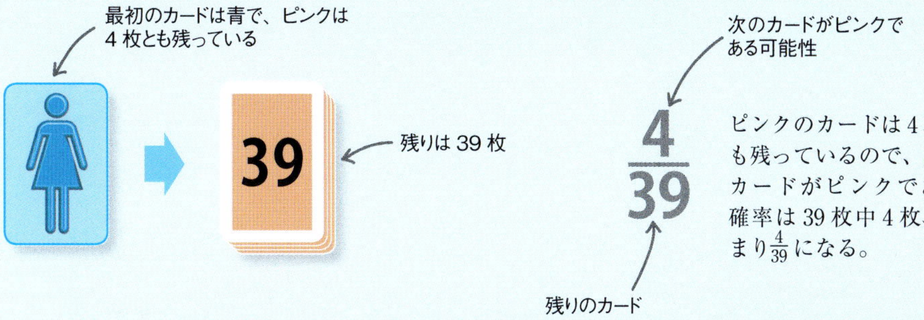

樹形図

参照ページ
〈222〜223 確率って何?
〈226〜227 確率を組み合わせる
〈228〜229 従属するできごと

いくつかの重なったできごとの確率を計算するとき、樹形図が役に立つことがあります。

枝分かれする矢印を使って、起こる可能性のある一連の結果を示すこともできます。

樹形図をつくる

樹形図をつくるには、スタート地点から起こり得るいくつかの結果へ向かう矢印をかきます。この例は、一台の携帯電話から5通のメールが他の二台の携帯A、Bに送られることを示しています。5通のメールから無作為に1通選んだとき、A、Bどちらに送られるメールなのかを見る場合、これは他とは関連のない単独のできごとで、樹形図の枝分かれも1カ所だけです。

▷シンプルな樹形図
5通のメールのうち、2通はAに送られ、3通はBに送られる。5通から1通選ぶときの確率はAが$\frac{2}{5}$、Bが$\frac{3}{5}$になる。

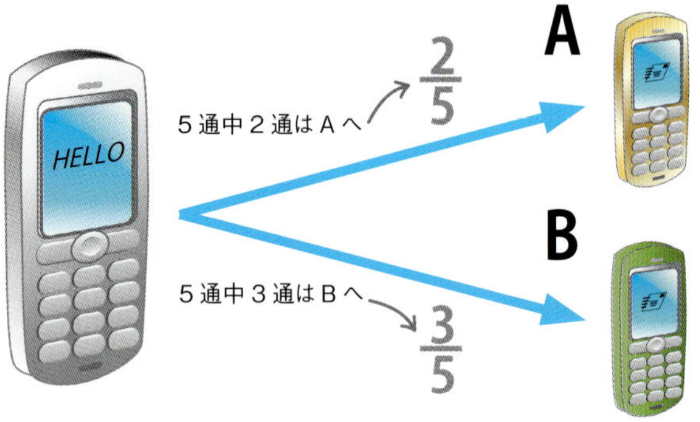

複合的なできごとを表す樹形図

いくつかのできごとが重なって起こる場合、まず第一段階として、スタート地点から起こり得るいくつかの結果へそれぞれ矢印をかきます。この第一段階の結果を新たなスタート地点として、第二段階で可能性のある結果へ矢印をかきます。このように前の段階の結果から次々に派生する新たな結果を、枝分かれする矢印で示し、複合的なできごとを図解します。

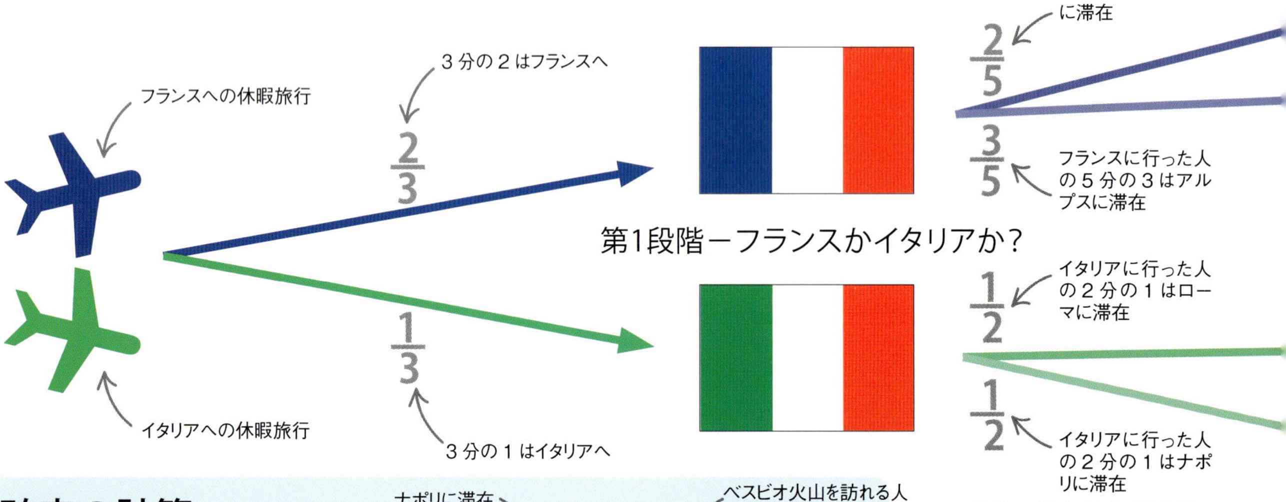

確率の計算

休暇旅行に行った人から無作為に選んだ一人が、イタリアのナポリに滞在し、ベスビオ火山を訪れた人である確率は、それぞれの段階での割合をかけ合わせて求めます。

ナポリに滞在　ベスビオ火山を訪れる人

$$\frac{1}{3} \times \frac{1}{2} \times \frac{1}{4} = \frac{1}{24}$$

3人に1人はイタリアへ　イタリアのナポリに滞在し、ベスビオ火山を訪れた人である確率

△三段階の複合的な樹形図
上の樹形図は、休暇旅行に出かけた人々が目的地を選んだようすを三段階に分けて表したものである。第1段階では、フランスに行く人とイタリアにいく人に分かれる。

従属するできごと

あるできごとがその前のできごとの結果に従属している場合にも、樹形図を使って整理することができます。この例では果物を袋から取り出したら、もとに戻さずに、次の果物を取り出します。

△果物を取り出す
3個のオレンジと7個のリンゴが入った袋からまず1個取り出す。取り出した果物は袋に戻さないので、二回目は残った9個から1個取り出す。

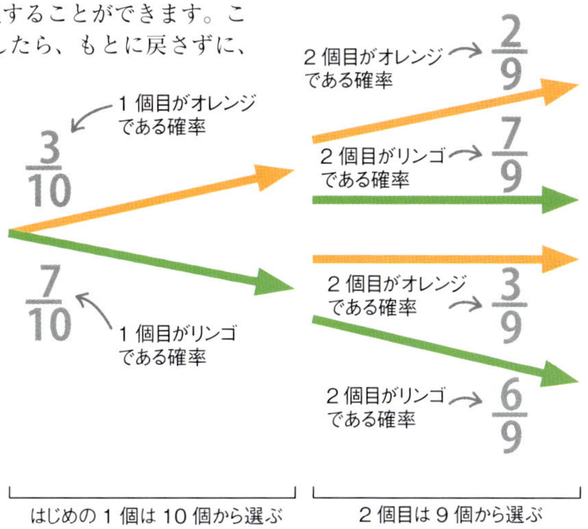

確率の計算

取り出した果物が2個ともオレンジである確率は、1個目がオレンジである確率と2個目がオレンジである確率をかけ合わせて求めます。

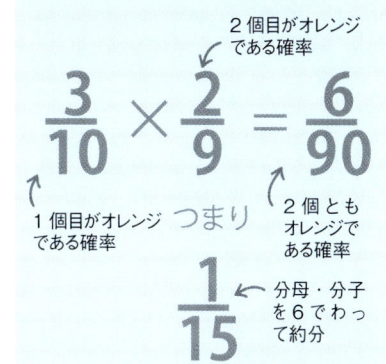

2個目がオレンジである確率

$$\frac{3}{10} \times \frac{2}{9} = \frac{6}{90}$$

1個目がオレンジである確率　つまり　2個ともオレンジである確率

$$\frac{1}{15}$$

分母・分子を6でわって約分

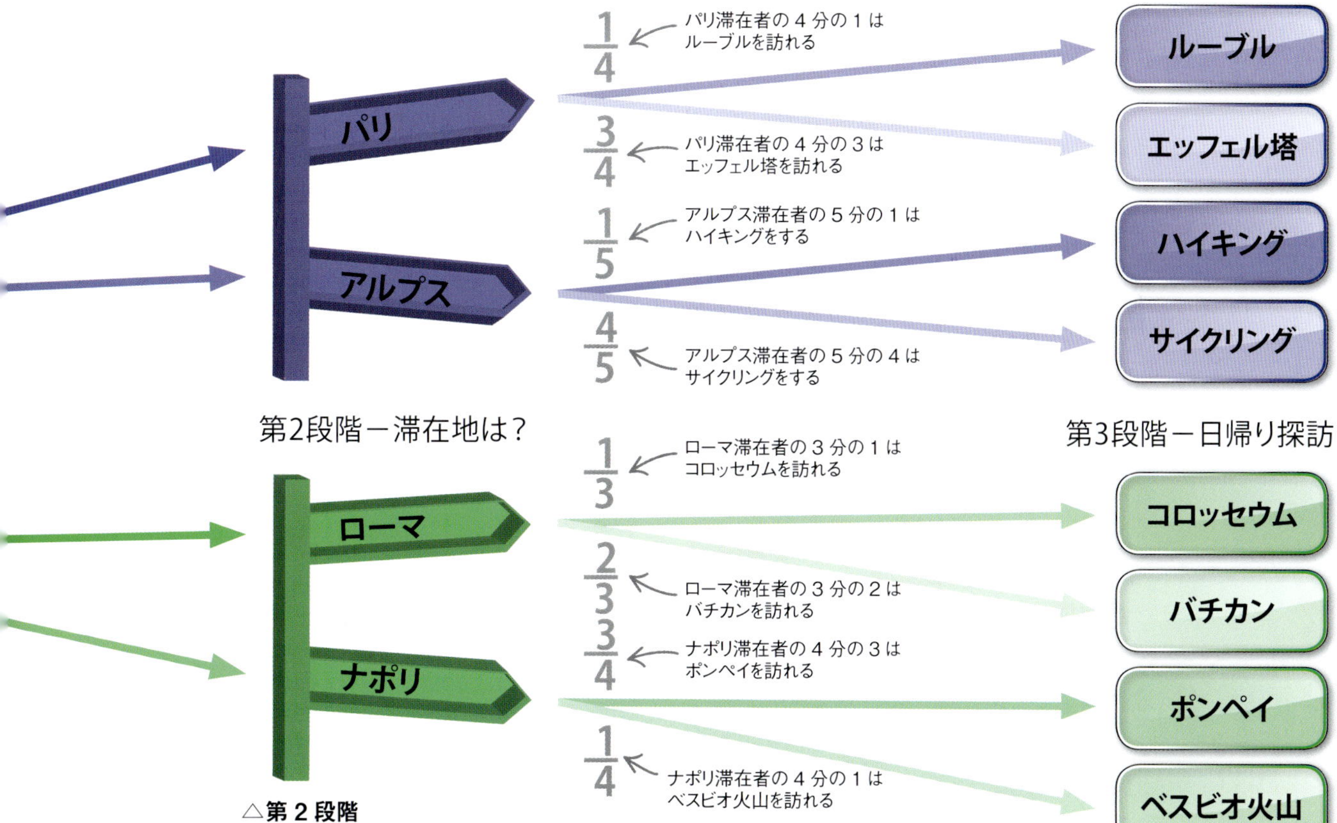

△第２段階
第２段階は滞在地によってわける。この樹形図の各分数は、無作為に選んだ人がどのグループに入るのかという確率を示す。

△第３段階
第３段階はある日にどこを訪れたか（どう過ごしたか）によって分ける。各分数は無作為に選んだ人がどのグループに入るのかという確率を示す。

参考

数学記号

この表は数学で広く使われる記号を集めたものである。記号を使って、数学者たちは複雑な方程式や公式を、誰にでも理解可能な規範的表現で示すことができる。

記号	意味
＋	たす、正、プラス
−	ひく、負、マイナス
±	プラスまたはマイナス
∓	マイナスまたはプラス
×	かける (6×4)
・	かける(6·4)、ベクトルの内積(A·B)
÷	わる (6÷4)
/	わる、分数の括線($6/4$)
―	わる、分数の括線($\frac{6}{4}$)
○	円
△	三角形
□	正方形
▭	長方形
▱	平行四辺形
＝	等しい、等号
≠	等しくない
≡	合同
≢	合同でない
∽	相似

記号	意味
：	比、「〜対〜」(6:4)
::	比が等しい、比例式
≒	ほとんど等しい、近似値
$0.\dot{1}\dot{6}$	循環小数 (0.161616…)
＞	より大きい
≫	より非常に大きい
≧	大きいかまたは等しい、以上
＜	より小さい
≪	より非常に小さい
≦	小さいかまたは等しい、以下
p⇒q	「pならばq」
p⇔q	「pならばq,かつqならばp」、同値
∝	正比例
( )	かっこ、他との区別を表す。先に計算する。
$\lvert a\rvert$	aの絶対値 (数直線上で原点から点aまでの距離)
$\overrightarrow{AB}$	ベクトル
$\overline{AB}$	線分
$\overset{\frown}{AB}$	弧

記号	意味
∞	無限大
n^2	二乗、平方
n^3	三乗、立方
$n^4, n^5, \cdots$	累乗
√	平方根
$\sqrt[3]{\ }$, $\sqrt[4]{\ }$	立方根、4乗根
%	パーセント
°	度 (角度·温度)
∠	角
∠R	直角
π	(パイ) 円周率、円周の直径に対する比率。3.1415926…
α	アルファ
θ	シータ
⊥	垂直
∟	直角
//	平行
∴	ゆえに、だから
∵	なぜなら、理由
y=f (x)	yはxの関数

素数

素数は1とその数自身以外に約数をもたない正の整数で、1は素数には含まれない。素数を簡単に求められる公式というものはない。この表には、小さい方から250個の素数が示してある。

2	3	5	7	11	13	17	19	23	29
31	37	41	43	47	53	59	61	67	71
73	79	83	89	97	101	103	107	109	113
127	131	137	139	149	151	157	163	167	173
179	181	191	193	197	199	211	223	227	229
233	239	241	251	257	263	269	271	277	281
283	293	307	311	313	317	331	337	347	349
353	359	367	373	379	383	389	397	401	409
419	421	431	433	439	443	449	457	461	463
467	479	487	491	499	503	509	521	523	541
547	557	563	569	571	577	587	593	599	601
607	613	617	619	631	641	643	647	653	659
661	673	677	683	691	701	709	719	727	733
739	743	751	757	761	769	773	787	797	809
811	821	823	827	829	839	853	857	859	863
877	881	883	887	907	911	919	929	937	941
947	953	967	971	977	983	991	997	1009	1013
1019	1021	1031	1033	1039	1049	1051	1061	1063	1069
1087	1091	1093	1097	1103	1109	1117	1123	1129	1151
1153	1163	1171	1181	1187	1193	1201	1213	1217	1223
1229	1231	1237	1249	1259	1277	1279	1283	1289	1291
1297	1301	1303	1307	1319	1321	1327	1361	1367	1373
1381	1399	1409	1423	1427	1429	1433	1439	1447	1451
1453	1459	1471	1481	1483	1487	1489	1493	1499	1511
1523	1531	1543	1549	1553	1559	1567	1571	1579	1583

平方・立方・平方根・立方根

この表は整数の平方(2乗)、立方(3乗)、平方根(正)、立方根を小数第3位まで示したものである。

数	平方	立方	平方根	立方根
1	1	1	1.000	1.000
2	4	8	1.414	1.260
3	9	27	1.732	1.442
4	16	64	2.000	1.587
5	25	125	2.236	1.710
6	36	216	2.449	1.817
7	49	343	2.646	1.913
8	64	512	2.828	2.000
9	81	729	3.000	2.080
10	100	1,000	3.162	2.154
11	121	1,331	3.317	2.224
12	144	1,728	3.464	2.289
13	169	2,197	3.606	2.351
14	196	2,744	3.742	2.410
15	225	3,375	3.873	2.466
16	256	4,096	4.000	2.520
17	289	4,913	4.123	2.571
18	324	5,832	4.243	2.621
19	361	6,859	4.359	2.668
20	400	8,000	4.472	2.714
25	625	15,625	5.000	2.924
30	900	27,000	5.477	3.107
50	2,500	125,000	7.071	3.684

かけ算の表

この表は、1から12までの整数どうしの積を表したものである。

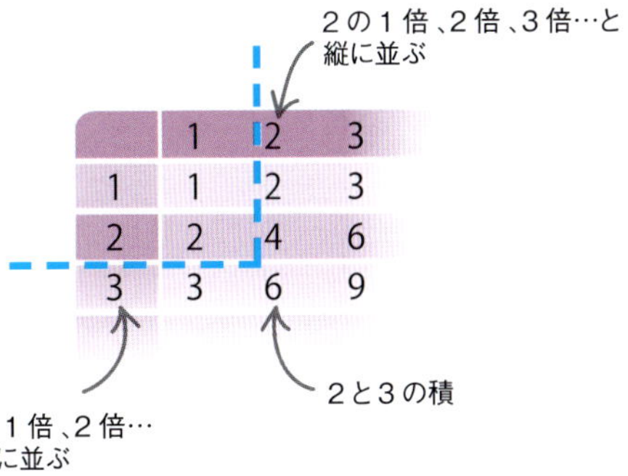

	1	2	3	4	5	6	7	8	9	10	11	12
1	1	2	3	4	5	6	7	8	9	10	11	12
2	2	4	6	8	10	12	14	16	18	20	22	24
3	3	6	9	12	15	18	21	24	27	30	33	36
4	4	8	12	16	20	24	28	32	36	40	44	48
5	5	10	15	20	25	30	35	40	45	50	55	60
6	6	12	18	24	30	36	42	48	54	60	66	72
7	7	14	21	28	35	42	49	56	63	70	77	84
8	8	16	24	32	40	48	56	64	72	80	88	96
9	9	18	27	36	45	54	63	72	81	90	99	108
10	10	20	30	40	50	60	70	80	90	100	110	120
11	11	22	33	44	55	66	77	88	99	110	121	132
12	12	24	36	48	60	72	84	96	108	120	132	144

計量の単位

計量の単位は、ものの量や状態を比較するための基準となる大きさである。時間を表す秒、長さを表すメートル、質量を表すキログラムなどが含まれる。単位の体系として、メートル法とヤード・ポンド法の二つが広く用いられている。(ヤード・ポンド法は英国標準)

面積		
メートル法		
100平方ミリメートル(mm^2)	=	1平方センチメートル (cm^2)
10000平方センチメートル(cm^2)	=	1平方メートル (m^2)
10000平方メートル (m^2)	=	1ヘクタール(ha)
100ヘクタール (ha)	=	1平方キロメートル (km^2)
1平方キロメートル (km^2)	=	1000000平方メートル (m^2)
ヤード・ポンド法		
144平方インチ	=	1平方フィート
9平方フィート	=	1平方ヤード
1296平方インチ	=	1平方ヤード
43560平方フィート	=	1エーカー
640エーカー	=	1平方マイル

液体の体積		
メートル法		
1000ミリリットル (ml)	=	1リットル(l)
100リットル(l)	=	1ヘクトリットル(hl)
10ヘクトリットル(hl)	=	1キロリットル(kl)
1000リットル(l)	=	1キロリットル(kl)
ヤード・ポンド法		
8オンス(液量)	=	1カップ
20オンス(液量)	=	1パイント
4ジル	=	1パイント
2パイント	=	1クォート
4クォート	=	1ガロン
8パイント	=	1ガロン

質量		
メートル法		
1000ミリグラム(mg)	=	1グラム(g)
1000グラム(g)	=	1キログラム(kg)
1000キログラム(kg)	=	1トン(t)
ヤード・ポンド法		
16オンス	=	1ポンド
14ポンド	=	1ストーン
112ポンド	=	1ハンドレッドウェイト
20ハンドレッドウェイト	=	1トン

長さ		
メートル法		
10ミリメートル (mm)	=	1センチメートル (cm)
100センチメートル(cm)	=	1メートル(m)
1000ミリメートル(mm)	=	1メートル(m)
1000メートル(m)	=	1キロメートル(km)
ヤード・ポンド法		
12インチ	=	1フィート
3フィート	=	1ヤード
1760ヤード	=	1マイル
5280フィート	=	1マイル
8ハロン	=	1マイル

時間		
共通		
60秒	=	1分
60分	=	1時間
24時間	=	1日
7日	=	1週
52週	=	1年
1年	=	12ヶ月

温度				
		カ氏	**セ氏**	**絶対温度**
水の沸点	=	212°	100°	373°
水の凝固点	=	32°	0°	273°
絶対零度	=	−459°	−273°	0°

単位変換

次の表は、メートル法とヤード・ポンド法の長さ・面積・質量・体積の単位換算を示したものである。セ氏・カ氏・絶対温度の変換計算に用いる公式も、下に示してある。

長さ

メートル法		ヤード・ポンド法
1ミリメートル (mm)	=	0.03937インチ
1センチメートル (cm)	=	0.3937インチ
1メートル (m)	=	1.0936ヤード
1キロメートル (km)	=	0.6214マイル
ヤード・ポンド法		**メートル法**
1インチ	=	2.54センチメートル (cm)
1フィート	=	0.3048メートル (m)
1ヤード	=	0.9144メートル (m)
1マイル	=	1.6093キロメートル (km)
1カイリ	=	1.852キロメートル (km)

面積

メートル法		ヤード・ポンド法
1平方センチメートル (cm^2)	=	0.155平方インチ
1平方メートル (m^2)	=	1.196平方ヤード
1ヘクタール (ha)	=	2.4711エーカー
1平方キロメートル (km^2)	=	0.3861平方マイル
ヤード・ポンド法		**メートル法**
1平方インチ	=	6.4516平方センチメートル (cm^2)
1平方フィート	=	0.0929平方メートル (m^2)
1平方ヤード	=	0.8361平方メートル (m^2)
1エーカー	=	0.4047ヘクタール
1平方マイル	=	2.59平方キロメートル (km^2)

質量

メートル法		ヤード・ポンド法
1ミリグラム (mg)	=	0.0154グレイン
1グラム (g)	=	0.0353オンス
1キログラム (kg)	=	2.2046ポンド
1トン(t) (メートル法)	=	0.9842トン(ヤード・ポンド法)
ヤード・ポンド法		**メートル法**
1オンス	=	28.35グラム (g)
1ポンド	=	0.4536キログラム (kg)
1ストーン	=	6.3503キログラム (kg)
1ハンドレッドウェイト	=	50.802キログラム (kg)
1トン(ヤード・ポンド法)	=	1.016トン(t) (メートル法)

体積

メートル法		ヤード・ポンド法
1立方センチメートル(cm^3)	=	0.061立方インチ
1立方デシメートル (dm^3)	=	0.0353立方フィート
1立方メートル(m^3)	=	1.308立方ヤード
1リットル(l)	=	1.76パイント
1ヘクトリットル(hl)	=	21.997ガロン
ヤード・ポンド法		**メートル法**
1立方インチ	=	16.387立方センチメートル (cm^3)
1立方フィート	=	0.0283立方メートル(m^3)
1オンス(液量)	=	28.413ミリリットル(ml)
1パイント	=	0.5683リットル(l)
1ガロン	=	4.5461リットル(l)

温度

カ氏(F)からセ氏(℃)への変換	C = (F − 32) × 5 ÷ 9
セ氏(℃)からカ氏(F)への変換	F = (C × 9 ÷ 5) + 32
セ氏(℃)から絶対温度(K)への変換	K = C + 273
絶対温度(K)からセ氏(℃)への変換	C = K − 273

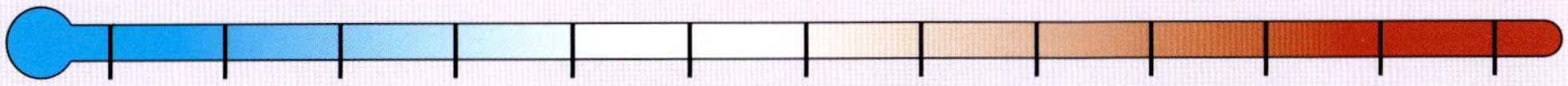

カ氏°F	−4	14	32	50	68	86	104	122	140	158	176	194	212
セ氏℃	−20	−10	0	10	20	30	40	50	60	70	80	90	100
絶対温度	253	263	273	283	293	303	313	323	333	343	353	363	373

単位の換算法

この表は、メートル法と英国ヤード・ポンド法との単位換算の方法を示したものである。
左の表である変換を示したら、右の表でその逆を示している。

メートル法、ヤード・ポンド法の単位換算法		
変換前A	変換後B	かける数p（A×p=B）
エーカー	ヘクタール	0.4047
センチメートル	フィート	0.03281
センチメートル	インチ	0.3937
立方センチメートル	立方インチ	0.061
立方フィート	立方メートル	0.0283
立方インチ	立方センチメートル	16.3871
立方メートル	立方フィート	35.315
フィート	センチメートル	30.48
フィート	メートル	0.3048
ガロン	リットル	4.546
グラム	オンス	0.0353
ヘクタール	エーカー	2.471
インチ	センチメートル	2.54
キログラム	ポンド	2.2046
キロメートル	マイル	0.6214
時速キロメートル	時速マイル	0.6214
リットル	ガロン	0.2199
リットル	パイント	1.7598
メートル	フィート	3.2808
メートル	ヤード	1.0936
分速メートル	秒速センチメートル	1.6667
分速メートル	秒速フィート	0.0547
マイル	キロメートル	1.6093
時速マイル	時速キロメートル	1.6093
時速マイル	秒速メートル	0.447
ミリメートル	インチ	0.0394
オンス	グラム	28.3495
パイント	リットル	0.5683
ポンド	キログラム	0.4536
平方センチメートル	平方インチ	0.155
平方インチ	平方センチメートル	6.4516
平方フィート	平方メートル	0.0929
平方キロメートル	平方マイル	0.386
平方メートル	平方フィート	10.764
平方メートル	平方ヤード	1.196
平方マイル	平方キロメートル	2.5899
平方ヤード	平方メートル	0.8361
トン（メートル法）	トン（ヤード・ポンド法）	0.9842
トン（ヤード・ポンド法）	トン（メートル法）	1.016
ヤード	メートル	0.9144

メートル法、ヤード・ポンド法の単位換算法		
変換前B	変換後A	わる数p（B÷p=A）
ヘクタール	エーカー	0.4047
フィート	センチメートル	0.03281
インチ	センチメートル	0.3937
立方インチ	立方センチメートル	0.061
立方メートル	立方フィート	0.0283
立方センチメートル	立方インチ	16.3871
立方フィート	立方メートル	35.315
センチメートル	フィート	30.48
メートル	フィート	0.3048
リットル	ガロン	4.546
オンス	グラム	0.0353
エーカー	ヘクタール	2.471
センチメートル	インチ	2.54
ポンド	キログラム	2.2046
マイル	キロメートル	0.6214
時速マイル	時速キロメートル	0.6214
ガロン	リットル	0.2199
パイント	リットル	1.7598
フィート	メートル	3.2808
ヤード	メートル	1.0936
秒速センチメートル	分速メートル	1.6667
秒速フィート	分速メートル	0.0547
キロメートル	マイル	1.6093
時速キロメートル	時速マイル	1.6093
秒速メートル	時速マイル	0.447
インチ	ミリメートル	0.0394
グラム	オンス	28.3495
リットル	パイント	0.5683
キログラム	ポンド	0.4536
平方インチ	平方センチメートル	0.155
平方センチメートル	平方インチ	6.4516
平方メートル	平方フィート	0.0929
平方マイル	平方キロメートル	0.386
平方フィート	平方メートル	10.764
平方ヤード	平方メートル	1.196
平方キロメートル	平方マイル	2.5899
平方メートル	平方ヤード	0.8361
トン（ヤード・ポンド法）	トン（メートル法）	0.9842
トン（メートル法）	トン（ヤード・ポンド法）	1.016
メートル	ヤード	0.9144

百分率・小数・分数

割合を表すとき、パーセント・小数・分数の三通りの表し方を用いる。例えば、10%は小数なら0.1、分数なら$\frac{1}{10}$と同じである。

%	小数	分数	%	小数	分数	%	小数	分数	%	小数	分数	%	小数	分数
1	0.01	1/100	12.5	0.125	1/8	24	0.24	6/25	36	0.36	9/25	49	0.49	49/100
2	0.02	1/50	13	0.13	13/100	25	0.25	1/4	37	0.37	37/100	50	0.5	1/2
3	0.03	3/100	14	0.14	7/50	26	0.26	13/50	38	0.38	19/50	55	0.55	11/20
4	0.04	1/25	15	0.15	3/20	27	0.27	27/100	39	0.39	39/100	60	0.6	3/5
5	0.05	1/20	16	0.16	4/25	28	0.28	7/25	40	0.4	2/5	65	0.65	13/20
6	0.06	3/50	16.66	0.166	1/6	29	0.29	29/100	41	0.41	41/100	66.66	0.666	2/3
7	0.07	7/100	17	0.17	17/100	30	0.3	3/10	42	0.42	21/50	70	0.7	7/10
8	0.08	2/25	18	0.18	9/50	31	0.31	31/100	43	0.43	43/100	75	0.75	3/4
8.33	0.083	1/12	19	0.19	19/100	32	0.32	8/25	44	0.44	11/25	80	0.8	4/5
9	0.09	9/100	20	0.2	1/5	33	0.33	33/100	45	0.45	9/20	85	0.85	17/20
10	0.1	1/10	21	0.21	21/100	33.33	0.333	1/3	46	0.46	23/50	90	0.9	9/10
11	0.11	11/100	22	0.22	11/50	34	0.34	17/50	47	0.47	47/100	95	0.95	19/20
12	0.12	3/25	23	0.23	23/100	35	0.35	7/20	48	0.48	12/25	100	1.00	1

角

ある点から二つの半直線が延びて角をなしているとき、角度はその開き方の度合い(回転の大きさ)を表す。

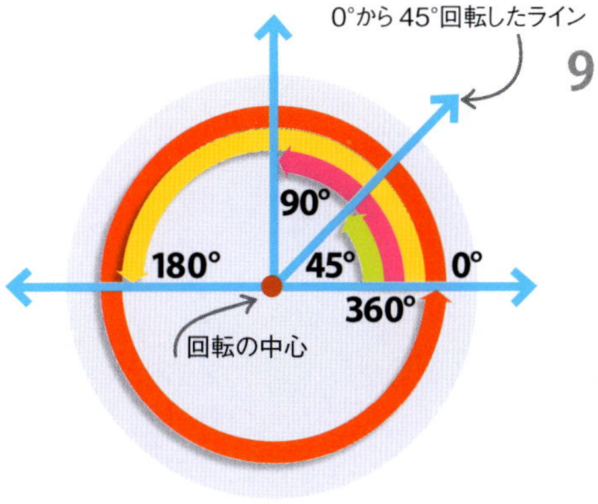

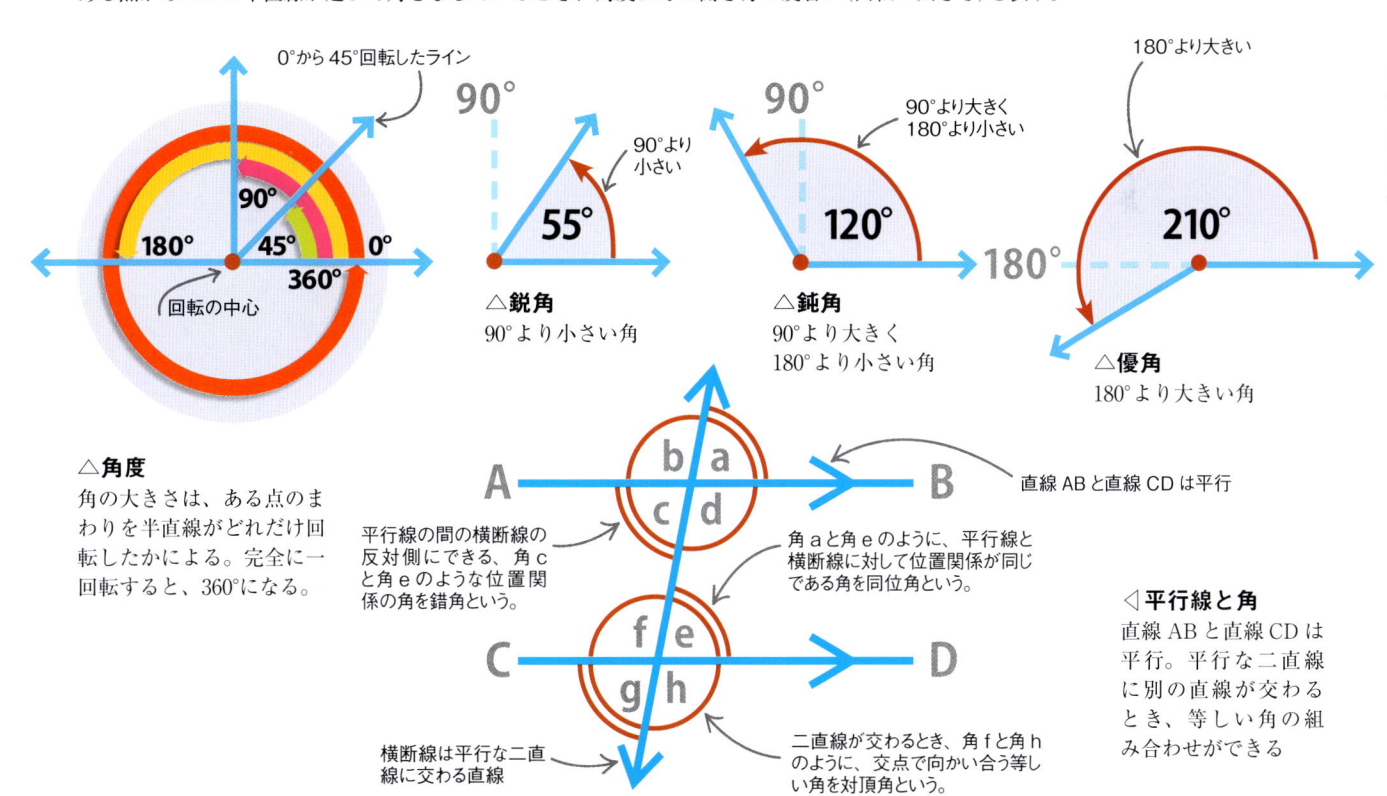

△角度
角の大きさは、ある点のまわりを半直線がどれだけ回転したかによる。完全に一回転すると、360°になる。

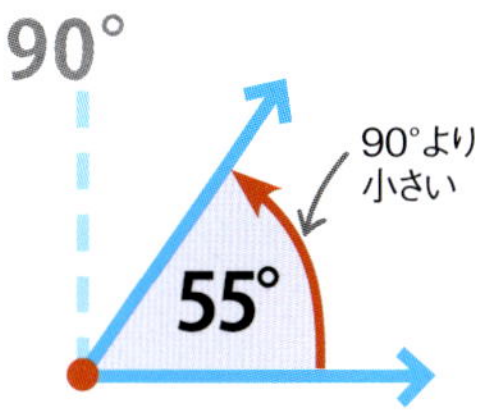

△鋭角
90°より小さい角

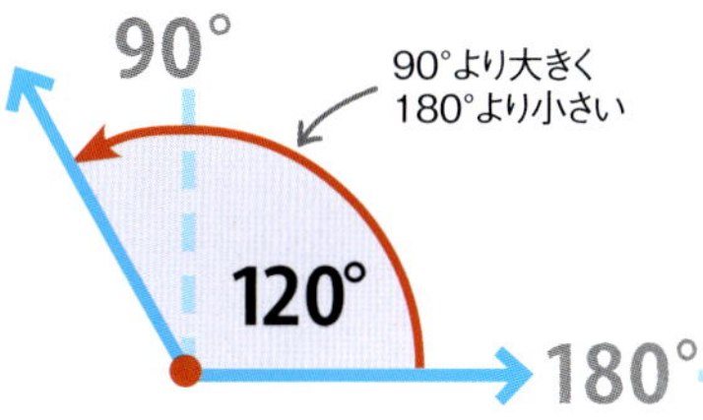

△鈍角
90°より大きく
180°より小さい角

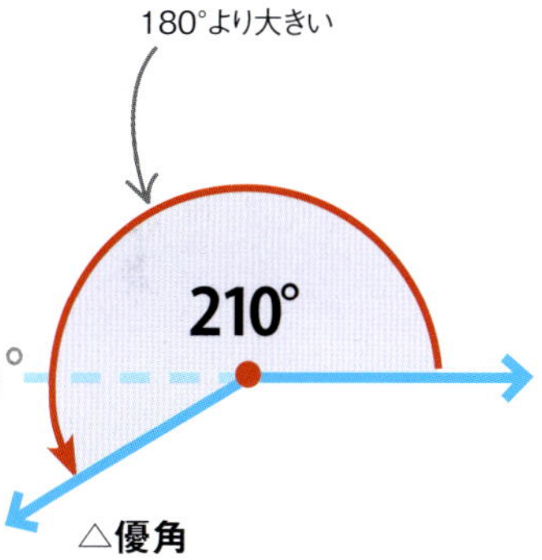

△優角
180°より大きい角

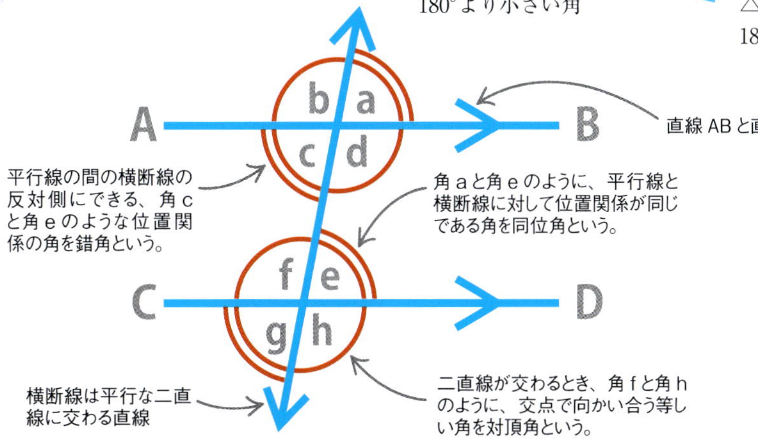

◁平行線と角
直線ABと直線CDは平行。平行な二直線に別の直線が交わるとき、等しい角の組み合わせができる

図形

線分で囲まれた平面図形を多角形といい、頂点の数によって名づけられている。頂点の数は辺の数、角の数と等しい。円は平面図形だが辺も角もなく、多角形ではない。

△円
中心から等しい距離にある曲線によって囲まれた図形

△三角形
三つの辺と三つの角からなる多角形

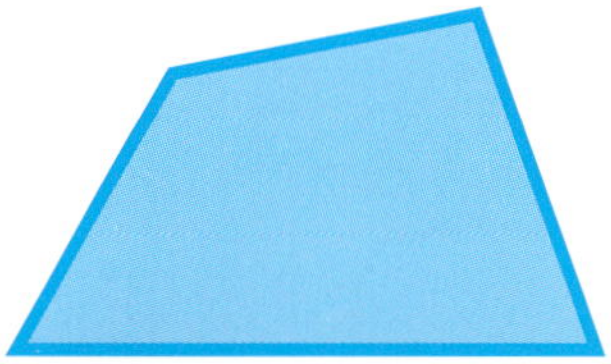

△四角形
四つの辺と四つの角からなる多角形

△正方形
四つの角がみな直角で、四つの辺が等しい四角形

△長方形
四つの角がみな直角である四角形

△平行四辺形
二組の向かい合う辺がそれぞれ平行な四角形

△五角形
五つの辺と五つの角からなる多角形

△六角形
六つの辺と六つの角からなる多角形

△七角形
七つの辺と七つの角からなる多角形

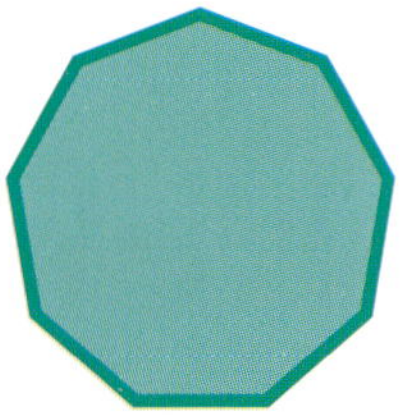

△九角形
九つの辺と九つの角からなる多角形

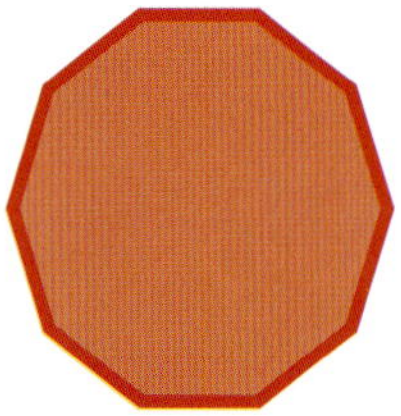

△十角形
十の辺と十の角からなる多角形

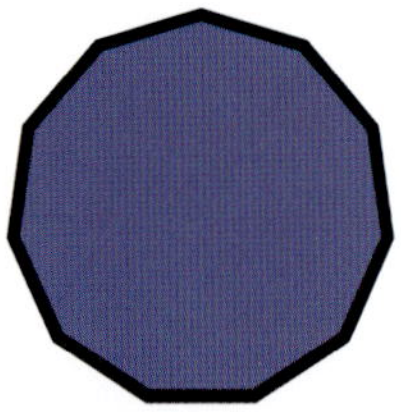

△十一角形
十一の辺と十一の角からなる多角形

数列

数列は、ある特別のパターン、あるいは前後の数(項)との関係を示す規則にしたがって並んだ数の列である。

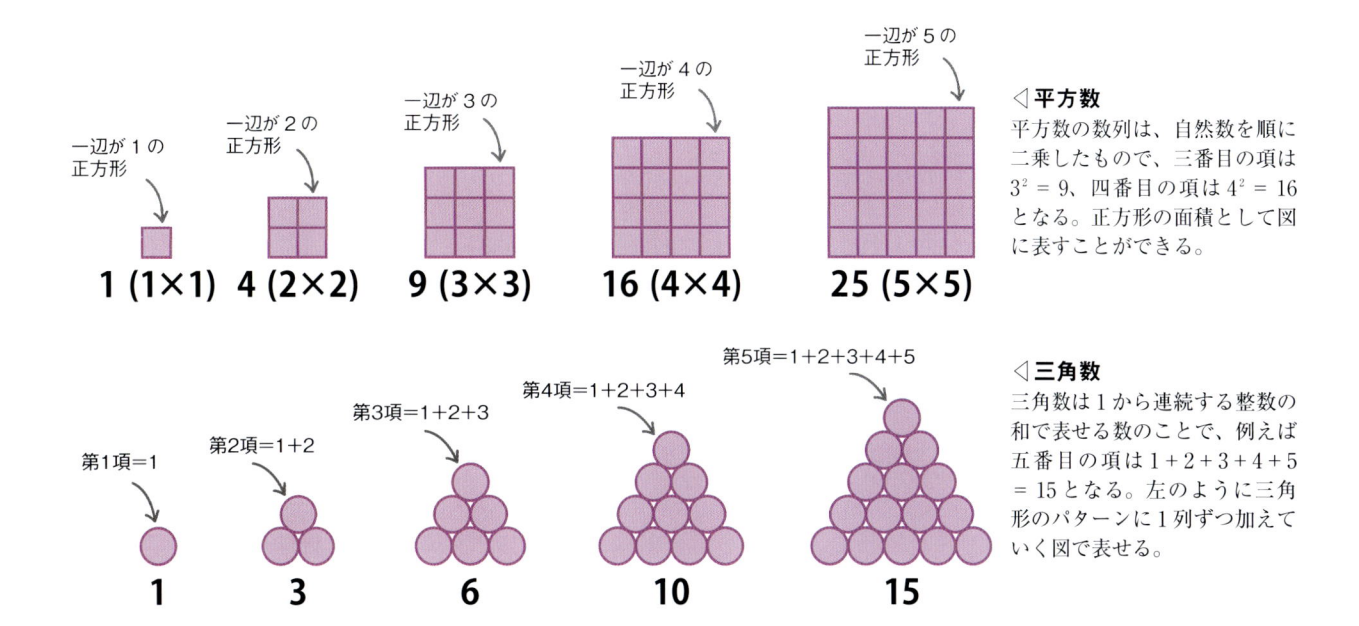

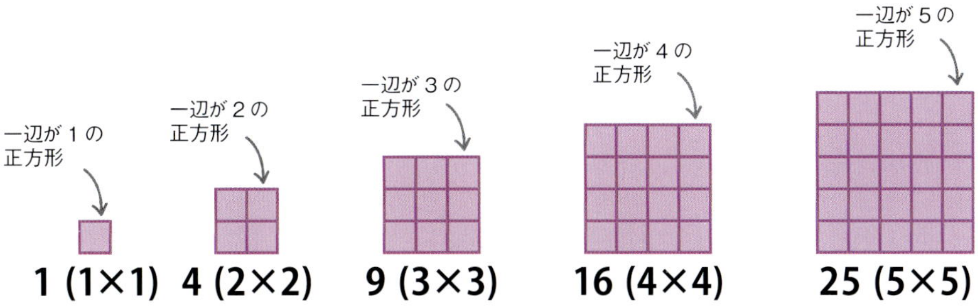

◁平方数
平方数の数列は、自然数を順に二乗したもので、三番目の項は $3^2=9$、四番目の項は $4^2=16$ となる。正方形の面積として図に表すことができる。

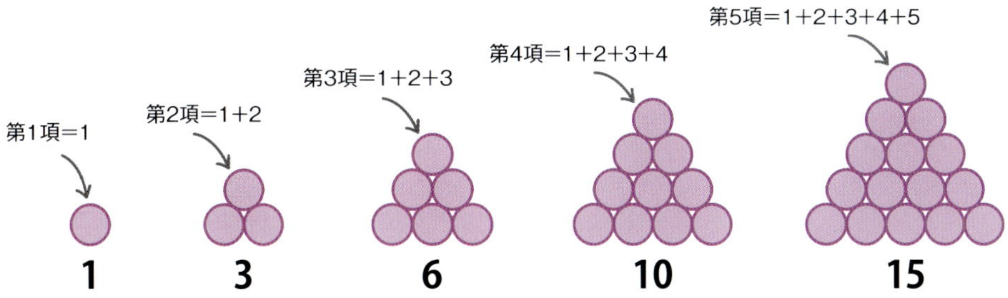

◁三角数
三角数は１から連続する整数の和で表せる数のことで、例えば五番目の項は１＋２＋３＋４＋５＝15となる。左のように三角形のパターンに１列ずつ加えていく図で表せる。

フィボナッチ数列

イタリアの数学者レオナルド・フィボナッチ（1175 － 1250）にちなんで名付けられた数列。始めの二つの項は１だが、そのあとの各項は前の二つの項の和になる。例えば第６項は、第４項(3)と第５項(5)の和で８となる。

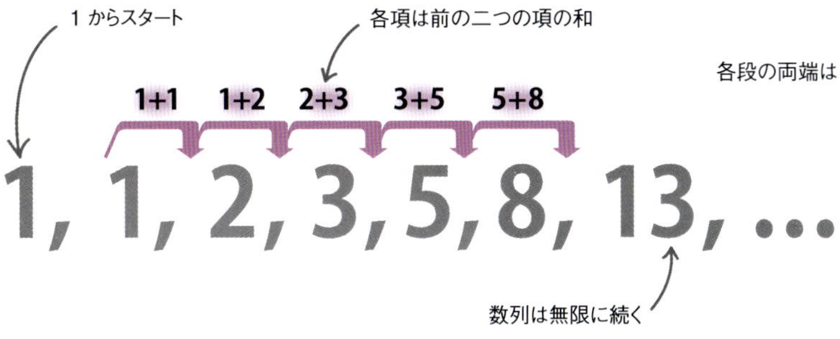

パスカルの三角形

下の図のように数を三角形に並べたものを、パスカルの三角形という。最上段は1、各段の両端は１だが、それ以外の各数は左上と右上の二数の和になる。例えば三段目の中央の２は、上の段の二つの１を加えたもの。

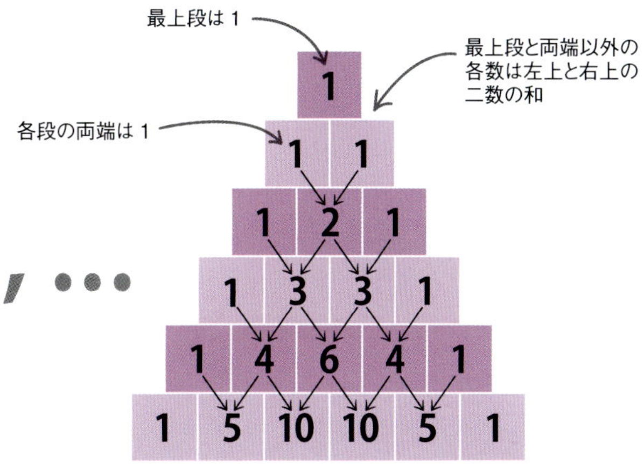

公式

公式はさまざまな数量や項目を関係づけたり、法則を表したりする式である。公式の中のある未知の値を、他のわかっている値から求めることができる。

利子

単利と複利という二つのタイプの利子がある。単利の利子は常に元金に対して支払われる。複利では、利子が元金に組み込まれて、利子を生む。

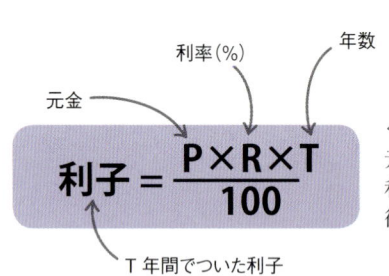

$$利子 = \frac{P \times R \times T}{100}$$

元金
利率(%)
年数
T 年間でついた利子

◁**単利の公式**
元金 P 円を利率 R% の単利で預けたときの、T 年後の利子を求める公式。

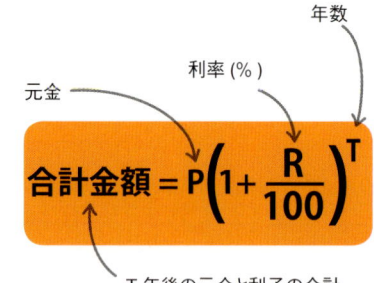

$$合計金額 = P\left(1+\frac{R}{100}\right)^{T}$$

元金
利率(%)
年数
T 年後の元金と利子の合計

◁**複利の公式**
元金 P 円を利率 R% の複利で預けたときの、T 年後の合計金額を求める公式。

代数の公式

代数は、文字や記号を用いて数の性質や関係、計算法則を表す。右に挙げたのは二次方程式の標準形と解の公式である。

$$ax^2 + bx + c = 0$$

二次の項の係数 a は 0 以外の数
c は定数項
b は一次の項の係数

△**二次方程式**
二次方程式はこの形に整理し、解の公式を用いて解くことができる。

$$x = \frac{-b \pm \sqrt{b^2 - 4ac}}{2a}$$

この±で解が二つになる

△**解の公式**
この公式の a、b、c にそれぞれの数値を代入すれば、二次方程式の解が得られる。√内が 0 にならなければ、解は二つある。

$$\pi = 3.14$$

パイ（ギリシア文字）
小数第二位までがよく用いられる
小数第二十位まで

3.14159265358979323846

◁**円周率**
円周率 π は直径に対する円周の比で、円の面積など多くの公式に登場する。無限に続く小数の並び方には、規則性が全くない。

三角比

三角比は直角三角形の辺の比で、辺の長さや角の大きさを求めるときに、次の三つの三角比がよく用いられる。

$$\sin A = \frac{対辺}{斜辺}$$

△**サイン**
この比の値を角 A のサインまたは正弦といい、角・対辺・斜辺のいずれかを求めるときに用いる。

$$\cos A = \frac{隣辺}{斜辺}$$

△**コサイン**
この比の値を角 A のコサインまたは余弦といい、角・隣辺・斜辺のいずれかを求めるときに用いる 。（隣辺は角 A から直角へ向かう辺）

$$\tan A = \frac{対辺}{隣辺}$$

△**タンジェント**
この比の値を角 A のタンジェントまたは正接といい、角・対辺・隣辺のいずれかを求めるときに用いる。

面積

面積は閉じられた線で囲まれた図形の広さを表す数値である。以下は円や多角形の面積を求める公式である。

円の面積 ＝ πr^2

△円
円の面積は半径の二乗に円周率 π をかけて求める。

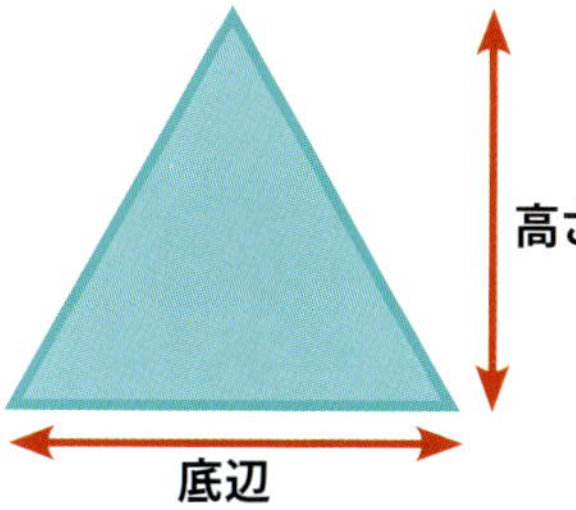

三角形の面積＝$\frac{1}{2}$×底辺×高さ

△三角形
三角形の面積を求めるには、底辺に高さをかけて２でわる。

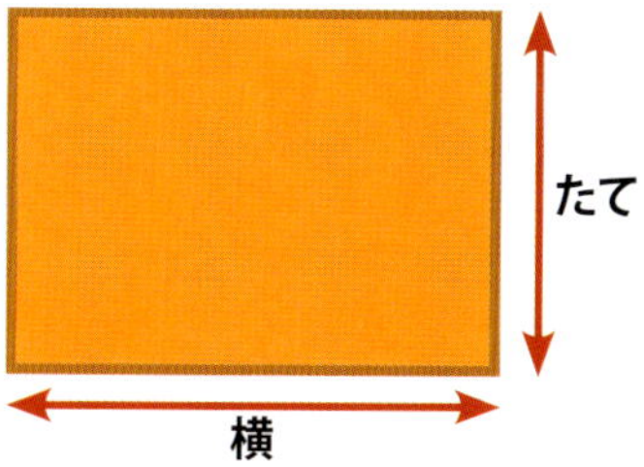

長方形の面積＝たて×横

△長方形
長方形の面積はたてと横をかけて求める。

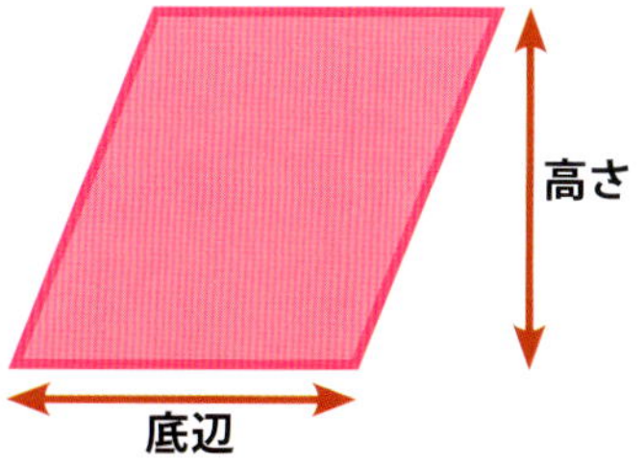

平行四辺形の面積＝底辺×高さ

△平行四辺形
平行四辺形の面積は底辺に高さをかけて求める。

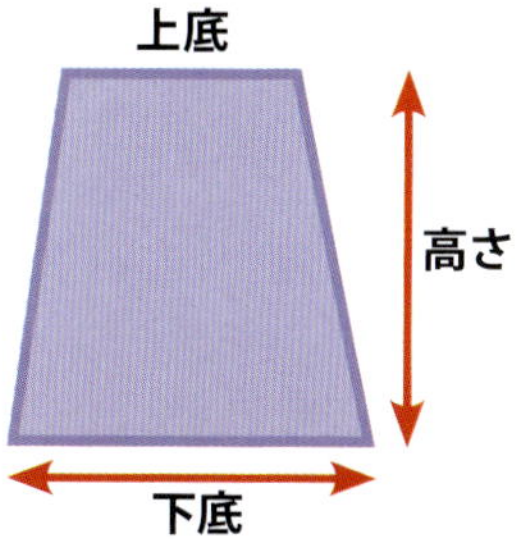

台形の面積＝$\frac{1}{2}$×(上底＋下底)×高さ

△台形
台形の面積を求めるには、上底と下底の和に高さをかけて２でわる。

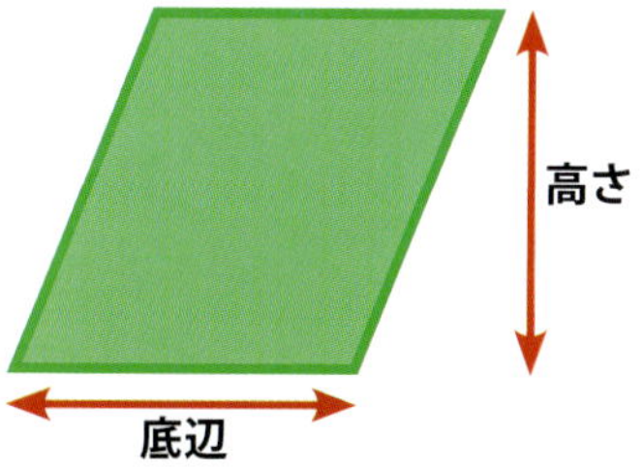

ひし形の面積＝底辺×高さ

△ひし形
ひし形の面積は底辺に高さをかけて求める。(対角線×対角線÷２という公式もある)

ピタゴラスの定理

直角三角形の三辺の関係を表すこの定理は、三平方の定理ともいわれる。二つの辺の長さがわかれば、残りの辺はこの定理を使って長さを求めることができる。

直角をはさむ辺
斜辺(直角に対する辺)

$$a^2 + b^2 = c^2$$

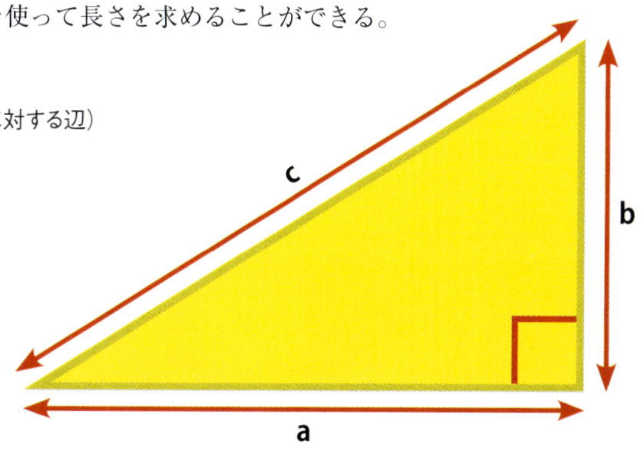

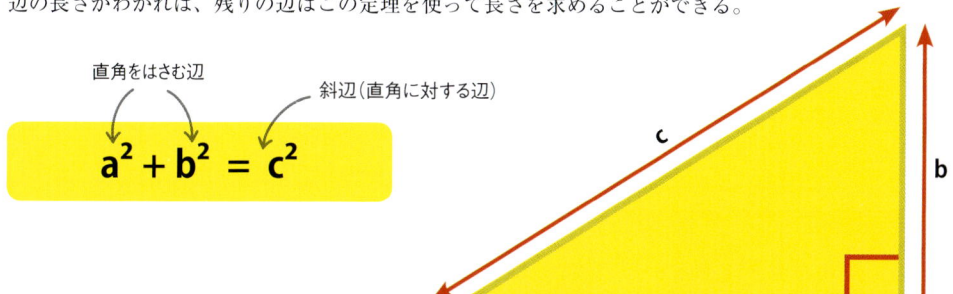

◁ピタゴラスの定理
直角三角形の直角をはさむ二辺(a,b)の二乗の和は、斜辺(最も長い辺c)の二乗に等しい。

表面積と体積

ここに示したのは立体の表面積と体積の公式である。球以外の体積は、角柱・円柱なら底面積に高さをかけて求め、角すい・円すいは角柱・円柱の３分の１と考える。球以外の表面積は、展開図をかいて求めるとよい。

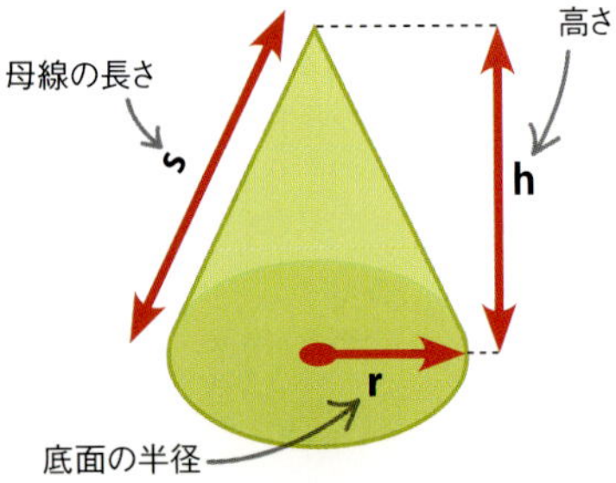

◁**円すい**
円すいの表面積は底面の半径と母線の長さ（s）がわかれば求められる。体積は底面の半径と高さを使って計算する。

円すいの表面積 ＝ $\pi rs + \pi r^2$
円すいの体積 ＝ $\frac{1}{3}\pi r^2 h$

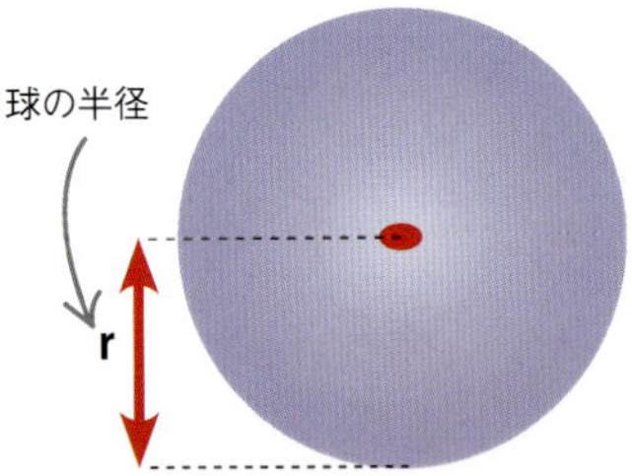

◁**球**
球は半径がわかれば、体積も表面積も求められる。近似値を計算するときは、π は 3.14 を用いることが多い。

球の表面積 ＝ $4\pi r^2$
球の体積 ＝ $\frac{4}{3}\pi r^3$

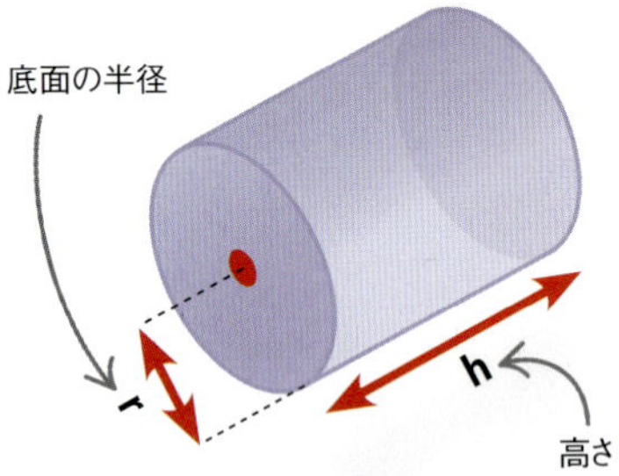

◁**円柱**
体積も表面積も底面の半径と高さがわかれば、計算できる。表面積は底面の二つの円と側面の長方形の和。

円柱の表面積 ＝ $2\pi r(h+r)$
円柱の体積 ＝ $\pi r^2 h$

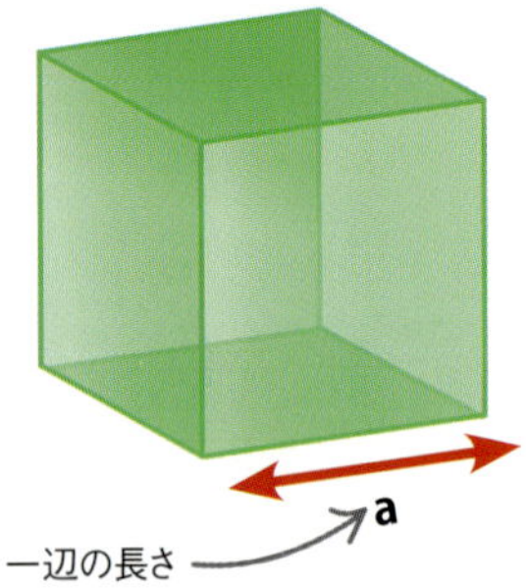

◁**立方体**
立方体の体積は一辺の三乗、表面積は正方形の面積（一辺の二乗）の６倍である。

立方体の表面積＝$6a^2$
立方体の体積＝a^3

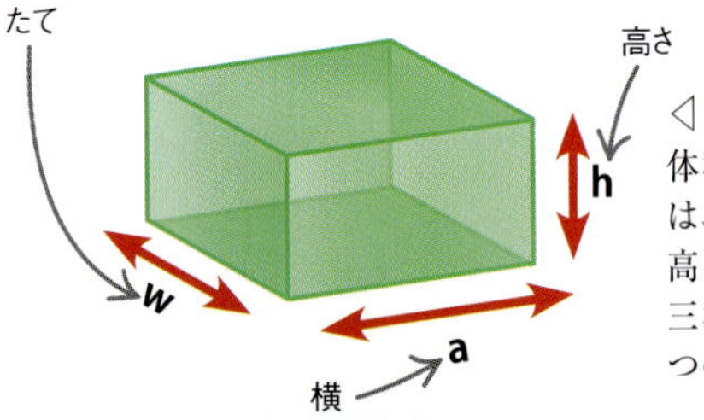

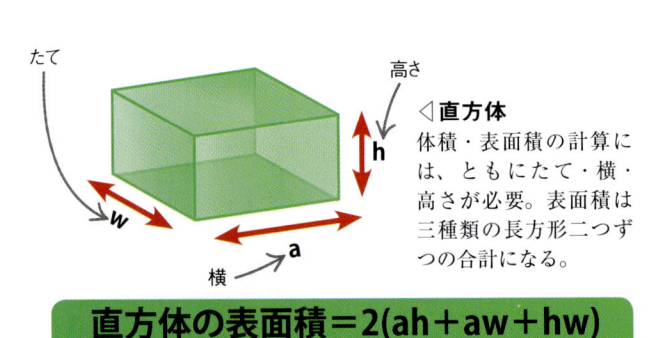

◁**直方体**
体積・表面積の計算には、ともにたて・横・高さが必要。表面積は三種類の長方形二つずつの合計になる。

直方体の表面積＝$2(ah+aw+hw)$
直方体の体積＝awh

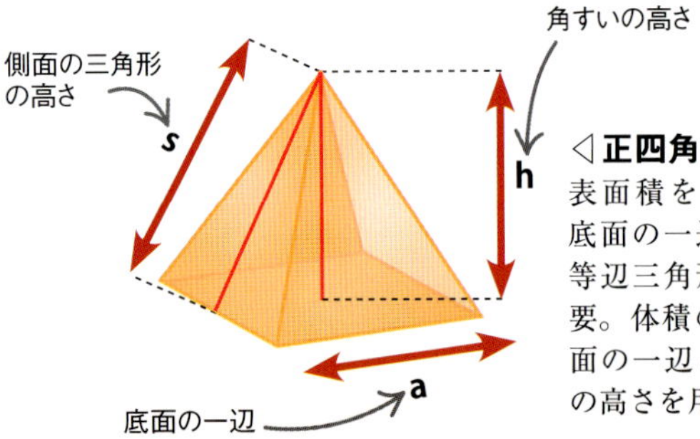

◁**正四角すい**
表面積を求めるには、底面の一辺と側面の二等辺三角形の高さが必要。体積の計算には底面の一辺と角すい自体の高さを用いる。

正四角すいの表面積＝$2as+a^2$
正四角すいの体積＝$\frac{1}{3}a^2 h$

円の部分

半径、円周、弧など円の部分の関係を示す公式から、円についていろいろな計算ができる。π は円周率で、近似値を計算するときは3.14を用いることが多い。

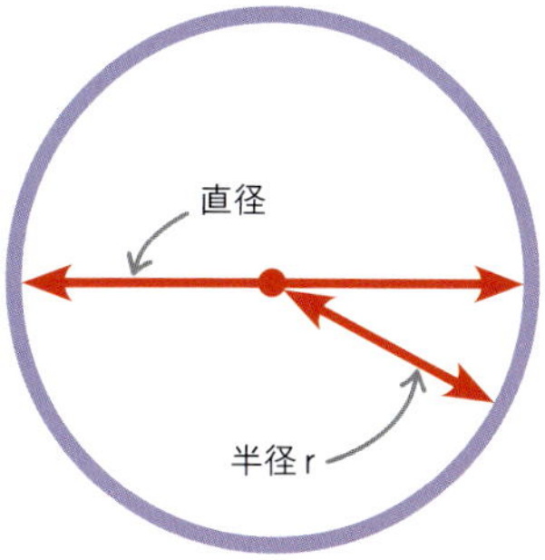

◁**半径と直径**
半径は円の中心から円周までの距離で、半径の2倍が直径である。直径は中心を通る最も長い弦である。

$$直径 = 2r$$

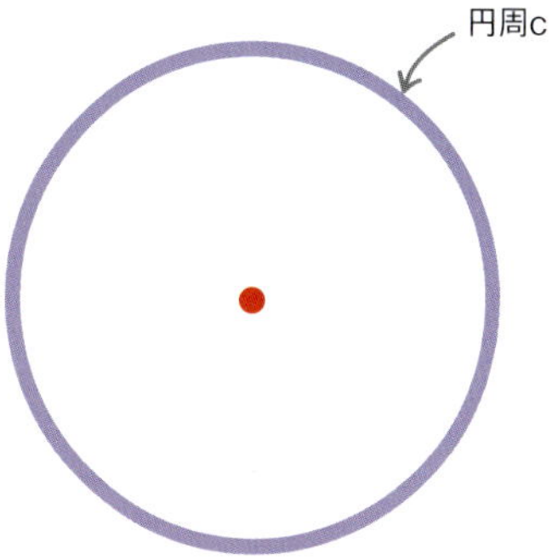

◁**直径と円周**
円周は円のまわりの長さ。円周を円周率 π でわると、直径になる。

$$直径 = \frac{c}{\pi}$$

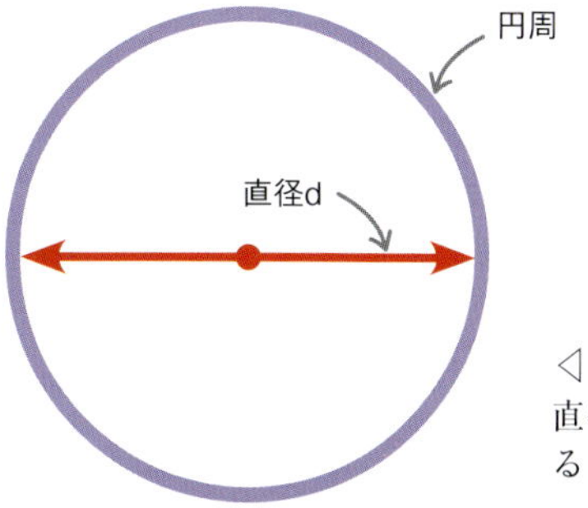

◁**円周と直径**
直径に円周率 π をかけると円周になる。

$$円周 = \pi d$$

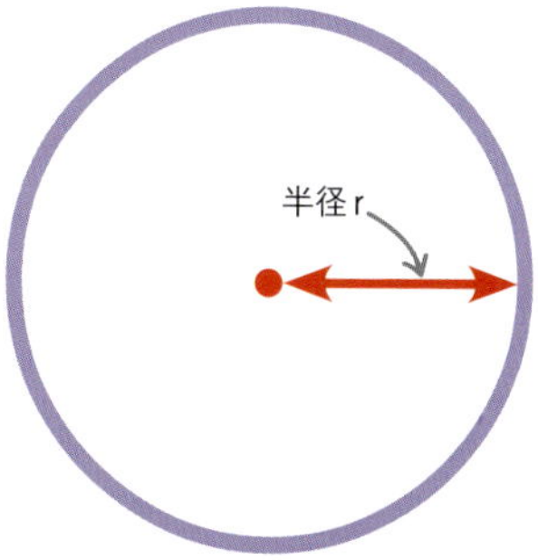

◁**円周と半径**
半径を2倍し、円周率 π をかけると円周になる。

$$円周 = 2\pi r$$

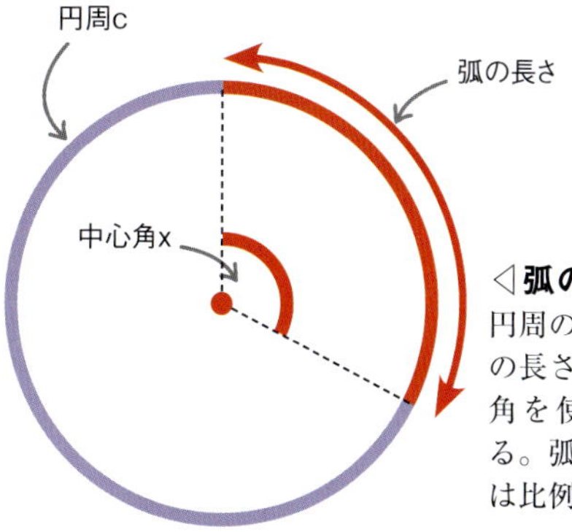

◁**弧の長さ**
円周の一部分である弧の長さは、円周と中心角を使って計算できる。弧の長さと中心角は比例する。

$$弧の長さ = c \times \frac{x}{360}$$

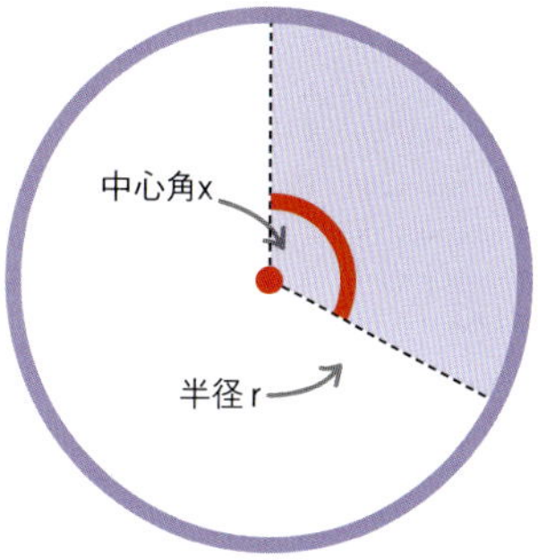

◁**おうぎ形の面積**
おうぎ形の面積は、円の面積（πr^2）と中心角を使って計算できる。おうぎ形の面積と中心角は比例する。

$$おうぎ形の面積 = \pi r^2 \times \frac{x}{360}$$

用語解説

あ

赤字
収入より支出が多いこと。

余り
わり算でわり切れないで残った数。11 を 2 でわると、商が 5 で余りが 1。

暗算
筆記せずに頭の中で計算すること。

以下
a が b より小さいかまたは等しいとき、「a は b 以下」といい、$a \leqq b$ と表す。

以上
a が b より大きいかまたは等しいとき、「a は b 以上」といい、$a \geqq b$ と表す。

因数
数や式がいくつかの部分の積で表されるとき、その個々の部分。

因数分解
多項式をいくつかの部分(因数)の積として表しなおすこと。
例えば x^2+5x+6
$=(x+2)(x+3)$

鋭角
90° より小さい角。

n 乗根
n 乗するとある数になる数を、ある数の n 乗根という。

円
平面上である点から等しい距離にある点の軌跡。またその内部。

円グラフ
円をおうぎ形に区切って各部分の割合を表したグラフ。

演算
式の通りに計算を行うこと。＋ − × ÷ などを演算記号という。

円周
円のまわりの長さ。

円周率
円周の直径に対する比率。記号 π(パイ)。約 3.14。

円すい
円を底面とし、この平面上にない一頂点と底面の円周上を一周する点を結ぶ線分(母線)が描く側面からなる立体。

円柱
二つの平行で合同な円を底面とする柱体。

円に内接する四角形
四つの頂点が一つの円の円周上にある四角形。

おうぎ形
二つの半径と弧で囲まれた円の部分。

凹多角形
180° より大きい内角が一つ以上ある多角形。

折れ線グラフ
数量を表す点を順に線分で結んだグラフ。

か

外角
多角形の一辺ととなりあう辺の延長とがはさむ角。

概算
およその数(概数)による計算。およその見積もり。

回転移動
点や図形を一点を中心としてある角度だけ回転させること。

角
一点からでる二つの半直線のつくる図形。その開きの度合い(回転の量)を 45° のように度(°)で表す。

角すい
多角形を底面とし、この平面上にない一つの点を頂点とする三角形を側面にもつ立体。

拡大
同じ形のまま大きくすること。

角柱
平行な二つの合同な多角形の底面と、いくつかの長方形(平行四辺形)を側面にもつ多面体。

確率
あることが起こると期待される程度を数値で表したもの。決して起こらない場合の 0 から、必ず起こる場合の 1 までの数値で表される。

かけ算
ある数(かけられる数)をある個数(かける数)だけたし合わせること。乗法。× の記号で表すが、文字式では $2\times a\times b$ を $2ab$ と表記する。

傾き
直線の式 $y=ax+b$ の a のこと。

かっこ
1. 他と区別し、先に計算する数式などにつける( )。$2\times(4+1)=10$　小かっこ( )、中かっこ{ }、大かっこ[ ]などがあるときは、小かっこから先に計算する。
2. 座標を表す。(1, 1)

仮分数
分子が分母より大きいか、または等しい分数。

為替レート
ある国の通貨と別の国の通貨の交換比率。為替相場。

換算
ある単位の数量を別の単位の数量になおすこと。例えば、マイルからキロメートルへの変換。

関数
二つの変数 x と y の間に、x の値を決めると y の値も決まるという関係があるとき、y は x の関数であるという。

幹葉表示
データの数値をある位で分類し(幹)、その一つ下の位(葉)を書き並べることで度数分布のグラフとなるようにくふうした表示法。

幾何
図形をあつかう数学の一分野。

奇数
2でわり切れない整数。

軌跡
点がある条件を満たしながら動くときに描く図形。

逆算
ある計算の逆の計算。例えば、かけ算に対するわり算。

球
直径を軸として半円を回転させてできる立体。表面上のすべての点は、中心から等距離にある。

挟角(きょうかく)
二つの辺にはさまれた角。

共通因数
いくつかの数または式に共通な因数。$6x$ と $9xy$ の共通因数は $3x$。

曲線
なめらかに曲がった線。二次関数の放物線、反比例の双曲線など。

偶数
2でわりきれる整数。−6, 0, 4など。

グラフ
二つ以上の数量の関係を表す図。

係数
文字式の各項で、文字の前に掛かっている数。
x^2-5x+6 で x^2 の係数は1、x の係数は−5。

けた
数の位。

弦
円周上(または曲線上)の二点を結ぶ線分。

弧
円周の一部分。

項
数列・比・多項式を構成する各要素。$7x^2+3x-2$ の項は $7x^2$, $3x$, -2。

公式
変数の関係や法則を数学記号で表した式。

合成数
二個以上の素数の積として表せる数。素数でない自然数で、一けたでは4, 6, 8, 9。

交点
線と線、または線と面が交わる点。

合同
二つの図形の形と大きさがまったく同じであること。

公倍数
二つ以上の整数に共通の倍数。そのうち最も小さいものを最小公倍数という。4と6の最小公倍数は12。

公約数
二つ以上の整数に共通の約数。12と18の公約数は1, 2, 3, 6。このうち6を最大公約数という。

コサイン (cos)
三角比の一つ。余弦。直角三角形の一鋭角について、斜辺に対する隣辺(鋭角と直角の間の辺)の比の値。

コンパス
1. 方位磁石。北を指す磁針により方位を測る器具。
2. 円や弧をかくための製図用の器具。

さ

差
ある数からある数をひいた残り。

サイン (sin)
三角比の一つ。正弦。直角三角形の一鋭角について、斜辺に対する対辺(鋭角と向かい合う辺)の比の値。

作図
幾何でコンパスや定規などを使って図形をかくこと。

錯角
一直線が二直線と交わるとき、二直線の内側にできる四つの角のうち、筋交いにある二組の角。平行線の錯角は等しい。

座標
グラフや地図上で点の位置を表す一組の数値。(x, y) のように表記し、x は横方向の位置を示し、y はたて方向の位置を示す。

座標軸
座標や目盛りの基準となる直線。横の軸が x 軸、たての軸が y 軸。

三角比
直角三角形の辺の比。サイン・コサイン・タンジェントなどがある。

三次元
たて・横・高さの三つの方向に広がる空間や立体を表す。3D。

算数
たし算・ひき算・かけ算・わり算などの計算。小学校段階の数学。

次元
空間の広がりを示し、位置づけや測定のもとになる寸法、概念、座標系。例えば、立体はたて・横・高さの三次元をもつ。

四捨五入
概数で表すとき、求める位のすぐ下の位が4以下なら切り捨て、5以上なら切り上げること。

支出
金銭を支払うこと。その金額。

自然数
正の整数。

四則計算
たし算(加法)・ひき算(減法)・かけ算(乗法)・わり算(除法)の四つの計算。

四分位数
四分位数は資料を四分の一ずつに分ける点にある値のこと。四分位値ともいう。三つの四分位数のうち、資料の小さい方から四分の一の位置を示す値を第1四分位数、四分の三の位置を示す値を第3四分位数という。

四分位範囲
資料の分布を表す指標の一つ。第1四分位数から第3四分位までの範囲。

斜辺
直角三角形の直角に向かい合う、最も長い辺。

周
まわりの長さ。

収入
金銭を手に入れ自分の所有とすること。稼いだ金額。

縮尺
地図・設計図などで実物を縮小した場合、縮小した図での長さと実際の長さの比。比または分数の形で表す。

縮図
もとの大きさを縮小して描いた図。

十進法
1が10集まると位が上がる位取りの表し方で、0から9までの数字を用いる記数法。

循環小数
ある位からいくつかの数字が同じ順序で無限に繰り返される小数。
例えば13/99=0.131313…

商
ある数(式)を他の数(式)でわったもの。わり算の答え。

象限
座標平面をx軸とy軸で四つに分けた各部分。

小数
1より小さい位を含む数。小数点を用いて表される整数でない数。

小数点
整数部分と小数部分を分けるためにつける点。

真分数
分子が分母より小さい分数。

垂直二等分線
線分を垂直に二等分する直線。

数列
ある規則に従って、数を一列に並べたもの。

税金
収入があったり買い物をしたときに、国や地方の政府に払わなければならない金銭。

正三角形
三つの辺が等しい三角形

整数
1, 2, 3のような自然数とこれに－をつけた負の数と0。

正多角形
すべての辺が等しく、すべての角が等しい多角形。

正の数
0より大きい数。

正方形
四つの辺がすべて等しく、四つの角がみな直角である四角形。

積
数・式をかけたもの。かけ算の答え。

接線
ある曲線(曲面)に接する直線。

絶対値
数から ± の符号を取り去ったもの。数直線上で原点からある数の表す点までの距離。

接点
曲線(曲面)と直線(平面)が接する点。

切片
座標平面で直線が軸と交わる点の座標。

線
点が動いた跡にできる、長さはあるが幅や厚みのない一次元図形。

相似
二つの図形が大きさは違っていても形がまったく同じであること。

相関・相関関係
一方が変わればそれに関わって他方も変わるとき、二つのことがらには相関があるという。

相関図
二種類のデータの相関関係を点の分布で表したグラフ。散布図。

測定
長さ・大きさ・重さ・速さなどを計器を用いて測ること。

素数
1とその数自身以外に約数をもたない数。2, 3, 5, 7, 11, 13, 17, 19, 23, 29など。

損益分岐点
売上高が総費用と等しくなる点。売上高が総費用を超えれば、利益が生まれる。

た

対角
向かい合う角。

対角線
多角形でとなり合っていない二つの頂点を結ぶ線分。また多面体の同じ面上にない二つの頂点を結ぶ線分。

台形
一組の対辺が平行な四角形。

対称
二つの点や図形がある点・線・面に関して完全に向き合い、合同であること。点対称・線対称・面対称など。一つの図形の中に対称点が含まれる場合、対称な図形という。

対称移動
点や図形を、対称の軸の反対側に折り返すように移動すること。

対称の軸
半分に折り曲げるとぴったり重なる線対称な平面図形では、その折り目に当たる線。回転対称な立体では、回転の軸をいう。

代数
数の代わりに文字や記号を使って、数の性質や関係を一般化すること。

体積
立体の占める空間の大きさ。

cm^3 など立方の単位を用いて表す。

代入
代数の式で、ある文字を他の文字・数値・式で置き換えること。

代表値
数の集まりを代表する値。平均値、中央値(メディアン)、最頻値(モード)などがある。

対辺
向かい合う辺。

多角形
三つ以上の辺で囲まれた平面図形。

高さ
図形で、底辺や底面から最高点までの垂直に測った距離。

たこ形
二組のとなりあう辺がそれぞれ等しい四角形。

たし算
二つ以上の数を加えて合計を出すこと。加法。＋の記号で表し、答えを和という。加える順序を変えても、答えは変わらない。
$2 + 3 = 3 + 2$

多面体
四つ以上の多角形で囲まれた立体。

単位
長さ・質量・時間などを計測するときの基準となる量。

タンジェント（tan）
三角比の一つ。正接。直角三角形の一鋭角について、隣辺(鋭角から直角へ向かう辺)に対する対辺(鋭角と向かい合う辺)の比の値。

断面
立体を平面で切断したときの切り口の面。

チャート
データを見やすく表した図。表、グラフ、海図など。

中央値
代表値の一つ。データを大きさの順に並べたときの中央の値。メディアン。

頂点
角をなす二直線の出合う点。多面体の三つ以上の面が交わる点など。

長方形
四つの角がみな直角である四角形。

直方体
六つの面がすべて長方形である四角柱。

直角
90°の角。180°を2直角という。

直径
円の中心を通り円周上に両端をもつ線分、またその長さ。

賃金
労働の報酬として支払われる金額。

通貨
一国内で流通する貨幣。例えば、ドルは米国の通貨。

通分
分母の異なる分数を、その値を変えずに分母の等しい分数になおすこと。

定数
変わることのない一定の数。

底辺
三角形で頂点に対する辺。台形・平行四辺形で平行な二辺。

底面
角すい・円すいなどで頂点に対する面。角柱・円柱などで平行な上下の二面。

データ
情報の集まり。資料。例えば測定や調査で得られた数値など。

展開図
立体を切り開いた図。折り曲げて組み立てると立体になる。

電卓
電子式卓上計算機の略。小型の計算機。

度
角や温度を測定する単位。

同位角
一直線が二直線と交わるときできる四つずつの角のうち、それぞれの直線に対して同じ位置関係にある角。平行線の同位角は等しい。

統計
データの収集・整理・処理を通じて、ある集団の性質・傾向などを数量的に表すこと。

等号
二つの数・式などが等しいことを表す記号。「＝」

投資
利益を得るために事業に資金を出すこと。

等式
等号で結ばれた式

同類項
文字式で文字の部分が同じ項。同類項はまとめることができる。

独立事象
他から影響を受けない独立したできごと。

度数
統計で、データをいくつかの階級に分けたとき、各階級に属するデータの個数。頻度。

度数密度
度数を階級の幅でわった値。単位区間当たりの度数。

凸多角形
すべての内角が180°より小さい多角形。

鈍角
90°より大きく、180°より小さい角。

な

内角
多角形の内側の角。

二次元
たてと横だけの平面の広がりを表す。

二次方程式
二次の未知数の項を含む方程式。例えば$x^2+3x+2=0$

二重のマイナス
負の数にさらに－の符号がつくと二重のマイナスになり、＋と同じになる。
$5-(-2)=5+2$

二等分線
角や線分を二つに等しく分ける直線。

二等辺三角形
二つの辺が等しい三角形。

は

倍数
整数の範囲で、ある数を何倍かした数。

箱ひげ図
資料の範囲と分布を表す図。二つの四分位数と中央値を示す箱と資料の範囲を示す線分（ひげ）からなる。

パスカルの三角形
三角形状に並べた数のパターン。最上段の1から出発し、各段の両端は1、それ以外の各数はすぐ上の二数の和になる 。

速さ
単位時間に進む距離。秒速・分速・時速など。

範囲
ある資料に含まれる最大値と最小値の差。

半円
直径と弧で囲まれた円の半分。

半径
円の中心から円周までの距離。

反比例
二つの量の一方が2倍、3倍になるとき、他方が$\frac{1}{2}$、$\frac{1}{3}$になるような関係。ある量が他の量の逆数に比例すること。

比
二つの量を：の記号をはさんで並べたもの。aのbに対する比をa：bと表し、$\frac{a}{b}$を比の値という。

ひき算
ある数から他の数を取り去ること。二つの数の差を求める計算。減法。

ひし形
四つの辺がすべて等しい四角形。

ヒストグラム
度数分布を表す柱状グラフ。度数を柱（長方形）の面積で表す。

ピタゴラスの定理
直角三角形の直角をはさむ二辺の二乗の和は斜辺の二乗に等しい、という定理。三平方の定理。

百分率
全体を100として、そのうちどれだけに当たるかという割合を、パーセント（％）で表すこと。

標準形（数の表し方）
1以上10未満の数と10の累乗の積の形で、数を表すこと。例えば、0.02は2×10^{-2}となる。

標準偏差
集団のデータがどの位平均から離れて散らばっているかを表す、統計の数値の一つ。

標本
統計で、調査する集団から抜き出した個々の資料。サンプル。標本を抜き出すもとの集団全体を母集団という。

比例・正比例
二つの増減する量の比が一定である関係。一方が2倍、3倍…になると、他方も2倍、3倍になるとき、その二つの量は比例しているという。

フィボナッチ数列
始めの二つの項が1で、そのあとの各項は前の二つの項の和になる数列。始めの10項を並べると1，1，2，3，5，8，13，21，34，55

負債
借金。借りた金額。

不等号
二つの量の大小関係を示す記号。＜，＞など。

不等辺三角形
辺の長さが異なる三角形。

負の数
0より小さい数。

プラス
たし算または正の数を表す「＋」。

分子
分数で上に書かれる数。わられる数。$\frac{2}{3}$では分子は2。

分数
ある数（分子）を別の数（分母）でわった商を、線の上に分子、線の下に分母を書いて表したもの。

分度器
角度を測る器具。

分布
ものごとやデータの範囲と散らばり方。確率ではそれぞれの値がどの位の割合で起こるかを表したもの。

分母
分数で下に書かれる数。わる数。$\frac{2}{3}$では分母は3。

平均値
代表値の一つ。数値の総和を数値の個数でわった値。

平行
同一平面上にある二直線が交わらなければ平行である。

平行移動
図形を一定の方向に、一定の距離だけ動かすこと。

平行四辺形
二組の対辺が平行な四角形。

平方
二つの同じ数をかけ合わせること。二乗。

平方根
二乗するとある数になる数。例えば、9の平方根は＋3と－3。

平方数
自然数を二乗した数。1，4，9，16，25…など。

平面
平らで無限の広さをもつ面。

ベクトル
大きさと方向をもった量。速さや力など。

変域
変数の取り得る値の範囲。

変換
図形の位置・大きさ・向きなどを変えること。単位・座標系を変えて表しなおすこと。

変数
いろいろな値を取り得る文字で表された数。

方位
磁石の示す方角。方位磁石の北の方向から測った角度で表す。

棒グラフ
数量の大きさを棒線の長さで表したグラフ。

方程式
未知数を含み，その未知数に特定の値を入れたときにのみ成り立つ等式。

補角
和が 180° である二つの角。

ま

マイナス
ひき算または負の数を表す「－」。

未知数
方程式で、値のわかっていない数。

無限
限りがないこと。無限大は限りなく大きいことで、記号∞で表す。

無作為
意図的な操作をせず、偶然に任せること。

面
線の移動で生ずる図形。

面積
一定の面の広さを表す量。cm^2 など平方の単位で表す。

モード
代表値の一つ。最も頻繁に現れる値、つまり度数が最大の値。

や

約数
ある整数を割りきることのできる整数。

優角
180° より大きく 360° より小さい角。

有効数字
ある数値で、実際の目的に有効な数字。近似値のうち信頼できるけたの数字。

弓形
弦と弧で囲まれた円の部分。

ら

利益
もうけ。事業などでかかった費用を払って残った金額。

利子・利息
金を借りた者が貸した者に一定の割合で払う報酬。

立体
たて・横・高さをもつ三次元の物体・図形。

立方
三乗すること。2 の三乗は 2×2×2=8。

立方根
三乗するとある数になる数を、ある数の立方根という。

立方体
六面の合同な正方形からなる立体。正六面体。

隣辺・隣角
となり合う辺・角。

累乗
同じ数を何回かかけること。かける個数を指数といい、もとの数の右かたに小さく書く。2^4 = 2×2×2×2

連立方程式
同じ未知数を含む二つ以上の方程式を組み合わせたもの。

ローン
貸付金。借金。

わ

割合
ある量がもとになる量のどれだけに当たるかを表す数値。全体に対する比率。
分数・小数・百分率などで表す。

わり算
数を等しい部分に分けること。ある数が別の数の何倍に当たるかを計算すること。除法。÷ の記号、または、分数の形で表す。

索引

さ

た

な

は

ま

や

ら

わ

[著者] キャロル・ヴォーダマン

ケンブリッジ大学修士、工学専攻。英国の科学番組「トゥモロウズ・ワールド」の司会者。キャメロン首相の数学教育に関するアドヴァイザー。オンライン数学スクール www.themathsfactor.com を開設し，子供や親たちに，算数の教育普及活動をしている。

[著者] バリー・ルイス

数学協会評議会議長。元同会会長。英国政府の「数学イヤー 2000」の座長などをつとめた。著作に「現代数学の楽しみ」など。本書では、監修、数・幾何・三角比・代数を担当

[著者] アンドリュー・ジェフリー

子供への教育普及・教員の訓練研修で有名。主な著作に「子供のための数学マジック」､「最良の数学教師への最良のアドバイス 100」､「数の魔術師になろう」などがある。本書では確率担当

[著者] マーカス・ウィークス

科学シリーズ「決定版ヴィジュアルガイド」､「子供のイラスト百科」などの著者。本書では統計担当

[訳者] 渡辺滋人（わたなべ　しげと）

京都大学文学部卒。学習塾で小・中・高校生に英語・数学などを長年にわたって指導。訳書に「アルケミスト双書 コンパスと定規の数学」。

親《おや》子《こ》で学《まな》ぶ数学《すうがく》図《ず》鑑《かん》

2012 年 4 月 20 日　第1版第1刷発行
2012 年 11 月 10 日　第1版第 5 刷発行

著　者　キャロル・ヴォーダマン
訳　者　渡辺滋人
発行者　矢部敬一
発行所　株式会社 創元社
http://www.sogensha.co.jp/
〔本社〕
〒541-0047 大阪市中央区淡路町 4-3-6
Tel.06-6231-9010 Fax.06-6233-3111
〔東京支店〕
〒162-0825 東京都新宿区神楽坂 4-3 煉瓦塔ビル
Tel.03-3269-1051

ISBN978-4-422-41411-9 C0041
Printed in China.

落丁・乱丁のときはお取り替えいたします。